国家科学技术学术著作出版基金资助出版

波动方程参数反演理论方法与数值计算

张文生 著

科学出版社
北京

内 容 简 介

本书系统阐述了波动方程参数反演的理论方法与数值计算方法，内容包括奇异值分解方法、不适定问题的正则化方法、全波形反演的数值优化方法、时间域与频率域声波方程和弹性波动方程的全波形反演. 全书理论方法与科学计算并重，不但有严谨的理论推导和算法描述，还有详细的数值算例应用及丰富的图形结果.

本书可供计算数学与信息科学专业、应用数学专业、地球物理专业等从事与反问题研究方向有关的科研人员参考.

图书在版编目(CIP)数据

波动方程参数反演理论方法与数值计算/张文生著.—北京：科学出版社，2022.10

ISBN 978-7-03-073296-5

Ⅰ. ①波… Ⅱ. ①张… Ⅲ. ①波动方程–参数–反演算法 ②波动方程–参数–数值计算 Ⅳ. ①O175.27

中国版本图书馆 CIP 数据核字(2022)第 179046 号

责任编辑：李静科 贾晓瑞／责任校对：彭珍珍

责任印制：赵 博／封面设计：无极书装

科学出版社 出版

北京东黄城根北街 16 号

邮政编码：100717

http://www.sciencep.com

北京中石油彩色印刷有限责任公司印刷

科学出版社发行 各地新华书店经销

*

2022 年 10 月第 一 版 开本：720 × 1000 1/16

2025 年 1 月第三次印刷 印张：19 3/4 插页：6

字数：383 000

定价：148.00 元

(如有印装质量问题，我社负责调换)

前　言

反问题广泛存在于自然科学与工程科学的各个领域中. 例如在地球物理中, 通过地震波场的观测来确定地震震源的位置, 或反演地下介质的物性参数以确定油气构造, 这是典型的反问题. 全波形反演就是同时利用地表或井中观测波场的振幅、相位和走时信息来反演介质的物性参数, 总体上是一个极小化模拟数据与已知观测数据之间残量的优化迭代过程, 具有很高的成像精度. 由于地球物理应用需求的促进和高性能计算机技术的飞速发展, 全波形反演的研究取得了迅速的发展.

本书详细阐述了波动方程全波形反演的理论方法与数值方法. 全书共十二章, 内容包括不适定问题的正则化方法、全波形反演的数值优化方法、声波方程的时间域和频率域全波形反演方法、弹性波方程的时间域和频率域全波形反演方法. 全书不但包括求解不适定问题的理论方法, 还有相应的离散格式和大量的数值算例.

第 1 章给出了一些典型的反问题例子, 并通过这些例子来说明反问题的不适定性.

第 2 章介绍奇异值分解方法, 并由此得到基于奇异值分解方法的正则化方法, 这是一种克服与小奇异向量有关的求解线性不适定问题的方法.

第 3 章介绍求解不适定问题的经典正则化方法. 相对于非线性不适定问题的正则化, 线性不适定问题的正则化方法比较完善.

第 4 章介绍一种新发展的求解线性不适定问题的混合正则化方法框架. 该方法有效结合了迭代正则化和连续正则化方法. 理论分析表明, 新的混合正则化方法具有误差最优阶. 与经典的连续正则化方法如 Tikhonov 正则化相比, 新的混合正则化方法能在更大的正则化参数范围内达到最优收敛阶, 从而能减弱对正则化参数的灵敏性.

第 5 章介绍全波形反演中常用的数值优化方法, 全波形反演总体上是一个对残量目标函数的大规模优化问题, 需要用数值优化的方法来迭代求解.

第 6 章介绍时间域声波方程全波形反演方法. 详细给出了有限差分正演方法及全波形反演的算法, 对不同反演算法作了数值比较; 阐述了单层网格和多重网格的全波形反演方法, 并对实际资料进行了计算.

第 7 章介绍频率域声波方程全波形反演的数值方法, 比较了多种数值优化方法, 包括最速下降法、共轭梯度法、L-BFGS 方法、Gauss-Newton 法以及预条件方法, 数值计算表明 Newton 方法和预条件方法能更好地对复杂构造模型进行反演成像.

第 8 章介绍小波时间域声波方程密度和速度双参数全波形反演方法. 正演模拟在交错网格上用 Daubechies 小波方法来求解, 首次给出了稳定性条件, 并从矩阵的角度来推导目标函数的梯度离散格式.

第 9 章介绍基于 Born 近似的频率域弹性波方程全波形方法. 常规的反演方法大多基于声波介质假设, 相对于声波介质方程, 弹性波方程能更加真实地描绘地震波在实际介质中的传播规律. 本章包含丰富的数值算例, 证实了方法的有效性.

第 10 章介绍基于矩形有限元方法的频率域弹性波方程的全波形反演方法, 详细阐述了频率域弹性波方程的有限元正演方法, 推导了矩形单元的全波形反演公式及其离散格式, 也包括预条件最速下降法和正则化方法的结合应用; 对均匀模型和 Overthrust 复杂构造模型进行了并行全波形反演计算.

第 11 章介绍基于三角形有限元方法的频率域弹性波方程的全波形反演方法. 与矩形单元相比, 三角形元能更好地适应不规则边界如起伏地形的变化.

第 12 章介绍时间域弹性波方程三参数的全波形反演方法, 包括正问题的格林函数表示和 Fréchet 导数公式, 同时, 从矩阵的角度给出目标函数梯度的离散计算格式, 对国际标准 Marmousi 模型进行了计算, 最后给出波阻抗或波速反演的应用算例.

波动方程多参数波形反演方法不论在理论研究还是在实际应用中都具有重要的意义. 本书的研究工作是在国家自然基金项目 (11471328) 和国家自然基金重点项目 (51739007) 的资助下完成的. 衷心感谢课题组成员罗嘉、蒋将军、张丽娜、郑晖、庄源等的密切合作, 本书在一定程度上也是作者与这些合作者共同完成的结果, 因此也视作本书的作者之一. 感谢编辑的辛勤校对工作. 感谢科学与工程计算国家重点实验室的支持以及中国科学院数学与系统科学研究院对本书的资助. 最后衷心感谢院士专家的指导和指教以及同行同事的支持和帮助, 在此不一一列出. 本书的出版得到了国家科学技术学术著作出版基金的大力资助, 在此表示衷心感谢. 本书部分内容作为教材在中国科学院大学给研究生讲授过多年.

由于作者学识有限, 书中不当之处在所难免, 敬请读者批评指正.

张文生

2021 年 9 月

目　　录

第 1 章　反问题的不适定性

反问题广泛存在于各个领域中, 在不同学科中会出现不同的反问题. 例如, 医学 CT、逆散射成像、图像处理和地球物理反演, 参见 [162,164–166] 等等. 在地球物理中, 通过地震波的测量来确定地震震源的位置, 或来确定地下介质的物性参数, 这是典型的反问题. 实际应用问题的需求不断促进了反问题理论方法的研究. 本章介绍一些常见的典型反问题, 并说明反问题的不适定性.

1.1　典型反问题举例

反问题是相对正问题而言的, 下面列举一些典型的例子加以说明.

例 1 (重力勘探问题)　该问题是由地表的观测的重力异常结果来确定地下地质异常的位置、形状和物性参数. 如图 1.1 所示, 在 x 点处, 从垂直分量的测量中确定深度 h 处的异常区域的质量密度的变化 $\rho=\rho(x)$, $0\leqslant x\leqslant 1$. 重力变化由 Newton 万有引力定律给出, 设 G 是万有引力常数, 则重力的垂直分量 f_v 为

$$\Delta f_v(x)=G\frac{\rho(\tilde{x})\Delta\tilde{x}}{(x-\tilde{x})^2+h^2}\cos\theta=G\frac{h\rho(\tilde{x})\Delta\tilde{x}}{\left[(x-\tilde{x})^2+h^2\right]^{\frac{3}{2}}},\tag{1.1.1}$$

这得到下面关于 $\rho(x)$ 的积分方程

$$f_v(x)=Gh\int_0^1\frac{\rho(\tilde{x})}{[(x-\tilde{x})^2+h^2]^{\frac{3}{2}}}d\tilde{x},\quad 0\leqslant x\leqslant 1.\tag{1.1.2}$$

正问题是已知密度分布 $\rho(x)$ 计算重要异常, 反问题就是已知重力异常 $f_v(x)$ 通过求解积分方程 (1.1.2) 确定密度 $\rho(x)$.

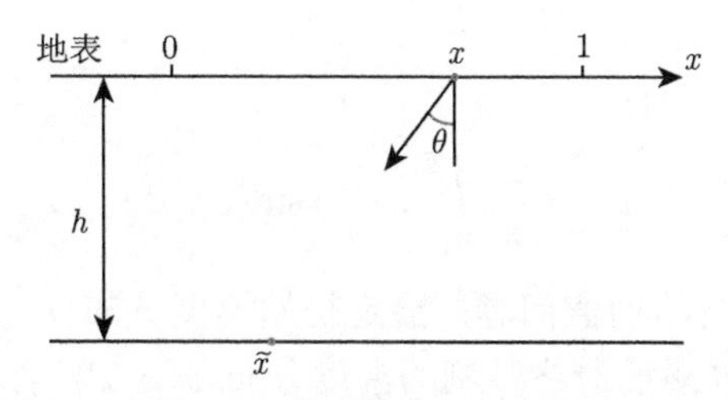

图 1.1　重力异常观测示意图

例 2 (逆散射问题) 给定由目标散射的声波或电磁波的强度和相位, 求散射体的形状. 给定具有光滑边界 ∂D 的有界区域 $D \subset \mathbb{R}^N$ $(N = 2,3)$, 以平面波 $u^i(x) = e^{\mathrm{i}k\hat{\theta}x}$ 入射, 其中 $k > 0$ 表示波数, $\hat{\theta}$ 表示入射波方向的单位矢量. 正问题是已知散射体和入射场 u^i, 求散射场 u^s, 使得总场 $u = u^i + u^s$ 满足

$$\begin{cases} \Delta u + k^2 u = 0, & \mathbb{R}^N \setminus \overline{D}, \\ u = 0, & \partial D \end{cases} \tag{1.1.3}$$

及 Sommerfeld 条件

$$\frac{\partial u^s}{\partial r} - \mathrm{i}ku^s = O(r^{-(N+1)/2}), \quad r = |x| \to \infty. \tag{1.1.4}$$

对声波散射问题, $v(x,t) = u(x)e^{-\mathrm{i}\omega t}$ 描述压力, $k = \dfrac{\omega}{c}$ 是波数, 声速为 c. 正问题 (1.1.3)~(1.1.4) 的渐近解为

$$u^s(x) = \frac{e^{\mathrm{i}k|x|}}{|x|^{(N-1)/2}} u_\infty(\hat{x}) + O\big(|x|^{-(N+1)/2}\big), \quad |x| \to \infty, \tag{1.1.5}$$

其中 $\hat{x} = \dfrac{x}{|x|}$. 反问题是在 $\mathbb{R}^N$ 中的单位球上, 由测量的远场 $u_\infty(\hat{x})$ 确定 D 的形状.

例 3 (热传导反问题) 考虑一维热传导方程

$$\begin{cases} \dfrac{\partial u(x,t)}{\partial t} = \dfrac{\partial^2 u(x,t)}{\partial x^2}, & 0 < x < l;\ t > 0, \\ u(0,t) = u(\pi,t) = 0, & t \geqslant 0, \\ u(x,0) = u_0(x), & 0 \leqslant x \leqslant \pi, \end{cases} \tag{1.1.6}$$

用分离变量法可求得该定解问题的解为

$$u(x,t) = \sum_{n=1}^{\infty} a_n e^{-n^2 t} \sin(nx), \tag{1.1.7}$$

其中

$$a_n = \frac{2}{\pi} \int_0^\pi u_0(y) \sin(ny) dy. \tag{1.1.8}$$

正问题是求解经典的初值问题: 给定初始温度分布 u_0 和终止时间 T, 确定 $u(x,T)$. 反问题是通过测量最终时刻的温度分布 $u(x,T)$ 来确定 $t < T$ 至起始时刻的温度 $u(x,t)$, $0 \leqslant t < T$.

由 (1.1.7) 和 (1.1.8) 可知, 可通过求解下面的积分方程来确定初始温度

$$u(x,T)=\frac{2}{\pi}\int_0^\pi K(x,y)u_0(y)dy,\quad 0\leqslant x\leqslant\pi, \tag{1.1.9}$$

其中

$$K(x,y):=\sum_{n=1}^{\infty}e^{-n^2T}\sin(nx)\sin(ny). \tag{1.1.10}$$

例 4 (Sturn-Liouville 特征值问题) 设长度 l 和质量密度为 $\rho=\rho(x)>0$, $0\leqslant x\leqslant l$ 的弦固定在端点 $x=0$ 和 $x=l$. 拨动弦产生振动. 令 $v(x,t)$ 是位置 x 处时间 t 时刻的位移. 该位移 $v(x,t)$ 满足下面定解问题

$$\begin{cases}\rho(x)\dfrac{\partial^2 v(x,t)}{\partial t^2}=\dfrac{\partial^2 v(x,t)}{\partial x^2}, & 0<x<l,\ t>0,\\ v(0,t)=v(l,t)=0, & t>0.\end{cases} \tag{1.1.11}$$

周期形式的解为

$$v(x,t)=w(x)\big(a\cos\omega t+b\sin\omega t\big), \tag{1.1.12}$$

其中 $\omega>0$ 是角频率. 当且仅当 $w(x)$ 和 ω 满足下面的 Sturn-Liouville 特征值问题时,

$$\begin{cases}w''(x)+\omega^2\rho(x)w(x)=0, & 0<x<l,\\ w(0)=w(l)=0,\end{cases} \tag{1.1.13}$$

$v(x,t)$ 是边值问题 (1.1.11) 的解. 正问题是已知函数 $\rho(x)$, 计算特征频率 ω 和相应的特征函数. 反问题是从一系列频率 ω 测量中确定质量密度 $\rho(x)$.

1.2 反问题的不适定性

首先给出问题适定或良态的概念 (Hadamard, 1923).

定义 1.2.1 设 X 和 Y 是赋范空间, $K:X\longrightarrow Y$ 是 (线性或非线性) 映射. 方程 $Kx=y$ 称为适定或良态, 假如其解满足下列三个条件:

(1) (存在性) 对每个 $y\in Y$, (至少) 有一个 $x\in X$ 使得 $Kx=y$.

(2) (唯一性) 对每个 $y\in Y$, 至多有一个 $x\in X$, 满足 $Kx=y$.

(3) (稳定性) 解 x 连续依赖于 y, 即对每个序列 $\{x_n\}\subset X$, 当 $Kx_n\to Kx$ $(n\to\infty)$ 时, 有 $x_n\to x$ $(n\to\infty)$.

第一个条件等价于算子 K 有逆算子 K^{-1}, 第二个条件等价于 K^{-1} 的定义域是 X. 第三个条件是解稳定的必要但不是充分条件. 如果 (至少) 不满足其中一个条件, 则称问题是病态或不适定的. 因此一个病态问题, 或者逆是不存在的, 因为数据 y 在 K 的值域之外; 或者逆不唯一, 因为至少一个参数模型 x 被映射到相同的数据 $y \in Y$; 或测量数据中的一个任意小变化能引起原像中任意大的变化.

指定 X, Y, K 的模是重要的. 存在性和唯一性仅依赖于空间和算子的代数结构, 也即算子是否一对一, 然而, 稳定性还依赖于空间的拓扑, 即逆算子 $K^{-1}: X \to Y$ 的连续性. 这些并不相互独立. 例如, 由开映射定理, 假如 K 是线性连续算子且 X 和 Y 是 Banach 空间, 则 K^{-1} 是连续的.

数学上, 解的存在性可以通过扩大解空间来实现, 微分方程广义解的概念就是一例. 如问题多于一个解, 说明缺乏关于参数模型的先验信息. 假如问题没有稳定性, 则数值计算的解将被计算中不可避免的误差或数据噪声破坏.

1.3　良态与病态问题举例

例 1　求解 n 阶线性代数方程组

$$Az = u, \tag{1.3.1}$$

其中 A 是 $n \times n$ 的方程, $u \in \mathbb{R}^n$, $z \in \mathbb{R}^n$.

若 $\det A \neq 0$, 则对每个向量 $u \in \mathbb{R}^n$, (1.3.1) 存在唯一解 $z \in \mathbb{R}^n$, 满足 $z = A^{-1}u$, 其中 A^{-1} 为 A 的逆, 由此知该解连续依赖于初始数据.

若 $\det A = 0$, 则对每个 $u \in \mathbb{R}^n$, (1.3.1) 或者无解, 或者有无穷多个解, 方程组 (1.3.1) 是病态的.

由线性代数的理论可知, 方程组 (1.3.1) 是良态的充分必要条件是当 $u = 0$ 时仅有平凡解 $z = 0$.

例 2　考虑一个具有平方可积核的第一类 Fredholm 积分方程

$$\int_a^b K(x,s)x(s)ds = y(x), \quad a \leqslant x \leqslant b. \tag{1.3.2}$$

这是一个典型的病态问题.

假如对解 x 作扰动

$$\delta x(s) = \varepsilon \sin(2\pi p s), \quad p = 1, 2, \cdots, \tag{1.3.3}$$

其中 ε 为常数, 则相应 (1.3.2) 右边 $y(x)$ 的扰动为

$$\delta y(x) = \varepsilon \int_a^b K(x,s)\sin(2\pi ps)ds, \quad p = 1, 2, \cdots. \tag{1.3.4}$$

由 Riemann-Lebesgue 引理可知, 当 $p \to \infty$ 时, $\delta y \to 0$. 因此, 只要选择整数 p 足够大, 比值 $||\delta x||/||\delta y||$ 可以变得任意大. 因为解不连续依赖于初始数据, 所以该问题是病态的. 该例子也说明具有平方可积核的第一类 Fredholm 积分方程对高频扰动极其敏感. 很多反问题都导致具有连续核或弱奇异核的第一类积分方程.

例 3 求 Laplace 方程 Cauchy 问题

$$\begin{cases} \dfrac{\partial^2 u(x,y)}{\partial x^2} + \dfrac{\partial^2 u(x,y)}{\partial y^2} = 0, & \mathbb{R} \times [0, +\infty], \\ u(x,0) = f(x), \quad \dfrac{\partial u(x,0)}{\partial y} = g(x), & x \in \mathbb{R}, \end{cases} \tag{1.3.5}$$

其中 f 和 g 是给定的函数. 显然, 当

$$f(x) = 0, \quad g(x) = \frac{1}{n}\sin(nx)$$

时, 唯一的解为

$$u(x,y) = \frac{1}{n^2}\sin(nx)\sinh(ny), \quad x \in \mathbb{R},\ y \geqslant 0.$$

因此, 有

$$\sup_{x\in\mathbb{R}} \Big\{|f(x)| + |g(x)|\Big\} = \frac{1}{n} \to 0, \quad n \to \infty.$$

然而

$$\sup_{x\in\mathbb{R}} |u(x,y)| = \frac{1}{n^2}\sinh(ny) \to \infty, \quad n \to \infty$$

对所有 $y > 0$, 数据中的误差趋于零, 而解 u 中的误差趋于无穷. 因此, Laplace 方程的 Cauchy 问题是一个病态问题.

例 4 考虑积分方程

$$\int_0^t (t-\tau)y(\tau)d\tau = x(t), \quad 0 \leqslant t \leqslant T. \tag{1.3.6}$$

设 $Y = C[0,T]$, $X = C[0,T]$, 则已知 $y(t)$ 可以计算 $x(t)$. 反问题是已知 $x(t)$, 求 $y(t)$, 这是一个良态问题. 事实上, 对每个 $y \in C[0,T]$, (1.3.6) 左端的积分是 $[0,T]$

上的一个连续函数, 且该函数唯一被确定. 可以验证稳定性也成立. 假定 $x_i(t)$ 是由 $y_i(t)$ $(i=1,2)$ 计算出的函数, 则易知

$$\|x_1-x_2\|_{C[0,T]}\leqslant\frac{T^2}{2}\|y_1-y_2\|_{C[0,T]}. \tag{1.3.7}$$

因此 $x(t)$ 连续依赖于 $y(t)$, 该问题是良态的.

例 5 考虑积分方程

$$\int_0^t(t-\tau)y(\tau)d\tau=x(t),\quad 0\leqslant t\leqslant T. \tag{1.3.8}$$

设 $Y=C[0,T]$, $X=C_0[0,T]$, 其中

$$C_0[0,T]=\Big\{x\in C[0,T]:x(0)=0,\|x\|_{C_0[0,T]}=\|x\|_{C[0,T]}\Big\}. \tag{1.3.9}$$

在空间 Y 和 X 中求 (1.3.8) 的解 $y(t)$ 是一个病态问题. 对每个 $x\in C_0[0,T]$, 方程 (1.3.8) 的解不都存在. 实际上, 解对初始数据的连续依赖性不成立. 考虑

$$\tilde{x}(t)=0,\quad x_n(t)=\frac{1}{n}\sin^2(nt),\quad n=1,2, \tag{1.3.10}$$

则对应 (1.3.8) 的解为

$$\tilde{y}(t)=0,\quad y_n(t)=2n\cos(2nt). \tag{1.3.11}$$

因此

$$\|x_n-\tilde{x}\|_{C_0[0,T]}\to 0,\quad n\to\infty, \tag{1.3.12}$$

而

$$\|y_n-\tilde{y}\|_{C[0,T]}\to\infty,\quad n\to\infty. \tag{1.3.13}$$

因此问题是病态的. 该例说明, 问题的良态和病态与具体问题和初始数据所在的度量空间都有关.

例 6 由 Fourier 系数确定函数. 设序列 $\{u_n\}\in l_2$ 已知, 确定函数 $z(x)$ 使得

$$\int_0^\pi z(s)\sqrt{\frac{2}{\pi}}\sin(ns)ds=u_n,\quad n=1,2,\cdots. \tag{1.3.14}$$

注意级数

$$\sqrt{\frac{2}{\pi}}\sin(nx),\quad n=1,2,\cdots$$

是 $L^2[0,\pi]$ 空间中的一个完全正交系, 由 Riesz-Fischer 定理, 对每个 $u=\{u_n\}\in l_2$, 存在唯一的函数 $z\in L^2[0,\pi]$:

$$z(x)=\sum_{n=1}^{\infty}u_n\sqrt{\frac{2}{\pi}}\sin(nx) \tag{1.3.15}$$

使得 (1.3.14) 成立, 而且有 Parseval 等式成立

$$\|z\|_{L^2[0,\pi]}^2=\|u\|_{l_2}^2=\sum_{n=1}^{\infty}u_n^2. \tag{1.3.16}$$

由该等式知, 解 $z(x)$ 对初始数据 $u=\{u_n\}$ 的连续依赖性成立, 因此该问题是良态的.

假如 $z\in C[0,\pi]$ 及 $u=\{u_n\}\in l_2$, 则并非对每个 $u=\{u_n\}\in l_2$ 都有解. 考虑 $\tilde{z}\in L^2[0,\pi]$ 但 $\tilde{z}\notin C[0,\pi]$. 定义级数

$$\tilde{u}_n=\int_0^{\pi}\tilde{z}(\xi)\sqrt{\frac{2}{\pi}}\sin(ns)ds,\quad n=1,2,\cdots,$$

对 $\tilde{u}_n=\{\tilde{u}_n\}\in l_2$, 不存在函数 $z\in C[0,\pi]$ 使得

$$\int_0^{\pi}z(s)\sqrt{\frac{2}{\pi}}\sin(ns)ds=\tilde{u}_n,\quad n=1,2,\cdots.$$

假如存在函数 $z(s)$, 则 Parseval 等式成立, 即

$$\|z-\tilde{z}\|_{L_2[0,\pi]}=0,$$

从而 $\tilde{z}\in C[0,\pi]$. 这与 $\tilde{z}\notin C[0,\pi]$ 矛盾.

例 7 考虑第一类 Fredholm 积分方程

$$\int_a^b K(x,s)z(s)ds=u(x),\quad c\leqslant x\leqslant d, \tag{1.3.17}$$

其中 $z(s)$ 是未知函数, $K(x,s)$ 和 $u(x)$ 已知.

假定 $K(x,s)$, $\dfrac{\partial K(x,s)}{\partial x}$ 和 $\dfrac{\partial K(x,s)}{\partial s}$ 在矩形域 $c\leqslant x\leqslant d, a\leqslant s\leqslant b$ 上连续, $u(x)\in C[c,d]$, $z(s)\in C[a,b]$, 证明该问题是病态的.

证明 只要证明对任意的 $u(x)\in C[a,b]$, 解不都存在. 取函数 $u_0(x)\in C[c,d]$, 但 $u_0(x)\notin C^1[c,d]$. 对该 $u_0(x)$, 方程没有连续的解, 因为对每个连续函数 $z(s)$, 方程的左端是一个连续可微函数.

再考虑级数

$$z_n(s) = z_0(s) + n\sin(n^2 s), \quad n = 0, 1, 2, \cdots, \tag{1.3.18}$$

设该函数项级数满足方程

$$u_n(x) = \int_a^b K(x,s) z_n(s) ds, \quad n = 0, 1, 2, \cdots. \tag{1.3.19}$$

现在估计 $\|u_n - u_0\|_{C[c,d]}$. 因为

$$\begin{aligned} |u_n(x) - u_0(x)| &\leqslant \left| \int_a^b K(x,s) n \sin(n^2 s) ds \right| \\ &= \left| -K(x,s)\frac{1}{n}\cos(n^2 s)\Big|_a^b + \frac{1}{n}\int_a^b K_s(x,s)\cos(n^2 s) ds \right| \leqslant \frac{C_0}{n}, \end{aligned} \tag{1.3.20}$$

其中 C_0 是与 n 无关的常数, 即

$$\|u_n - u_0\|_{C[c,d]} \leqslant \frac{C_0}{n}, \quad n = 1, 2, \cdots,$$

又由 $z_n(s)$ 的定义, 知

$$\|z_n - z_0\|_{C[a,b]} \to \infty, \quad n \to \infty.$$

因此当 $n \to \infty$ 时, 初始数据 $u_n(x)$ 充分接近 $u_0(x)$, 但相应的解 $z_n(s)$ 不收敛到 $z_0(s)$. 因此解不连续依赖于初始数据, 问题是病态的. □

第 2 章　奇异值分解方法

求解线性病态问题 $A\boldsymbol{f}=\boldsymbol{d}$ 的主要困难是由于 A 的小 (或零) 奇异值, 这导致解的不确定性. 实际上, 因为 A 依赖于模型, 而模型待定, 即我们不精确知道具体模型, 这导致 A 的奇异值也有不精确性, 所以实际情况会变得更坏. 本章介绍奇异值分解方法, 并由此得到基于奇异值分解方法的正则化方法, 这是一种克服与小奇异向量有关的求解线性不适定问题的方法. 奇异值分解计算当变量数目较少时可行性较高, 但对大规模问题如几百万个变量的问题, 应用有限. 奇异值分解方法更多的是用于理论分析.

2.1　奇异值分解

假定 $A\in\mathbb{R}^{m\times n}$ 是一个实矩阵, 它将 $\mathbb{R}^n$ 中的 n 维向量映射到 $\mathbb{R}^m$ 中的向量. 由 A 可以形成两个对称的方阵 $A^{\mathrm{T}}A$ 和 AA^{T}, 分别是 $n\times n$ 和 $m\times m$ 矩阵.

因为 $A^{\mathrm{T}}A$ 和 AA^{T} 是对称的方阵, 所以可以求得它们的特征向量和特征值. 特征向量可以构成各自空间的正交基. 注意矩阵是半正定的, 所以特征值非负. 假如 $\boldsymbol{v}$ 是 $A^{\mathrm{T}}A$ 的属于特征值 λ 的特征向量, 则

$$A^{\mathrm{T}}A\boldsymbol{v}=\lambda\boldsymbol{v}, \tag{2.1.1}$$

左乘 $\boldsymbol{v}^{\mathrm{T}}$ 得

$$(\boldsymbol{v}^{\mathrm{T}}A^{\mathrm{T}})(A\boldsymbol{v})=\lambda(\boldsymbol{v}^{\mathrm{T}}\boldsymbol{v}), \tag{2.1.2}$$

左边是 $A\boldsymbol{v}$ 模的平方, 是非负量, 右边 $\boldsymbol{v}^{\mathrm{T}}\boldsymbol{v}$ 为正, 因此 λ 必定非负.

记 $A^{\mathrm{T}}A$ 的 n 个正交特征向量为 $\boldsymbol{v}_i$, 相应的特征值为 λ_i. 假定将特征值从大到小排序成

$$\lambda_1\geqslant\lambda_2\geqslant\cdots\geqslant\lambda_n\geqslant 0. \tag{2.1.3}$$

类似地, 矩阵 AA^{T} 的 m 个正交特征向量记为 $\boldsymbol{u}_i$, 相应的特征值为 μ_i, 并将 μ_i 从大到小排列成

$$\mu_1\geqslant\mu_2\geqslant\cdots\geqslant\mu_n\geqslant 0. \tag{2.1.4}$$

考虑 $A^{\mathrm{T}}A$ 的第一个特征值向量 $\boldsymbol{v}_1$, 假定 $\lambda_1\neq 0$, 则向量 $A\boldsymbol{v}_1$ 不为零向量. 事实上 $A\boldsymbol{v}_1$ 是 AA^{T} 的一个特征向量, 因为

$$(AA^{\mathrm{T}})(A\boldsymbol{v}_1)=A(A^{\mathrm{T}}A)\boldsymbol{v}_1=\lambda_1(A\boldsymbol{v}_1), \tag{2.1.5}$$

这表明 $A\boldsymbol{v}_1$ 确是属于特征值 λ_1 的 AA^{T} 的一个特征向量. 规范化 $A\boldsymbol{v}_1$ 使其有单位长度, 即

$$\frac{A\boldsymbol{v}_1}{||A\boldsymbol{v}_1||},\tag{2.1.6}$$

这是 AA^{T} 的规范化的特征向量, 因此必是 $\boldsymbol{u}_i$ 中的一个, 只要 AA^{T} 的特征值非退化.

类似地, 对应 AA^{T} 的非零特征值 μ_i 的特征向量 $\boldsymbol{u}_i$, 向量 $\dfrac{A^{\mathrm{T}}\boldsymbol{u}_i}{||A^{\mathrm{T}}\boldsymbol{u}_i||}$ 是 $A^{\mathrm{T}}A$ 的具有同一特征值 μ_i 的一个规范化特征向量.

$A^{\mathrm{T}}A$ 的非零特征值同样是 AA^{T} 的非零特征值, 反之亦然. 假如有 r 个非零特征值, 即 $\lambda_1=\mu_1, \cdots, \lambda_r=\mu_r$, 而之后的特征值必均为零, 即

$$\lambda_{r+1}=\cdots=\lambda_n=0; \quad \mu_{r+1}=\cdots=\mu_m=0.$$

所以对 $k=1,\cdots,r$, 有

$$\boldsymbol{u}_k=\frac{A\boldsymbol{v}_k}{||A\boldsymbol{v}_k||}, \quad \boldsymbol{v}_k=\frac{A^{\mathrm{T}}\boldsymbol{u}_k}{||A^{\mathrm{T}}\boldsymbol{u}_k||}.\tag{2.1.7}$$

注意到

$$||A\boldsymbol{v}_k||^2=(A\boldsymbol{v}_k)^{\mathrm{T}}(A\boldsymbol{v}_k)=\boldsymbol{v}_k^{\mathrm{T}}(A^{\mathrm{T}}A)\boldsymbol{v}_k=\lambda_k,\tag{2.1.8}$$

最后一个等号成立是因为 $\boldsymbol{v}_k$ 是 $A^{\mathrm{T}}A$ 的特征值 λ_k 的特征向量, 又 $\boldsymbol{v}_k$ 规范正交, $\boldsymbol{v}_k^{\mathrm{T}}\boldsymbol{v}_k=1$. 类似地, $||A^{\mathrm{T}}\boldsymbol{u}_k||^2=\mu_k$. 因为 $\lambda_k=\mu_k>0$, 我们可以定义 σ_k 是特征值的平方根

$$||A\boldsymbol{v}_k||=||A^{\mathrm{T}}\boldsymbol{u}_k||=\sigma_k=\sqrt{\lambda_k}=\sqrt{\mu_k}, \quad k=1,2,\cdots,r.\tag{2.1.9}$$

(2.1.9) 可写成

$$A\boldsymbol{v}_k=\sigma_k\boldsymbol{u}_k,\tag{2.1.10}$$

$$A^{\mathrm{T}}\boldsymbol{u}_k=\sigma_k\boldsymbol{v}_k.\tag{2.1.11}$$

对单位向量 $\boldsymbol{v}_k\in\mathbb{R}^n$, 线性变换 A 将其变换成沿单位向量 $\boldsymbol{u}_k\in\mathbb{R}^m$ 的方向上长度为 σ_k 的向量 $\sigma_k\boldsymbol{u}_k\in\mathbb{R}^m$. 线性变换 A^{T} 对单位向量 $\boldsymbol{u}_k\in\mathbb{R}^m$ 的作用是将其变成沿单位向量 $\boldsymbol{v}_k\in\mathbb{R}^n$ 的方向上长度为 σ_k 的向量 $\sigma_k\boldsymbol{v}_k\in\mathbb{R}^n$.

另一方面对 $k>r$, 与 $\boldsymbol{v}_k$ 对应的 $A^{\mathrm{T}}A$ 的特征值是零, 因而 $A^{\mathrm{T}}A\boldsymbol{v}_k=0$. 左乘 $\boldsymbol{v}_k^{\mathrm{T}}$ 表明 $||A\boldsymbol{v}_k||=0$. 因此

$$A\boldsymbol{v}_k=0, \quad k=r+1,\cdots,n.\tag{2.1.12}$$

同理

$$A^{\mathrm{T}}\boldsymbol{u}_k=0,\quad k=r+1,\cdots,m. \tag{2.1.13}$$

方程 (2.1.10) 与 (2.1.12) 一起描述了 A 作用在基 $\boldsymbol{v}_k$ $(k=1,\cdots,n)$ 上的结果. 根据 $\boldsymbol{v}_k$ 的线性性及正交性, 有

$$A=\sum_{k=1}^{r}\sigma_k\boldsymbol{u}_k\boldsymbol{v}_k^{\mathrm{T}}. \tag{2.1.14}$$

对 (2.1.14) 取转置, 得

$$A^{\mathrm{T}}=\sum_{k=1}^{r}\sigma_k\boldsymbol{v}_k\boldsymbol{u}_k^{\mathrm{T}}. \tag{2.1.15}$$

正交向量 $\{\boldsymbol{v}_k\}$ 称为 A 的右特征向量, $\{\boldsymbol{u}_k\}$ 称为 A 的左特征向量, 标量 $\{\sigma_k\}$ 称为矩阵 A 的奇异值.

可将 $\boldsymbol{u}_k$ 的列向量写一起形成一个 $m\times m$ 正交矩阵 U, 将 $\boldsymbol{v}_k^{\mathrm{T}}$ 的行向量 $\boldsymbol{v}_k^{\mathrm{T}}$ 从上至下叠在一起形成一个 $n\times n$ 正交矩阵 V^{T}. 方程 (2.1.14) 可以写成矩阵形式

$$A=USV^{\mathrm{T}}, \tag{2.1.16}$$

其中 S 是一个 $m\times n$ 矩阵, 其非零元素是对角线上前 r 个元素值.

矩阵 A 的奇异值分解 (2.1.14) 作用于一个向量 $\boldsymbol{f}$, 为

$$A\boldsymbol{f}=\sum_{k=1}^{r}\boldsymbol{u}_k\sigma_k(\boldsymbol{v}_k^{\mathrm{T}}\boldsymbol{f}), \tag{2.1.17}$$

其结果可按如下步骤理解:

(1) 将输入向量沿右特征向量 $\boldsymbol{v}_k$ 分解, 其沿第 k 个特征方向的分量是 $\boldsymbol{v}_k^{\mathrm{T}}\boldsymbol{f}$.

(2) 沿第 k 个特征方向的量乘以奇异值 σ_k.

(3) 其积是 $A\boldsymbol{f}$ 在第 k 个左特征向量 $\boldsymbol{u}_k$ 上的大小.

事实上以上分析对更一般的复矩阵也成立, 我们有如下定理.

定理 2.1.1 (奇异值分解) 任意一个矩阵 $A\in\mathbb{C}^{m\times n}$ 可以被分解成

$$A=USV, \tag{2.1.18}$$

其中 U 是 $m\times m$ 酉矩阵, V 是 $n\times n$ 酉矩阵, $S\in\mathbb{R}^{m\times n}$ 为

$$S = \begin{pmatrix} \sigma_1 & & & & & & \\ & \sigma_2 & & & & & \\ & & \ddots & & & & \\ & & & \sigma_r & & & \\ & & & & 0 & & \\ & & & & & \ddots & \\ & & & & & & 0 \end{pmatrix}, \tag{2.1.19}$$

这里 $\sigma_1, \sigma_2, \cdots, \sigma_r$ 为 A 的非零奇异值. 约定 σ_i 按从大到小排列, 相同重复排列.

证明　矩阵 $A^{\mathrm{T}}A$ 是 n 阶 Hermite 矩阵, 这里 A^{T} 表示 A 的共轭转置. 由于

$$\boldsymbol{x}^{\mathrm{T}}(A^{\mathrm{T}}A)\boldsymbol{x} = (A\boldsymbol{x})^{\mathrm{T}}(A\boldsymbol{x}) \geqslant 0,$$

故 $A^{\mathrm{T}}A$ 是半正定矩阵, 从而有非负的特征值, 记特征值为 σ_i^2 $(i = 1, \cdots, n)$, 前 r 个非零, 并按从大到小排列, 相同重复排列, 即

$$\sigma_1^2 \geqslant \sigma_2^2 \geqslant \cdots \geqslant \sigma_r^2, \quad \sigma_{r+1}^2 = \cdots = \sigma_n^2 = 0.$$

又设 $\{\boldsymbol{v}_1, \boldsymbol{v}_2, \cdots, \boldsymbol{v}_n\}$ 是相应的正交特征向量, 即

$$A^{\mathrm{T}}A\boldsymbol{v}_k = \sigma_k^2\boldsymbol{v}_k, \quad k = 1, \cdots, n,$$

于是

$$||A\boldsymbol{v}_k||_2^2 = \boldsymbol{v}_k^{\mathrm{T}}A^{\mathrm{T}}A\boldsymbol{v}_k = \boldsymbol{v}_k^{\mathrm{T}}\sigma_k^2\boldsymbol{v}_k = \sigma_k^2, \quad k = 1, \cdots, n.$$

这表明当 $k \geqslant r + 1$ 时 $A\boldsymbol{v}_k = 0$. 注意到

$$r = \mathrm{rank}(A^{\mathrm{T}}A) \leqslant \min\left\{\mathrm{rank}(A^{\mathrm{T}}), \mathrm{rank}(A)\right\} \leqslant \min(m, n).$$

将向量 $\boldsymbol{v}_1^{\mathrm{T}}, \boldsymbol{v}_2^{\mathrm{T}}, \cdots, \boldsymbol{v}_n^{\mathrm{T}}$ 作为矩阵的行构成一个 $n \times n$ 矩阵 V. 再定义向量

$$\boldsymbol{u}_k = \sigma_k^{-1}A\boldsymbol{v}_k, \quad k = 1, \cdots, r.$$

由于

$$\begin{aligned} \boldsymbol{u}_i^{\mathrm{T}}\boldsymbol{u}_j &= \sigma_i^{-1}(A\boldsymbol{v}_i)^{\mathrm{T}}\sigma_j^{-1}(A\boldsymbol{v}_j) = (\sigma_i\sigma_j)^{-1}(\boldsymbol{v}_i^{\mathrm{T}}A^{\mathrm{T}}A\boldsymbol{v}_j) \\ &= (\sigma_i\sigma_j)^{-1}\left(\boldsymbol{v}_i^T\sigma_j^2\boldsymbol{v}_j\right) = \delta_{ij}, \end{aligned}$$

因此 $\{\boldsymbol{u}_k\}$ $(k = 1, \cdots, r)$ 构成一个标准正交系, 再补充 $m - r$ 个向量 $\boldsymbol{u}_k$ $(k = r + 1, \cdots, m)$ 使得 $\{\boldsymbol{u}_1, \boldsymbol{u}_2, \cdots, \boldsymbol{u}_m\}$ 成为 $\mathbb{C}^m$ 中的一个标准正交基. 再由 $\{\boldsymbol{u}_1, \boldsymbol{u}_2, \cdots, \boldsymbol{u}_m\}$ 作为矩阵 U 的列构成 $m \times m$ 矩阵 U. 最后设 S 是 $m \times n$ 矩阵, 将 $\sigma_1, \sigma_2, \cdots, \sigma_r$ 放置于 S 的对角线, 其余元素赋值为零, 则有

$$A = USV. \tag{2.1.20}$$

事实上, 这只要验证 $S = U^{\mathrm{T}}AV^{\mathrm{T}}$ 即可. 由于

$$(U^{\mathrm{T}}AV^{\mathrm{T}})_{ij} = \boldsymbol{u}_i^{\mathrm{T}}A\boldsymbol{v}_j = \begin{cases} \boldsymbol{u}_i^{\mathrm{T}}\sigma_j\boldsymbol{u}_j = \sigma_j\delta_{ij}, & j \leqslant r, \\ 0, & j \geqslant r+1, \end{cases}$$

因此 (2.1.20) 成立. 定理得证. □

由定理 2.1.1 的证明, 可知奇异值分解有如下性质.

推论 2.1.1 设矩阵 $A \in \mathbb{C}^{m\times n}$ 有定理 2.1.1 中的奇异值分解, 则

(1) $\mathrm{rank}(A) = r$.

(2) $\{\boldsymbol{v}_{r+1}, \boldsymbol{v}_{r+2}, \cdots, \boldsymbol{v}_n\}$ 是 A 的零空间的标准正交基.

(3) $\{\boldsymbol{u}_1, \boldsymbol{u}_2, \cdots, \boldsymbol{u}_r\}$ 是 A 的值域的标准正交基.

证明 (1) 因为 U 和 V 非奇异, 所以 A 的秩和 S 的秩相等, 均为 r.

(2) 若 $r < i \leqslant n$, 则 $A\boldsymbol{v}_i = 0$. 又因为 A 的秩为 r, 所以 A 的零空间是 $n-r$ 维. 因此 $\{\boldsymbol{v}_{r+1}, \boldsymbol{v}_{r+2}, \cdots, \boldsymbol{v}_n\}$ 是零空间的标准正交基.

(3) 因为 A 的秩为 r, 所以 A 的值域的维数也是 r. 又 $\boldsymbol{u}_i = \sigma_i^{-1}A\boldsymbol{v}_i$, 从而 $\{\boldsymbol{u}_1, \boldsymbol{u}_2, \cdots, \boldsymbol{u}_r\}$ 是矩阵 A 的值域的一个标准正交基. □

2.2 广义逆或 Moore-Penrose 逆

在矩阵奇异值分解的基础上, 下面给出矩阵广义逆 (pseudoinverse) 的概念. 广义逆又称伪逆或 Moore-Penrose 逆. 在第 4 章中, 我们将进一步介绍算子的 Moore-Penrose 逆.

定义 2.2.1 设矩阵 A 的奇异值分解为 $A = USV$, 则 A 的广义逆定义为

$$A^{+} = V^{\mathrm{T}}S^{+}V^{\mathrm{T}}, \tag{2.2.1}$$

其中 $S^{+} \in \mathbb{R}^{n\times m}$ 为

$$S^{+} = \begin{pmatrix} \sigma_1^{-1} & & & & & & \\ & \sigma_2^{-1} & & & & & \\ & & \ddots & & & & \\ & & & \sigma_r^{-1} & & & \\ & & & & 0 & & \\ & & & & & \ddots & \\ & & & & & & 0 \end{pmatrix}. \tag{2.2.2}$$

广义逆是逆矩阵概念的推广, 广义逆有逆矩阵的部分 (但不全部) 性质. 例如, 对 $m \times n$ 矩阵 A, 当 $n > m$ 时, $A^+A = I$ 不成立, 这是因为矩阵 A^+, A 及 A^+A 的秩至多为 m, 而 I 是 $n \times n$ 矩阵. 但对任意矩阵 A, 一定有 $AA^+A = A$ 成立. 下面的定理给出了广义逆矩阵的四个性质, 也称为 Penrose 性质.

定理 2.2.1　对任意矩阵 A, 至多存在一个矩阵 P, 满足下面四个性质: (1) $APA = A$; (2) $PAP = P$; (3) $(AP)^{\mathrm{T}} = AP$; (4) $(PA)^{\mathrm{T}} = PA$.

证明　设有两个矩阵 P 和 Q 同时满足这四个性质, 则

$$\begin{aligned}
P &\overset{(2)}{=\!=} PAP \overset{(1)}{=\!=} P(AQP)P \overset{(1)}{=\!=} P[(AQA)Q(AQA)]P \\
&= (PA)(QA)Q(AQ)(AP) \overset{(4),(3)}{=\!=\!=} (PA)^{\mathrm{T}}(QA)^{\mathrm{T}}Q(AQ)^{\mathrm{T}}(AP)^{\mathrm{T}} \\
&= (A^{\mathrm{T}}P^{\mathrm{T}}A^{\mathrm{T}})Q^{\mathrm{T}}QQ^{\mathrm{T}}(A^{\mathrm{T}}P^{\mathrm{T}}A^{\mathrm{T}}) = (APA)^{\mathrm{T}}Q^{\mathrm{T}}QQ^{\mathrm{T}}(APA)^{\mathrm{T}} \\
&\overset{(1)}{=\!=} A^{\mathrm{T}}Q^{\mathrm{T}}QQ^{\mathrm{T}}A^{\mathrm{T}} = (QA)^{\mathrm{T}}Q(AQ)^{\mathrm{T}} \overset{(4),(3)}{=\!=\!=} (QA)Q(AQ) \\
&= (QAQ)AQ \overset{(2)}{=\!=} QAQ \overset{(2)}{=\!=} Q,
\end{aligned}$$

即 $P = Q$. 得证.　□

定理 2.2.1 表明满足 Penrose 性质的矩阵唯一. 尽管一个矩阵的奇异值分解不唯一, 但广义逆是唯一的.

定理 2.2.2 (广义逆的唯一性)　任一矩阵的广义逆满足 Penrose 性质, 因此矩阵的广义逆是唯一的.

证明　设任一矩阵 $A \in \mathbb{C}^{m\times n}$ 的奇异值分解为 $A = USV$, 则其广义逆为

$$A^+ = V^{\mathrm{T}}S^+U^{\mathrm{T}}.$$

记 S 的元素为 S_{ij}, 则

$$S_{ij} = \begin{cases} \sigma_i, & i = j \leqslant r, \\ 0, & \text{其他}. \end{cases} \tag{2.2.3}$$

证明的思路是先验证 S^+ 满足 Penrose 性质, 然后再验证 A^+ 满足 Penrose 性质, 从而由定理 2.2.1 知广义逆唯一.

下面先验证 S^+ 满足第一个 Penrose 性质. 由于

$$(SS^+S)_{ij} = \sum_{k=1}^{n} S_{ik} \sum_{l=1}^{m} S^+_{kl}S_{lj}, \tag{2.2.4}$$

上式右端为零 (除非当 $i, j \leqslant r$). 因此假定 $i, j \leqslant r$, 进一步化简 (2.2.4) 的右端项,

得到

$$(SS^+S)_{ij} = \sum_{k=1}^{r} S_{ik} \sum_{l=1}^{r} S_{kl}^+ S_{lj}$$

$$= \sigma_i \sum_{k=1}^{r} S_{il}^+ S_{lj} = \sigma_i \sigma_i^{-1} S_{lj} = S_{ij},$$

即 S^+ 满足第一个 Penrose 性质. 同理可以验证 S^+ 满足其余三个 Penrose 性质, 从略. 然后可以直接验证 A^+ 满足 Penrose 性质, 例如对第一个, 有

$$AA^{\mathrm{T}}A = (USV)(V^{\mathrm{T}}S^+U^{\mathrm{T}})(USV)$$
$$= USS^+SV = USV = A.$$

其他也可类似验证, 从略. □

2.3 数据拟合问题

在模型拟合问题中, 如对 m 个数据点 $\{(x_k, d_k)\}_{k=1}^m$ 用一条直线 $d = f_0 + f_1 x$ 拟合, 正问题是计算 $\boldsymbol{d} = A\boldsymbol{f}$, 即

$$\begin{pmatrix} d_1 \\ d_2 \\ \vdots \\ d_m \end{pmatrix} = \begin{pmatrix} 1 & x_1 \\ 1 & x_2 \\ \vdots & \vdots \\ 1 & x_m \end{pmatrix} \begin{pmatrix} f_0 \\ f_1 \end{pmatrix}, \tag{2.3.1}$$

这里像空间是二维 $(n = 2)$ 空间, 数据空间是 m 维空间.

在最小二乘法中, 选择模型参数 $\hat{\boldsymbol{f}}$ 使得 $A\hat{\boldsymbol{f}}$ 尽可能接近 $\boldsymbol{d}$, 即

$$\hat{\boldsymbol{f}} = \arg\min ||\boldsymbol{d} - A\boldsymbol{f}||^2. \tag{2.3.2}$$

假定计算 A 的奇异值分解, 也即寻找左奇异向量 $\{\boldsymbol{u}_k\}_{k=1}^m$, 右奇异向量 $\{\boldsymbol{v}_k\}_{k=1}^n$ 及奇异值 σ_k, 使得

$$A = \sum_{k=1}^{r} \sigma_k \boldsymbol{u}_k \boldsymbol{v}_k^{\mathrm{T}}. \tag{2.3.3}$$

因为 $\{\boldsymbol{u}_k\}_{k=1}^m$ 构成数据空间的一个基, 所以可以将数据 $\boldsymbol{d}$ 表示成

$$\boldsymbol{d} = \sum_{k=1}^{m} \boldsymbol{u}_k (\boldsymbol{u}_k^{\mathrm{T}} \boldsymbol{d}). \tag{2.3.4}$$

于是, 给定任何 $\boldsymbol{f}$, 有

$$
\begin{aligned}
\|\boldsymbol{d}-A\boldsymbol{f}\|^2 &= \left\|\sum_{k=1}^{m}\boldsymbol{u}_k(\boldsymbol{u}_k^{\mathrm{T}}\boldsymbol{d})-\sum_{k=1}^{r}\sigma_k\boldsymbol{u}_k(\boldsymbol{v}_k^{\mathrm{T}}\boldsymbol{f})\right\|^2\\
&= \left\|\sum_{k=1}^{r}\boldsymbol{u}_k\left\{\boldsymbol{u}_k^{\mathrm{T}}\boldsymbol{d}-\sigma_k(\boldsymbol{v}_k^{\mathrm{T}}\boldsymbol{f})\right\}+\sum_{k=r+1}^{m}\boldsymbol{u}_k(\boldsymbol{u}_k^{\mathrm{T}}\boldsymbol{d})\right\|^2,
\end{aligned} \tag{2.3.5}
$$

因为向量 $\{\boldsymbol{u}_k\}$ 正交, 上式可以简化为

$$
\|\boldsymbol{d}-A\boldsymbol{f}\|^2=\sum_{k=1}^{r}\left|\boldsymbol{u}_k^{\mathrm{T}}\boldsymbol{d}-\sigma_k(\boldsymbol{v}_k^{\mathrm{T}}\boldsymbol{f})\right|^2+\sum_{k=r+1}^{m}|\boldsymbol{u}_k^{\mathrm{T}}\boldsymbol{d}|^2. \tag{2.3.6}
$$

右端第二项是从 $\boldsymbol{d}$ 到 A 之像的垂直距离的平方, 完全不影响 $\boldsymbol{f}$ 的选择. 通过选择 $\hat{\boldsymbol{f}}$ 满足下式, 右边第一项可以减少到零 (可能的最小值)

$$
\boldsymbol{v}_k^{\mathrm{T}}\hat{\boldsymbol{f}}=\frac{\boldsymbol{u}_k^{\mathrm{T}}\boldsymbol{d}}{\sigma_k},\quad k=1,2,\cdots,r, \tag{2.3.7}
$$

能否完全确定 $\boldsymbol{f}$ 依赖于 $r=n$ 还是 $r<n$. 对模型拟合问题, $r=n$. 因此, 模型拟合问题的唯一解是

$$
\hat{\boldsymbol{f}}=\sum_{k=1}^{n}\boldsymbol{v}_k(\boldsymbol{v}_k^{\mathrm{T}}\hat{\boldsymbol{f}})=\sum_{k=1}^{n}\boldsymbol{v}_k\frac{\boldsymbol{u}_k^{\mathrm{T}}\boldsymbol{d}}{\sigma_k}=\left(\sum_{k=1}^{n}\frac{1}{\sigma_k}\boldsymbol{v}_k\boldsymbol{u}_k^{\mathrm{T}}\right)\boldsymbol{d}. \tag{2.3.8}
$$

对直线拟合问题, $\hat{\boldsymbol{f}}$ 沿右特征向量 $\boldsymbol{v}_k$ 的分量由 $\dfrac{\boldsymbol{u}_k^{\mathrm{T}}\boldsymbol{d}}{\sigma_k}$ 给出, 特征向量 $\boldsymbol{v}_1$ 和 $\boldsymbol{v}_2$ 相互垂直, 但分别与 f_0 和 f_1 轴成一角度, 表示拟合直线的截距和斜率.

当模型参数不相互独立时, 形式上, 正映射不是一对一, 而且 $\exists\boldsymbol{f}_1,\boldsymbol{f}_2$ 使得 $A\boldsymbol{f}_1=A\boldsymbol{f}_2$ 但 $\boldsymbol{f}_1\neq\boldsymbol{f}_2$. 因为有多个模型参数映射到相同的数据, 有必要使用一个附加的最优准则来从中选择.

依据奇异值分解, 当模型参数不独立时, 正映射 A 的秩 r 小于 n. 这说明 A 的零空间包含某些非零向量. 事实上, $\boldsymbol{v}_{r+1},\cdots,\boldsymbol{v}_n$ 线性组合的所有向量在 A 的零空间中, 即

$$
A(c_{r+1}\boldsymbol{v}_{r+1}+\cdots+c_n\boldsymbol{v}_n)=0. \tag{2.3.9}
$$

假如 $r<n$ 时, 由数据 $\boldsymbol{d}$ 用最小二乘方法重建模型参数. 由 (2.3.6) 有

$$
\|\boldsymbol{d}-A\boldsymbol{f}\|^2=\sum_{k=1}^{r}\left|\boldsymbol{u}_k^{\mathrm{T}}\boldsymbol{d}-\sigma_k(\boldsymbol{v}_k^{\mathrm{T}}\boldsymbol{f})^2\right|+\sum_{k=r+1}^{m}|\boldsymbol{u}_k^{\mathrm{T}}\boldsymbol{d}|^2. \tag{2.3.10}
$$

为了对所有可能的 $\boldsymbol{f}$ 极小化 $||\boldsymbol{d}-A\boldsymbol{f}||^2$, 我们最多保证右边第一项为零, 即

$$\boldsymbol{v}_k^{\mathrm{T}}\boldsymbol{f}=\frac{\boldsymbol{u}_k^{\mathrm{T}}\boldsymbol{d}}{\sigma_k},\quad k=1,2,\cdots,r. \tag{2.3.11}$$

假如 $r=n$, 则完全确定 $\boldsymbol{f}$. 但假如 $r<n$, 解仅仅是 $\boldsymbol{f}$ 沿前 r 个右特征向量 $\boldsymbol{v}_1,\cdots,\boldsymbol{v}_r$ 的投影被确定. 余下的 $n-r$ 个投影完全是任意的. 因此, 不是一个"最好"解 $\hat{\boldsymbol{f}}$, 因为下式

$$\sum_{k=1}^{r}\boldsymbol{v}_k\left(\frac{\boldsymbol{u}_k^{\mathrm{T}}\boldsymbol{d}}{\sigma_k}\right)+c_{r+1}\boldsymbol{v}_{r+1}+\cdots+c_n\boldsymbol{v}_n,\quad \forall c_{r+1},\cdots,c_n \tag{2.3.12}$$

都将对 $||\boldsymbol{d}-A\boldsymbol{f}||^2$ 给出相同的最小值. 假如某些任意参数很大, 则重建的像将很坏. 如上提到, 我们按照某种最优准则来选择任意参数 $c_{r+1},\cdots,c_n$.

当 $r<m$ 时, 很可能噪声使数据 $\boldsymbol{d}$ 在 A 的像之外, 且有无限个 $\boldsymbol{f}\in\mathrm{Null}(A)$ 映射到 $\boldsymbol{d}$. 我们后面要讨论的正则化方法是在可行集中找一个合理的解.

2.4 与 Moore-Penrose 逆的关系

为了最小化拟合 $\chi(\boldsymbol{f})=||\boldsymbol{d}-A\boldsymbol{f}||^2$, 将其写成

$$\chi(\boldsymbol{f})=||\boldsymbol{d}-A\boldsymbol{f}||^2=\sum_{k=1}^{m}\left(d_k-\sum_{l=1}^{n}a_{kl}f_l\right)^2, \tag{2.4.1}$$

于是

$$\frac{\partial\chi}{\partial f_i}=\sum_{k=1}^{m}2\left(d_k-\sum_{l=1}^{n}a_{kl}f_l\right)(-a_{ki})=0,\quad i=1,\cdots,n. \tag{2.4.2}$$

即

$$\sum_{l=1}^{n}\left(\sum_{k=1}^{m}a_{ki}a_{kl}\right)f_l=\sum_{k=1}^{m}a_{ki}d_k,\quad i=1,\cdots,n, \tag{2.4.3}$$

或写矩阵形式

$$(A^{\mathrm{T}}A)\boldsymbol{f}=A^{\mathrm{T}}\boldsymbol{d}. \tag{2.4.4}$$

这就是最小二乘问题的*法方程*. 假如 $A^{\mathrm{T}}A$ 可逆, 则可得到唯一解, 最佳拟合参数 $\hat{\boldsymbol{f}}$ 为

$$\hat{\boldsymbol{f}}=(A^{\mathrm{T}}A)^{-1}A^{\mathrm{T}}\boldsymbol{d}. \tag{2.4.5}$$

矩阵 $(A^{\mathrm{T}}A)^{-1}A^{\mathrm{T}}$ 就是 A 的 Moore-Penrose 逆.

下面将该解与奇异值分解联系起来. 利用矩阵 A 与 A^{T} 的奇异值分解表达式 (2.1.14) 与 (2.1.15), 得

$$\begin{aligned} A^{\mathrm{T}}A &= \left(\sum_{k=1}^{r}\sigma_k \boldsymbol{v}_k \boldsymbol{u}_k^{\mathrm{T}}\right)\left(\sum_{l=1}^{r}\sigma_l \boldsymbol{u}_l \boldsymbol{v}_l^{\mathrm{T}}\right) \\ &= \sum_{k=1}^{r}\sum_{l=1}^{r}\sigma_k\sigma_l \boldsymbol{v}_k(\boldsymbol{u}_k^{\mathrm{T}}\boldsymbol{u}_l)\boldsymbol{v}_l^{\mathrm{T}} = \sum_{k=1}^{r}\sigma_k^2 \boldsymbol{v}_k \boldsymbol{v}_k^{\mathrm{T}}. \end{aligned} \tag{2.4.6}$$

这里利用了 $\boldsymbol{u}_k^{\mathrm{T}}\boldsymbol{u}_l = \delta_{kl}$. 因此 $\{\sigma_k^2\}_{k=1}^{r}$ 是 $A^{\mathrm{T}}A$ 的非零特征值. 因为 $A^{\mathrm{T}}A$ 是 $n\times n$ 矩阵, 所以当 $r=n$ 时可逆. 假如该矩阵可逆, 有

$$(A^{\mathrm{T}}A)^{-1} = \sum_{k=1}^{r}\frac{1}{\sigma_k^2}\boldsymbol{v}_k\boldsymbol{v}_k^{\mathrm{T}} \tag{2.4.7}$$

和

$$(A^{\mathrm{T}}A)^{-1}A^{\mathrm{T}} = \left(\sum_{k=1}^{r}\frac{1}{\sigma_k^2}\boldsymbol{v}_k\boldsymbol{v}_k^{\mathrm{T}}\right)\left(\sum_{l=1}^{r}\sigma_l\boldsymbol{v}_l\boldsymbol{u}_l^{\mathrm{T}}\right) = \sum_{k=1}^{r}\frac{1}{\sigma_k}\boldsymbol{v}_k\boldsymbol{u}_k^{\mathrm{T}}. \tag{2.4.8}$$

将该式与 (2.3.8) 式比较, 表明由奇异值分解计算的最小二乘解与 Moore-Penrose 逆等同.

一般地, 有如下结论.

定理 2.4.1　方程 $A\boldsymbol{x}=\boldsymbol{b}$ 的极小化 $\inf\limits_{\boldsymbol{x}}\left\{\|A\boldsymbol{x}-\boldsymbol{b}\|_2 : \boldsymbol{x}\in\mathbb{C}^n\right\}$ 的最小模 $(\min\|\boldsymbol{x}\|_2)$ 解为

$$\boldsymbol{x} = A^{+}\boldsymbol{b}, \tag{2.4.9}$$

其中 $A\in\mathbb{C}^{m\times n}$, $\boldsymbol{x}\in\mathbb{C}^n$, $\boldsymbol{b}\in\mathbb{C}^m$.

证明　设 A 的奇异值分解为 $A=USV$, 记

$$\boldsymbol{y}=V\boldsymbol{x},\quad \boldsymbol{z}=U^{\mathrm{T}}\boldsymbol{b}.$$

因为 $V\in\mathbb{C}^{n\times n}:\boldsymbol{x}\mapsto\boldsymbol{y}$ 是满射, 所以

$$\begin{aligned} \inf_{\boldsymbol{x}}\|A\boldsymbol{x}-\boldsymbol{b}\|_2^2 &= \inf_{\boldsymbol{x}}\|USV\boldsymbol{x}-\boldsymbol{b}\|_2^2 \\ &= \inf_{\boldsymbol{x}}\|SV\boldsymbol{x}-U^T\boldsymbol{b}\|_2^2 = \inf_{\boldsymbol{y}}\|S\boldsymbol{y}-\boldsymbol{z}\|_2^2 \end{aligned}$$

$$= \inf_{\boldsymbol{y}} \left\{ \sum_{i=1}^{r} (\sigma_i y_i - z_i)^2 + \sum_{i=r+1}^{m} z_i^2 \right\},$$

上式当 $y_i = z_i/\sigma_i$ $(1 \leqslant i \leqslant r)$ 时取极小, 其中 $y_{r+1}, y_{r+2}, \cdots, y_n$ 任意. 因此

$$\inf_{\boldsymbol{x}} ||A\boldsymbol{x} - \boldsymbol{b}||_2 = \left(\sum_{i=r+1}^{m} z_i^2 \right)^{1/2}.$$

在取该极小值的所有 $\boldsymbol{y}$ 中, 当 $y_{r+1} = y_{r+2} = \cdots = y_n = 0$ 时, $\boldsymbol{y}$ 的模极小, 所以 $\boldsymbol{y} = S^+\boldsymbol{z}$. 因此原方程的最小模 $(\min ||\boldsymbol{x}||_2)$ 解为

$$\boldsymbol{x} = V^{\mathrm{T}}\boldsymbol{y} = V^{\mathrm{T}}S^+\boldsymbol{b} = A^+\boldsymbol{b}. \qquad \square$$

2.5 带噪声的数据拟合

考虑线性问题

$$\boldsymbol{d} = A\boldsymbol{f} + \boldsymbol{n}, \tag{2.5.1}$$

其中 $\boldsymbol{d}$ 为观测数据, $\boldsymbol{n}$ 为噪声, A 矩阵. 假如像空间是 n 维, 数据空间是 m 维, 则 $A \in \mathbb{R}^{m\times n}$. 如果“模拟数据” $A\hat{\boldsymbol{f}}$ 接近观测数据 $\boldsymbol{d}$, 我们认为 $\hat{\boldsymbol{f}}$ 是好的. 为此, 定义残量模的平方

$$\chi(\boldsymbol{f}) = ||\boldsymbol{d} - A\boldsymbol{f}||^2. \tag{2.5.2}$$

然而, 选择极小化 $\chi(\boldsymbol{f})$ 的解 $\hat{\boldsymbol{f}}$ 常常给出一个不好的结果, 因为通过加一个在 A 的零空间中的向量, 观测数据不受影响. 在有噪声的情况下, 噪声会随小的奇异值放大. 为此, 我们引进函数 $\Omega(\boldsymbol{f})$, 对 $\boldsymbol{f}$ 附加一些约束. 例如, 使得解的模最小, 这时可选择

$$\Omega(\boldsymbol{f}) = ||\boldsymbol{f}||^2. \tag{2.5.3}$$

有时, 我们要求重建结果与解的先验已知信息 $\hat{\boldsymbol{f}}$ 接近, 这时可选择

$$\Omega(\boldsymbol{f}) = ||\boldsymbol{f} - \hat{\boldsymbol{f}}||^2. \tag{2.5.4}$$

更一般地, 引进算子 L, 取 $\Omega(\boldsymbol{f})$ 为

$$\Omega(\boldsymbol{f}) = ||L(\boldsymbol{f} - \hat{\boldsymbol{f}})||^2 = (\boldsymbol{f} - \hat{\boldsymbol{f}})^{\mathrm{T}} L^{\mathrm{T}} L(\boldsymbol{f} - \hat{\boldsymbol{f}}). \tag{2.5.5}$$

通常 L 是一个 $p\times n$ $(p\leqslant n)$ 矩阵, 例如 L 是单位矩阵或一个第 $(n-p)$ 阶导数近似的矩阵表示. 一阶导数近似的矩阵表示为

$$L_1=\frac{1}{\Delta x}\begin{pmatrix}-1 & 1 & & & \\ & -1 & 1 & & \\ & & \ddots & \ddots & \\ & & & -1 & 1\end{pmatrix}, \tag{2.5.6}$$

二阶导数近似的矩阵表示为

$$L_2=\frac{1}{(\Delta x)^2}\begin{pmatrix}1 & -2 & 1 & & & \\ & 1 & -2 & 1 & & \\ & & \ddots & \ddots & \ddots & \\ & & & 1 & -2 & 1\end{pmatrix}. \tag{2.5.7}$$

另外, 还可以极小化如下组合

$$\Omega(\boldsymbol{f})=\alpha_0||\boldsymbol{f}-\hat{\boldsymbol{f}}||^2+\sum_{k=1}^{q}\alpha_k||L_k(\boldsymbol{f}-\hat{\boldsymbol{f}})||^2, \tag{2.5.8}$$

其中 L_k 是近似第 k 阶导数的近似, α_k 是非负常数.

引进加权因子 $\lambda>0$, 寻找该 $\Omega(\boldsymbol{f})$ 与 $\chi(\boldsymbol{f})$ 的加权和的极小化解 $\bar{\boldsymbol{f}}_\lambda$, 即

$$\bar{\boldsymbol{f}}_\lambda=\arg\min\left\{\lambda^2||L(\boldsymbol{f}-\hat{\boldsymbol{f}})||^2+||\boldsymbol{d}-A\boldsymbol{f}||^2\right\}. \tag{2.5.9}$$

如果 λ 很大, 则 $\chi(\boldsymbol{f})$ 对于 $\Omega(\boldsymbol{f})$ 可忽略, 且 $\lim\limits_{\lambda\to\infty}\bar{\boldsymbol{f}}=\hat{\boldsymbol{f}}$, 这时可以忽略数据拟合项的作用及噪声的影响. 另一方面, 如果 λ 很小, 数据拟合变得更重要. 特别地, 如果 λ 为零, 则问题简化为前面的最小二乘情况, 问题对数据中的噪声特别敏感.

为求得 (2.5.9) 的解 $\bar{\boldsymbol{f}}$, 令

$$\frac{\partial}{\partial f_k}\left\{\lambda(\boldsymbol{f}-\hat{\boldsymbol{f}})^{\mathrm{T}}L^{\mathrm{T}}L(\boldsymbol{f}-\hat{\boldsymbol{f}})+(\boldsymbol{d}-A\boldsymbol{f})^{\mathrm{T}}(\boldsymbol{d}-A\boldsymbol{f})\right\}=0,$$
$$k=1,2,\cdots,n, \tag{2.5.10}$$

从而

$$2\lambda L^{\mathrm{T}}L(\boldsymbol{f}-\hat{\boldsymbol{f}})-2A^{\mathrm{T}}(\boldsymbol{d}-A\boldsymbol{f})=0, \tag{2.5.11}$$

即

$$(\lambda L^{\mathrm{T}} L + A^{\mathrm{T}} A)\boldsymbol{f} = \lambda^2 L^{\mathrm{T}} L \hat{\boldsymbol{f}} + A^{\mathrm{T}} \boldsymbol{d}. \tag{2.5.12}$$

当 $\lambda = 0$ 时, (2.5.12) 简化为与最小二乘问题相关的法方程. 对非零的 λ 值, 只要 $(\lambda L^{\mathrm{T}} L + A^{\mathrm{T}} A)$ 非奇异就有唯一解.

第 3 章 正则化方法

对不适定问题, 即使是微小的测量误差或计算误差也会导致计算解与真实解之间有巨大偏差, 那么如何求得一个可靠的近似解? Tikhonov 于 20 世纪 60 年代提出了正则化方法. 本章主要介绍线性不适定问题的正则化方法的经典结果, 也适当介绍非线性反问题的正则化方法, 关于正则化理论的更多内容可以参考 [28, 144] 等专著.

3.1 正则化一般理论

为了本章的讨论, 再次给出适定性的数学定义.

定义 3.1.1 设算子 $K: X \to Y$ 是赋范空间 X 到赋范空间 Y 的一个算子, 算子方程

$$Kx = y \tag{3.1.1}$$

称为适定的, 如果下列条件都满足

(1) 对任意 $y \in Y$, 都存在 $x \in X$ 使 (3.1.1) 成立.

(2) 方程 (3.1.1) 的解唯一.

(3) 方程 (3.1.1) 的解连续依赖右端项 y 的变化, 即若 $Kx_0 = y_0$, 则当 $y \to y_0$ 时, 有 $x \to x_0$.

我们知道, 只要上述条件之一不满足, 方程 (3.1.1) 就不适定或病态; 如果该方程适定或良态, 则 K 有连续的逆算子 K^{-1}. 条件 (1) 等价于 $\mathcal{R}(K) = Y$, 条件 (2) 等价于 $\mathcal{N}(K) = 0$. 那什么样的算子会不满足定义 3.1.1 中的条件呢? 下面的定理指出了 Hilbert 空间上的线性紧算子与方程不适定的关系.

定理 3.1.1[144] 设 X 和 Y 为无穷维 Hilbert 空间, $K: X \to Y$ 为线性紧算子, 若 K 的值域 $\mathcal{R}(K)$ 为无穷维的, 则不满足定义 3.1.1 中的 (2) 和 (3), 方程 (3.1.1) 不适定, 这时值域 $\mathcal{R}(K)$ 非闭. 如果值域 $\mathcal{R}(K)$ 是有限维的, 则定义 3.1.1 中的 (1) 不满足, 方程 (3.1.1) 不适定.

当方程 (3.1.1) 的解总是不连续依赖于右端项时, 即使是微小的误差也会导致解与真实解之间有巨大偏差. 这时如何求得一个可靠的近似解? 正则化方法思想是构造一族算子 R_α 去逼近 K^{-1}, 其中 $\alpha > 0$ 为适当的参数, 并把 $R_\alpha y$ 作为其近似解.

考虑 Banach 空间 X, Y 上的算子方程

$$Kx = y, \tag{3.1.2}$$

其中 K 为由 X 到 Y 的有界线性算子, 若 K 为单射算子, 则对 $y \in K(X)$ 算子方程的解存在唯一.

在实际问题或计算中, 并不能得到精确数据 y, 只知道被误差扰动后的测量数据 y^δ 及误差水平 $\delta > 0$, 即

$$||y - y^\delta|| \leqslant \delta, \quad y^\delta \in Y. \tag{3.1.3}$$

由于问题不适定性, 方程 (3.1.2) 的解并不连续依赖于右端项, 故不能单纯用 $x^\delta = K^{-1}y^\delta$ 去逼近真实解. 下面引进正则化方法的定义.

定义 3.1.2 若一族有界线性算子

$$R_\alpha : T \to X, \quad \alpha > 0 \tag{3.1.4}$$

满足

$$\lim_{\alpha \to 0} R_\alpha K x = x, \quad \forall x \in X, \tag{3.1.5}$$

即算子族 $R_\alpha K$ 逐点收敛于恒等算子, 则称该算子族为一个正则化方法, $\alpha(\delta)$ 称为正则化参数.

定义 3.1.3 称一个正则化参数选择策略是收敛的, 假如 $\forall y \in \mathcal{D}(K^\dagger)$, 有

$$\lim_{\delta \to 0} \sup_{||y - y^\delta|| \leqslant \delta} ||R_{\alpha(\delta)} y^\delta - K^\dagger y|| = 0, \tag{3.1.6}$$

其中 $K^\dagger$ 为 K 的 Moore-Penrose 逆.

定理 3.1.2 设 $K : X \to Y$ 是有界线性算子, 则当且仅当 $K(X)$ 闭时, 才存在一个具有收敛的正则化参数 $\alpha(\delta)$ 选择策略的正则化方法.

证明 假定一个正则化方法具有收敛的正则化参数选择策略 $\alpha = \alpha(\delta)$, 则 $\forall y \in \mathcal{D}(K^\dagger)$, 有

$$\lim_{\delta \to 0} \sup_{||y - y^\delta|| \leqslant \delta} ||R_{\alpha(\delta)} y^\delta - K^\dagger y|| = 0, \tag{3.1.7}$$

即 $R_\alpha y = K^\dagger y$ 对 $\forall y \in \mathcal{D}(K^\dagger)$ 成立, 因此 $K^\dagger$ 在 $\mathcal{D}(K^\dagger)$ 上连续. 因此 $\mathcal{D}(K)$ 是闭的.

另一方面, 假如 $K(X)$ 是闭的, 则 $K^\dagger$ 在 $\mathcal{D}(K^\dagger) = K(X) \oplus K(X)^\perp = Y$ 上连续, 所以可以选择一个正则化方法 $R_\alpha := K^\dagger$, $\alpha > 0$. 对这个正则化方法, 任何参数 α 的选择策略都是收敛的. □

推论 3.1.1 假如 $K(X)$ 非闭 (例如 K 是紧算子并有无限维值域), 则具有收敛的正则化参数选择策略的正则化方法不存在.

定理 3.1.3 (正则化方法的性质) 设 $\dim X = \infty$, $K : X \to Y$ 是线性紧算子, R_α 是一个正则化方法, 则

(1) R_α 关于 $\alpha(\delta)$ 不一致有界, 即有序列 $\{\alpha_j\} \to 0$, 使得当 $j \to \infty$ 时, $||R_{\alpha_j}|| \to \infty$.

(2) 当 $\alpha \to 0$ 时, $||R_\alpha K - I|| \to 0$ 不成立.

证明 (1) 反证法. 假设存在常数 $C > 0$, 使得 $||R_\alpha|| \leqslant C$ 对一切 α 都成立, 即 $||R_\alpha y|| \leqslant C||y||$ 对所有 $\alpha > 0, y \in Y$ 成立. 由于当 $\alpha \to 0$ 时, $R_\alpha y \to K^{-1}y$ 对一切 $y \in K(Y)$ 成立, 因此 $||K^{-1}y|| \leqslant C||y||$ 对一切 $y \in K(Y)$ 成立, 即 K^{-1} 是有界的, 这表明 $I = K^{-1}K : X \to X$ 是紧的, 与 $\dim X = \infty$ 矛盾.

(2) 假定 $R_\alpha K \to I$ 成立, 由于 $R_\alpha K$ 是紧的, 因此 I 也是紧的, 与 $\dim X = \infty$ 矛盾. □

根据正则化方法的定义, 方程 $Kx = y^\delta$ 的近似解可表示为

$$x^{\alpha,\delta} := R_\alpha y^\delta, \tag{3.1.8}$$

由三角不等式, 有

$$\begin{aligned} ||x^{\alpha,\delta} - x|| &\leqslant ||R_\alpha y^\delta - R_\alpha y|| + ||R_\alpha y - x|| \\ &\leqslant ||R_\alpha|| \cdot ||y^\delta - y|| + ||R_\alpha Kx - x||, \end{aligned}$$

因此

$$||x^{\alpha,\delta} - x|| \leqslant \delta||R_\alpha|| + ||R_\alpha Kx - x||. \tag{3.1.9}$$

由上式可见, 近似解与精确解之间的误差分成两部分, 第一项反映的是近似算子 R_α 对数据误差的放大作用, 它随 α 趋于零而趋于无穷; 第二项反映的是 R_α 对 K^{-1} 的近似程度, 由正则化方法的定义, 它随 α 趋于零而趋于零. 所以我们需要适当选取依赖于误差 δ 的正则化参数 $\alpha^*(\delta)$, 来使得总误差 $\delta||R_\alpha|| + ||R_\alpha Kx - x||$ 达到最小, 如图 3.1 所示.

定理 3.1.4 设 $K : X \to Y$ 是线性紧算子, 其伴随 (共轭) 算子为 $K^* : Y \to X$, $\mu_1 \geqslant \mu_2 \geqslant \mu_3 \geqslant \cdots \geqslant 0$ 为 K 的奇异值 (重数重复计算), 则存在正交系 $\{x_j\} \subset X$ 和 $\{y_j\} \subset Y$ 满足

$$Kx_j = \mu_j y_j, \quad K^* y_j = \mu_j x_j, \quad \forall j \in J, \tag{3.1.10}$$

称 (μ_j, x_j, y_j) 为 K 的奇异系, 则 $\forall x \in X$, $\exists x_0 = Qx \in \mathcal{N}(K)$, 使得 x 有奇异值分解

$$x = x_0 + \sum_{j\in J}(x, x_j)x_j, \quad Kx = \sum_{j\in J}\mu_j(x, x_j)y_j, \tag{3.1.11}$$

其中 $\mathcal{N}(K)$ 为 K 的核空间, Q 是 $X \to \mathcal{N}(K)$ 的正交投影.

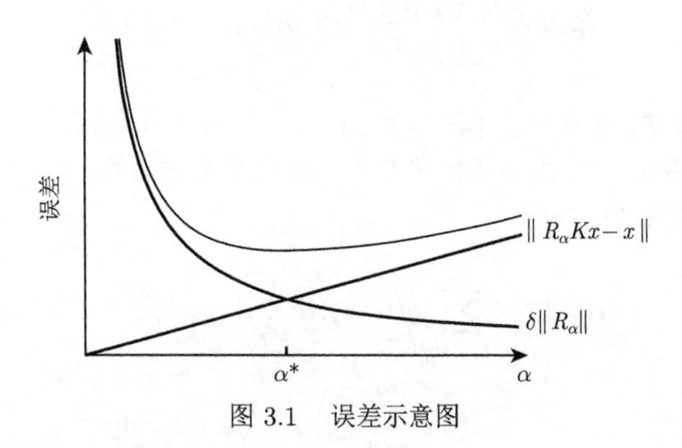

图 3.1 误差示意图

如果 K 是一对一映射, 则 $\{x_j\}$ 在 X 中完备.

定理 3.1.5 (Picard) 设 $K: X \to Y$ 是线性紧算子, K 的奇异系为 (μ_j, x_j, y_j), 则方程

$$Kx = y \tag{3.1.12}$$

可解的充要条件是

$$y \in \mathcal{N}(K^*)^\perp, \quad \sum_{j\in J}\frac{1}{\mu_j^2}|(y, y_j)|^2 < \infty. \tag{3.1.13}$$

在可解时, 解为

$$x = \sum_{j\in J}\frac{1}{\mu_j}(y, y_j)x_j. \tag{3.1.14}$$

定理 3.1.6 设线性紧算子 K 的奇异系为 (μ_j, x_j, y_j), $\mu_j > 0$. 函数

$$q(\alpha, \mu): (0, \infty) \times (0, ||K||] \longrightarrow \mathbb{R} \tag{3.1.15}$$

满足下列条件:

(1) 对一切 $\alpha > 0$ 和 $0 < \mu \leqslant ||K||$ 成立 $|q(\alpha, \mu)| \leqslant 1$.

(2) 存在函数 $c(\alpha)$ 使得对一切 $0 < \mu < ||k||$ 成立

$$|q(\alpha, \mu)| \leqslant c(\alpha)\mu. \tag{3.1.16}$$

(3) 对每一个 $0<\mu\leqslant||K||$, 成立

$$\lim_{\alpha\to 0} q(\alpha,\mu)=1, \tag{3.1.17}$$

则由下式定义的算子 $R_\alpha: Y\to X,\ \ \alpha>0$:

$$R_\alpha y=\sum_{j=1}^{\infty}\frac{q(\alpha,\mu_j)}{\mu_j}(y,y_j)x_j,\quad y\in Y \tag{3.1.18}$$

是一个正则化方法, 且有估计 $||R_\alpha||\leqslant c(\alpha)$. 如果选择 $\alpha=\alpha(\delta)$ 在 $\delta\to 0$ 时满足 $\alpha(\delta)\to 0$ 和 $\delta c(\alpha)\to 0$, 则该正则化参数策略选择是收敛的.

证明 由条件 (2) 可知

$$\begin{aligned}||R_\alpha y||^2&=\sum_{j=1}^{\infty}\big[q(\alpha,\mu_j)\big]^2\frac{1}{\mu_j^2}\big|(y,y_j)\big|^2\\&\leqslant c(\alpha)^2\sum_{j=1}^{\infty}|(y,y_j)|^2\leqslant c(\alpha)^2||y||^2,\end{aligned}$$

即 $||R_\alpha||\leqslant c(\alpha)$, 因此 R_α 是有界的. 由

$$R_\alpha Kx=\sum_{j=1}^{\infty}\frac{q(\alpha,\mu_j)}{\mu_j}(Kx,y_j)x_j,\quad x=\sum_{j=1}^{\infty}(x,x_j)x_j$$

和

$$(Kx,y_j)=(x,K^*y_j)=\mu_j(x,x_j)$$

可得

$$||R_\alpha Kx-x||^2=\sum_{j=1}^{\infty}\big[q(\alpha,\mu_1)-1\big]^2|(x,x_j)|^2. \tag{3.1.19}$$

设 $x\in X$. 由于 $\sum\limits_{j=1}^{\infty}|(x,x_j)|^2$ 收敛, 所以 $\forall\varepsilon>0, \exists N\in\mathbb{N}$, 使得

$$\sum_{n=N+1}^{\infty}|(x,x_j)|^2\leqslant\frac{\varepsilon^2}{8},$$

再由条件 (3.1.17) 知, 存在 $\alpha_0>0$, 使得当 $0<\alpha\leqslant\alpha_0$ 时, 有

$$\big[q(\alpha,\mu_j)-1\big]^2\leqslant\frac{\varepsilon^2}{2||x||^2},\quad j=1,2,\cdots,N,$$

因此由条件 (1) 可知, 对一切的 $0 < \alpha \leqslant \alpha_0$, 有

$$
\begin{aligned}
||R_\alpha Kx - x||^2 &= \sum_{j=1}^{N} \big[q(\alpha, \mu_j) - 1\big]^2 |(x, x_j)|^2 \\
&\quad + \sum_{j=N+1}^{\infty} \big[q(\alpha, \mu_j) - 1\big]^2 |(x, x_j)|^2 \\
&< \frac{\varepsilon^2}{2||x||^2} \sum_{j=1}^{N} |(x, x_j)|^2 + \frac{\varepsilon^2}{2} \leqslant \varepsilon^2,
\end{aligned}
$$

这表明 $\forall x \in X$, 当 $\alpha \to 0$ 时, $R_\alpha Kx \to x$.

当正则化参数选择满足 $\alpha(\delta) \to 0, \delta c(\alpha) \to 0$ 时, 由 (3.1.9) 和上面证明, 可知

$$
\begin{aligned}
||x^{\alpha,\delta} - x|| &\leqslant \delta ||R_\alpha|| + ||R_\alpha Kx - x|| \\
&\leqslant \delta c(\alpha) + ||R_\alpha Kx - x|| \longrightarrow 0, \quad \delta \to 0,
\end{aligned}
$$

因此该正则化参数策略选择是收敛的. □

由该定理和 (3.1.9) 可知, 方程 $Kx^{\alpha,\delta} = y^\delta$ 近似解的误差可以表示为

$$
||x^{\alpha,\delta} - x|| \leqslant \delta c(\alpha) + ||R_\alpha Kx - x||. \tag{3.1.20}
$$

定理 3.1.7 设 $q(\alpha, \mu)$ 满足定理 3.1.6 中的条件 (1) 和条件 (2), 如果 $x = K^*z \in K^*(Y)$ 并且满足: 对一切 $\alpha > 0$ 和 $0 < \mu \leqslant ||K||$ 成立

$$
|q(\alpha, \mu) - 1| \leqslant c_1 \frac{\sqrt{\alpha}}{\mu}, \tag{3.1.21}
$$

则有估计

$$
||R_\alpha Kx - x|| \leqslant c_1 ||z|| \sqrt{\alpha}. \tag{3.1.22}
$$

证明 当 $x = K^*z$ 时, 由于 $(x, x_j) = \mu_j(z, y_j)$, 以及注意到 $z \in Y, z = \sum\limits_{j=1}^{\infty}(z, y_j)y_j$, 所以 (3.1.20) 为

$$
\begin{aligned}
||R_\alpha Kx - x||^2 &= \sum_{j=1}^{\infty} |q(\alpha, \mu_j) - 1|^2 \mu_j^2 |(z, y_j)|^2 \\
&\leqslant c_1^2 \sum_{j=1}^{\infty} \mu_j^2 |(z, y_j)|^2 \frac{\alpha}{\mu_j^2} = c_1^2 \alpha ||z||^2.
\end{aligned} \tag{3.1.23}
$$

因此结论成立. □

定理 3.1.8　设 $q(\alpha,\mu)$ 满足定理 3.1.6 中的条件 (1) 和条件 (2), 如果 $x = K^*Kz \in K^*K(X)$ 并且满足: 对一切 $\alpha > 0$ 和 $0 < \mu \leqslant ||K||$ 成立

$$|q(\alpha,\mu) - 1| \leqslant c_2 \frac{\alpha}{\mu^2}, \tag{3.1.24}$$

则有估计

$$||R_\alpha Kx - x|| \leqslant c_2 \alpha ||z||. \tag{3.1.25}$$

证明　当 $x = K^*Kz$ 时, 由于

$$\begin{aligned}(x, x_j) &= (K^*Kz, x_j) = (Kz, Kx_j) = \mu_j(Kz, y_j) \\ &= \mu_j(z, K^*y_j) = \mu_j^2(z, x_j),\end{aligned} \tag{3.1.26}$$

所以 (3.1.20) 为

$$\begin{aligned}||R_\alpha Kx - x||^2 &= \sum_{j=1}^{\infty} |q(\alpha,\mu_j) - 1|^2 \mu_j^4 |(z, x_j)|^2 \\ &\leqslant c_2^2 \alpha^2 ||z||^2.\end{aligned} \tag{3.1.27}$$

因此结论成立. □

定理 3.1.7 和定理 3.1.8 中的关于函数 $q(\alpha,\mu)$ 的取法, 有如下定理.

定理 3.1.9[73]　下列三个函数 $q(\alpha,\mu)$, 同时满足定理 3.1.6 中的条件 (1), (2) 和 (3.1.21) 和 (3.1.24).

(1) 若

$$q(\alpha,\mu) = \frac{\mu^2}{\alpha + \mu^2}, \tag{3.1.28}$$

则对应有

$$c(\alpha) = \frac{1}{2\sqrt{\alpha}}, \quad c_1 = \frac{1}{2}, \quad c_2 = 1. \tag{3.1.29}$$

(2) 若

$$q(\alpha,\mu) = 1 - (1 - a\mu^2)^{\frac{1}{\alpha}}, \quad 0 < a < \frac{1}{||K||^2}, \tag{3.1.30}$$

则对应有

$$c(\alpha) = \sqrt{\frac{a}{\alpha}}, \quad c_1 = \frac{1}{\sqrt{2a}}, \quad c_2 = \frac{1}{a}. \tag{3.1.31}$$

(3) 若

$$q(\alpha,\mu)=\begin{cases}1, & \mu^2\geqslant\alpha,\\ 0, & \mu^2<\alpha,\end{cases} \tag{3.1.32}$$

则对应有

$$c(\alpha)=\frac{1}{\sqrt{\alpha}},\quad c_1=1,\quad c_2=1. \tag{3.1.33}$$

该定理的证明可直接验证. 在定理 3.1.9 中 $q(\alpha,\mu)$ 的三种取法, 对应三种正则化方法, 即 Tikhonov 正则化方法、Landweber 迭代法和谱截断法, 因为它们对应于 R_α 有相同的估计 $||R_\alpha||\leqslant\tilde{c}/\sqrt{\alpha}$, 只不过常数 $\tilde{c}$ 不同, 所以正则化解的精度本质上是一致的. 谱截断法也常称为截断的奇异值分解法.

对谱截断法, 由 Picard 定理 (定理 3.1.5) 和定理 3.1.9 中的 (3), 可知方程 $Kx=y^\delta$ 的谱截断解为

$$x^{\alpha,\delta}=\sum_{j\in J}\frac{1}{\mu_j}(y^\delta,y_j)x_j=\sum_{\mu_j^2\geqslant\alpha}\frac{1}{\mu_j}(y^\delta,y_j)x_j. \tag{3.1.34}$$

由定理 3.1.6~定理 3.1.9, 就容易得到 Tikhonov 正则化方法、Landweber 迭代法和谱截断法这三种正则化方法的具体误差估计. 首先给出谱截断法的误差估计.

定理 3.1.10 设 $y^\delta\in Y$ 满足 $||y^\delta-y||\leqslant\delta$, 其中 y^δ 是对 $y=Kx$ 的扰动.

(1) 若 $K:X\to Y$ 是单射紧算子, 其奇异系为 (μ_j,x_j,y_j), 则算子

$$R_\alpha y:=\sum_{\mu_j^2\geqslant\alpha}\frac{1}{\mu_j}(y,y_j)x_j \tag{3.1.35}$$

是一个正则化方法, 且 $||R_\alpha||\leqslant 1/\sqrt{\alpha}$. 如果选择 $\alpha(\delta)$ 满足

$$\lim_{\delta\to 0}\alpha(\delta)=0,\qquad \lim_{\delta\to 0}\frac{\delta^2}{\alpha(\delta)}=0,$$

则该 $\alpha(\delta)$ 是一个收敛的正则化参数选择策略.

(2) 若 $x=K^*z\in K^*(Y)$, $||z||_Y\leqslant E$. 如果 $\alpha(\delta)=c\dfrac{\delta}{E}, c>0$, 则有

$$||x^{\alpha,\delta}-x||\leqslant\left(\frac{1}{\sqrt{c}}+\sqrt{c}\right)\sqrt{\delta E}. \tag{3.1.36}$$

(3) 若 $x = K^*Kz \in K^*K(X)$, $||z||_X \leqslant E$. 如果 $\alpha(\delta) = c\left(\dfrac{\delta}{E}\right)^{2/3}$, $c > 0$, 则有

$$||x^{\alpha,\delta} - x|| \leqslant \left(\frac{1}{\sqrt{c}} + \sqrt{c}\right) E^{1/3}\delta^{2/3}. \tag{3.1.37}$$

证明 注意对谱截断法, 由定理 3.1.9 知

$$c(\alpha) = \frac{1}{\sqrt{\alpha}}, \quad c_1 = 1, \quad c_2 = 1.$$

(1) 由误差估计

$$\begin{aligned} ||x^{\alpha(\delta),\delta} - x|| &\leqslant \delta||R_\alpha|| + ||R_\alpha Kx - x|| \\ &\leqslant \delta\frac{1}{\sqrt{\alpha}} + ||R_\alpha Kx - x||. \end{aligned} \tag{3.1.38}$$

由所给条件知 $\dfrac{\delta}{\sqrt{\alpha}} \to 0$, 由定理 3.1.6 的证明知 $R_\alpha Kx \to x$, 因此 $||x^{\alpha(\delta),\delta} - x|| \to 0$, 从而是一个收敛的正则化参数选择策略.

(2) 由误差估计 (3.1.20) 式及定理 3.1.7, 有

$$||x^{\alpha,\delta} - x|| \leqslant \frac{1}{\sqrt{c}} + \sqrt{\alpha}||z||, \tag{3.1.39}$$

将 $\alpha(\delta) = c\delta/E$ 和 $||z|| \leqslant E$ 代入上式即得 (3.1.36).

(3) 由误差估计 (3.1.20) 式及定理 3.1.8, 有

$$||x^{\alpha,\delta} - x|| \leqslant \frac{1}{\sqrt{c}} + \alpha||z||, \tag{3.1.40}$$

将 $\alpha(\delta) = c\left(\dfrac{\delta}{E}\right)^{2/3}$ 和 $||z|| \leqslant E$ 代入上式即得 (3.1.37). □

3.2 Tikhonov 正则化

考虑方程

$$Kx = y, \tag{3.2.1}$$

其中 X 和 Y 是 Hilbert 空间, $K : X \to Y$ 是有界线性算子.

定理 3.2.1 设 X,Y 是 Hilbert 空间, $K:X\to Y$ 是有界线性算子, 存在 $\hat{x}\in X$ 使得

$$\|K\hat{x}-y\|\leqslant\|Kx-y\| \tag{3.2.2}$$

对一切 $x\in X$ 成立的充分必要条件是 $\hat{x}$ 满足法方程

$$K^*K\hat{x}=K^*y, \tag{3.2.3}$$

其中 $K^*:Y\to X$ 是 K 的伴随算子.

证明 注意对 $\forall x,\hat{x}\in X$, 有

$$\begin{aligned}\|Kx-y\|^2-\|K\hat{x}-y\|^2&=2\mathrm{Re}\big(K\hat{x}-y,K(x-\hat{x})\big)+\|K(x-\hat{x})\|^2\\&=2\mathrm{Re}\big(K^*(K\hat{x}-y),x-\hat{x}\big)+\|K(x-\hat{x})\|^2,\end{aligned} \tag{3.2.4}$$

必要性. 如果 $\hat{x}$ 是 $\|Kx-y\|$ 的极小解, 则 $\forall t>0,x\in X$, 取 $x=\hat{x}+tz$ 代入 (3.2.4) 得到

$$0\leqslant 2\mathrm{Re}(K^*(K\hat{x}-y),z)+t\|Kz\|^2,$$

令 $t\to 0$, 得到

$$\mathrm{Re}(K^*(K\hat{x}-y),z)\geqslant 0,\quad \forall z\in X.$$

由 z 的任意性可得 $K^*(K\hat{x}-y)=0$.

充分性. 如果 $\hat{x}$ 满足 $K^*K\hat{x}=K^*y$, 则

$$\|Kx-y\|^2-\|K\hat{x}-y\|^2\geqslant 0,$$

即 $\hat{x}$ 是 $\|Kx-y\|$ 的极小解. □

当 $Kx=y$ 不适定时, 方程 (3.2.3) 也不适定, 这时并不能保证 (3.2.2) 之极小解的唯一性. 为此需要对解加上限制, 例如极小模的限制. Tikhonov 正则化方法解不适定问题的基本思路是: 对有界线性算子 $K:X\to Y$ 和 $y\in Y$, 求 $x_\alpha\in X$ 使其在 $x\in X$ 上极小化 Tikhonov 泛函

$$J_\alpha(x):=||Kx-y||_Y^2+\alpha||x||_X^2, \tag{3.2.5}$$

其中 $\alpha>0$ 为正则化参数.

定理 3.2.2 设 X,Y 是 Hilbert 空间, $K:X\to y$ 是有界线性算子, $\alpha>0$, 则 $J_\alpha(x)$ 在 X 上存在唯一极小解 x^α, 且该极小解 $x^\alpha\in X$ 满足

$$\alpha x^\alpha+K^*Kx^\alpha=K^*y. \tag{3.2.6}$$

证明 设 $\{x_n\}$ 是 $J_\alpha(x)$ 的极小化序列, 即当 $n\to\infty$ 时,

$$J_\alpha(x_n)\to I_0:=\inf_{x\in X}J_\alpha(x). \tag{3.2.7}$$

首先证明 $\{x_n\}$ 是 X 中的极小化序列. 由于

$$\begin{aligned}J_\alpha(x_n)+J_\alpha(x_m)&=2J_\alpha\left(\frac{x_n+x_m}{2}\right)+\frac{1}{2}\|K(x_n-x_m)\|^2+\frac{\alpha}{2}\|x_n-x_m\|^2\\&\geqslant 2I_0+\frac{\alpha}{2}\|x_n-x_m\|^2.\end{aligned}$$

上式左端当 $n,m\to\infty$ 时收敛于 $2I_0$, 因此当 $\alpha>0$ 时, $\{x_n\}$ 是 X 中的 Cauchy 序列. 令

$$x^\alpha=\lim_{n\to\infty}x_n,$$

注意 $x^\alpha\in X$. 由 $J_\alpha(x)$ 的连续性得 $J_\alpha(x_n)\to J_\alpha(x^\alpha)$, 即 $J_\alpha(x^\alpha)=I_0$, 这证明了 $J_\alpha(x)$ 的极小解存在.

另一方面, 注意到对 $\forall x\in X$, 有

$$\begin{aligned}J_\alpha(x)-J_\alpha(x^\alpha)&=2\mathrm{Re}\big(Kx^\alpha-y,K(x-x^\alpha)\big)+2\alpha\mathrm{Re}(x^\alpha,x-x^\alpha)\\&\quad+\|K(x-x^\alpha)\|^2+\alpha\|x-x^\alpha\|^2\\&=2\mathrm{Re}\big(K^*(Kx^\alpha-y)+\alpha x^\alpha,x-x^\alpha\big)\\&\quad+\|K(x-x^\alpha)\|^2+\alpha\|x-x^\alpha\|^2.\end{aligned}$$

如同在定理 3.2.1 中的证明一样, J_α 的极小化问题与其法方程 (3.2.6) 的解等价. 最后说明 $\alpha I+K^*K$ 是一对一映射 (单射). 令 $\alpha x+K^*Kx=0$, 再与 x 作内积, 得到 $\alpha(x,x)+(Kx,Kx)=0$, 因此 $x=0$. □

式 (3.2.6) 中的 x^α 可以记成 $x^\alpha=R_\alpha y$, 其中

$$R_\alpha:=(\alpha I+K^*K)^{-1}K^*:Y\longrightarrow X. \tag{3.2.8}$$

由上述定义的算子族 R_α 构成算子 K 的一个正则化方法.

如果 K 是紧算子, 其奇异系为 (μ_j,x_j,y_j), 即 $Kx_j=\mu_jy_j$, $K^*y_j=\mu_jx_j$, 由 $x^\alpha=R_\alpha y$ 和 (3.2.8) 可知

$$(K^*)^{-1}(\alpha I+K^*K)x^\alpha=y. \tag{3.2.9}$$

由于

$$(K^*)^{-1}(\alpha I+K^*K)x_j=\frac{\alpha+\mu_j^2}{\mu_j}y_j,$$

$$(\alpha I + K^*K)K^*y_j = \mu_j(\alpha + \mu_j^2)x_j,$$

故算子 $(K^*)^{-1}(\alpha I + K^*K)$ 的奇异值为 $(\alpha + \mu_j^2)/\mu_j$, 从而 $R_\alpha y$ 可以表示为

$$R_\alpha y = \sum_{j=1}^{\infty} \frac{\mu_j}{\alpha + \mu_j^2}(y, y_j)x_j = \sum_{j=1}^{\infty} \frac{q(\alpha, \mu_j)}{\mu_j}(y, y_j)x_j, \quad y \in Y, \tag{3.2.10}$$

其中

$$q(\alpha, \mu) = \frac{\mu^2}{\alpha + \mu^2} \tag{3.2.11}$$

即为 Tikhonov 正则化方法的滤波函数.

下面的定理给出了 Tikhonov 正则化方法的误差估计.

定理 3.2.3 设 X, Y 是 Hilbert 空间, $K : X \to Y$ 是有界线性紧算子, $\alpha > 0$, 则有:

(1) 算子 $\alpha I + K^*K$ 有界可逆, 算子 $R_\alpha : Y \to X$ 构成 K 的一个正则化方法, 且 $||R_\alpha|| \leqslant \dfrac{1}{2\sqrt{\alpha}}$. 令 $x^{\alpha,\delta} := R_\alpha y^\alpha$, 则 $x^{\alpha,\delta}$ 是下面第二类算子方程的唯一解

$$\alpha x^{\alpha,\delta} + K^*Kx^{\alpha,\delta} = K^*y^\delta. \tag{3.2.12}$$

如果正则化参数 $\alpha(\delta)$ 满足

$$\lim_{\delta \to 0} \alpha(\delta) = 0, \quad \lim_{\delta \to 0} \frac{\delta^2}{\alpha(\delta)} = 0, \tag{3.2.13}$$

则该选择就是一个收敛的正则化参数选择策略.

(2) 设 $x = K^*z \in K^*(Y)$, $||z|| \leqslant E$. 选择 $\alpha(\delta) = c\delta/E$, 其中 $c > 0$ 为常数, 则有下列误差估计

$$||x^{\alpha(\delta),\delta} - x|| \leqslant \frac{1}{2}\left(\frac{1}{\sqrt{c}} + \sqrt{c}\right)\sqrt{\delta E}. \tag{3.2.14}$$

(3) 设 $x = K^*Kz \in K^*K(X)$, $||z|| \leqslant E$. 选择 $\alpha(\delta) = c\left(\dfrac{\delta}{E}\right)^{\frac{2}{3}}$, 其中 $c > 0$ 为常数, 则有下列误差估计

$$||x^{\alpha(\delta),\delta} - x|| \leqslant \left(\frac{1}{2\sqrt{c}} + c\right)E^{\frac{1}{3}}\delta^{\frac{2}{3}}. \tag{3.2.15}$$

证明 注意对 Tikhonov 正则化方法, 由定理 3.1.9 知

$$c(\alpha) = \frac{1}{2\sqrt{\alpha}}, \quad c_1 = \frac{1}{2}, \quad c_2 = 1.$$

(1) 因为

$$\begin{aligned} ||x^{\alpha(\delta),\delta} - x|| &\leqslant \delta||R_\alpha|| + ||R_\alpha Kx - x|| \\ &\leqslant \frac{\delta}{2\sqrt{\alpha}} + ||R_\alpha Kx - x||, \end{aligned} \tag{3.2.16}$$

由所给条件知 $\dfrac{\delta}{2\sqrt{\alpha}} \to 0$, 由定理 3.1.6 的证明知 $R_\alpha Kx \to x$, 因此 $||x^{\alpha(\delta),\delta} - x|| \to 0$, 从而 $\alpha(\delta)$ 是一个收敛的正则化参数选择策略.

(2) 由定理 3.1.7 及 $c_1 = 1/2$ 知, (3.2.16) 为

$$\begin{aligned} ||x^{\alpha(\delta),\delta} - x|| &\leqslant \frac{\delta}{2\sqrt{\alpha}} + c_1\sqrt{\alpha}||z|| \\ &\leqslant \frac{\delta}{2\sqrt{\alpha}} + \frac{\sqrt{\alpha}}{2}||z||, \end{aligned}$$

又 $\alpha(\delta) = c\delta/E$, 代入上式, 即得 (3.2.14).

(3) 由定理 3.1.8 及 $c_2 = 1$ 知, (3.2.16) 为

$$\begin{aligned} ||x^{\alpha(\delta),\delta} - x|| &\leqslant \frac{\delta}{2\sqrt{\alpha}} + c_2\alpha||z|| \\ &\leqslant \frac{\delta}{2\sqrt{\alpha}} + \alpha||z||, \end{aligned}$$

又 $\alpha(\delta) = c(\delta/E)^{2/3}$, 代入上式, 即得 (3.2.15). □

3.3 Landweber 迭代

Tikhonov 正则化方法中的正则化参数 α 是连续变化的. Landweber 迭代法是由 Landweber[66]、Fridman[35]、Bialy[7] 在 20 世纪 50 年代发展的一种求解 $Kx = y$ 的正则化解的迭代算法. 设 $\alpha > 0$, 将 $Kx = y$ 改写为

$$x = (I - aK^*K)x + aK^*y, \tag{3.3.1}$$

并用迭代法求解该方程, 得

$$x^n = (I - aK^*K)x^{n-1} + aK^*y, \quad n = 1, 2, 3, \cdots, \tag{3.3.2}$$

其中 n 为迭代次数. 式 (3.3.2) 即为 Landweber 迭代格式, 其中正则化参数为迭代次数 n 的倒数, 即 $\alpha = \dfrac{1}{n}$.

Landweber 迭代格式实际上就是以 a 为步长, 用最速下降法求解二次泛函 $||Kx - y||^2$ 的极小值问题. 事实上, 若记

$$J(x) = \frac{1}{2}||Kx - y||^2, \quad x \in X,$$

则其 Fréchet 导数为

$$J'(x) = K^*(Kx - y), \quad x \in X.$$

因此 (3.3.2) 是以步长为 a 的最速下降迭代序列. 可将 x^n 写成 $x^n = R_\alpha y = R_n y$, 其中 $R_n : Y \to X$ 为

$$R_n = a\sum_{k=0}^{n-1}(I - aK^*K)^k K^*, \quad n = 1, 2, \cdots. \tag{3.3.3}$$

利用紧算子 K 的奇异系 (μ_j, x_j, y_j), 有

$$\begin{aligned}
R_n y &= a\sum_{j=1}^{\infty}\sum_{k=1}^{n-1}(1 - a\mu_j^2)^k (y, y_j)\mu_j x_j \\
&= \sum_{j=1}^{\infty}\frac{1}{\mu_j}\left[1 - (1 - a\mu_j^2)^n\right](y, y_j)x_j \\
&= \sum_{j=1}^{\infty}\frac{q(n, \mu_j)}{\mu_j}(y, y_j)x_j,
\end{aligned} \tag{3.3.4}$$

其中滤波函数 $q(n, \mu)$ 为

$$q(n, \mu) = 1 - (1 - a\mu^2)^n, \tag{3.3.5}$$

与定理 3.1.9 中的第二种情况相对应.

Landweber 迭代法求解方程 $Kx = y^\delta$ 之解的计算公式为

$$x^{n,\delta} = (I - aK^*K)x^{n-1,\delta} + aK^*y^\delta, \quad n = 1, 2, 3, \cdots, \tag{3.3.6}$$

其中 $x^{0,\delta}$ 为初始猜测, $0 < a < 1/||K||^2$. 关于 Landweber 迭代的误差估计有如下定理.

定理 3.3.1 (1) 设 $K: X \to Y$ 是有界线性紧算子, $0 < a < 1/||K||^2$, 则由 (3.3.3) 定义的有界线性算子 $R_n: Y \to X$ 是一个正则化方法, 具有离散正则化参数 $\alpha = 1/n, n \in \mathbb{N}$ 为迭代次数, 且 $||R_n|| \leqslant \sqrt{an}$. 如果当 $\delta \to 0$ 时, 满足

$$n(\delta) \to \infty, \quad \delta^2 n(\delta) \to 0,$$

则正则化参数选择 $\alpha = 1/n$ 是一个收敛的正则化参数选择策略.

(2) 设 $x = K^* z \in K^*(Y)$, $||z|| \leqslant E$, 则当

$$c_1 \frac{E}{\delta} \leqslant n(\delta) \leqslant c_2 \frac{E}{\delta}, \quad 0 < c_1 < c_2,$$

有

$$||x^{n(\delta),\delta} - x|| \leqslant c_3 \sqrt{\delta E}. \tag{3.3.7}$$

因此 Landweber 迭代在先验条件 $||(K^*)^{-1} x|| \leqslant E$ 下有最优收敛阶.

(3) 设 $x = K^* K z \in K^* K(X)$ 及 $||z|| \leqslant E$, 则当

$$c_1 \left(\frac{E}{\delta}\right)^{\frac{2}{3}} \leqslant n(\delta) \leqslant c_2 \left(\frac{E}{\delta}\right)^{\frac{2}{3}}, \quad 0 < c_1 < c_2,$$

有

$$||x^{n(\delta),\delta} - x|| \leqslant c_3 E^{\frac{1}{3}} \delta^{\frac{2}{3}}, \tag{3.3.8}$$

其中 c_3 是与 c_1, c_2, a 有关的常数. 因此 Landweber 迭代在先验条件 $||(K^*K)^{-1} x|| \leqslant E$ 下有最优收敛阶.

证明 对 Landweber 迭代, 由定理 3.1.9 知

$$c(\alpha) = \sqrt{\frac{a}{\alpha}}, \quad c_1 = \frac{1}{\sqrt{2a}}, \quad c_2 = \frac{1}{a}.$$

(1) 因此

$$\begin{aligned} ||x^{\alpha(\delta),\delta} - x|| &\leqslant \delta ||R_\alpha|| + ||R_\alpha K x - x|| \\ &\leqslant \delta \sqrt{\frac{a}{\alpha}} + ||R_\alpha K x - x|| \\ &= \delta \sqrt{an} + ||R_\alpha K x - x||. \end{aligned} \tag{3.3.9}$$

由所给条件知 $\delta \sqrt{an} \to 0$, 由定理 3.1.6 的证明知 $R_\alpha K x \to x$, 因此 $||x^{\alpha(\delta),\delta} - x|| \to 0$, 从而 $\alpha(\delta) = 1/n$ 是一个收敛的正则化参数选择策略.

(2) 由定理 3.1.7 及 $c_1 = \dfrac{1}{\sqrt{2a}}$ 知, (3.3.9) 为

$$\begin{aligned}||x^{\alpha(\delta),\delta} - x|| &\leqslant \delta\sqrt{an} + c_1\sqrt{\alpha}||z|| \leqslant \delta\sqrt{an} + \sqrt{\frac{\alpha}{2a}}||z|| \\ &\leqslant \sqrt{\delta E}\sqrt{ac_2} + \frac{\sqrt{\delta E}}{\sqrt{2ac_1}} \\ &\leqslant c_3\sqrt{\delta E},\end{aligned}$$

其中 $c_3 = \sqrt{ac_2} + \dfrac{1}{\sqrt{2ac_1}}$, 即得 (3.3.7).

(3) 由定理 3.1.8 及 $c_2 = \dfrac{1}{a}$ 知, (3.3.9) 为

$$\begin{aligned}||x^{\alpha(\delta),\delta} - x|| &\leqslant \delta\sqrt{an} + c_2\sqrt{\alpha}||z|| \leqslant \delta\sqrt{an} + \frac{\sqrt{\alpha}}{a}||z|| \\ &\leqslant \sqrt{ac_2}E^{\frac{1}{3}}\delta^{\frac{2}{3}} + \frac{1}{\sqrt{c_1}}E^{\frac{1}{3}}\delta^{\frac{2}{3}} \\ &\leqslant c_3E^{\frac{1}{3}}\delta^{\frac{2}{3}},\end{aligned}$$

其中 $c_3 = \sqrt{ac_2} + \dfrac{1}{a\sqrt{c_1}}$, 即得 (3.3.8). □

3.4 Morozov 偏差准则

假定 X, Y 为 Hilbert 空间, $K: X \to Y$ 为单射有界线性算子, $K(X)$ 在 Y 中稠密, 仍考虑算子方程

$$Kx = y, \tag{3.4.1}$$

其相应于正则化参数 α 的正则化解 x^α 为 Tikhonov 泛函

$$J_\alpha(x) := ||Kx - y||^2 + \alpha||x||^2 \tag{3.4.2}$$

的极小点, 或等价地用正则化算子 R_α 表示为

$$x^\alpha = R_\alpha y = (K^*K + \alpha I)^{-1}K^*y. \tag{3.4.3}$$

关于 x^α 对 α 的依赖关系, 我们有下面定理.

定理 3.4.1 对 $y \in Y, \alpha > 0, x^\alpha$ 是下面方程的唯一解

$$K^*Kx^\alpha + \alpha x^\alpha = K^*y, \tag{3.4.4}$$

则

(1) x^α 连续依赖于 α, y.

(2) 映射 $\alpha \mapsto ||x^\alpha||$ 单调非增.

(3) 映射 $\alpha \mapsto ||Kx^\alpha - y||$ 单调非减, $\lim\limits_{\alpha\to+\infty} Kx^\alpha = 0$.

(4) 如果 $K^*y \neq 0$, 则 $\alpha \mapsto ||x^\alpha||$ 严格递减, $\alpha \mapsto ||Kx^\alpha - y||$ 严格递增.

证明 (1) 由 $J_\alpha(x)$ 的定义可知

$$\alpha||x^\alpha||^2 \leqslant J_\alpha(x^\alpha) \leqslant J_\alpha(0) = ||y||^2,$$

即 $||x^\alpha|| \leqslant ||y||/\sqrt{\alpha}$, 从而 $x^\alpha \to 0,\ \alpha \to \infty$.

(2) 取 $\alpha > 0, \beta > 0$ 及相对应的 Tikhonov 正则化方程

$$\alpha x^\alpha + K^*Kx^\alpha = K^*y,$$

$$\beta x^\beta + K^*Kx^\beta = K^*y,$$

两式相减得到

$$\alpha(x^\alpha - x^\beta) + K^*K(x^\alpha - x^\beta) + (\alpha - \beta)x^\beta = 0.$$

上式两端同乘 $(x^\alpha - x^\beta)$ 得到

$$\alpha||x^\alpha - x^\beta||^2 + ||K(x^\alpha - x^\beta)||^2 = (\beta - \alpha)(x^\beta, x^\alpha - x^\beta), \tag{3.4.5}$$

因此

$$\alpha\|x^\alpha - x^\beta\|^2 \leqslant |\beta - \alpha|\left|(x^\beta, x^\alpha - x^\beta)\right| \leqslant |\beta - \alpha|\|x^\beta\|\|x^\alpha - x^\beta\|,$$

即

$$\alpha\|x^\alpha - x^\beta\| \leqslant |\beta - \alpha|\|x^\beta\| \leqslant |\beta - \alpha|\frac{\|y\|}{\sqrt{\beta}}.$$

因此, 映射 $\alpha \mapsto ||x^\alpha||$ 连续.

(3) 令 $\beta > \alpha > 0$, 由 (3.4.5) 知 $(x^\beta, x^\alpha - x^\beta) \geqslant 0$. 因此

$$||x^\beta||^2 \leqslant (x^\beta, x^\alpha) \leqslant \|x^\beta\| \cdot \|x^\alpha\|,$$

即 $\|x^\beta\| \leqslant \|x^\alpha\|$, 这表明映射 $\alpha \mapsto \|x^\alpha\|$ 单调非增.

(4) 对关于 x^β 的正则化方程

$$\beta x^\beta + K^*Kx^\beta = K^*y,$$

两端同乘 $(x^\alpha - x^\beta)$ 得到

$$\beta(x^\beta, x^\alpha - x^\beta) + \big(Kx^\beta - y, K(x^\alpha - x^\beta)\big) = 0.$$

设 $\alpha > \beta$, 由 (3.4.5) 知, $(x^\beta, x^\alpha - x^\beta) \leqslant 0$, 即

$$0 \leqslant \big(Kx^\beta - y, K(x^\alpha - x^\beta)\big) = (Kx^\beta - y, Kx^\alpha - y) - \|Kx^\beta - y\|^2,$$

再应用 Cauchy-Schwarz 不等式, 可得 $\|Kx^\beta - y\| \leqslant \|Kx^\alpha - y\|$.

(5) 因为 K 的值域在 Y 中稠密, 所以存在 $x \in X$ 使得 $\|Kx - y\|^2 \leqslant \varepsilon^2/2$, 选择 α_0 使得 $\alpha_0\|x\|^2 \leqslant \varepsilon^2/2$, 从而

$$\|Kx^\alpha - y\|^2 \leqslant J_\alpha(x^\alpha) \leqslant J_\alpha(x) \leqslant \varepsilon^2,$$

即

$$\|Kx^\alpha - y\| \leqslant \varepsilon, \quad \forall \alpha \leqslant \alpha_0. \qquad \square$$

Morozov 偏差准则由 Morozov 在 1966 年提出[87]. 由于方程 (3.4.1) 右端项的数据并不精确已知, 设带有误差的右端项为 y^δ, 满足

$$||y - y^\delta|| \leqslant \delta < ||y^\delta||. \tag{3.4.6}$$

Morozov 偏差准则就是选取正则化参数 $\alpha = \alpha(\delta)$ 使得

$$||Kx^{\alpha,\delta} - y^\delta|| = \delta. \tag{3.4.7}$$

定理 3.4.2 设 $K : X \to Y$ 为单射有界线性紧算子, 其值域在 Y 中稠密, $Kx = y$, $x \in X$, $y \in Y$, 且 $||y^\delta - y|| \leqslant \delta < ||y||$, 设 Tikhonov 正则化解 $x^{\alpha(\delta),\delta}$ 满足偏差方程 $||Kx^{\alpha(\delta),\delta} - y^\delta|| = \delta$, 则

(1) 当 $\delta \to 0$ 时, $x^{\alpha(\delta),\delta} \to x$, 即偏差准则是合理的正则化参数选取方法.

(2) 若 $x = K^*z \in K^*(Y)$, 且 $||z|| \leqslant E$, 则

$$||x^{\alpha(\delta),\delta}|| \leqslant 2\sqrt{\delta E}, \tag{3.4.8}$$

因此 Morozov 偏差准则在 $||(K^*)^{-1}x|| \leqslant E$ 下是最优的正则化策略.

证明　设 $x^\delta := x^{\alpha(\delta),\delta}$ 即极小化 Tikhonov 泛函

$$J^\delta := \alpha(\delta)||x||^2 + ||Kx - y^\delta||,$$

所以

$$\begin{aligned}\alpha(\delta)||x^\delta||^2 + \delta^2 = J^\delta(x^\delta) &\leqslant J^\delta(x)\\&= \alpha(\delta)||x||^2 + ||y - y^\delta||\\&\leqslant \alpha(\delta)||x||^2 + \delta^2,\end{aligned}$$

因此 $||x^\delta|| \leqslant ||x||$, $\delta > 0$. 从而有下面的估计

$$\begin{aligned}||x^\delta - x||^2 &= ||x^\delta||^2 - 2\mathrm{Re}(x^\delta, x) + ||x||^2\\&\leqslant 2\big[||x||^2 - \mathrm{Re}(x^\delta, x)\big] = 2\mathrm{Re}(x - x^\delta, x).\end{aligned}\tag{3.4.9}$$

下面先证明第二个结论. 已知 $x = K^*z, z \in Y$, 由 (3.4.9) 有

$$\begin{aligned}||x^\delta - x|| &\leqslant 2\mathrm{Re}(x - x^\delta, K^*z) = 2\mathrm{Re}(y - Kx^\delta, z)\\&\leqslant 2\mathrm{Re}(y - y^\delta, z) + 2\mathrm{Re}(y^\delta - Kx^\delta, z)\\&\leqslant 2\delta||z|| + 2\delta||z|| = 4\delta||z|| \leqslant 4\delta E,\end{aligned}$$

因此 $||x^{\alpha(\delta),\delta}|| \leqslant 2\sqrt{\delta E}$. 得证.

现在证明第一个结论. 设 $x \in X$, $\varepsilon > 0$. 因为 K 是单射, $K^*(Y)$ 在 X 中稠密, 所以存在 $\hat{x} = K^*z \in K^*(Y)$ 使得 $||\hat{x} - x|| \leqslant \varepsilon/3$. 进一步

$$\begin{aligned}||x^\delta - x||^2 &\leqslant 2\mathrm{Re}(x - x^\delta, x - \hat{x}) + 2\mathrm{Re}(x - x^\delta, K^*z)\\&\leqslant 2||x - x^\delta||\frac{\varepsilon}{3} + 2\mathrm{Re}(y - Kx^\delta, z)\\&\leqslant 2||x - x^\delta||\frac{\varepsilon}{3} + 4\delta||z||,\end{aligned}$$

该式可以改写成

$$\begin{aligned}\left(||x - x^\delta|| - \frac{\varepsilon}{3}\right)^2 &\leqslant \frac{\varepsilon^2}{9} + 4\delta||z||\\&\leqslant \frac{\varepsilon^2}{9} + 4\delta||z|| \leqslant \frac{4\varepsilon^2}{9},\end{aligned}$$

其中已经选择 $0 < \delta \leqslant \dfrac{\varepsilon^2}{12E}$. 因此 $||x^\delta - x|| \leqslant \varepsilon$, 即 $x^{\alpha(\delta),\delta} \to x,\ \delta \to 0$.　□

线性不适定问题的 Morozov 偏差准则的数值是如何实现的, 下面给出一个定理.

定理 3.4.3 设 X, Y 是 Hilbert 空间, $K: X \to Y$ 是有界线性算子, 对任意的 $\alpha > 0$, x^α 关于 α 是无限可微的, 且其 n 阶导数 $\omega := \dfrac{d^n}{d\alpha^n} x^\alpha \in X$ 可由

$$\alpha\omega + K^*K\omega = -n\frac{d^{n-1}}{d\alpha^{n-1}} x^\alpha, \quad n = 1, 2, \cdots \tag{3.4.10}$$

或者其等价的变分形式

$$(K\omega, Kg)_Y + \alpha(\omega, g)_X = -n\Big(\frac{d^{n-1}}{d\alpha^{n-1}} x^\alpha, g\Big)_X, \quad \forall g \in X \tag{3.4.11}$$

递推确定.

有了定理 3.4.2 和定理 3.4.3, 我们令

$$F(\alpha) = ||Kx^{\alpha,\delta} - y^\delta||^2 - \delta^2, \tag{3.4.12}$$

那么问题即转化为求解 $F(\alpha)$ 的零点. 可以用 Newton 法, 其迭代格式为

$$\alpha_{k+1} = \alpha_k - \frac{F(\alpha_k)}{F'(\alpha_k)}. \tag{3.4.13}$$

由定理 3.4.3 可知

$$K^*K\frac{dx^{\alpha,\delta}}{d\alpha} + \alpha\frac{dx^{\alpha,\delta}}{d\alpha} = -x^{\alpha,\delta}, \tag{3.4.14}$$

从而

$$\begin{aligned} F'(\alpha) &= 2\mathrm{Re}\Big(K\frac{dx^{\alpha,\delta}}{d\alpha}, Kx^{\alpha,\delta} - y^\delta\Big) \\ &= 2\alpha\left\|K\frac{dx^{\alpha,\delta}}{d\alpha}\right\|^2 + 2\alpha^2\left\|\frac{dx^{\alpha,\delta}}{d\alpha}\right\|^2. \end{aligned} \tag{3.4.15}$$

下面给出 Morozov 偏差准则算法:

算法 3.4.1 (Morozov 偏差准则)

1. 给定初始正则化参数 $\alpha_0 > 0$, 令 $n = 0$.
2. 解方程 $(K^*K + \alpha I)x^{\alpha_n,\delta} = K^*y^\delta$, 得 $x^{\alpha_n,\delta}$.
3. 解方程

$$K^*K\frac{dx^{\alpha,\delta}}{d\alpha} + \alpha\frac{dx^{\alpha,\delta}}{d\alpha} = -x^{\alpha,\delta},$$

得 $\dfrac{dx^{\alpha_n,\delta}}{d\alpha}$.

4. 分别计算出 $F(\alpha_n)$, $F'(\alpha_n)$.

5. 令

$$\alpha_{n+1} = \alpha_n - \frac{F(\alpha_n)}{F'(\alpha_n)}.$$

若 $|\alpha_{n+1} - \alpha_n|$ 小于某指定精度, 则计算终止; 否则转 6.

6. 令 $n = n + 1$, 转 2.

3.5 L 曲线

设 X 和 Y 是 Hilbert 空间, $K : X \to Y$ 是线性紧算子, 考虑病态问题

$$Kx = y, \quad y \in K(X). \tag{3.5.1}$$

我们知道 Tikhonov 正则化方法是求解如下的正则化方程

$$(\alpha I + K^*K)x^{\alpha,\delta} = K^*y^\delta, \tag{3.5.2}$$

其中 y^δ 是精确右端项 y 的近似, 满足 $||y - y^\delta|| \leqslant \delta$. 正则化参数 α 依赖于 δ 和 y^δ, 其选择分为两类: 先验选择和后验选择. 如果我们有 y 的先验信息

$$y \in K(K^*K)^\nu(X), \tag{3.5.3}$$

其中 $\nu \in (0, 1]$ 已知, 则有 α 的一个先验选择 $\alpha \sim \delta^{\frac{2}{2\nu+1}}$, 且解具有最优收敛阶

$$||x^{\alpha,\delta} - K^\dagger y|| = O(\delta^{\frac{2\nu}{2\nu+1}}), \tag{3.5.4}$$

其中 $x^{\alpha,\delta}$ 是 (3.5.2) 的解, $K^\dagger$ 为 K 的 Moore-Penrose 逆. 注意在先验信息 (3.5.3) 下, (3.5.4) 是最优收敛阶, 当 $\nu = 1$ 时达到.

如果没有 y 的先验信息, 则后验选择 α, 这时记 $\alpha := \alpha(\delta, y^\delta)$. Morozov 偏差准则就是常用的一种后验选择方法, 其收敛解可达到但不能优于 $O(\sqrt{\delta})$. 在 [25] 和 [37] 中, 给出偏差准则的一个变种, 可以达到最优收敛阶.

L 曲线方法是一种后验正则化参数选择方法, 由 Hansen 提出[59]. 在平面上, 以 log-log 为尺度, 画出 $\log ||Kx^{\alpha,\delta} - y^\delta||$ 对 $\log ||x^{\alpha,\delta}||$ 的图, 所有点 $(||Kx^{\alpha,\delta} - y^\delta||^2, ||x^{\alpha,\delta}||^2)$ 构成一条曲线. 由于曲线常常有一个明显的角来区分曲线的垂直和水平部分, 故称为 L 曲线, 如图 3.2 所示. L 曲线法即选取 L 拐点处, 即曲率最大处对应的 α 作为正则化参数. 我们知道多值函数是无法在平面给出的, $(||Kx^{\alpha,\delta} - y^\delta||, ||x^{\alpha,\delta}||)$ 随着 α 的变化是否是单值的从而能在平面绘出? 答案是肯定的, 定

理 3.4.1 刚好解释了单调性. 值得注意的是, 除了用双对数来画出 L 曲线外, 还可以用 $(||Kx^{\alpha,\delta}-y^\delta||^2, ||x^{\alpha,\delta}||^2)$ 或 $(||Kx^{\alpha,\delta}-y^\delta||, ||x^{\alpha,\delta}||)$ 画出 L 曲线, 采用双对数尺度的 L 曲线"角"更明显.

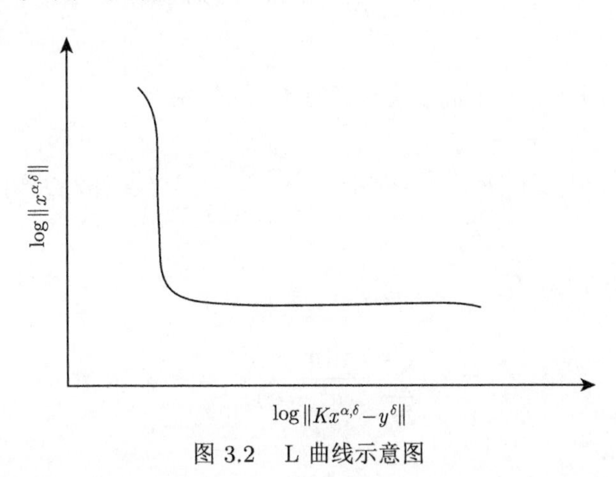

图 3.2 L 曲线示意图

下面用奇异系来计算 L 曲线. 设线性紧算子 K 的奇异系为 (μ_j, x_j, y_j), 则 Tikhonov 方程

$$(\alpha I + K^*K)x^{\alpha,\delta} = K^*y^\delta \tag{3.5.5}$$

的解可以表示为

$$x^{\alpha,\delta} = \sum_{j=1}^{\infty} \frac{\mu_j(y^\delta, y_j)}{\mu_j^2+\alpha} x_j. \tag{3.5.6}$$

定义

$$\tilde{y}(\alpha, y^\delta) := ||x^{\alpha,\delta}||^2 = \sum_{j=1}^{\infty} \frac{\mu_j^2|(y^\delta, y_j)|^2}{(\mu_j^2+\alpha)^2}, \tag{3.5.7}$$

计算 $\tilde{y}(\alpha, y^\delta)$ 关于 α 的导数

$$\tilde{y}'(\alpha, y^\delta) = -2\sum_{j=1}^{\infty} \frac{\mu_j^2|(y^\delta, y_j)|^2}{(\mu_j^2+\alpha)^3}, \tag{3.5.8}$$

$$\tilde{y}''(\alpha, y^\delta) = 6\sum_{j=1}^{\infty} \frac{\mu_j^2|(y^\delta, y_j)|^2}{(\mu_j^2+\alpha)^4}. \tag{3.5.9}$$

由于 $Kx_j = \mu_j y_j$ 及 $K^*y_j = \mu_j x_j$, 由 (3.5.6) 可得

$$Kx^{\alpha,\delta} = \sum_{j=1}^{\infty} \frac{\mu_j^2(y^\delta, y_j)}{\mu_j^2+\alpha} y_j. \tag{3.5.10}$$

由于 $\{y_j\}$ 在 $\overline{K(X)}$ 中完备, 因此

$$y^{\delta} = \sum_{j=1}^{\infty} (y^{\delta}, y_j) y_j + Q y^{\delta}, \tag{3.5.11}$$

其中 Q 是 Y 到 $K(X)^{\perp}$ 上的正交投影算子. 这蕴涵

$$\tilde{x}(\alpha, y^{\delta}) := ||K x^{\alpha,\delta} - y^{\delta}||^2 = \sum_{j=1}^{\infty} \frac{\alpha^2 |(y^{\delta}, y_j)|^2}{(\mu_j^2 + \alpha)^2} + ||Q y^{\delta}||^2. \tag{3.5.12}$$

由 (3.5.8) 和 (3.5.12) 有

$$\tilde{x}'(\alpha, y^{\delta}) = 2\alpha \sum_{j=1}^{\infty} \frac{\mu_j^2 |(y^{\delta}, y_j)|^2}{(\mu_j^2 + \alpha)^3} = -\alpha \tilde{y}'(\alpha, y^{\delta}), \tag{3.5.13}$$

因此

$$\tilde{x}''(\alpha, y^{\delta}) = -\tilde{y}'(\alpha, y^{\delta}) - \alpha \tilde{y}''(\alpha, y^{\delta}). \tag{3.5.14}$$

定理 3.5.1 设 $y^{\delta} \notin \mathcal{N}(K^*)$, 这里 $\mathcal{N}(K^*)$ 为 K^* 的核空间, 则相应于 L 曲线 $\big(\tilde{x}(\alpha, y^{\delta}), \tilde{y}(\alpha, y^{\delta})\big)$ 的最大曲率的参数 α 大于或等于 $1/||K||^2$.

证明 L 曲线 $\alpha \mapsto (\tilde{x}(\alpha, y^{\delta}), \tilde{y}(\alpha, y^{\delta}))$ 的曲率与 α 有关, 记为 $k(\alpha)$. 由 (3.5.13) 和 (3.5.14) 可得

$$\begin{aligned} k(\alpha) &= \frac{\tilde{x}'(\alpha, y^{\delta}) \tilde{y}''(\alpha, y^{\delta}) - \tilde{x}''(\alpha, y^{\delta}) \tilde{y}'(\alpha, y^{\delta})}{\left[(\tilde{x}'(\alpha, y^{\delta}))^2 + (\tilde{y}'(\alpha, y^{\delta}))^2\right]^{\frac{3}{2}}} \\ &= -\frac{1}{(1+\alpha^2)^{\frac{3}{2}} \tilde{y}'(\alpha, y^{\delta})}, \end{aligned}$$

又

$$\left[(1+\alpha^2)^{\frac{3}{2}} \tilde{y}'(\alpha, y^{\delta})\right]' = (1+\alpha^2)^{\frac{1}{2}} \left[3\alpha \tilde{y}'(\alpha, y^{\delta}) + (1+\alpha^2) \tilde{y}''(\alpha, y^{\delta})\right]$$

及

$$\begin{aligned} &-\left[3\alpha \tilde{y}'(\alpha, y^{\delta}) + (1+\alpha^2) \tilde{y}''(\alpha, y^{\delta})\right] \\ &= 6\alpha \sum_{j=1}^{\infty} \frac{\mu_j^2 |(y^{\delta}, y_j)|^2}{(\mu_j^2 + \alpha)^3} - 6(1+\alpha^2) \sum_{j=1}^{\infty} \frac{\mu_j^2 |(y^{\delta}, y_j)|^2}{(\mu_j^2 + \alpha)^4} \end{aligned}$$

$$= 6\sum_{j=1}^{\infty} \frac{(\alpha\mu_j^2 - 1)\mu_j^2|(y^\delta, y_j)|^2}{(\mu_j^2 + \alpha)^4} < 0, \quad \alpha < \frac{1}{||K||^2},$$

注意 $\mu_j \leqslant ||K||$ $(j = 1, 2, \cdots)$, $y^\delta \notin \mathcal{N}(K^*)$, 可知当 $0 \leqslant \alpha < 1/||K||^2$ 时 $-(1+\alpha^2)^{\frac{3}{2}}\tilde{y}'(\alpha, y^\delta)$ 是严格单调下降函数. 因此, $k(\alpha)$ 当 $0 \leqslant \alpha \leqslant 1/||K||^2$ 时是严格递增函数. □

L 曲线方法是正则化在数据拟合和解的半范之间的一个折中. 曲线的垂直部分是正则化参数的非常敏感的函数. 在水平部分, 当正则化参数变化时, 解依据半范度量变化不大. 我们可以看到 L 曲线准则选取正则化参数 α 不依赖于数据的误差水平 δ, 而只依赖于扰动后的右端项. 事实上, L 曲线并不是一个最好的选取正则化参数的办法, 因为由 L 曲线来选择正则化参数并不总是一个收敛的正则化参数策略. 在某种统计意义下, 由 L 曲线产生的正则化参数不收敛[143].

为了得到收敛的正则化参数策略, 可以将 L 曲线与 Morozov 偏差准则结合起来. 根据 Morozov 偏差准则

$$||Kx^{\alpha,\delta} - y^\delta|| = \delta, \tag{3.5.15}$$

由 (3.5.13) 可知, 当 $y \notin \mathcal{N}(K^*)$, 以 $(||Kx^{\alpha,\delta} - y^\delta||^2, ||x^{\alpha,\delta}||^2)$ 构成的曲线的切线方向是 $(\alpha, -1)$. 因此有如下 L 曲线正则化参数的选择算法 (算法 3.5.1). 由定理 3.4.2 可知, 当 $||y - y^\delta|| \leqslant \delta < ||y^\delta||$ 时, 算法 3.5.1 是一个收敛的正则化参数选择策略. 由偏差准则的理论可知, 如果 $y \in KK^*(Y)$, 则基于算法 3.5.1 的正则化参数而得到的正则化解 $x^{\alpha,\delta}$ 的收敛阶是 $O(\sqrt{\delta})$. 在 [26] 中, 给出了达到最优收敛阶 $O(\delta^{\frac{2}{3}})$ 的 L 曲线算法, 见算法 3.5.2. 该算法基于 [25] 和 [37] 的思想 (可得到最优收敛阶 $O(\delta^{\frac{2}{3}})$), 通过求解方程

$$F(\alpha, y^\delta) = \gamma\delta^2 \tag{3.5.16}$$

来求得正则化参数 α, 其中 $\gamma > 2$, F 定义为

$$F(\alpha, y^\delta) := 2\alpha^3\big((\alpha I + KK^*)^{-3}Py^\delta, Py^\delta\big), \tag{3.5.17}$$

这里 P 是 Y 到 $\overline{K(X)}$ 上的正交投影算子. 令 $\psi := (\alpha I + KK^*)^{-3}Py^\delta$. 又 K 的奇异系为 (μ_j, x_j, y_j) 及 $\psi \in \overline{K(X)}$, 因此

$$\psi = \sum_{j=1}^{\infty} \frac{(Py^\delta, y_j)}{(\alpha + \mu_j^2)^3} y_j = \sum_{j=1}^{\infty} \frac{(y^\delta, y_j)}{(\alpha + \mu_j^2)^3} y_j, \tag{3.5.18}$$

$$Py^\delta = \sum_{j=1}^{\infty} (Py^\delta, y_j) y_j = \sum_{j=1}^{\infty} (y^\delta, y_j) y_j. \tag{3.5.19}$$

由 (3.5.17)~(3.5.19) 可得

$$\begin{aligned}F(\alpha,y^\delta)&=2\alpha^3(\psi,Py^\delta)=2\alpha^3\sum_{j=1}^{\infty}\frac{|(y^\delta,y_j)|^2}{(\alpha+\mu_j^2)^3}\\&=2\sum_{j=1}^{\infty}\left\{\frac{\alpha^2|(y^\delta,y_j)|^2}{(\alpha+\mu_j^2)^2}-\frac{\alpha^2\mu_j^2|(y^\delta,y_j)|^2}{(\alpha+\mu_j^2)^3}\right\}\\&=2\left\{||Kx^{\alpha,\delta}-y^\delta||^2-||Qy^\delta||^2+\frac{1}{2}\alpha^2\tilde{y}'(\alpha,y^\delta)\right\}\\&=2\big(\tilde{x}(\alpha,y^\delta)-||Qy^\delta||^2\big)+\alpha^2\tilde{y}'(\alpha,y^\delta),\end{aligned}\tag{3.5.20}$$

其中 Q 是 Y 到 $K(X)^\perp$ 上的正交投影算子, 最后两个等号利用了 (3.5.8) 和 (3.5.12). 利用 (3.5.13), 由 (3.5.20) 计算 F 对 α 的导数, 可得

$$F'(\alpha,y^\delta)=\alpha^2\tilde{y}''(\alpha,y^\delta).\tag{3.5.21}$$

因此, 当 $y^\delta\notin\mathcal{N}(K^*)$ 时, 相应于 α 处的 L 曲线 $\big(F(\alpha,y^\delta),-\tilde{y}(\alpha,y^\delta)\big)$ 的斜率为 $(\alpha^2,-1)$. 由上讨论可得达到最优收敛阶的 L 曲线算法 (算法 3.5.2).

算法 3.5.1 (带偏差准则的 L 曲线正则化参数选择)

1. 以坐标 $(\tilde{x}(\alpha,y^\delta),\tilde{y}(\alpha,y^\delta))$ 画出 L 曲线.
2. 画出垂直线 $\tilde{x}=\delta^2$.
3. 确定 L 曲线与该垂直线的交点.
4. 画出 L 曲线与在该交点处的切线.
5. 计算该切线的斜率 m.
6. 令 $\alpha(\delta):=-1/m$.

算法 3.5.2 (可达到最优收敛阶的 L 曲线正则化参数选择)

1. 以坐标 $(F(\alpha,y^\delta),-\tilde{y}(\alpha,y^\delta))$ 画出 L 曲线.
2. 对给定的 $\gamma\geqslant 2$, 画出垂直线 $\tilde{x}=\gamma\delta^2$.
3. 确定 L 曲线与该垂直线的交点.
4. 画出 L 曲线与在该交点处的切线.
5. 计算该切线的斜率 m.
6. 令 $\alpha(\delta):=1/\sqrt{-m}$.

3.6 全变差正则化

尽管 Tikhonov 正则化方法得到了深入的研究和广泛的使用, 其仍然存在缺陷, 最主要的就是它的解具有过分的光滑作用, 这可以从表达式 $(K^*K+\alpha I)x^\alpha=$

K^*y 看出, 首先若 K 是线性有界算子, 该方程的解存在唯一, 作简单的移项, 有

$$\alpha x = -K^*Kx + K^*y \in K^*(Y), \tag{3.6.1}$$

但原问题的解可能仅仅属于 X 而不属于 $K^*(Y)$, 比如一些跳跃点, 间断函数用连续的解去逼近会抹去跳跃点的信息. 因此, 我们在稳定求解的同时, 不要求解是光滑的, 而只要求解是全变差有界的.

设 Ω 为 $\mathbb{R}^d(d=1,2,3)$ 中的有界区域, Ω 的边界 Lipschitz 连续.

定义 3.6.1 设函数 $u \in L^1(\Omega)$ 的全变差定义为

$$\mathrm{TV}(u) := \sup_{\mathcal{V}\in\Phi} \int_\Omega \big(-u\mathrm{div}\boldsymbol{v}\big)dx, \tag{3.6.2}$$

其中测试函数空间 $\mathcal{V}$ 为

$$\mathcal{V} = \Big\{\boldsymbol{v} \in C_0^1(\Omega, \mathbb{R}^d):\ |\boldsymbol{v}(x)| \leqslant 1,\ \forall x \in \Omega\Big\}. \tag{3.6.3}$$

如果 $u(x) \in H^1(\Omega)$, 利用 $|\boldsymbol{x}| = \sup\limits_{|\boldsymbol{y}|\leqslant 1} \boldsymbol{x}^{\mathrm{T}}\boldsymbol{y}$ 及分部积分公式, 有

$$\begin{aligned}\int_\Omega |\nabla u|dx &= \int_\Omega \sup_{|\boldsymbol{v}|\leqslant 1} (\nabla u)^{\mathrm{T}}\boldsymbol{v}dx \\ &= \sup_{|\boldsymbol{v}|\leqslant 1}\left[\int_{\partial\Omega} u\boldsymbol{v}^{\mathrm{T}}\boldsymbol{n}dS - \int_\Omega u\mathrm{div}\boldsymbol{v}dx\right],\end{aligned} \tag{3.6.4}$$

其中 $\boldsymbol{n}$ 为边界 $\partial\Omega$ 的单位外法向. 由于 $\boldsymbol{v}$ 在 Ω 中具有紧致集, 又 $|\boldsymbol{v}| \leqslant 1$ 等价于 $|-\boldsymbol{v}| \leqslant 1$, 所以 (3.6.4) 化为

$$\int_\Omega |\nabla u|dx = -\sup_{|\boldsymbol{v}|\leqslant 1}\int_\Omega u\mathrm{div}\boldsymbol{v}dx. \tag{3.6.5}$$

因此, (3.6.2) 可以看作是

$$\mathrm{TV}(u) = \int_\Omega |\nabla u|dx \tag{3.6.6}$$

的一个弱形式.

定义 3.6.2 区域 Ω 上的有界变差函数空间 $\mathrm{BV}(\Omega)$ 定义为

$$\mathrm{BV}(\Omega) = \Big\{u(x) \in L^1(\Omega)\ :\ ||u||_{\mathrm{BV}} < \infty\Big\}, \tag{3.6.7}$$

其中 $||u||_{\mathrm{BV}}$ 定义为

$$||u||_{\mathrm{BV}} := ||u||_{L^1(\Omega)} + \mathrm{TV}(u). \tag{3.6.8}$$

可以证明[40], $||u||_{\mathrm{BV}}$ 是一个范数, 空间 $\mathrm{BV}(\Omega)$ 是完备的, 因此 $\mathrm{BV}(\Omega)$ 在该范数下是 Banach 空间. Sobolev 空间 $W^{1,1}(\Omega)$ 是 $\mathrm{BV}(\Omega)$ 的一个真子集. 显然 $\mathrm{TV}(u)$ 是 $\mathrm{BV}(\Omega)$ 上的一个半范. 注意, 若 Ω 有界, $L^p(\Omega) \subset L^1(\Omega)$, $p > 1$. 由 $\mathrm{BV}(\Omega)$ 的定义可知, $\mathrm{BV}(\Omega) \subset L^1(\Omega)$. 可以证明[1], $\mathrm{BV}(\Omega) \subset L^p(\Omega)$, $1 \leqslant p \leqslant d/(d-1)$.

考虑求解算子方程

$$Ku = z, \tag{3.6.9}$$

其中 $K : L^1(\Omega) \to L^2(\Omega)$ 为单射有界线性算子. 假设 $u \in W^{1,1}(\Omega)$, 全变差正则化实质上考虑全变差罚项的最小二乘法, 即求解下面的无约束极小化问题

$$\min_u T_\alpha(u) := ||Ku - z||^2_{L^2(\Omega)} + \alpha J(u), \tag{3.6.10}$$

其中 $\alpha > 0$, 泛函 $J(u)$ 是 u 的 BV 范数或半范. 一个比 BV 半范更一般的罚项是

$$J_\beta(u) = \int_\Omega \sqrt{|\nabla u|^2 + \beta} dx, \tag{3.6.11}$$

其中 $\beta \geqslant 0$. 当 $\beta = 0$ 时, 有

$$J_0(u) = \int_\Omega |\nabla u| dx, \tag{3.6.12}$$

即为 BV 半范.

引理 3.6.1 (1) 对 $\forall \beta > 0$, $u \in L^1(\Omega)$, 则 $J_0(u) < \infty$ 当且仅当 $J_\beta(u) < \infty$. (2) 对 $\forall u \in \mathrm{BV}(\Omega)$, 有 $\lim\limits_{\beta \to 0} J_\beta(u) = J_0(u)$.

证明 对一个凸函数 $f(\boldsymbol{x}) = \sqrt{|\boldsymbol{x}|^2 + \beta}$, 根据 Fenchel 变换[22], 即

$$\sqrt{|\boldsymbol{x}|^2 + \beta} = \sup\left\{\boldsymbol{x} \cdot \boldsymbol{y} + \sqrt{\beta(1 - |\boldsymbol{y}|)^2} : \boldsymbol{y} \in \mathbb{R}^d, |\boldsymbol{y}| \leqslant 1\right\}, \tag{3.6.13}$$

上确界在 $\boldsymbol{y} = \boldsymbol{x}/\sqrt{|\boldsymbol{x}|^2 + \beta}$ 处达到. 所以 (3.6.11) 中的 $J_\beta(u)$ 可以重新定义成

$$J_\beta(u) := \sup_{\boldsymbol{v} \in \mathcal{V}} \int_\Omega \Big(- u\mathrm{div}\boldsymbol{v} + \sqrt{\beta(1 - |\boldsymbol{v}(x)|^2)}\Big) dx. \tag{3.6.14}$$

对 $\forall \beta > 0$ 及 $\boldsymbol{v} \in \mathcal{V}$, $u \in L^1(\Omega)$, 有

$$\int_\Omega (-u\mathrm{div}\boldsymbol{v}) dx \leqslant \int_\Omega \Big(- u\mathrm{div}\boldsymbol{v} + \sqrt{\beta(1 - |\boldsymbol{v}|)^2}\Big) dx$$

$$\leqslant \int_{\Omega}\Big(-u\mathrm{div}\boldsymbol{v}+\sqrt{\beta}\Big)dx.$$

对所有 $\boldsymbol{v}\in\mathcal{V}$ 取上确界, 得到

$$J_0(u)\leqslant J_\beta(u)\leqslant J_0(u)+\sqrt{\beta}|\Omega|, \tag{3.6.15}$$

其中 $|\Omega|$ 表示 Ω 的测度. 由 Ω 的有界性可以得到结论. □

定理 3.6.1 $\forall\beta\geqslant 0$, $J_\beta(u)$ 在 $L^p(\Omega)$ 中弱下半连续, 其中 $1\leqslant p<\infty$.

证明 设 u_n 在 $L^p(\Omega)$ 中弱收敛于 $\bar{u}$. 对 $\forall\boldsymbol{v}\in\mathcal{V}$, $\mathrm{div}\boldsymbol{v}\in C(\Omega)$, 因此

$$\begin{aligned}
&\int_{\Omega}\Big(-\bar{u}\mathrm{div}\boldsymbol{v}+\sqrt{\beta(1-|\boldsymbol{v}|^2)}\Big)dx\\
=&\lim_{n\to\infty}\int_{\Omega}\Big(-u_n\mathrm{div}\boldsymbol{v}+\sqrt{\beta(1-|\boldsymbol{v}|^2)}\Big)dx\\
=&\liminf_{n\to\infty}\int_{\Omega}\Big(-u_n\mathrm{div}\boldsymbol{v}+\sqrt{\beta(1-|\boldsymbol{v}|^2)}\Big)dx\\
\leqslant&\liminf_{n\to\infty}J_\beta(u_n),
\end{aligned}$$

两端对 $\boldsymbol{v}\in\mathcal{V}$ 取上确界, 得到 $J_\beta(\bar{u})\leqslant\liminf\limits_{n\to\infty}J_\beta(u_n)$. □

定理 3.6.2 对 $\forall\beta\geqslant 0$, $J_\beta(u)$ 是凸的.

证明 设 $0\leqslant\gamma\leqslant 1$, $u_1,u_2\in L^p(\Omega)$. 对 $\forall\boldsymbol{v}\in\mathcal{V}$, 有

$$\begin{aligned}
&\int_{\Omega}\Big(-(\gamma u_1+(1-\gamma)u_2)\mathrm{div}\boldsymbol{v}+\sqrt{\beta(1-|\boldsymbol{v}|^2)}\Big)dx\\
=&\gamma\int_{\Omega}\Big(-u_1\mathrm{div}\boldsymbol{v}+\sqrt{\beta(1-|\boldsymbol{v}|^2)}\Big)dx\\
&+(1-\gamma)\int_{\Omega}\Big(-u_2\mathrm{div}\boldsymbol{v}+\sqrt{\beta(1-|\boldsymbol{v}|^2)}\Big)dx\\
\leqslant&\gamma J_\beta(u_1)+(1-\gamma)J_\beta(u_2).
\end{aligned}$$

两端对 $\boldsymbol{v}\in\mathcal{V}$ 取上确界, 得到 J_β 是凸的. □

定义 3.6.3 一个集合 $\mathcal{S}$ 称为有界变差 (BV) 有界集, 如果存在常数 $C>0$, 使得对所有的 $u\in\mathcal{S}$, 均有 $||u||_{\mathrm{BV}}\leqslant C$.

定义 3.6.4 对 $\min\limits_{u\in L^p(\Omega)}T(u)$, 称 $T(u)$ 是 BV 强制的, 如果当 $||u||_{\mathrm{BV}}\to+\infty$ 时, 有 $T(u)\to+\infty$.

下面的引理 3.6.2 说明了 BV 有界集在 $L^p(\Omega)$ 中的相对紧性. 由此可进一步证明定理 3.6.3.

引理 3.6.2[1] 若 $u \in \mathrm{BV}(\Omega)$, 则存在 $C^{\infty}(\Omega)$ 中序列 $\{u_n\}$, 使得 $\lim\limits_{n\to\infty} ||u_n - u||_{L^p(\Omega)} = 0$ 及 $J_0(u_n) = J_0(u)$.

定理 3.6.3[1] 设 $\mathcal{S}$ 是 BV 有界函数集, 则 $\mathcal{S}$ 在 $L^p(\Omega)$ 中相对紧, $1 \leqslant p < d(d-1)$. 如果 $\mathcal{S}$ 有界, 当 $d \geqslant 2$ 时, 在 $L^p(\Omega)$ 是相对弱紧的, $p = d/(d-1)$.

设 $T(u)$ 是定义在 $L^p(\Omega)$ 上的实值泛函, 下面的定理回到了极小化问题

$$\min_{u\in L^p(\Omega)} T(u) \tag{3.6.16}$$

解的存在性和唯一性. 下面的定理 3.6.4 说明了极小化解的存在性和唯一性.

定理 3.6.4 设 T 是 BV 强制的. (1) 若 $1 \leqslant p < d/(d-1)$ 及 T 是下半连续的, 则 (3.6.16) 有解. (2) 若 $p = d/(d-1)$ $(d \geqslant 2)$, T 弱下半连续, 则 (3.6.16) 有解. 对这两种情况, 如果 T 是严格凸的, 则解唯一.

证明 设 u_n 是 T 的极小化序列, 即

$$T(u_n) \to \inf_{u\in L^p(\Omega)} T(u) := T_{\min}. \tag{3.6.17}$$

由于 T 是 BV 强制的, 所以 u_n 也 BV 强制. 由定理 3.6.3 可知, 存在一个子序列 u_{n_j} 收敛于 $\bar{u} \in L^p(\Omega)$. 若 $p = d/(d-1)$, 是弱收敛. 由 T 的弱下半连续性, 可得

$$T(\bar{u}) \leqslant \liminf_{n\to\infty} T(u_{n_j}) = T_{\min}. \tag{3.6.18}$$

由于 T 是严格凸的, 极小解唯一. □

为了讨论稳定性, 考虑如下一系列的带扰动的极小化问题

$$\min_{u\in L^p(\Omega)} T_n(u). \tag{3.6.19}$$

定理 3.6.5[1] 假定 $1 \leqslant p < d/(d-1)$, 以及 T 和 T_n 均 BV 强制和下半连续. 又假定 T_n 具有:

(1) 一致 BV 强制性: $\forall v_n \in L^p(\Omega)$, 当 $\lim\limits_{n\to\infty} ||v_n||_{\mathrm{BV}} = +\infty$ 时,

$$\lim_{n\to\infty} T_n(v_n) = +\infty. \tag{3.6.20}$$

(2) 相容性: 在 BV 有界集上 T_n 一致收敛于 T, 即 $\forall B > 0, \varepsilon > 0$, $\exists N$ 使得

$$\big|T_n(u) - T(u)\big| < \varepsilon, \quad n \geqslant N, \ ||u||_{\mathrm{BV}} \leqslant B, \tag{3.6.21}$$

则极小化问题 (3.6.16) 是稳定的, 即假如 $\bar{u}$ 是 (3.6.16) 的极小解, u_n 是 (3.6.19) 的极小解, 则

$$||u_n - \bar{u}||_{L^p(\Omega)} \to 0. \tag{3.6.22}$$

假如 $p=d/(d-1)(d\geqslant 2)$, T 是下半连续和 T_n 是弱下半连续的, 则 u_n 弱收敛于 $\bar{u}$, 即

$$u_n-\bar{u}\rightharpoonup 0. \tag{3.6.23}$$

证明 注意到 $T_n(u_n)\leqslant T_n(\bar{u})$, 由 (3.6.21) 可知

$$\liminf_{n\to\infty}T_n(u_n)\leqslant\limsup_{n\to\infty}T_n(u_n)\leqslant T(\bar{u})<\infty, \tag{3.6.24}$$

因此由 (3.6.20) 知, 序列 u_n 是 BV 有界的. 假定 (3.6.22) 不成立, 或 (3.6.23) 不成立, 根据定理 3.6.3, 存在子序列 u_{n_j} 在 $L^p(\Omega)$ 中 (弱) 收敛于 $\hat{u}\neq\bar{u}$. 由 T 的 (弱) 下半连续性及式 (3.6.24) 和式 (3.6.21), 得到

$$\begin{aligned}T(\hat{u})&\leqslant\liminf_{n\to\infty}T(u_{n_j})=\lim_{n\to\infty}\big(T(u_{n_j})-T_{n_j}(u_{n_j})\big)+\liminf_{n\to\infty}T_{n_j}(u_{n_j})\\&\leqslant T(\bar{u}),\end{aligned} \tag{3.6.25}$$

这与 $\bar{u}$ 是 T 的极小化解的唯一性矛盾. □

定理 3.6.6 设 $K:L^p(\Omega)\to Z$ 是有界线性单射算子, 则极小化问题

$$\min_{u\in L^p(\Omega)}T(u)=||Ku-z||^2+\alpha||u||_{\mathrm{BV}} \tag{3.6.26}$$

有唯一的极小解, 其中 $\alpha>0$, $1\leqslant p<d/(d-1)$.

证明 由于 K 有界线性, 所以

$$||u||_{\mathrm{BV}}\leqslant\frac{1}{\alpha}T(u), \tag{3.6.27}$$

因此 T 是 BV 强制的. 由 K 的有界性, Banach 空间范数的弱下半连续性及定理 3.6.1 可知, T 是弱下半连续的. 再由定理 3.6.2 及 K 的线性性和范数的凸性, 可知 T 是凸的. 根据定理 3.6.4 可知, 极小化问题 (3.6.26) 的解存在. 由于 K 是单射, 所以 T 严格凸, 因此极小解唯一. □

例 1 考虑数据有扰动的极小化问题

$$\min_{u\in L^p(\Omega)}T_n(u)=||Ku-z_n||_Z^2+\alpha||u||_{\mathrm{BV}}, \tag{3.6.28}$$

其中 $z_n=z+\eta_n$ 及 $||\eta_n||_Z\to 0\ (n\to\infty)$. 因此

$$\begin{aligned}\Big|T_n(u)-T(u)\Big|&=\Big|||\eta_n||_Z^2+2\big(Ku-z,\eta_n\big)\Big|\\&\leqslant||\eta_n||_Z\Big(||\eta_n||_Z+2||K||\,||u||_{L^p(\Omega)}+2||z||_Z\Big).\end{aligned}$$

假如 u 是 BV 有界的, 则 $||u||_{L^p(\Omega)}$ 也有界, 由上式可知, (3.6.21) 成立. 又

$$||u||_{\mathrm{BV}} \leqslant \frac{T_n(u)}{\alpha},$$

可知 T_n 具有一致 BV 强制性. 因此, 由定理 3.6.5 可知, 带数据扰动的极小化问题 (3.6.28) 是稳定的.

例 2　考虑如下罚项有扰动的极小化问题

$$\min_{u\in L^p(\Omega)} T_n(u) = ||Ku - z_n||_Z^2 + \alpha\big(||u||_{L^1(\Omega)} + J_{\beta_n}(u)\big), \tag{3.6.29}$$

其中 $\beta_n \to 0\ (n\to\infty)$. 于是由 (3.6.15), 可知

$$\big|T_n(u) - T(u)\big| = \alpha\big|J_{\beta_n}(u) - J_0(u)\big| \leqslant \alpha\sqrt{\beta_n}\,|\Omega|,$$

因此条件 (3.6.21) 成立. 又

$$\frac{1}{\alpha}T_n(u) \geqslant ||u||_{L^1(\Omega)} + J_\beta(u) \geqslant ||u||_{L^1(\Omega)} + J_0(u) = ||u||_{\mathrm{BV}},$$

即 T_n 具有一致 BV 强制性. 因此, 由定理 3.6.5 可知, 带罚项扰动的极小化问题 (3.6.29) 是稳定的.

3.7　非线性问题

前面我们考虑了线性问题的正则化方法, 对非线性病态问题的正则化方法也有相类似的结果, 本节介绍非线性问题的 Tikhonov 正则化和 Landweber 迭代方法, 更详细的内容进一步参考文献 [28, 71].

3.7.1　Tikhonov 正则化

考虑非线性问题

$$F(x) = y, \tag{3.7.1}$$

其中 $F:\mathcal{D}(F)\subset X\to Y$ 是 Hilbert 空间 X 到 Y 的非线性算子. 假定: (1) F 是连续的; (2) F 是弱闭的, 也即 $\forall\{x_n\}\subset\mathcal{D}(F)$, 当 x_n 弱收敛到 $x\in X$, $F(x_n)$ 弱收敛到 $y\in Y$ 时, 有 $F(x)=y,\ x\in\mathcal{D}(F)$.

我们寻找 (3.7.1) 的一个极小模解, 记作 $x^\dagger$, 即

$$F(x^\dagger) = y, \quad ||x^\dagger|| = \min_x\big\{||x|| : F(x) - y\big\}. \tag{3.7.2}$$

由于解不连续依赖于数据, 该问题是非线性的病态问题. 如同线性情况, 求下面极小化问题的解

$$\min_x ||F(x)-y||^2+\alpha||x||^2, \tag{3.7.3}$$

由于 (3.7.1) 的右端项有误差, 所以实际上求解

$$F(x)=y^\delta, \tag{3.7.4}$$

从而我们求下面极小化问题的解

$$\min_x ||F(x)-y^\delta||^2+\alpha||x||^2, \tag{3.7.5}$$

其中 $\alpha>0$, $y^\delta\in Y$ 是对精确右端项 y 作扰动后即有噪声的右端项.

定理 3.7.1 设有序列 $\{x_n\}$ 及 $\{y_n\}$, $y_n\to y$, 又设 x_k 是 (3.7.5) 的极小解, 则存在 $\{x_n\}$ 的一个收敛子列, 且每一个收敛子列的极限都是 (3.7.5) 的一个极小解.

证明 根据 x_k 的定义, 对 $x\in\mathcal{D}(F)$ 有

$$||F(x_k)-y_k||^2+\alpha||x_k||^2\leqslant||F(x)-y_k||^2+\alpha||x||^2, \tag{3.7.6}$$

因此 $\{||x_k||\}$ 和 $\{||F(x_k)||\}$ 有界. 从而, 存在 $\bar{x}$ 及 $\{x_k\}$ 的一个子序列 $\{x_m\}$, 有

$$x_m\rightharpoonup\bar{x},\quad F(x_m)\rightharpoonup F(\bar{x}).$$

由范数的弱下半连续性, 有

$$||\bar{x}||\leqslant\liminf_{m\to\infty}||x_m||,$$

$$||F(\bar{x})-y^\delta||\leqslant\liminf_{m\to\infty}||F(x_m)-y_m||. \tag{3.7.7}$$

又 (3.7.6) 蕴涵

$$\begin{aligned}||F(\bar{x})-y^\delta||^2+\alpha||\bar{x}||^2&\leqslant\liminf_{m\to\infty}\left(||F(x_m)-y_m||^2+\alpha||x_m||^2\right)\\&\leqslant\limsup_{m\to\infty}\left(||F(x_m)-y_m||^2+\alpha||x_m||^2\right)\\&\leqslant\lim_{m\to\infty}\left(||F(x)-y_m||^2+\alpha||x||^2\right)\\&=||F(x)-y^\delta||^2+\alpha||x||^2,\quad x\in\mathcal{D}(F),\end{aligned}$$

这蕴涵 $\bar{x}$ 是 (3.7.5) 的极小解, 所以

$$\lim_{m\to\infty}\left(||F(x_m)-y_m||^2+\alpha||x_m||^2\right)$$
$$=||F(\bar{x})-y^\delta||^2+\alpha||\bar{x}||^2. \tag{3.7.8}$$

现假设 $x_m \nrightarrow \bar{x}$. 于是

$$c:=\limsup_{m\to\infty}||x_m||>||\bar{x}||,$$

以及有 $\{x_m\}$ 的一个子序列 $\{x_n\}$, 使得

$$x_n \rightharpoonup \bar{x},\quad F(x_n)\rightharpoonup F(\bar{x}),\quad ||x_n||\to c.$$

由 (3.7.8) 可知, 有

$$\lim_{n\to\infty}||F(x_n)-y_n||^2=||F(\bar{x})-y^\delta||^2+\alpha(||\bar{x}||-c^2)<||F(\bar{x})-y^\delta||^2,$$

这与 (3.7.7) 矛盾. 因此 $x_m\to\bar{x}$. □

定理 3.7.2 设 $\mathcal{D}(F)$ 是凸的, $y^\delta\in Y$ 及 $||y-y^\delta||\leqslant\delta$, $x^\dagger$ 是极小模解, 并假定下面的 (1)~(4) 成立:

(1) F 是 Fréchet 可微的.

(2) 存在 $\gamma\geqslant 0$, 在以 $x^\dagger$ 为球心 ρ 为半径的一个充分大的闭球 $\mathcal{B}_\rho(x^\dagger)$ 内, 有

$$||F'(x^\dagger)-F'(x)||\leqslant\gamma||x^\dagger-x||,\quad x\in\mathcal{D}(F). \tag{3.7.9}$$

(3) 存在 $w\in Y$, 满足 $x^\dagger=F'(x^\dagger)^*w$.

(4) $\gamma||w||<1$.

则对 $\alpha\sim\delta$ 的选择, 有

$$||x^{\alpha,\delta}-x^\dagger||=O(\sqrt{\delta}),\quad ||F(x^{\alpha,\delta})-y^\delta||=O(\delta). \tag{3.7.10}$$

证明 因为 $x^{\alpha,\delta}$ 是 (3.7.5) 的极小解, 由 $F(x^\dagger)=y$ 和 $||y-y^\delta||\leqslant\delta$, 可得

$$||F(x^{\alpha,\delta})-y^\delta||^2+\alpha||x^{\alpha,\delta}||\leqslant\delta^2+\alpha||x^\dagger||^2,$$

因此

$$||F(x^{\alpha,\delta})-y^\delta||^2+\alpha||x^{\alpha,\delta}-x^\dagger||^2$$
$$\leqslant\delta^2+\alpha\left(||x^\dagger||^2+||x^{\alpha,\delta}-x^\dagger||^2-||x^{\alpha,\delta}||^2\right)$$
$$=\delta^2+2\alpha\left(x^\dagger,x^\dagger-x^{\alpha,\delta}\right). \tag{3.7.11}$$

由于 $\alpha \sim \delta$, 则 (3.7.11) 可知, 对固定的 $\rho > 2||x^\dagger||$, 只要 δ 充分小, 就有 $x^{\alpha,\delta} \in \mathcal{B}_\rho(x^\dagger)$. 因此假定 (2) 对 $x \in \mathcal{D}(F) \cap \mathcal{B}_\rho(x^\dagger)$ 均成立. 注意条件 (1) 和 (2) 蕴涵

$$F(x^{\alpha,\delta}) = F(x^\dagger) + F'(x^\dagger)(x^{\alpha,\delta} - x^\dagger) + r^{\alpha,\delta}, \tag{3.7.12}$$

其中

$$||r^{\alpha,\delta}|| \leqslant \frac{\gamma}{2}||x^{\alpha,\delta} - x^\dagger||^2. \tag{3.7.13}$$

根据条件 (3), (3.7.11) 蕴涵

$$\begin{aligned} &||F(x^{\alpha,\delta}) - y^\delta||^2 + \alpha||x^{\alpha,\delta} - x^\dagger||^2 \\ \leqslant\ &\delta^2 + 2\alpha\big(w, F'(x^\dagger)(x^\dagger - x^{\alpha,\delta})\big). \end{aligned} \tag{3.7.14}$$

联合 (3.7.12)~(3.7.14), 可得

$$\begin{aligned} &||F(x^{\alpha,\delta}) - y^\delta||^2 + \alpha||x^{\alpha,\delta} - x^\dagger||^2 \\ \leqslant\ &\delta^2 + 2\alpha\big(w, (y - y^\delta) + (y^\delta - F(x^{\alpha,\delta})) + r^{\alpha,\delta}\big) \\ \leqslant\ &\delta^2 + 2\alpha\delta||w|| + 2\alpha||w|| \cdot ||F(x^{\alpha,\delta}) - y^\delta|| + \alpha\gamma||w|| \cdot ||x^{\alpha,\delta} - x^\dagger||^2, \end{aligned}$$

由此可得

$$\Big(||F(x^{\alpha,\delta}) - y^\delta|| - \alpha||w||\Big)^2 + \alpha\big(1 - \gamma||w||\big)||x^{\alpha,\delta} - x^\dagger||^2 \leqslant (\delta + \alpha||w||)^2.$$

由条件 (4), 可得

$$||F(x^{\alpha,\delta}) - y^\delta|| \leqslant \delta + 2\alpha||w||,$$

$$||x^{\alpha,\delta} - x^\dagger|| \leqslant \frac{\delta + \alpha||w||}{\sqrt{\alpha}\sqrt{1 - \gamma||w||}}.$$

当 $\alpha \sim \delta$ 时, 即 α 和 β 为等价量时, 由上两式即得 (3.7.10). □

在线性时, 最优的收敛阶是 $||x^{\alpha,\delta} - x^\dagger|| = O(\delta^{\frac{2}{3}})$, 该收敛阶在条件 $x^\dagger \in \mathcal{R}(F^*F)$ 下达到. 在非线性的情况下, 如果 $x^\dagger \in \mathcal{R}\big(F'(x^\dagger)^*F'(x^\dagger)\big)$, 也达到该最优收敛阶. 更一般地, 有如下定理[28].

定理 3.7.3 在定理 3.7.2 的条件下, 若 $x^\dagger \in \mathcal{D}(F)$ 及

$$x^\dagger = \big(F'(x^\dagger)^*F'(x^\dagger)\big)^\mu v,$$

其中 $\mu \in \left[\frac{1}{2}, 1\right]$, 则若选择 $\alpha \sim \delta^{\frac{2}{2\mu+1}}$, 有

$$||x^{\alpha,\delta} - x^\dagger|| = O(\delta^{\frac{2\mu}{2\mu+1}}).$$

3.7.2 Landweber 迭代

非线性问题 (3.7.4) 的 Landweber 迭代格式是

$$x_{k+1}^\delta = x_k^\delta + F'(x_k^\delta)^*(y^\delta - F(x_k^\delta)), \quad k = 0, 1, 2, \cdots, \tag{3.7.15}$$

其中 $||y^\delta - y|| \leqslant \delta$, x_0^δ 是初始猜测. 迭代中止准则是基于偏差准则, 即在迭代 $k_* = k_*(\delta, y^\delta)$ 次后满足

$$||y^\delta - F(x_{k_*}^\delta)|| \leqslant \tau\delta < ||y^\delta - F(x_k^\delta)||, \quad 0 \leqslant k < k_*, \tag{3.7.16}$$

迭代中止, 其中 $\tau > 0$ 是一个适当选择的正数.

记 $\mathcal{B}_{2\rho}(x_0)$ 是以 x_0 为圆心, 半径为 2ρ 的闭球, 其中 $x_0 := x_0^\delta$ 是初始猜测或解的先验信息. 假定

$$||F'(x)|| \leqslant 1, \quad x \in \mathcal{B}_{2\rho}(x_0) \subset \mathcal{D}(F). \tag{3.7.17}$$

又假定

$$||F(x) - F(\widetilde{x}) - F'(x)(x - \widetilde{x})|| \leqslant \eta ||F(x) - F(\widetilde{x})||, \quad \eta < \frac{1}{2},$$
$$x, \widetilde{x} \in \mathcal{B}_{2\rho}(x_0) \subset \mathcal{D}(F). \tag{3.7.18}$$

条件 (3.7.17) 和 (3.7.18) 用以保证方程 (3.7.1) 之解的局部收敛性, 如果该方程在 $\mathcal{B}_\rho(x_0)$ 中有解.

下面的定理告诉我们如何选择中止准则中的参数 τ.

定理 3.7.4 假定条件 (3.7.17) 和 (3.7.18) 成立, $F(x) = y$ 有解 $x_* \in \mathcal{B}_\rho(x_0)$. 若 $x_k^\delta \in \mathcal{B}_\rho(x_*)$, 则 x_{k+1}^δ 是比 x_k^δ 更好的对 x_* 的近似解的充分条件是

$$||y^\delta - F(x_k^\delta)|| > 2\frac{1+\eta}{1-2\eta}\delta, \tag{3.7.19}$$

且有 $x_{k+1}^\delta \in \mathcal{B}_\rho(x_*) \subset \mathcal{B}_{2\rho}(x_0)$.

证明 假设 $x_k^\delta \in \mathcal{B}_\rho(x_*)$, 则由三角不等式知 $x_*, x_k^\delta \in \mathcal{B}_{2\rho}(x_0)$. 应用条件 (3.7.17) 和 (3.7.18), 并利用 (3.7.15), 有

$$\begin{aligned}
&||x_{k+1}^\delta - x_*||^2 - ||x_k^\delta - x_*||^2 \\
=& 2\big(x_{k+1}^\delta - x_k^\delta, x_k^\delta - x_*\big) + ||x_{k+1}^\delta - x_k^\delta||^2 \\
=& 2\big(y^\delta - F(x_k^\delta), F'(x_k^\delta)(x_k^\delta - x_*)\big) + ||F'(x_k^\delta)^*(y^\delta - F(x_k^\delta))||^2 \\
\leqslant& ||y^\delta - F(x_k^\delta)|| \Big(2(1+\eta)\delta - (1-2\eta)||y^\delta - F(x_k^\delta)||\Big).
\end{aligned} \tag{3.7.20}$$

由 (3.7.19) 知上式右端为负, 因此

$$||x_{k+1}^\delta - x_*||^2 \leqslant ||x_k^\delta - x_*||^2. \qquad \square$$

由定理 3.7.4 可知, 中止准则 (3.7.16) 中的 τ 的选择应当满足

$$\tau > 2\frac{1+\eta}{1-2\eta} > 2. \tag{3.7.21}$$

推论 3.7.1 设定理 3.7.4 中的假定成立, k_* 依据中止准则 (3.7.16) 和 (3.7.21) 选择, 则

$$k_*(\tau\delta)^2 < \sum_{k=0}^{k_*-1} ||y^\delta - F(x_k^\delta)||^2 \leqslant \frac{\tau}{(1-2\eta)\tau - 2(1+\eta)}||x_0 - x_*||^2. \tag{3.7.22}$$

特别地, 若 $y^\delta = y$, 即 $\delta = 0$, 则

$$\sum_{k=0}^{\infty} ||y - F(x_k)||^2 < \infty. \tag{3.7.23}$$

证明 因为 $x_0^\delta = x_0 \in \mathcal{B}_\rho(x_*)$. 由 (3.7.20) 可知

$$||x_{k+1}^\delta - x_*||^2 - ||x_k^\delta - x_*||^2 \leqslant ||y^\delta - F(x_k^\delta)||^2\Big(2\tau^{-1}(1+\eta) + 2\eta - 1\Big),$$

将上式对 $k = 0, \cdots, k_* - 1$ 求和, 得到

$$\Big(1 - 2\eta - 2\tau^{-1}(1+\eta)\Big)\sum_{k=0}^{k_*-1} ||y^\delta - F(x_k^\delta)||^2 \leqslant ||x_0 - x_*||^2 - ||x_{k_*}^\delta - x_*||^2,$$

再由 (3.7.16) 即得 (3.7.22). 显然, 若 $\delta = 0$, (3.7.22) 中的 k_* 可以是任意正整数及 τ 可以任意大, 从而由 (3.7.22) 可得

$$\sum_{k=0}^{\infty} ||y - F(x_k)||^2 < \frac{1}{1-2\eta}||x_0 - x_*||^2. \qquad \square$$

式 (3.7.22) 表明, 当 $y = y^\delta$ 时, Landweber 迭代随迭代次数 $k \to \infty$, 残量的模趋于零. 如果 $y \neq y^\delta$, 则 (3.7.22) 蕴涵一定存在 k_* 使得对所有的 $k < k_*$ 有 $||y^\delta - F(x_k^\delta)|| > \tau\delta$ 成立, 但当 $k = k_*$ 时不成立. 下面的定理表明, 如果迭代收敛, 则极限将收敛到 $F(x) = y$ 的极小模解 $x^\dagger$.

定理 3.7.5[28]　假定条件 (3.7.17)~(3.7.18) 满足, $F(x) = y$ 在 $\mathcal{B}_\rho(x_0)$ 中有解, 则对精确数据 y 的 Landweber 迭代序列收敛到 $F(x) = y$ 的一个解. 若 $\mathcal{N}(F'(x^\dagger)) \subset \mathcal{N}(F'(x))$, $\forall x \in \mathcal{B}_\rho(x^\dagger)$, 则当 $k \to \infty$ 时, $x_k^\delta \to x^\dagger$.

下面的定理表明, 满足 (3.7.16) 和 (3.7.21) 的中止准则的 Landweber 迭代是一个正则化方法.

定理 3.7.6　假定条件 (3.7.17) 和 (3.7.18) 成立, $F(x) = y$ 在 $\mathcal{B}_\rho(x_0)$ 中有解, 设 $k_* = k_*(\delta, y^\delta)$ 是根据中止准则 (3.7.16) 和 (3.7.21) 选择的迭代次数, 则 Landweber 的迭代解 $x_{k_*}^\delta$ 收敛到 $F(x) = y$ 的解. 若 $\mathcal{N}(F'(x^\dagger)) \subset \mathcal{N}(F'(x))$, $\forall x \in \mathcal{B}_\rho(x^\dagger)$, 则当 $\delta \to 0$ 时, $x_{k_*}^\delta$ 收敛到 $x^\dagger$.

证明　设 x_* 是对精确数据 y 的 Landweber 迭代序列解的极限. 注意由定理 3.7.5 知, $x_* \to x^\dagger$. 记 $y_n := y^{\delta_n}$ 为 y 的扰动, 其中 $\delta_n \to 0, n \to \infty$. 又记 $k_n := k_*(\delta_n, y_n)$ 是根据偏差准则确定的 Landweber 迭代应用于数据 (δ_n, y_n) 的中止迭代次数. 假设 k 是 $\{k_n\}$ 的有限聚点. 不失一般性, 假定对所有的 $n \in \mathbb{N}$, 取 $k = k_n$, 根据 k_n 的定义, 有

$$||y_n - F(x_k^{\delta_n})|| \leqslant \tau\delta_n, \tag{3.7.24}$$

当 k 固定时, x_k^δ 连续依赖于数据 y^δ, 因此, 在 (3.7.24) 中令 $n \to \infty$, 可得

$$x_k^{\delta_n} \to x_k, \quad F(x_k^{\delta_n}) \to F(x_k) = y, \quad n \to \infty,$$

也即精确数据的 Landweber 的第 k 次迭代解是方程 $F(x) = y$ 的解. 因此, 迭代中止, 取 $x_* = x_k$, 当 $\delta_n \to 0$ 时, $x_{k_n}^{\delta_n} \to x_*$.

现考虑当 $n \to \infty$ 时 $k_n \to \infty$ 的情况. 当 $k_n > k$ 时, 由定理 3.7.4 可知

$$||x_{k_n}^{\delta_n} - x_*|| \leqslant ||x_k^{\delta_n} - x_*|| \leqslant ||x_k^{\delta_n} - x_k|| + ||x_k - x_*||. \tag{3.7.25}$$

根据定理 3.7.5, 给定 $\varepsilon > 0$, 对固定的 $k = k(\varepsilon)$, (3.7.25) 右端第二项小于 $\varepsilon/2$; 由于非线性 Landweber 迭代的稳定性, 第一项 $||x_k^{\delta_n} - x_k|| < \varepsilon/2$, $n > n(\varepsilon, k)$. 因此, 当 $n \to \infty$ 时, $x_{k_n}^{\delta_n} \to x_*$.　□

第 4 章　混合正则化方法

本章主要介绍求解线性不适定问题的混合正则化方法. 该方法有效结合了迭代正则化和连续正则化方法, 而且任何迭代正则化方法和连续正则化方法都能结合构成一种混合正则化方法. 我们的理论分析表明[160], 混合正则化方法具有误差最优阶, 而且与连续正则化方法相比, 混合正则化方法能在更大的正则化参数范围内能达到最优收敛阶, 从而能减弱对正则化参数的灵敏性. 由于通常最优正则化参数较难选取, 因此混合正则化有助于更好改善单用迭代正则化方法或连续正则化方法的解.

4.1　Moore-Penrose 逆 (广义逆)

考虑如下形式的线性算子方程

$$Tx = y, \tag{4.1.1}$$

其中 $T : X \to Y$ 是有界线性算子, X 和 Y 是 Hilbert 空间. 我们称 y 是可取到的, 假如 y 在 T 的值域中, 即 $y \in \mathcal{R}(T)$. 因此, 如果 (4.1.1) 有解, 也即等价于对每个 $y \in Y$, y 可取到. (4.1.1) 有唯一解, 当且仅当 T 的值域是零空间, 即 $\mathcal{N}(T) = 0$. 假如方程 (4.1.1) 有解且解唯一, 也即 T^{-1} 存在, 则解连续依赖于数据等价于 T^{-1} 连续 (或有界).

假如 $\mathcal{N}(T) \neq 0$, 即 (4.1.1) 的解不唯一, 则可以求解满足另外条件的一个特殊解, 为此引进 T 的广义逆 (即 Moore-Penrose 逆)[28]. 下面记 $\mathcal{L}(X,Y)$ 是 X 到 Y 的所有有界线性算子集合.

定义 4.1.1　$T \in \mathcal{L}(X,Y)$ 的 Moore-Penrose 逆 $T^\dagger$ 定义为 $\widetilde{T}^{-1}$ 到

$$\mathcal{D}(T^\dagger) := \mathcal{R}(T) \oplus \mathcal{R}(T)^\perp \tag{4.1.2}$$

的唯一线性扩张, 且

$$\mathcal{N}(T^\dagger) = \mathcal{R}(T)^\perp, \tag{4.1.3}$$

其中

$$\widetilde{T} := T|_{\mathcal{N}(T)^\perp} : \mathcal{N}(T)^\perp \to \mathcal{R}(T). \tag{4.1.4}$$

在定义 4.1.1 中, $T^\dagger$ 的定义是明确的. 因为 $\mathcal{N}(\widetilde{T}) = \{0\}$ 和 $\mathcal{R}(\widetilde{T}) = T$, 所以 $\widetilde{T}^{-1}$ 存在. 由于 (4.1.3) 及要求 $T^\dagger$ 是线性的, 因此对任意 $y \in \mathcal{D}(T^\dagger)$ 有唯一表示

$$y = y_1 + y_2, \quad y_1 \in \mathcal{R}(T), \quad y_2 \in \mathcal{R}(T)^\perp,$$

因此, $T^\dagger y = \widetilde{T}^{-1} y_1$.

命题4.1.1 设 P 和 Q 分别是 $\mathcal{N}(T)$ 和 $\overline{\mathcal{R}(T)}$ 上的正交投影算子, 则 $\mathcal{R}(T^\dagger) = \mathcal{N}(T)^\perp$, 且下面的四个" Moore-Penrose 方程"成立

$$TT^\dagger T = T, \tag{4.1.5}$$

$$T^\dagger T T^\dagger = T^\dagger, \tag{4.1.6}$$

$$T^\dagger T = I - P, \tag{4.1.7}$$

$$TT^\dagger = Q|_{\mathcal{D}(T^\dagger)}. \tag{4.1.8}$$

证明 由 $T^\dagger$ 的定义, 对所有 $y \in \mathcal{D}(T^\dagger)$, 有

$$T^\dagger y = \widetilde{T}^{-1} Q y = T^\dagger Q y, \tag{4.1.9}$$

从而 $T^\dagger y \in \mathcal{R}(\widetilde{T}^{-1}) = \mathcal{N}(T)^\perp$. 因此, $\forall x \in \mathcal{N}(T)^\perp$, 有 $T^\dagger T x = \widetilde{T}^{-1}\widetilde{T} x = x$, 这证明了 $\mathcal{R}(T^\dagger) = \mathcal{N}(T)^\perp$.

对 $y \in \mathcal{D}(T^\dagger)$, 由于 $\widetilde{T}^{-1} Q y \in \mathcal{N}(T)^\perp$, 所以 (4.1.9) 蕴涵

$$TT^\dagger y = TT^\dagger Q y = T\widetilde{T}^{-1} Q y = \widetilde{T}\widetilde{T}^{-1} Q y = Q y.$$

因此, (4.1.8) 成立.

根据 $T^\dagger$ 的定义, 对 $\forall x \in X$, 有

$$T^\dagger T x = \widetilde{T}^{-1} T[Px + (I-P)x] = \widetilde{T}^{-1} T P x + \widetilde{T}^{-1}\widetilde{T}(I-P)x = (I-P)x,$$

因此 (4.1.7) 成立.

又 (4.1.7) 蕴涵

$$TT^\dagger T = T(I-P) = T - TP = T,$$

因此 (4.1.5) 成立. (4.1.9) 和 (4.1.8) 蕴涵 (4.1.6). □

由以上证明可知, (4.1.7) 和 (4.1.8) 蕴涵 (4.1.5) 和 (4.1.6). 另一方面, Moore-Penrose 方程唯一刻画 $T^\dagger$. 因此, 可以假定 $TT^\dagger$ 和 $T^\dagger T$ 是正交投影算子来替代 (4.1.7) 和 (4.1.8). 任何满足 (4.1.5) 的算子 $T^\dagger$ 称为 T 的内逆 (inner inverse), 满足 (4.1.6) 算子 $T^\dagger$ 称为 T 的外逆 (outer inverse).

命题 4.1.2 Moore-Penrose 广义逆 $T^\dagger$ 的图像是闭的, 而且 $T^\dagger$ 有界 (或连续) 当且仅当 $\mathcal{R}(T)$ 是闭的.

证明 首先证明

$$\Big\{(y_1, \widetilde{T}^{-1}y_1) \mid y_1 \in \mathcal{R}(T)\Big\} = \Big\{(Tx, x) \mid x \in X\Big\} \cap \Big\{Y \times \mathcal{N}(T)^\perp\Big\}. \tag{4.1.10}$$

令 $x := \widetilde{T}^{-1}y_1$, 这里 $y_1 \in \mathcal{R}(T)$. 由 $\widetilde{T}$ 的定义, $x \in \mathcal{N}(T)^\perp$. 由 (4.1.8) 知有 $Tx = TT^\dagger y_1 = y_1$, 因此, $(y_1, \widetilde{T}^{-1}y_1) = (Tx, x) \in Y \times \mathcal{N}(T)^\perp$.

假如 $x \in \mathcal{N}(T)^\perp$, 令 $y_1 := Tx$, 从而 $y_1 \in \mathcal{R}(T)$, 则 $\widetilde{T}^{-1}y_1 = T^\dagger Tx = x$, 因此 $(y_1, \widetilde{T}^{-1}y_1) = (Tx, x)$, 从而 (4.1.10) 成立.

根据 $T^\dagger$ 的定义, 有 T 的图像

$$\begin{aligned} G(T^\dagger) &= \Big\{(y, T^\dagger y) \mid y \in \mathcal{D}(T^\dagger)\Big\} \\ &= \Big\{(y_1 + y_2, \widetilde{T}^{-1}y_1) \mid y_1 \in \mathcal{R}(T), y_2 \in \mathcal{R}(T)^\perp\Big\} \\ &= \Big\{(y_1, \widetilde{T}^{-1}y_1) \mid y_1 \in \mathcal{R}(T)\Big\} + \big(\mathcal{R}(T)^\perp \times \{0\}\big), \end{aligned}$$

该式及 (4.1.10) 蕴涵

$$G(T^\dagger) = \Big[\big\{(Tx, x) \mid x \in X\big\} \cap (Y \times \mathcal{N}(T)^\perp)\Big] + \Big[\mathcal{R}(T)^\perp \times \{0\}\Big], \tag{4.1.11}$$

式 (4.1.11) 右端的空间在 $Y \times X$ 中是闭的和正交的, 因此图像 $G(T^\dagger)$ 是闭的.

为证明第二个结论, 假定 $\mathcal{R}(T)$ 是闭的, 因此 $\mathcal{D}(T^\dagger) = Y$. 由闭图像定理知, $T^\dagger$ 是有界的. 反之, 设 $T^\dagger$ 有界, 则 $T^\dagger$ 有唯一的到 Y 的连续扩张 $\overline{T^\dagger}$. 由 (4.1.8) 和 T 的连续性, 可得 $T\overline{T^\dagger} = Q$. 因此, 对 $y \in \overline{\mathcal{R}(T)}$, 有 $y = Qy = T\overline{T^\dagger}y \in \mathcal{R}(T)$. 因此, $\overline{\mathcal{R}(T)} \subseteq \mathcal{R}(T)$, 即 $\mathcal{R}(T)$ 是闭的. □

定理 4.1.1 设 $y \in \mathcal{D}(T^\dagger)$, 则 $Tx = y$ 有唯一的最佳近似解, 为

$$x^\dagger := T^\dagger y. \tag{4.1.12}$$

所有最小二乘解的集合是 $x^\dagger + \mathcal{N}(T)$.

证明 设

$$S := \Big\{z \in X \;\Big|\; Tz = Qy\Big\}. \tag{4.1.13}$$

因为

$$y \in \mathcal{D}(T^\dagger) = \mathcal{R}(T) \oplus \mathcal{R}(T)^\perp, \quad Qy \in \mathcal{R}(T),$$

所以 $S \neq \varnothing$. 因此对 $\forall z \in S$ 和 $x \in X$, 有

$$||Tz - y|| = ||Qy - y|| \leqslant ||Tx - y||.$$

因此, S 中的所有元素都是 $Tx = y$ 的最小二乘解. 反之, 设 z 是 $Tx = y$ 的一个最小二乘解, 则

$$||Qy - y|| \leqslant ||Tz - y|| = \inf\Big\{||u - y|| \ \big| \ u \in \mathcal{R}(T)\Big\} = ||Qy - y||,$$

所以 Tz 是 $\mathcal{R}(T)$ 中离 y 最近的元素, 即 $Tz = Qy$. 因此, 我们已经证明了

$$S = \Big\{x \in X \Big| x \text{ 是 } Tx = y \text{ 的最小二乘解}\Big\} \neq \varnothing.$$

现在设 $\bar{z}$ 是闭线性流形 $S = T^{-1}(\{Qy\})$ 中的具有极小模的元素. 由于 $S = \bar{z} + \mathcal{N}(T)$, 因此证明 $\bar{z} = T^{\dagger}y$ 即可. 因为在 $\bar{z} + \mathcal{N}(T)$ 中的具有极小模的元素 $\bar{z}$ 正交于 $\mathcal{N}(T)$, 也即 $\bar{z} \in \mathcal{N}(T)^{\perp}$, 这蕴涵

$$\bar{z} = (I - P)\bar{z} = T^{\dagger}T\bar{z} = T^{\dagger}Qy = T^{\dagger}TT^{\dagger}y = T^{\dagger}y,$$

也即 $\bar{z} = T^{\dagger}y$ 成立. □

定理 4.1.2　设 $y \in \mathcal{D}(T^{\dagger})$, 则 $x \in X$ 是 $Tx = y$ 的最小二乘解当且仅当法方程

$$T^*Tx = T^*y \tag{4.1.14}$$

成立.

证明　x 是 $Tx=y$ 的最小二乘解当且仅当 Tx 是 $\mathcal{R}(T)$ 中离 y 最近的元素, 这等价于 $Tx - y \in \mathcal{R}(T)^{\perp} = \mathcal{N}(T^*)$, 也即 $T^*(Tx - y) = 0$, 因此 (4.1.14) 成立. □

由定理 4.1.2 可知, $T^{\dagger}y$ 是 $T^*Tx = T^*y$ 的极小模解, 即

$$T^{\dagger} = (T^*T)^{\dagger}T^*.$$

假如 $y \notin \mathcal{D}(T^{\dagger})$, 则 $Tx = y$ 的最小二乘解不存在.

4.2　连续正则化方法

考虑方程

$$Tx = y, \tag{4.2.1}$$

其中 X 和 Y 是 Hilbert 空间, $T : X \to Y$ 是有界线性算子. 我们称满足

$$||Tx - y|| = \inf\left\{||Tz - y|| \mid z \in X\right\} \tag{4.2.2}$$

的 $x \in X$ 为 (4.2.1) 的最小二乘解; 在 (4.2.1) 的所有最小二乘解 z 中, 称满足

$$||x|| = \inf\left\{||z||\right\} \tag{4.2.3}$$

的 $x \in X$ 为 (4.2.1) 的最佳近似解.

根据 Moore-Penrose 广义逆理论, 我们在

$$\mathcal{D}(T^\dagger) = \mathcal{R}(T) \oplus \mathcal{R}(T)^\perp \tag{4.2.4}$$

中定义算子 T 的 Moore-Penrose 广义逆为 $T^\dagger$, 则对 $y \in \mathcal{D}(T^\dagger)$, 有唯一解 $x^\dagger = T^\dagger y$. 由定理 4.1.1 可知, 对 $y \in \mathcal{D}(T^\dagger)$, (4.2.1) 有唯一的最佳近似解, 该解就是

$$x^\dagger = T^\dagger y. \tag{4.2.5}$$

因此, 目标是寻找一个数值解 x^{sol} 使其尽可能接近 $x^\dagger$, 也即 $||x^{\text{sol}} - x^\dagger||$ 尽可能小.

由命题 4.1.2 容易得到如下命题.

命题 4.2.1 若 $T: X \to Y$ 是线性紧算子, $\dim\mathcal{R}(T) = \infty$, 则 $T^\dagger$ 是具有闭图像的稠定无界线性算子.

由该命题可知, 对具有非闭值域的线性紧算子, 例如具有非退化核的积分算子, (4.2.1) 的最佳近似解不连续依赖于右端项.

通常观测数据 y 包含噪声, 即不能得到精确的右端项 $y^{\text{exa}} = Tx^\dagger$. 假定噪声水平为 δ, 含噪声的右端项为 y^δ, 即

$$||y^\delta - y^{\text{exa}}|| \leqslant \delta. \tag{4.2.6}$$

因此, 事实上我们由方程

$$Tx = y^\delta \tag{4.2.7}$$

来求解 x^{sol}.

为了理论分析误差 $||x^{\text{sol}} - x^\dagger||$, 引进一些记号. 引进集合

$$X_{\mu,\rho} = \left\{x \mid x = (T^*T)^\mu w, ||w|| \leqslant \rho\right\}, \tag{4.2.8}$$

其中 $\mu > 0$, T^* 是 T 的伴随算子. 根据反问题正则化解的误差估计结论[28,73], 对 $x^\dagger \in X_{\mu,\rho}$, 任何正则化解的误差不能优于

$$||x^{\text{sol}} - x^\dagger|| \leqslant \delta^{\frac{2\mu}{2\mu+1}} \rho^{\frac{1}{2\mu+1}}. \tag{4.2.9}$$

因此, 如果一个正则化方法的误差满足

$$||x^{\mathrm{sol}} - x^{\dagger}|| \leqslant c\delta^{\frac{2\mu}{2\mu+1}}\rho^{\frac{1}{2\mu+1}}, \tag{4.2.10}$$

我们就称该方法在 $X_{\mu,\rho}$ 中是**最优正则化方法**, 这里 c 是一个常数.

将 (4.2.7) 写成如下法方程的形式

$$T^*Tx = T^*y^{\delta}. \tag{4.2.11}$$

使用精确的右端项 y^{exa} 求解 (4.2.11)

$$x^{\dagger} = (T^*T)^{-1}T^*y^{\mathrm{exa}}. \tag{4.2.12}$$

然而, 算子 $(T^*T)^{-1}T^*$ 通常是病态的. 在连续正则化方法中, 引进与 α 有关的一个函数 $g_\alpha(\lambda)$ 来表示解, 这里 α 是正则化参数. 正则化解 x^{sol} 可以形式上写成[28, 78, 130]

$$x^{\mathrm{sol}} = g_\alpha(T^*T)T^*y^{\delta}. \tag{4.2.13}$$

假如 $g_\alpha(\lambda)$ 在 $\lambda \in [0, ||T||^2]$ 至少分片连续, 则算子 $g_\alpha(T^*T)$ 是适定的.

在上面的框架内, 考虑两个连续正则化方法, 即 Tikhonov 正则化方法和截断的奇异值分解 (TSVD). 对 Tikhonov 正则化方法, 我们求解

$$(T^*T + \alpha I)x = T^*y^{\delta}. \tag{4.2.14}$$

这时, 函数 $g_\alpha(\lambda)$ 可以表示为

$$g_\alpha(\lambda) = \frac{1}{\lambda + \alpha}. \tag{4.2.15}$$

对迭代 Tikhonov 方法[57], 我们求解

$$(T^*T + \alpha I)x_m = \alpha x_{m-1} + T^*y^{\delta}, \tag{4.2.16}$$

其中 m 为迭代次数, 函数 $g_\alpha(\lambda)$ 为

$$g_\alpha(\lambda) = \frac{1}{\lambda}\left(1 - \left(\frac{\alpha}{\alpha + \lambda}\right)^m\right). \tag{4.2.17}$$

在 TSVD 方法中, 当奇异值小于 α 时被截断, 函数 $g_\alpha(\lambda)$ 可表示为

$$g_\alpha(\lambda) = \begin{cases} \dfrac{1}{\lambda}, & \lambda \geqslant \alpha, \\ 0, & \lambda < \alpha. \end{cases} \tag{4.2.18}$$

记 (4.2.13) 中的解 x^{sol} 为 x_α^δ, 以表示该解依赖于正则化参数 α 和噪声水平 δ. 类似地, 用

$$x_\alpha = g_\alpha(T^*T)T^*y^{\text{exa}} \tag{4.2.19}$$

表示在正则化参数 α 和精确的右端项 y^{exa} 下的解. 在 x_α^δ 和 $x^\dagger$ 之间的误差分成两部分:

$$||x_\alpha^\delta - x^\dagger|| \leqslant ||x_\alpha^\delta - x_\alpha|| + ||x_\alpha - x^\dagger||. \tag{4.2.20}$$

在 (4.2.20) 右端, 第一项由噪声和问题的不适定性产生, 第二项由正则化产生. 对第二项, 我们有

$$\begin{aligned} x^\dagger - x_\alpha &= x^\dagger - g_\alpha(T^*T)T^*y^{\text{exa}} \\ &= (1 - g_\alpha(T^*T)T^*T)x^\dagger \\ &= r_\alpha(T^*T)x^\dagger, \end{aligned} \tag{4.2.21}$$

其中

$$r_\alpha(\lambda) = 1 - \lambda g_\alpha(\lambda).$$

本节下面, 我们总是假定 $g_\alpha(\lambda)$ 和 $r_\alpha(\lambda)$ 满足下面的性质[28]:

假定 4.2.1 设 $\lambda \in [0, ||T||^2]$, 则 $g_\alpha(\lambda)$ 和 $r_\alpha(\lambda)$ 满足

$$\begin{cases} |\lambda g_\alpha(\lambda)| \leqslant 1, \\ |g_\alpha(\lambda)| \leqslant \dfrac{1}{\alpha}, \\ |r_\alpha(\lambda)| \leqslant 1. \end{cases} \tag{4.2.22}$$

假定 4.2.2 设 $\lambda \in [0, ||T||^2]$, $\mu > 0$, 则 $r_\alpha(\lambda)$ 满足

$$|\lambda^\mu r_\alpha(\lambda)| \leqslant \alpha^\mu. \tag{4.2.23}$$

当估计 (4.2.20) 右端第一项时, 我们假设假定 4.2.1 满足, 当估计 (4.2.20) 右端第二项时, 我们假设假定 4.2.2 满足. 可以验证, 对 Tikhonov 正则化和 TSVD 方法, 假定 4.2.1 总成立. 对 $\mu \leqslant 1$ 的 Tikhonov 方法和 TSVD 方法, 假定 4.2.2 也满足. 事实上对 Tikhonov 方法, 我们有

$$\begin{cases} |\lambda g_\alpha(\lambda)| = \dfrac{\lambda}{\lambda + \alpha} \leqslant 1, \\ |g_\alpha(\lambda)| = \dfrac{1}{\lambda + \alpha} \leqslant \dfrac{1}{\alpha}, \\ |r_\alpha(\lambda)| = \dfrac{\alpha}{\lambda + \alpha} \leqslant 1, \\ |\lambda^\mu r_\alpha(\lambda)| = \lambda^\mu \dfrac{\alpha}{\lambda + \alpha} \leqslant \alpha^\mu, \quad \mu \leqslant 1. \end{cases} \tag{4.2.24}$$

对 TSVD 方法, 因为

$$g_\alpha(\lambda)=\begin{cases}\dfrac{1}{\lambda}, & \lambda \geqslant \alpha,\\ 0, & \lambda<\alpha,\end{cases} \tag{4.2.25}$$

$$r_\alpha(\lambda)=\begin{cases}0, & \lambda \geqslant \alpha,\\ 1, & \lambda<\alpha,\end{cases} \tag{4.2.26}$$

所以假定 4.2.1 和假定 4.2.2 总成立.

假定 4.2.2 经常称作正则化方法的源条件[78,82]. 对一般的源条件, 可参考 [28, 131].

下面的命题是连续正则化方法收敛性的结果.

引理 4.2.1 若假定 4.2.1 满足, 则

$$||x_\alpha - x_\alpha^\delta|| \leqslant \delta\sqrt{\frac{1}{\alpha}}. \tag{4.2.27}$$

证明 注意到

$$g_\alpha(T^*T)T^* = T^* g_\alpha(TT^*), \tag{4.2.28}$$

从而

$$\begin{aligned}||Tx_\alpha - Tx_\alpha^\delta|| &= ||Tg_\alpha(T^*T)T^*(y^{\text{exa}}-y^\delta)||\\ &= ||TT^*g_\alpha(TT^*)(y^{\text{exa}}-y^\delta)||\\ &\leqslant ||TT^*g_\alpha(TT^*)||\cdot||(y^{\text{exa}}-y^\delta)||\\ &\leqslant \sup_{\lambda\in[0,||T||^2]}|\lambda g_\alpha(\lambda)|\cdot\delta\\ &\leqslant \delta.\end{aligned}$$

所以

$$\begin{aligned}||x_\alpha - x_\alpha^\delta||^2 &= (x_\alpha - x_\alpha^\delta,\ T^*g_\alpha(TT^*)(y^{\text{exa}}-y^\delta))\\ &= (Tx_\alpha - Tx_\alpha^\delta,\ g_\alpha(TT^*)(y^{\text{exa}}-y^\delta))\\ &\leqslant ||Tx_\alpha - Tx_\alpha^\delta||\cdot||g_\alpha(TT^*)||\cdot||(y^{\text{exa}}-y^\delta)||\\ &\leqslant \delta\cdot\sup_{\lambda\in[0,||T||^2]}|g_\alpha(\lambda)|\cdot\delta\\ &\leqslant \delta^2\frac{1}{\alpha}.\end{aligned}$$

因此

$$||x_\alpha - x_\alpha^\delta|| \leqslant \delta\sqrt{\frac{1}{\alpha}}. \tag{4.2.29}$$

□

引理 4.2.2 若假定 4.2.2 满足, 则对 $x^\dagger \in X_{\mu,\rho}$, 有

$$||x^\dagger - x_\alpha|| \leqslant \alpha^\mu \rho. \tag{4.2.30}$$

证明 假定 $x^\dagger = (T^*T)^\mu w$, 其中 $||w|| \leqslant \rho$. 由 (4.2.21) 可得

$$\begin{aligned} x^\dagger - x_\alpha &= r_\alpha(T^*T)x^\dagger = r_\alpha(T^*T)(T^*T)^\mu w \\ &\leqslant \sup_{\lambda\in[0,||T||^2]} |\lambda^\mu r_\alpha(\lambda)|\rho \\ &\leqslant \alpha^\mu \rho. \end{aligned}$$

□

综合上面的引理 4.2.1 和引理 4.2.2, 有下面的命题.

命题 4.2.2 当假定 4.2.1 和假定 4.2.2 满足时, 对 $x^\dagger \in X_{\mu,\rho}$, 我们有

$$\begin{aligned} ||x_\alpha^\delta - x^\dagger|| &\leqslant ||x_\alpha^\delta - x_\alpha|| + ||x_\alpha - x^\dagger|| \\ &\leqslant \delta\sqrt{\frac{1}{\alpha}} + \alpha^\mu \rho. \end{aligned} \tag{4.2.31}$$

现在选择 α 使得

$$c_1\left(\frac{\delta}{\rho}\right)^{\frac{2}{2\mu+1}} \leqslant \alpha \leqslant c_2\left(\frac{\delta}{\rho}\right)^{\frac{2}{2\mu+1}}, \tag{4.2.32}$$

得到

$$||x_\alpha^\delta - x^\dagger|| \leqslant c\delta^{\frac{2\mu}{2\mu+1}}\rho^{\frac{1}{2\mu+1}}, \tag{4.2.33}$$

从而方法达到最优收敛阶.

4.3 迭代正则化方法

著名的迭代正则化方法有标准的 Landweber 方法和共轭梯度 (CG) 方法. 在迭代正则化方法中, 没有连续的正则化参数. 迭代正则化方法是半收敛的, 也就是说, 在开始的一些迭代步中, 迭代解是收敛到精确解, 然后在后面的迭代中, 迭代解将远离精度解. 因此, 需要合适的中止准则. 一个著名的准则就是偏差准则[27, 95, 126, 138]

$$||y^\delta - Tx_k^\delta|| \leqslant \tau\delta, \tag{4.3.1}$$

其中 τ 是参数且 $1 < \tau < 2$. 另一个准则是单调误差准则 (monotone error rule), 简称 ME 准则[51, 52].

单调误差准则的优点是不需要固定另外的参数 τ. 共轭梯度方法除了用于求解良态问题, 也用于求解病态问题. 事实上, 我们用共轭梯度方法来求解 (4.2.7) 的法方程

$$T^*Tx = T^*y^\delta. \tag{4.3.2}$$

可以证明 Landweber 方法和共轭梯度方法都具有最优收敛阶[28, 73, 88]. 尽管迭代解 x^{it} 达到最优收敛阶, 4.4 节表明, 在大多数情况下解还能改善, 即通过混合正则化方法来得到改善.

许多近似 $T^\dagger y$ 的迭代方法可以基于法方程 (4.1.14) 写成一个不动点方程

$$x = x + T^*(y - Tx). \tag{4.3.3}$$

Landweber 迭代是如下递归的迭代形式

$$x_k^\delta = x_{k-1}^\delta + T^*(y^\delta - Tx_{k-1}^\delta), \quad k \in \mathbb{N}, \tag{4.3.4}$$

其中 y^δ 表示方程 $Tx = y$ 的右端项含有噪声. 下面我们均假定 $||T|| \leqslant 1$, 否则, 可以松弛参数 ω $(0 < \omega \leqslant ||T||^{-2})$, 将 (4.3.4) 改写成

$$x_k^\delta = x_{k-1}^\delta + \omega T^*(y^\delta - Tx_{k-1}^\delta), \quad k \in \mathbb{N}, \tag{4.3.5}$$

这可看作对法方程两边乘以因子 $\sqrt{\omega}$ 后再应用 (4.3.4) 的结果. 因此, 不失一般性, 我们直接考虑 (4.3.4), 并假定迭代的初值 $x_0^\delta := 0$.

定理 4.3.1 若 $y \in \mathcal{D}(T^\dagger)$, 则 $x_k \to T^\dagger y, k \to \infty$. 若 $y \notin \mathcal{D}(T^\dagger)$, 则 $||x_k|| \to \infty, k \to \infty$.

证明 由递归关系 (4.3.4) 可知, x_k 可以表示为

$$x_k = \sum_{j=0}^{k-1} (I - T^*T)^j T^*y. \tag{4.3.6}$$

假定 $y \in \mathcal{D}(T^\dagger)$, 则对 $x^\dagger = T^\dagger y$, 有 $T^*y = T^*Tx^\dagger$. 因此

$$\begin{aligned} x^\dagger - x_k &= x^\dagger - T^*T\sum_{j=0}^{k-1}(I - T^*T)^j x^\dagger \\ &= x^\dagger - \left[I - (I - T^*T)^k\right]x^\dagger \\ &= (I - T^*T)^k x^\dagger. \end{aligned} \tag{4.3.7}$$

引进如下函数 g_k 和 r_k:

$$g_k(\lambda)=\sum_{j=0}^{k-1}(1-\lambda)^j,\quad r_k(\lambda)=(1-\lambda)^k,$$

于是由 (4.3.6) 和 (4.3.7) 知

$$x_k=g_k(T^*T)T^*y,\quad x^\dagger-x_k=r_k(T^*T)x^\dagger.$$

由于 $||T||\leqslant 1$, 故 $\lambda g_k(\lambda)=1-r_k(\lambda)$ 在 $\lambda\in(0,1]$ 上一致有界. 又当 $k\to\infty$ 时, $g_k(\lambda)\to\dfrac{1}{\lambda}$, $r_k(\lambda)\to 0$, 因此, 当 $y\in\mathcal{D}(T^\dagger)$ 时, $x_k\to T^\dagger y, k\to\infty$. 当 $y\notin\mathcal{D}(T^\dagger)$, 注意 $\dfrac{1}{k}$ 起正则化参数的作用, 由定理 3.1.2 知不存在收敛的正则化参数策略, 从而 $||x_k||\to\infty,\ \ k\to\infty$. □

引理 4.3.1 设 y,y^δ 满足 $||y^\delta-y||$, 又设 x_k 和 x_k^δ 是相应的 Landweber 迭代解, 则

$$||x_k-x_k^\delta||\leqslant\sqrt{k}\delta,\quad k\in\mathbb{N}. \tag{4.3.8}$$

证明 由 (4.3.6) 可知

$$x_k-x_k^\delta=\sum_{j=0}^{k-1}(I-T^*T)^jT^*(y-y^\delta):=R_k(y-y^\delta),$$

因此

$$\begin{aligned}||R_k||^2=||R_kR_k^*||&=\left\|\sum_{j=0}^{k-1}(I-T^*T)^j(I-(I-T^*T)^k)\right\|\\&\leqslant\left\|\sum_{j=0}^{k-1}(I-T^*T)^j\right\|.\end{aligned}$$

注意 $||I-T^*T||\leqslant 1$, 显然上式右端的界为 k, 从而可得 (4.3.8). □

考虑 Landweber 迭代解的误差. 由下式可知

$$T^\dagger y-x_k^\delta=(T^\dagger y-x_k)+(x_k-x_k^\delta),$$

总的误差分为两部分, 第一部分是近似误差, 随迭代次数的增加趋于零. 第二部分是数据误差, 由引理 4.3.1 知, 至多是 $\sqrt{k}\delta$ 的量级数, 当迭代次数 k 较小时, 数据误差相对较小, 迭代解接近于 $T^\dagger y$, 但当 $\sqrt{k}\delta$ 达到近似误差的量级时, 迭代解会变坏. 这产生了一个迭代中止问题. 一种是考虑残量:

$$y^\delta-Tx_k^\delta=y^\delta-Tx_{k-1}^\delta-TT^*(y^\delta-Tx_{k-1}^\delta)$$

$$= (I - TT^*)(y^\delta - Tx_{k-1}^\delta), \tag{4.3.9}$$

由于 $(I - TT^*)$ 是一个非扩张算子, 因此残量的模随迭代次数增加是单调下降的, 但由定理 4.3.1 可知, 若 $y^\delta \notin \mathcal{D}(T^\dagger)$, 则迭代解将发散. 因此, 根据残量模的中止准则并不保证得到好的迭代解. 另一种是偏差准则, 如果噪声水平 δ 已知, 根据偏差准则, 当 $k := k(\delta, y^\delta)$ 首次满足下列条件

$$||T^\dagger y - x_{k(\delta,y^\delta)}^\delta|| \leqslant \tau\delta \tag{4.3.10}$$

时迭代中止, 其中 $\tau > 1$ 固定. 进一步, 有下面的命题.

命题 4.3.1 设 $y \in \mathcal{R}(T)$, $x^\dagger = T^\dagger y$ 是 $Tx = y$ 的解, 若 $||y^\delta - Tx_k^\delta|| > 2\delta$, 则 x_{k+1}^δ 是比 x_k^δ 对 $x^\dagger$ 更好的近似.

证明 作下面的估计

$$\begin{aligned}
||x^\dagger - x_{k+1}^\delta||^2 &= ||x^\dagger - x_k^\delta - T^*(y^\delta - Tx_k^\delta)||^2 \\
&= ||x^\dagger - x_k^\delta||^2 - 2\big(x^\dagger - x_k^\delta, T^*(y^\delta - Tx_k^\delta)\big) \\
&\quad + \big(y^\delta - Tx_k^\delta, TT^*(y^\delta - Tx_k^\delta)\big) \\
&= ||x^\dagger - x_k^\delta||^2 - 2(y - y^\delta, y^\delta - Tx_k^\delta) - ||y^\delta - Tx_k^\delta||^2 \\
&\quad + \big(y^\delta - x_k^\delta, (TT^* - I)(y^\delta - Tx_k^\delta)\big).
\end{aligned}$$

因为 $TT^* - I$ 非负半定, 所以

$$||x^\dagger - x_{k+1}^\delta||^2 - ||x^\dagger - x_k^\delta||^2 \geqslant ||y^\delta - Tx_k^\delta||\big(||y^\delta - Tx_k^\delta|| - 2\delta\big) > 0,$$

因此

$$||x^\dagger - x_k^\delta||^2 > ||x^\dagger - x_{k+1}^\delta||^2,$$

得证. □

由命题 4.3.1 可知, (4.3.10) 中的 τ 不应大于 2. $\tau > 1$ 是因为如果 $\tau > 1$, 则残量 (4.3.9) 的模可能不会达到容许准则. 因此偏差准则, 即 (4.3.10) 中的 τ 为 $1 < \tau < 2$. 当 $\tau \in (1, 2)$ 固定时, 可以证明[28], 在 Landweber 迭代中, 由偏差准则所确定的有限迭代步数 $k(\delta, y^\delta)$ 具有 $k(\delta, y^\delta) = O(\delta^{-2})$. 进一步, 如果 $T^\dagger y \in \mathcal{R}((T^*T)^\mu)$, $\mu > 0$, 则 $k(\delta, y^\delta) = O(\delta^{-\frac{2}{2\mu+1}})$.

通常迭代方法要求迭代使得残量减少到噪声水平. Landweber 迭代的主要缺点是收敛速度相对较慢, 为此人们提出了*半迭代方法*[53,111], 以加速 Landweber 迭代. 半迭代方法总体上由两步构成: 第一步是基本迭代 (4.3.4), 第二步是对之前全部或部分近似解的一个平均过程. *ν 方法*就是一种半迭代方法, 迭代公式为

$$x_k^\delta = x_{k-1}^\delta + \mu_k(x_{k-1}^\delta - x_{k-2}^\delta) + \omega_k(y^\delta - Tx_{k-1}^\delta), \tag{4.3.11}$$

其中

$$\mu_1 = 0, \quad \omega_1 = \frac{4\nu + 2}{4\nu + 1},$$

以及 $(k = 1, 2, \cdots)$

$$\mu_k = \frac{(k-1)(2k-3)(2k+2\nu-1)}{(k+2\nu-1)(2k+4\nu-1)(2k+2\nu-3)}, \tag{4.3.12}$$

$$\omega_k = \frac{4(2k+2\nu-1)(k+\nu-1)}{(k+2\nu-1)(2k+4\nu-1)}, \tag{4.3.13}$$

其中 $\nu > 0$ 为预先给定的参数.

4.4 混合正则化方法

4.4.1 混合算法和最优收敛阶

对 (4.2.7) 用迭代正则化求解后, 仍有残量 $y^\delta - Tx^{\text{it}}$. 为了进一步改善精度, 考虑残量方程

$$Tx = y^\delta - Tx^{\text{it}}. \tag{4.4.1}$$

我们用连续正则化方法来求解 (4.4.1). 最终的解是迭代正则化方法的解和连续正则化方法的解的和, 混合正则化方法的算法如下:

算法 4.4.1 (混合正则化) 首先用迭代正则化方法求解 (4.2.7) 的法方程 (4.3.2), 得到一个迭代解 x^{it}; 然后用具有函数 $g_\alpha(\lambda)$ 的连续正则化方法求解残量方程 (4.4.1). 方程 (4.4.1) 的解可以表示为 $g_\alpha(T^*T)T^*(y^\delta - Tx^{\text{it}})$, 因此最终的解为

$$x^{\text{mix}} = x^{\text{it}} + g_\alpha(T^*T)T^*(y^\delta - Tx^{\text{it}}). \tag{4.4.2}$$

注意算法 4.4.1 是一个一般框架. 任何连续正则化方法和任何迭代正则化方法都可以结合, 得到一个混合正则化方法. 因此, 算法 4.4.1 将有更广的应用.

现在分析算法 4.4.1 的收敛性. 在算法 4.4.1 中, 数值解和精确解之间的误差是 $||x^\dagger - x^{\text{mix}}||$. 我们希望算法 4.4.1 比单调用连续正则化或迭代正则化方法好. 下面的分析表明, 混合正则化方法能达到该目标. 首先, 我们证明下面的引理, 这是我们理论框架的关键.

引理 4.4.1 假设算法 4.4.1 中的 g_α 满足假定 4.2.1, 则

$$||x^\dagger - x^{\text{mix}}|| \leqslant ||x^\dagger - x^{\text{it}}|| + \delta\sqrt{\frac{1}{\alpha}}. \tag{4.4.3}$$

证明 首先, 我们有

$$\begin{aligned}x^\dagger - x^{\text{mix}} &= x^\dagger - x^{\text{it}} - g_\alpha(T^*T)T^*(y^\delta - Tx^{\text{it}})\\ &= x^\dagger - x^{\text{it}} - g_\alpha(T^*T)T^*(y^{\text{exa}} - Tx^{\text{it}})\\ &\quad + g_\alpha(T^*T)T^*y^{\text{exa}} - g_\alpha(T^*T)T^*y^\delta.\end{aligned} \tag{4.4.4}$$

注意到 $g_\alpha(T^*T)T^*y^{\text{exa}}$ 和 $g_\alpha(T^*T)T^*y^\delta$ 恰好分别是引理 4.2.1 中的 x_α 和 x_α^δ. 根据引理 4.2.1, 有

$$||g_\alpha(T^*T)T^*y^{\text{exa}} - g_\alpha(T^*T)T^*y^\delta|| \leqslant \delta\sqrt{\frac{1}{\alpha}}. \tag{4.4.5}$$

因此由 (4.4.4) 和 (4.4.5), 得到

$$||x^\dagger - x^{\text{mix}}|| \leqslant ||x^\dagger - x^{\text{it}} - g_\alpha(T^*T)T^*(y^{\text{exa}} - Tx^{\text{it}})|| + \delta\sqrt{\frac{1}{\alpha}}. \tag{4.4.6}$$

另外, 我们有

$$\begin{aligned}&x^\dagger - x^{\text{it}} - g_\alpha(T^*T)T^*(y^{\text{exa}} - Tx^{\text{it}})\\ =\,& x^\dagger - x^{\text{it}} - g_\alpha(T^*T)T^*(Tx^\dagger - Tx^{\text{it}})\\ =\,& (1 - g_\alpha(T^*T)T^*T)(x^\dagger - x^{\text{it}})\\ =\,& r_\alpha(T^*T)(x^\dagger - x^{\text{it}}),\end{aligned} \tag{4.4.7}$$

因此

$$\begin{aligned}&||x^\dagger - x^{\text{it}} - g_\alpha(T^*T)T^*(y^{\text{exa}} - Tx^{\text{it}})||\\ \leqslant\,& \sup_{\lambda\in[0,||T||^2]} |r_\alpha(\lambda)| \cdot ||x^\dagger - x^{\text{it}}||\\ \leqslant\,& ||x^\dagger - x^{\text{it}}||.\end{aligned} \tag{4.4.8}$$

最后, 根据 (4.4.6) 和 (4.4.7), 得到

$$||x^\dagger - x^{\text{mix}}|| \leqslant ||x^\dagger - x^{\text{it}}|| + \delta\sqrt{\frac{1}{\alpha}}, \tag{4.4.9}$$

即 (4.4.3). □

引理 4.4.1 是 $||x^\dagger - x^{\text{mix}}||$ 的一个基本估计. 由引理 4.4.1, 我们得到下面的最优收敛定理, 即定理 4.4.1.

定理 4.4.1 假定算法 4.4.1 中的迭代方法 (如标准的 Landweber 迭代和 CG 方法) 具有最优收敛阶, 算法 4.4.1 中的 g_α 满足假定 4.2.1, 则当 $\alpha \geqslant c\left(\frac{\delta}{\rho}\right)^{\frac{2}{2\mu+1}}$ 时, 混合正则化方法即算法 4.4.1 具有最优收敛阶.

证明 因为算法 4.4.1 中的迭代方法具有最优收敛阶, 所以

$$||x^\dagger - x^{\rm it}|| \leqslant c_1\delta^{\frac{2\mu}{2\mu+1}}\rho^{\frac{1}{2\mu+1}}. \tag{4.4.10}$$

因此, 根据引理 4.4.1, 当 $\alpha \geqslant c\left(\frac{\delta}{\rho}\right)^{\frac{2}{2\mu+1}}$ 时, 有

$$\begin{aligned}||x^\dagger - x^{\rm mix}|| &\leqslant ||x^\dagger - x^{\rm it}|| + \delta\sqrt{\frac{1}{\alpha}}\\ &\leqslant c_1\delta^{\frac{2\mu}{2\mu+1}}\rho^{\frac{1}{2\mu+1}} + c_2\delta^{\frac{2\mu}{2\mu+1}}\rho^{\frac{1}{2\mu+1}}\\ &\leqslant c_3\delta^{\frac{2\mu}{2\mu+1}}\rho^{\frac{1}{2\mu+1}},\end{aligned} \tag{4.4.11}$$

其中 c_1, c_2, c_3 是常数. 式 (4.4.11) 表明解 $x^{\rm mix}$ 具有最优收敛阶. □

当单独应用连续正则化方法时, 需要假定 4.2.2. 而且, 根据命题 4.2.2, 当 α 满足

$$c_1\left(\frac{\delta}{\rho}\right)^{\frac{2}{2\mu+1}} \leqslant \alpha \leqslant c_2\left(\frac{\delta}{\rho}\right)^{\frac{2}{2\mu+1}} \tag{4.4.12}$$

时, 能达到最优收敛阶.

在混合正则方法中, 假定 4.2.2 是不要的, 且最优收敛阶能对更大范围的 α 达到. 例如, Tikhonov 正则化方法当 $\mu > 1$ 时不满足假定 4.2.2, 因此不能达到最优收敛阶, 但混合正则化方法能达到最优收敛阶. 对迭代 Tikhobov 正则化方法, 定理 4.4.1 仍然成立, 只要 c 用 cm 替代, 这里 m 是迭代 Tikhobov 正则化方法的迭代次数.

在定理 4.4.1 中, α 的范围更宽, 即 $\alpha \geqslant c\left(\frac{\delta}{\rho}\right)^{\frac{2}{2\mu+1}}$, 这允许我们对 α 有更多的选择性. 在连续正则化方法中, α 的选择是重要的. 有时, α 的微小变化能引起大的误差. 定理 4.4.1 说明我们可以选择更大的 α. 在下面的数值计算中, 我们看到无论多大的 α, 误差与最优阶的误差几乎在同一水平上. 另一方面, 当单独应用连续正则化方法求解时, 大的 α 通常引起大的误差.

4.4.2 带 ME 准则的混合正则化方法

当噪声水平 δ 已知时, 可以用 ME 准则[51,52] 来后验选择正则化参数. ME 准则选择满足 ME 性质的最小的正则化参数 $\alpha = \alpha_{\rm ME}$: 对 $\alpha \in [\alpha_{\rm ME}, \infty)$, 误差

$||x^{\mathrm{sol}} - x^{\dagger}||$ 是单调增加的. 对混合正则化方法, 这意味

$$\frac{d}{d\alpha}||x_\alpha + x^{it} - x^{\dagger}||^2 \geqslant 0, \quad \forall \alpha \in [\alpha_{\mathrm{ME}}, \infty), \tag{4.4.13}$$

其中 x^{it} 是第一阶段的迭代正则化方法的解, $x_\alpha = g_\alpha(T^*T)T^*y^{\delta,\mathrm{it}}$ 是第二阶段的连续正则化方法的解. 假定 $x_\alpha = T^*w_\alpha$ 和 $z_\alpha := \dfrac{d}{d\alpha}w_\alpha$, 为保证性质 (4.4.13), 我们在条件 $||y^\delta - Tx^\dagger|| \leqslant \delta$ 下作如下估计:

$$\begin{aligned} \frac{1}{2}\frac{d}{d\alpha}||x_\alpha + x^{\mathrm{it}} - x^\dagger||^2 &= (x_\alpha + x^{\mathrm{it}} - x^\dagger, T^*z_\alpha) \\ &= (Tx_\alpha + Tx^{\mathrm{it}} - y^\delta + y^\delta - Tx^\dagger, z_\alpha) \\ &\geqslant (Tx_\alpha - y^{\delta,\mathrm{it}}, z_\alpha) - \delta||z_\alpha||, \end{aligned} \tag{4.4.14}$$

求解 $\alpha = \alpha_{\mathrm{ME}}$ 使其满足

$$\frac{(Tx_\alpha - y^{\delta,\mathrm{it}}, z_\alpha)}{||z_\alpha||} = \delta, \tag{4.4.15}$$

其中 $y^{\delta,\mathrm{it}} := y^\delta - Tx^{\mathrm{it}}$ 是第一阶段的残量.

如果下列条件满足[132]

$$||P(Tx_{m,\alpha} - y^{\delta,\mathrm{it}})|| < \delta < ||Tx_{m,\alpha} - y^{\delta,\mathrm{it}}||, \tag{4.4.16}$$

则 (4.4.15) 有一个解 α, 这里 $P\colon Y \to \mathcal{N}(A^*)$ 是正交投影. 假如在第二阶段, 经过 m 次的迭代 Tikhonov 正则化, (4.2.16) 的解为 $x_{m,\alpha}$ (在 (4.2.14) 中 $m = 1$), 则 $z_\alpha = Tx_{m+1,\alpha} - y^{\delta,\mathrm{it}}$. 在 (4.4.15) 无解 (即 (4.4.16) 不满足) 的情况下, $\alpha_{\mathrm{ME}} = \infty$, 第二阶段的正则化被取消. 在数值计算中, 我们将会看到有这种现象发生. 因此, 我们提出下面新的算法 4.4.2:

算法 4.4.2 (带有 ME 准则的混合正则化) 式 (4.4.15) 的解 α 包括两种情况:

1. 假如 α 不存在, 则混合正则化方法的解 x^{mix} 是: $x^{\mathrm{mix}} = x^{\mathrm{it}}$.

2. 假如 α 存在, 则混合正则化方法的解 x^{mix} 是: $x^{\mathrm{mix}} = x^{\mathrm{it}} + x_{\alpha_{\mathrm{ME}}}$.

基于上面的算法, 我们有下面的结果:

定理 4.4.2 若算法 4.4.2 中的情况 2 满足, 则由混合正则化方法得到的解 x^{mix} 比第一阶段的迭代正则化方法的解 x^{it} 要好.

证明 因为

$$x^{\mathrm{it}} = \lim_{\alpha\to\infty}(x_\alpha + x^{\mathrm{it}}) \tag{4.4.17}$$

及

$$\frac{d}{d\alpha}||x_\alpha + x^{\mathrm{it}} - x^\dagger||^2 \geqslant 0, \quad \forall \alpha \in [\alpha_{\mathrm{ME}}, \infty), \tag{4.4.18}$$

所以有

$$||x_{\alpha_{\rm ME}} + x^{\rm it} - x^\dagger|| \leqslant ||x_\infty + x^{\rm it} - x^\dagger|| = ||x^{\rm it} - x^\dagger||, \tag{4.4.19}$$

这表明带有 ME 准则的混合正则化方法的解 $x^{\rm mix}$ 比第一阶段的迭代正则化方法的解好. □

注意 $||x^\dagger - x^{\rm it}||$ 是相应的迭代正则化方法的误差. 定理 4.4.2 表明应用算法 4.4.2 能改善第一阶段迭代正则化方法的解. 这也将被 4.5 节所证实, 在大多数情况下改善是明显的. 注意对迭代 Tikhonov 方法, (4.4.15) 变为

$$\frac{(\rho_{m,\alpha}, \rho_{m+1,\alpha})}{||\rho_{m+1,\alpha}||} = \delta, \tag{4.4.20}$$

其中 $\rho_{m,\alpha} := y^{\delta,\rm it} - Tx_{m,\alpha}$.

定理 4.4.2 指出, 混合正则化方法理论上是有效的, 它比迭代正则化方法更精确, 下面的数值计算将证实这一结论.

4.5 数值计算

第一类 Fredholm 积分方程是典型的病态问题, 它来源于很多应用中. 例如, 地球物理中的重力勘探就是求解第一类 Fredholm 积分方程. 下面给出三个例子来作比较说明.

第一类 Fredholm 积分方程可以写成

$$y(t) = Tx(t) = \int_a^b \kappa(s,t)x(s)ds, \quad \forall c \leqslant t \leqslant d, \tag{4.5.1}$$

其中 $\kappa(s,t)$ 是积分核, a, b, c, d 为参数. 下面选择不同的积分核和参数 a, b, c, d 来给出不同的例子.

例 1 选取 $a=c=0$, $b=d=1$, 积分核为

$$\kappa(s,t) = \begin{cases} 0, & t \leqslant s, \\ \dfrac{e^{-\frac{1}{4(t-s)}}}{\sqrt{\pi(t-s)}}, & t > s. \end{cases} \tag{4.5.2}$$

选取精确解 $x^\dagger$ 为

$$x^\dagger(s) = \begin{cases} 0, & s < 0.25 \text{ 或 } s > 0.75, \\ 1, & 0.25 \leqslant s \leqslant 0.75, \end{cases} \tag{4.5.3}$$

则精确的右端项为 $y^{\text{exa}}(t)=f(0.75-t)-f(0.25-t)$, 其中

$$f(t)=\begin{cases}0, & t\leqslant 0,\\ \dfrac{2}{\sqrt{\pi}}\left(\sqrt{t}\mathrm{e}^{-1/(4t)}-\displaystyle\int_{1/(2\sqrt{t})}^{\infty}e^{-z^2}dz\right), & t>0.\end{cases} \tag{4.5.4}$$

例 2　选取 $a=c=-6, b=d=6$, 精确解 $x^{\dagger}$ 被定义为

$$x^{\dagger}(s)=\begin{cases}0, & |s|\geqslant 3,\\ 1+\cos\left(\dfrac{\pi}{3}s\right), & |s|<3.\end{cases} \tag{4.5.5}$$

积分核选取为

$$\kappa(s,t)=x^{\dagger}(t-s), \tag{4.5.6}$$

则精确的右端项为

$$y^{\text{exa}}(t)=(6-|t|)\left(1+\frac{1}{2}\cos\left(\frac{\pi}{3}t\right)\right)+\frac{9}{2\pi}\sin\left(\frac{\pi}{3}|t|\right). \tag{4.5.7}$$

例 3　选择 $a=c=0, b=d=\pi$, 积分核为

$$\kappa(s,t)=\mathrm{e}^{t\cos(s)}. \tag{4.5.8}$$

精确解 $x^{\dagger}$ 为

$$x^{\dagger}(s)=\sin(s), \tag{4.5.9}$$

精确的右端项为

$$y^{\text{exa}}(t)=\frac{2\sinh(t)}{t}. \tag{4.5.10}$$

离散点数为 $2^{10}=1024$. 计算数值解 x^{sol} 与下面三种不同算法 (算法 I, 算法 II 和算法 III) 的 l_2 误差 $||x^{\text{sol}}-x^{\dagger}||$.

- 算法 I: 单独使用 Tikhonov 正则化方法, 数值解记为 x^{Tik}.
- 算法 II: 单独使用 CG 迭代方法. 数值解记为 x^{cg}.
- 算法 III: 使用混合正则化方法, 即算法 4.4.1. 我们应用 CG 迭代方法作为迭代正则化方法, 然后应用 Tikhonov 正则化方法作为连续正则化方法. 数值解记为 x^{mix}.

4.5.1　精确数据

我们首先考虑精确数据, 也即对右端项 y^{ext} 不加噪声. 在数值计算中仅有离散误差. 注意算法 I 和算法 III 需要正则欢参数 α. 我们选修一系列正则化参数

α, 对例 1、例 2 和例 3 分别计算 l_2 误差, 结果分别列于表 4.1、表 4.2 和表 4.3 中. 对算法 II, 因为数据中没有噪声, CG 迭代在某个固定的迭代步 $N_{\rm it}$ 中止, 然后计算 l_2 误差. 中止迭代步设为 $N_{\rm it}=30, 50, 100, 150$ 和 200. 在表 4.1 至表 4.3 中, 第 4 列的解 $x^{\rm mix}$ 在第一阶段 $N_{\rm it}=200$ 时的 $x^{\rm cg}$ 基础上得到.

由表 4.1～ 表 4.3 可知, 算法 I 的极小 l_2 误差为 5.4094×10^{-2}, 1.8663×10^{-5} 和 2.3240×10^{-2}, 算法 III 的极小 l_2 误差为 5.3711×10^{-2}, 1.8784×10^{-6} 和 1.0666×10^{-2}. 显然, 算法 III 优于算法 I. 这表明混合正则化方法比算法 I 对正则化参数 α 有更好的稳健性. 由表 4.1、表 4.2 和表 4.3 的第三列可知, 由算法 II 得到的最小的 l_2 误差是 5.9441×10^{-2}, 5.3048×10^{-5} 和 1.0666×10^{-2}, 这也明显不优于算法 III.

注意在精确数据的情况下, Tikhonov 方法的误差随 α 是单调增加的, 理论上最优的 α 是零[51,52]. 然后, 由于数值计算中的离散误差 (如积分近似), 这个单调性并不能保证. 在表 4.2 中出现了这种现象, 在 Tikhonov 方法中, 当 $\alpha=10^{-10}$ 和 $\alpha=10^{-11}$ 的误差要大于 $\alpha=10^{-9}$ 的误差.

表 4.1 对具有精确数据的算例 1, 分别由算法 I、算法 II 和算法 III 计算, 得到的 l_2 误差

α	$\|\|x^{\rm Tik}-x^\dagger\|\|$	$\|\|x^{\rm cg}-x^\dagger\|\|$	$\|\|x^{\rm mix}-x^\dagger\|\|$
10^{-7}	8.9920e−02	$N_{\rm it}=30$, 8.6525e−02	5.9438e−02
10^{-8}	7.7390e−02	$N_{\rm it}=50$, 7.6598e−02	5.9410e−02
10^{-9}	6.7789e−02	$N_{\rm it}=100$, 6.5674e−02	5.9166e−02
10^{-10}	6.0214e−02	$N_{\rm it}=150$, 6.1940e−02	5.7662e−02
10^{-11}	5.4094e−02	$N_{\rm it}=200$, 5.9441e−02	5.3711e−02

表 4.2 对具有精确数据的算例 2, 分别由算法 I、算法 II 和算法 III 计算, 得到的 l_2 误差

α	$\|\|x^{\rm Tik}-x^\dagger\|\|$	$\|\|x^{\rm cg}-x^\dagger\|\|$	$\|\|x^{\rm mix}-x^\dagger\|\|$
10^{-7}	8.8187e−05	$N_{\rm it}=30$, 5.2804e−04	4.5452e−05
10^{-8}	3.3808e−05	$N_{\rm it}=50$, 2.6486e−04	2.8142e−05
10^{-9}	1.8663e−05	$N_{\rm it}=100$, 1.0063e−04	1.2512e−05
10^{-10}	1.2356e−04	$N_{\rm it}=150$, 7.0209e−05	4.9243e−06
10^{-11}	1.1635e−03	$N_{\rm it}=200$, 5.3048e−05	1.8784e−06

表 4.3 对具有精确数据的算例 3, 分别由算法 I、算法 II 和算法 III 计算, 得到的 l_2 误差

α	$\|\|x^{\rm Tik}-x^\dagger\|\|$	$\|\|x^{\rm cg}-x^\dagger\|\|$	$\|\|x^{\rm mix}-x^\dagger\|\|$
10^{-7}	4.1783e−02	$N_{\rm it}=30$, 2.1799e−02	1.0666e−02
10^{-8}	3.8338e−02	$N_{\rm it}=50$, 1.5000e−02	1.0666e−02
10^{-9}	3.0019e−02	$N_{\rm it}=100$, 1.4376e−02	1.0666e−02
10^{-10}	2.4122e−02	$N_{\rm it}=150$, 1.4323e−02	1.0666e−02
10^{-11}	2.3240e−02	$N_{\rm it}=200$, 1.0666e−02	1.0666e−02

4.5.2 噪声数据

现在考虑数据加噪声的情况. 我们对右端项 y^{exa} 加均匀分布的随机噪声, 噪声的上界用 δ 表示, 也即

$$\|y^{\mathrm{exa}} - y^{\delta}\| := \sqrt{\frac{1}{N_t+1}\sum_{i=0}^{N_t}(y_i^{\mathrm{exa}} - y_i^{\delta})^2} = \delta, \tag{4.5.11}$$

其中 $N_t = 1024$ 是离散点数. 我们考虑两种噪声水平: $\delta = 10^{-4}$ 和 $\delta = 10^{-2}$. 加到精确数据上的噪声是均方差为 δ 服从正态分布的随机数. 计算结果见表 4.4 至表 4.9. 对算法 I 和算法 III, 我们选择一系列正则化参数, 计算相应的 l_2 误差, 分别列于表的第二列和第四列.

对算法 II, 采用两种中止准则, 即 ME 准则和偏差准则 (DP), 其中 $\tau = 1.01$. 在表 4.4 至表 4.9 的第三列中, 在括号中给出了根据 ME 准则的 $\tau := \|Tx^{\mathrm{cg}} - y^{\delta}\|/\delta$ 和迭代次数 n_{ME}. 表 4.4、表 4.5 和表 4.6 分别是 $\delta = 10^{-4}$ 时对例 1、例 2 和例 3 的结果, 表 4.7、表 4.8 和表 4.9 分别是 $\delta = 10^{-2}$ 时对例 1、例 2 和例 3 的结果. 由表 4.4 至 4.9 中的结果可知, 混合正则化的解 x^{mix} 要比 x^{cg} 方法的解好, 并且, 混合正则化方法也比 Tikhonov 正则化方法更稳健. 在表 4.4、表 4.5 和表 4.6 中, Tikhonov 正则化方法的最小误差分别为 8.3464×10^{-2}, 1.4673×10^{-3} 和 4.2458×10^{-2}, 混合正则化方法的最小误差分别为 8.3465×10^{-2}, 1.4276×10^{-3} 和 4.2449×10^{-2}. 因此可以清楚地看到混合正则化方法更好.

表 4.4 对算例 1, 当噪声水平 $\delta = 10^{-4}$ 时, 算法 I、算法 II 和算法 III 的 l_2 误差

α	$\|x^{\mathrm{Tik}} - x^{\dagger}\|$	$\|x^{\mathrm{cg}} - x^{\dagger}\|$	$\|x^{\mathrm{mix}} - x^{\dagger}\|$
10^{-2}	3.7827e−01	1.0855e−01 基于 ME 准则	1.0855e−01
10^{-5}	1.3078e−01	($\tau = 1.0723$, $n_{\mathrm{ME}} = 13$)	1.0727e−01
5×10^{-8}	8.8707e−02		8.8516e−02
10^{-8}	8.3464e−02	9.8386e−02 基于 DP	8.3465e−02
5×10^{-9}	8.5713e−02	$\tau = 1.01$	8.5749e−02

表 4.5 对算例 2, 当噪声水平 $\delta = 10^{-4}$ 时, 算法 I、算法 II 和算法 III 的 l_2 误差

α	$\|x^{\mathrm{Tik}} - x^{\dagger}\|$	$\|x^{\mathrm{cg}} - x^{\dagger}\|$	$\|x^{\mathrm{mix}} - x^{\dagger}\|$
10^{-2}	1.0878e−02	2.8784e−03 基于 ME 准则	2.8210e−03
10^{-4}	1.7124e−03	($\tau = 1.0891$, $n_{\mathrm{ME}} = 13$)	1.5430e−03
6×10^{-5}	1.5233e−03		1.4411e−03
4×10^{-5}	1.4673e−03	1.5313e−03 基于 DP	1.4276e−03
2×10^{-5}	1.5634e−03	$\tau = 1.01$	1.5594e−03

表 4.7、表 4.8 和表 4.9 分别是噪声水平为 $\delta = 10^{-2}$ 时的例 1、例 2 和例 3 的 l_2 误差. 可以看到在表 4.7、表 4.8 和表 4.9 中, Tikhonov 正则化方法的极小误差

分别是 1.6184×10^{-1}, 1.1357×10^{-2} 和 7.8204×10^{-2}, 而混合正则化方法的误差分别为 1.5373×10^{-1}, 1.1114×10^{-2} 和 7.8199×10^{-2}. 因此可以看到混合正则化方法的误差更小.

表 4.6 对算例 3, 当噪声水平 $\delta = 10^{-4}$ 时, 算法 I、算法 II 和算法 III 的 l_2 误差

α	$\|\|x^{\text{Tik}} - x^\dagger\|\|$	$\|\|x^{\text{cg}} - x^\dagger\|\|$	$\|\|x^{\text{mix}} - x^\dagger\|\|$
10^{-3}	1.1511e−01	5.2643e−02 基于 ME 准则	5.2639e−02
10^{-6}	4.9792e−02	($\tau = 1.0072$, $n_{\text{ME}} = 8$)	4.9531e−02
10^{-7}	4.2790e−02		4.2764e−02
5×10^{-8}	4.2458e−02	5.2652e−02 基于 DP	4.2449e−02
2×10^{-8}	4.4331e−02	$\tau = 1.01$	4.4332e−02

表 4.7 对算例 1, 当噪声水平 $\delta = 10^{-2}$ 时, 算法 I、算法 II 和算法 III 的 l_2 误差

α	$\|\|x^{\text{Tik}} - x^\dagger\|\|$	$\|\|x^{\text{cg}} - x^\dagger\|\|$	$\|\|x^{\text{mix}} - x^\dagger\|\|$
10^{-2}	3.7930e−01	1.7793e−01 基于 ME 准则	1.7745e−01
10^{-3}	2.2166e−01	($\tau = 1.0012$, $n_{\text{ME}} = 4$)	1.7399e−01
10^{-4}	1.7450e−01		1.5958e−01
5×10^{-5}	1.6184e−01	2.1963e−01 基于 DP	1.5373e−01
10^{-5}	1.6428e−01	$\tau = 1.01$	1.6587e−01

表 4.8 对算例 2, 当噪声水平 $\delta = 10^{-2}$ 时, 算法 I、算法 II 和算法 III 的 l_2 误差

α	$\|\|x^{\text{Tik}} - x^\dagger\|\|$	$\|\|x^{\text{cg}} - x^\dagger\|\|$	$\|\|x^{\text{mix}} - x^\dagger\|\|$
10	2.9421e−01	2.1085e−02 基于 ME 准则	2.1031e−02
1	7.5369e−02	($\tau = 1.1432$, $n_{\text{ME}} = 4$)	2.0782e−02
10^{-1}	2.2814e−02		1.8696e−02
10^{-2}	1.1357e−02	8.2690e−03 基于 DP	1.1114e−02
10^{-3}	1.4457e−02	$\tau = 1.01$	1.4467e−02

表 4.9 对算例 3, 当噪声水平 $\delta = 10^{-2}$ 时, 算法 I、算法 II 和算法 III 的 l_2 误差

α	$\|\|x^{\text{Tik}} - x^\dagger\|\|$	$\|\|x^{\text{cg}} - x^\dagger\|\|$	$\|\|x^{\text{mix}} - x^\dagger\|\|$
10^{-3}	1.1499e−01	1.1326e−01 基于 ME 准则	1.1200e−01
10^{-4}	1.0344e−01	($\tau = 9.9832\text{e}{-01}$, $n_{\text{ME}} = 4$)	1.0329e−01
10^{-5}	8.1882e−02		8.1816e−02
10^{-6}	7.8204e−02	1.1326e−01 基于 DP	7.8199e−02
10^{-7}	1.6959e−01	$\tau = 1.01$	1.6959e−01

由 表 4.2、表 4.4 和表 4.6 可知, 新的混合正则化方法的有效性. 第一, 我们比较算法 II 和算法 III. 当 α 较大时, 算法 III 的结果 (即第 2 列) 比迭代正则化算法 II (即第 4 列) 的结果明显要好. 事实上, 这些表表明, 当 α 变大时, 算法 II 的迭代解是算法 III 的解的极限. 因为最优正则化参数 α 通常不很多, 所以, 较小的参数 α 的结果通常比极限更好. 第二, 我们比较算法 I 和算法 III, 几乎对所有的

相同的参数 α, 算法 III 的结果 (第 4 列) 都比算法 I (第 1 列) 好, 特别是当 α 较大于最优的 α 时. 这个结论与定理 4.4.1一致. 仅仅是当正则化参数 α 接近最优值时, 算法 I 的结果与算法 III 的结果相当. 然而, 在应用中, 最优的 α 通常是很难选取的. 算法 III 允许我们选择一个较大的 α. 而且, 对较大的 α, 解的误差与用最优的 α 所得的解的误差在同一量级, 这也由定理 4.4.1 证实. 第三, 与连续正则化方法相比, 混合正则化方法对最优的正则化参数更不敏感.

4.5.3 基于 ME 准则的正则化参数选择

在 4.5.1 节和 4.5.2 节中, 我们选择了一组正则化参数进行计算并比较误差. 现在我们基于 ME 准则来选择正则化参数选择. 在表 4.10 中, 对具有噪声水平 $\delta = 10^{-4}$ 和 10^{-2} 的三个算例 (即例 1、例 2 和例 3), 给出了 Tikhonov 正则化方法和混合正则化方法的 l_2 误差. 在 Tikhonov 方法中, 不进行迭代. 在表 4.10 中, 括号中的数是根据 ME 准则所得的正则化参数. 在表 4.10 第 3 列和第 6 列中, 列出了基于 ME 准则的 CG 方法的迭代次数 n_{ME}. 在噪声水平 $\delta = 10^{-4}$ 时, 对例 2 和例 3 来说, 混合 Tikhonov 正则化的误差都不大于 Tikhonov 正则化的误差, 对例 1 来说略大. 在噪声水平 $\delta = 10^{-2}$ 时, 例 1 和例 2 的混合 Tikhonov 正则化的误差都比 Tikhonov 正则化的误差小对例 3 略大.

因为基于 ME 准则一般与精确解的光滑性 μ 有关, 我们用更光滑的解 $(T^*Tx^\dagger)$ 来代替 $x^\dagger$ 并将 $T(T^*T)x^\dagger$ 作为右端项, 这样能保证解的光滑性 $\mu > 1$. 相对于原来的三个例子, 我们称所得的新的相应三个例子为例 1′、例 2′ 和例 3′. 所得的 l_2 误差见表 4.11 和表 4.12. 表 4.11 和表 4.12 的差别是, 在表 4.11 中, 用了非迭代 Tikhonov 方法 $(m = 1)$; 在表 4.12 中, 应用的是迭代 Tikhonov $(m = 10)$ 方法. 类似地, 在表 4.11 和表 4.12 中, 括号中的数表示正则化参数. CG 的误差和根据 ME 准则的迭代次数列于表中第 3 列和第 6 列. 比较表明, 在表 4.11 和表 4.12 中, 混合方法的 l_2 误差都不大于 Tikhonov 正则化的误差. 因此, 如果解更光滑, 混合法正则化方法的优势更明显.

表 4.10　基于 ME 准则所得的三个算例的正则化参数及 l_2 误差

算例	$\delta = 10^{-4}$			$\delta = 10^{-2}$		
	Tikhonov	CG	混合法	Tikhonov	CG	混合法
例 1	9.53e−02	1.09e−01	9.55e−02	1.77e−01	1.78e−01	1.73e−01
	(2.00e−07)	$n_{\text{ME}} = 13$	(2.64e−07)	(1.16e−04)	$n_{\text{ME}} = 4$	(8.01e−04)
例 2	1.72e−03	2.88e−03	1.67e−03	1.13e−02	2.11e−02	1.12e−02
	(1.02e−04)	$n_{\text{ME}} = 13$	(1.49e−04)	(9.72e−03)	$n_{\text{ME}} = 4$	(1.02e−02)
例 3	4.47e−02	5.26e−02	4.47e−02	1.12e−01	1.13e−01	1.13e−01
	(2.18e−07)	$n_{\text{ME}} = 8$	(2.18e−07)	(5.67e−04)	$n_{\text{ME}} = 4$	(∞)

表 4.11 基于 ME 准则所得的三个算例的正则化参数及 l_2 误差

算例	$\delta=10^{-4}$			$\delta=10^{-2}$		
	Tikhonov	CG	混合法	Tikhonov	CG	混合法
例 1′	3.00e−04	7.04e−05	7.04e−05	5.73e−03	3.41e−03	3.41e−03
	(3.73e−04)	$n_{\rm ME}=2$	(∞)	(9.26e−03)	$n_{\rm ME}=1$	(∞)
例 2′	4.23e−04	2.24e−04	8.51e−05	7.54e−03	1.56e−03	1.05e−03
	(4.28e−04)	$n_{\rm ME}=7$	(8.64e−03)	(7.69e−03)	$n_{\rm ME}=4$	(4.90e+00)
例 3′	2.34e−04	3.25e−04	7.45e−05	4.98e−03	5.51e−03	8.45e−04
	(3.35e−04)	$n_{\rm ME}=4$	(1.64e−03)	(6.83e−03)	$n_{\rm ME}=2$	(5.77e−02)

正则化方法比混合法的误差大, 是由于 Tikhonov 方法仅仅对于光滑的指标 $\mu\leqslant 1$ 是最优的. 而且, 在表 4.12 中, 迭代的 Tikhonov 方法 $(m=10)$ 比表 4.11 中的非迭代的 Tikhonov 方法 $(m=1)$ 更好.

表 4.12 基于 ME 准则所得的三个算例的正则化参数及 l_2 误差

算例	$\delta=10^{-4}$			$\delta=10^{-2}$		
	Tikhonov	CG	混合法	Tikhonov	CG	混合法
例 1′	1.36e−04	7.042e−05	7.04e−05	4.18e−03	3.41e−03	3.41e−03
	(1.43e−02)	$n_{\rm ME}=2$	(∞)	(1.95e−01)	$n_{\rm ME}=1$	(∞)
例 2′	6.60e−05	2.24e−04	6.51e−05	1.28e−03	1.56e−03	1.07e−03
	(9.06e−02)	$n_{\rm ME}=7$	(1.07e−01)	(1.34e+00)	$n_{\rm ME}=4$	(9.04e+01)
例 3′	4.73e−05	3.25e−04	4.41e−05	3.23e−04	5.51e−03	3.23e−04
	(2.15e−02)	$n_{\rm ME}=4$	(2.15e−02)	(8.01e−01)	$n_{\rm ME}=2$	(8.40e−01)

第 5 章　全波形反演的数值优化方法

数值求解反问题经常基于目标泛函的最优化. 设参数模型空间是 M, 观测数据空间是 D, 泛函 $S(\boldsymbol{m})$ 定义在 M 上. $S(\boldsymbol{m})$ 通常是观测值与模拟值之间偏差的某种度量, 我们称极小化 $S(\boldsymbol{m})$ 的 $\boldsymbol{m}$ 是最佳模型.

假定 M 是 Hilbert 空间, $S(\boldsymbol{m})$ 二次可微, 也即 $S(\boldsymbol{m})$ 的二阶 Fréchet 导数存在. 设 $\gamma_n \in M$ 表示任意点 $\boldsymbol{m}_n$ 处 $S(\boldsymbol{m})$ 的梯度, 则可以证明, 极小化 $S(\boldsymbol{m}_n)$ 蕴涵 $\gamma_n = 0$, 但由 $\gamma_n = 0$ 不一定得出 $S(\boldsymbol{m}_n)$ 取得最小值, 除非 $S(\boldsymbol{m})$ 是严格凸的. 因为我们将涉及非线性反问题, 严格凸这个条件不能保证. 因此, 假如在点 $\boldsymbol{m}_n$ 处的梯度方向 $\gamma_n = 0$, 还需要再进一步具体方向, 以保证 $\boldsymbol{m}_n$ 不在第二极值中.

迭代方法是从任意点 $\boldsymbol{m}_n$ 出发, 来求解极小化 $S(\boldsymbol{m})$ 的问题, 得到 $\boldsymbol{m}_{n+1}$ 使得 $S(\boldsymbol{m}_{n+1}) < S(\boldsymbol{m}_n)$. 最后得到一个序列 $\{\boldsymbol{m}_n\}$. 假如序列收敛, 则必收敛到 $S(\boldsymbol{m})$ 的 (局部) 极小值. 最常用的迭代法有 Newton 法和梯度方法.

5.1　Newton 法

选择 $\boldsymbol{m}_{n+1}$ 使得 γ 在 $\boldsymbol{m}_n$ 附近为零, 即

$$\gamma_{n+1} = \gamma_n + \left(\frac{\partial \gamma}{\partial \boldsymbol{m}}\right)_n (\boldsymbol{m}_{n+1} - \boldsymbol{m}_n) = 0, \tag{5.1.1}$$

$$\boldsymbol{m}_{n+1} = \boldsymbol{m}_n - \left(\frac{\partial \gamma}{\partial \boldsymbol{m}}\right)_n^{-1} \gamma_n, \tag{5.1.2}$$

或引进 Hessian 矩阵

$$\boldsymbol{m}_{n+1} = \boldsymbol{m}_n - H_n^{-1}\gamma_n. \tag{5.1.3}$$

该式称为 Newton 公式. Hessian 矩阵 H_n 是一个自共轭算子. H_n 始终是正定的, 因此它的逆 H_n^{-1} 始终存在.

对非线性反问题, 不能保证由 Newton 法给出的点 $\boldsymbol{m}_{n+1}$ 满足 $S(\boldsymbol{m}_{n+1}) < S(\boldsymbol{m}_n)$. 若不满足该条件, 用下式替代 (5.1.3)

$$\boldsymbol{m}_{n+1} = \boldsymbol{m}_n - \varepsilon H_n^{-1}\gamma_n, \tag{5.1.4}$$

其中 $0 < \varepsilon < 1$. 因为 $-\gamma_n$ 是下降方法, 对足够小的 ε 值, 点 $\boldsymbol{m}_{n+1}$ 将比点 $\boldsymbol{m}_n$ 好. 在实际应用中, 首先考虑 $\varepsilon = 1$. 假如所得的点 $\boldsymbol{m}_{n+1}$ 不满足 $S(\boldsymbol{m}_{n+1}) < S(\boldsymbol{m}_n)$, 再取 $\varepsilon = 1/2$.

因为 H_n^{-1} 通常太复杂, 计算代价太高, 所以常用近似代替. 事实上, 式 (5.1.3) 中的 H_n^{-1} 可以被任意一个自共轭正定算子 Q 替代, 于是有

$$\boldsymbol{m}_{n+1}=\boldsymbol{m}_n-Q\gamma_n. \tag{5.1.5}$$

显然, 只要 (5.1.5) 收敛, 它就收敛到 $S(\boldsymbol{m})$ 的一个稳相点 (当 $\gamma_\infty=0$ 时). Q 的常用选择是

$$Q=H_0^{-1}, \tag{5.1.6}$$

或是 H_0^{-1} 的一个近似. 通常, Q 与 H_n^{-1} 差别越大, 算法收敛越慢. 方程 (5.1.5) 定义了一个 *拟 Newton 方法*.

5.2 梯 度 法

梯度方法基于下面的思想: 设 $\boldsymbol{m}_n$ 是当前的点, d_n 是 $\boldsymbol{m}_n$ 处的一个任意方向, 在方向 d_n 上的点可以写成

$$\boldsymbol{m}=\boldsymbol{m}_n+\alpha_n d_n, \tag{5.2.1}$$

其中 α_n 是一个任意实数. 假如选择 α_n 使得 $S(\boldsymbol{m})$ 沿该方向极小, 经过一个迭代过程, 将收敛到 S 的某个极小值, 有

$$S(\boldsymbol{m}_{n+1})=S(\boldsymbol{m}_n+\alpha_n d_n). \tag{5.2.2}$$

对给定的 $\boldsymbol{m}_n$ 和 d_n, α_n 的最优值由条件 $\dfrac{dS(\boldsymbol{m}_{n+1})}{d\alpha_n}=0$ 得到, 这得出

$$(\gamma_{n+1},d_n)=0. \tag{5.2.3}$$

式 (5.2.3) 指出, 在 S 沿 d_n 方向上的极小值处, S 的梯度 (即 γ) 垂直于 d_n. 等价地说, 在 S 的极小值处, $S(\boldsymbol{m})$ 的等高线与 d_n 相切 (因为梯度方向垂直于等高线). 精确到 $\boldsymbol{m}_{n+1}-\boldsymbol{m}_n$ 的一阶项, 我们有

$$\gamma_{n+1}\approx\gamma_n+\left(\frac{\partial\gamma}{\partial\boldsymbol{m}}\right)_n(\boldsymbol{m}_{n+1}-\boldsymbol{m}_n), \tag{5.2.4}$$

即

$$\gamma_{n+1}\approx\gamma_n+H_n(\boldsymbol{m}_{n+1}-\boldsymbol{m}_n). \tag{5.2.5}$$

由 (5.2.1) 和 (5.2.3), 得

$$(d_n,\gamma_n+\alpha_n H_n d_n)\approx 0, \tag{5.2.6}$$

即

$$\alpha_n \approx -\frac{(d_n, \gamma_n)}{(d_n, H_n d_n)}. \tag{5.2.7}$$

假如 $S(\boldsymbol{m})$ 关于 $\boldsymbol{m}$ 是二次的, 则一阶展开 (5.2.4) 是精确的. 因此所得的 α_n 完全使 $S(\boldsymbol{m})$ 沿方向 d_n 上为极小. 因为当 $S(\boldsymbol{m})$ 是二次时, 极小值唯一. 在这种情况下, 任何梯度法都是收敛的, 收敛到唯一的极小值.

对非线性反问题, $S(\boldsymbol{m})$ 不是二次的, 因此由 (5.2.7) 给出的值 α_n 仅是最优值的一个线性近似. 假如 $S(\boldsymbol{m}_{n+1}) > S(\boldsymbol{m}_n)$, 在几何上意味着我们沿方向 d_n 走得太远, 显然需要修正 α_n 为 $\tilde{\alpha}_n$ 使得 $S(\tilde{\boldsymbol{m}}_{n+1}) < S(\boldsymbol{m}_n)$. 例如, 通常可取 $\tilde{\alpha}_n = \alpha_n/2$. 根据这个策略, 可以重复进行. 当然, 一般情况下, $S(\boldsymbol{m})$ 的极值不唯一, 因此我们只能收敛到第二极小值.

到目前为止, 方向 d_n 是任意的, 下面给出 d_n 的某些选择.

5.3　最速下降法

方向 d_n 最简单的选择是最速下降方向

$$d_n = -\gamma_n. \tag{5.3.1}$$

由 (5.2.1) 和 (5.2.7), 给出最速下降法算法

$$\begin{aligned} \alpha_n &= \frac{(\gamma_n, \gamma_n)}{(\gamma_n, H_n \gamma_n)}, \\ \boldsymbol{m}_{n+1} &= \boldsymbol{m}_n - \alpha_n \gamma_n. \end{aligned} \tag{5.3.2}$$

5.3.1　预条件最速下降

方向 d_n 选择为

$$d_n = -Q_n \gamma_n, \tag{5.3.3}$$

其中 Q_n 是一个任意的自共轭正定算子, 适当选择 Q_n 可以加速算法的收敛性. 由 (5.2.1), (5.2.4) 和 (5.2.7) 给出下列预条件最速下降算法

$$\begin{aligned} \phi_n &= Q_n \gamma_n, \\ \alpha_n &= \frac{(\phi_n, \gamma_n)}{(\phi_n, H_n \phi_n)}, \\ \boldsymbol{m}_{n+1} &= \boldsymbol{m}_n - \alpha_n \phi_n. \end{aligned} \tag{5.3.4}$$

在 (5.3.4) 中, 若 $Q_n = I$, 即为最速下降算法. 假如 Q 随迭代次数变化, 显然最优选择是

$$Q_n = H_n^{-1}.$$

这时 $\alpha_n = 1$, 且

$$\boldsymbol{m}_{n+1} = \boldsymbol{m}_n - H_n^{-1}\gamma_n,$$

这恰好对应 Newton 计算公式 (5.1.3). 在实际应用中, 因为 H_n^{-1} 太复杂, 对 H_0^{-1} 的一个大致近似表示 Q 即可.

5.3.2 DFP 方法

DFP (Davidon-Fletcher-Power) 拟 Newton 方法是 1959 年由 Davidon 提出, 后经 Fletcher 和 Power 在 1963 年作了简化而形成的. 该方法中, 预条件算子 Q 在每次迭代中都修正

$$\begin{aligned}
&\phi_n = Q_n\gamma_n,\\
&\alpha_n = \frac{(\phi_n, \gamma_n)}{(\phi_n, H_n\phi_n)},\\
&\boldsymbol{m}_{n+1} = \boldsymbol{m}_n - \alpha_n\phi_n,\\
&\beta_n = \gamma_{n+1} - \gamma_n,\\
&\mu_n = Q_n\beta_n,\\
&Q_{n+1} = Q_n + \frac{(\phi_n, \phi_n)}{(\phi_n, H_n\phi_n)} - \frac{(\mu_n, \mu_n)}{(\mu_n, \beta_n)},
\end{aligned} \tag{5.3.5}$$

且有性质

$$Q_n \to H_n^{-1}. \tag{5.3.6}$$

DFP 迭代法常在 $Q_0 = I$ 处初始化, 所以第一次迭代像最速下降法. 当接近解时, 方法像 Newton 法, 具有快的收敛性. 后面我们将看到 Q_n 趋近 Hessian 矩阵的逆 H_n^{-1}.

5.3.3 共轭梯度法

式 (5.2.3) 说明最速下降算法中前后两次的方向是正交的. 这意味着最速下降方向, 尽管是最简单的方向选择, 可能不是最优的. Fletcher 和 Reeves[32] 提出选取共轭方向

$$\begin{aligned}
&d_0 = -\gamma_0,\\
&d_n = -\gamma_n + \frac{(\gamma_n, \gamma_n)}{(\gamma_{n-1}, \gamma_{n-1})}d_{n-1}, \quad n \geqslant 1,
\end{aligned} \tag{5.3.7}$$

这导致如下共轭梯度算法

$$
\begin{aligned}
&\omega_n = (\gamma_n, \gamma_n), \\
&\phi_n = \gamma_n + \frac{\omega_n}{\omega_{n-1}}\phi_{n-1}, \quad \phi_0 = \gamma_0, \\
&\alpha_n = \frac{\omega_n}{(\phi_n, H_n\phi_n)}, \\
&\boldsymbol{m}_{n+1} = \boldsymbol{m}_n - \alpha_n\phi_n,
\end{aligned}
\tag{5.3.8}
$$

其中利用了性质

$$
(\phi_n, \gamma_n) = (\gamma_n, \gamma_n). \tag{5.3.9}
$$

共轭梯度法是介于最速下降法与 Newton 法之间的一个方法, 仅需利用一阶导数信息, 既克服了最速下降法收敛慢的缺点, 又避免了 Newton 法需要存储和计算 Hessian 矩阵并求逆的缺点. 其优点是所需存储量小, 稳定性高, 而且不需要任何外来参数. 共轭梯度法在第 k 步的迭代方向 d_k 是梯度方向 γ_k 与上一步的方向 d_{k-1} 的线性组合, 即

$$
d_k = -\gamma_k + \alpha_k d_{k-1}, \quad k = 2, 3, \cdots, \tag{5.3.10}
$$

其中参数 α_k 的选择是保证 d_k 与 d_{k-1} 为共轭方向, 除了第一种 Fletcher-Reeves 方法外, 还有三种 α_k 选法. 归纳如下.

1. Fletcher-Reeves 方法[32]

$$
\alpha_k = \frac{(\gamma_k, \gamma_k)}{(\gamma_{k-1}, \gamma_{k-1})}. \tag{5.3.11}
$$

2. Polak-Ribiére 方法[99,100]

$$
\alpha_k = \frac{(\gamma_k, \gamma_k - \gamma_{k-1})}{(\gamma_{k-1}, \gamma_{k-1})}. \tag{5.3.12}
$$

3. Hestenes-Steifel 方法[61]

$$
\alpha_k = \frac{(\gamma_k, \gamma_k - \gamma_{k-1})}{(\gamma_k - \gamma_{k-1}, d_{k-1})}. \tag{5.3.13}
$$

4. Dai-Yuan 方法[18,161]

$$
\alpha_k = \frac{(\gamma_k, \gamma_k)}{(\gamma_k - \gamma_{k-1}, d_{k-1})}. \tag{5.3.14}
$$

对于二次函数, 若采用精确线搜索, 由上述几种公式得到的共轭梯度法的全局收敛性等价, 而对于一般的非线性函数, 并没有这样的结论.

5.3.4 预条件共轭梯度法

如最速下降算法的情况一样, 共轭梯度算法可以预条件化, 设

$$Q_n \approx H_n^{-1}. \tag{5.3.15}$$

预条件共轭梯度法的算法如下

$$\begin{aligned}
&\lambda_n = Q_n \gamma_n, \\
&\omega_n = (\lambda_n, \gamma_n), \\
&\phi_n = \lambda_n + \frac{\omega_n}{\omega_{n-1}} \phi_{n-1}, \qquad \phi_0 = \lambda_0, \\
&\alpha_n = \frac{\omega_n}{(\phi_n, H_n \phi_n)}, \\
&\boldsymbol{m}_{n+1} = \boldsymbol{m}_n - \alpha_n \phi_n,
\end{aligned} \tag{5.3.16}$$

其中使用了性质

$$(\phi_n, \gamma_n) = (\lambda_n, \gamma_n). \tag{5.3.17}$$

5.4 极小化二次型

对线性化反问题, 极小化函数是一个二次型. 以向量 $\boldsymbol{x} \in \mathbb{R}^n$ 表示的二次型一般形式为

$$Q(\boldsymbol{x}) = \boldsymbol{x}^{\mathrm{T}} H \boldsymbol{x} - \boldsymbol{x}^{\mathrm{T}} G - G^{\mathrm{T}} \boldsymbol{x} + Q_0, \tag{5.4.1}$$

其中 $H \in \mathbb{R}^{n \times n}$ 是一个实对称矩阵, $G \in \mathbb{R}^{n \times 1}$, $Q_0 \in \mathbb{R}$. 当

$$\frac{\partial Q}{\partial x_i} = 2 \sum_j h_{ij} x_j - 2 g_i = 0 \tag{5.4.2}$$

时, 该二次型有一个稳相点, 即 Q 的稳相点 $\boldsymbol{x}_s$ 满足线性方程组

$$H \boldsymbol{x}_s = G. \tag{5.4.3}$$

方程没有、有一个或无限多个解, 这取决于矩阵 H 的性质. 一个特殊情况是 H 正定, 即 $\boldsymbol{x}^{\mathrm{T}} H \boldsymbol{x} > 0$ $(\forall \boldsymbol{x})$, 从而 $\boldsymbol{x}^{\mathrm{T}} H \boldsymbol{x} = 0$ 仅当 $\boldsymbol{x} = 0$ 成立. 假如 H 是正定, 它是可逆的, 有唯一的稳相点

$$\boldsymbol{x}_s = H^{-1} G, \tag{5.4.4}$$

将原来的二次型改写成

$$Q(\boldsymbol{x}) = (\boldsymbol{x} - \boldsymbol{x}_s)^{\mathrm{T}} H (\boldsymbol{x} - \boldsymbol{x}_s) + (Q_0 - \boldsymbol{x}_s^{\mathrm{T}} H \boldsymbol{x}_s), \tag{5.4.5}$$

显然 $\boldsymbol{x}_s$ 是 Q 的全局极值. 当 H 正定时, 求解方程组 (5.4.3) 与极小化二次型 (5.4.1) 等价.

当 n 很大时, 显式计算 H^{-1} 不可行. 考虑最小化 $Q(\boldsymbol{x})$ 的问题. 我们考虑从一个初始值 $\boldsymbol{x}_0$ 到极小化点 $\boldsymbol{x}_1$ 的一个迭代算法, 希望找到比 $\boldsymbol{x}_s$ 更好的点. 一种方法是考虑从 $\boldsymbol{x}_0$ 的最速下降方向, 即在 $\boldsymbol{x}_0$ 处沿 Q 之梯度的相反方向. 梯度为

$$\nabla Q = 2(H\boldsymbol{x} - G). \tag{5.4.6}$$

因此最速下降方向是沿 $-\nabla Q$, 它与 $\boldsymbol{s}_1 = G - H\boldsymbol{x}_0$ 平行. 现在沿线 $\boldsymbol{x}_0 + c_1\boldsymbol{s}_1$ 进行寻找比 $\boldsymbol{x}_s$ 更好的近似, 容易得到 Q 在该点的线性表示

$$\begin{aligned}
&Q(\boldsymbol{x}_0 + c_1\boldsymbol{s}_1) \\
&= (\boldsymbol{x}_0 + c_1\boldsymbol{s}_1)^{\mathrm{T}} H (\boldsymbol{x}_0 + c_1\boldsymbol{s}_1) - (\boldsymbol{x}_0 + c_1\boldsymbol{s}_1)^{\mathrm{T}} G - G^{\mathrm{T}} (\boldsymbol{x}_0 + c_1\boldsymbol{s}_1) + Q_0 \\
&= (\boldsymbol{s}_1^{\mathrm{T}} H \boldsymbol{s}_1) c_1^2 - \left\{ \boldsymbol{s}_1^{\mathrm{T}} (G - H\boldsymbol{x}_0) + (G - H\boldsymbol{x}_0)^{\mathrm{T}} \boldsymbol{s}_1 \right\} c_1 + Q(\boldsymbol{x}_0),
\end{aligned} \tag{5.4.7}$$

这是关于 c_1 的二次型, 它的极小值是在

$$c_1 = \frac{\boldsymbol{s}_1^{\mathrm{T}}(G - H\boldsymbol{x}_0) + (G - H\boldsymbol{x}_0)^{\mathrm{T}}\boldsymbol{s}_1}{2(\boldsymbol{s}_1^{\mathrm{T}} H \boldsymbol{s}_1)} = \frac{\boldsymbol{s}_1^{\mathrm{T}}\boldsymbol{s}_1}{\boldsymbol{s}_1^{\mathrm{T}} H \boldsymbol{s}_1}. \tag{5.4.8}$$

现在令 $\boldsymbol{x}_1 = \boldsymbol{x}_0 + c_1\boldsymbol{s}_1$ 作为 $\boldsymbol{x}_s$ 位置的下一次估计. 注意, 为计算 c_1, 需要计算 $H\boldsymbol{s}_1$. 只要 $H\boldsymbol{s}_1$ 能有效计算, 就不需要存储大的矩阵. 上述过程迭代进行, 求出 $-\nabla Q(\boldsymbol{x}_1)$, 再从 $\boldsymbol{x}_1$ 沿这个方向搜索来寻找沿该方向的极小化 Q 的点 $\boldsymbol{x}_2$, 这就是求一个函数极值的最速下降法. 在每一次迭代上, 要进行一次一维搜索, 这一系列过程求得 n 维二次型的极小解. 对多变量函数的极值问题, 特别是大的 n, 最速下降法的效率很低, 除非 Q 的等值线是圆.

现在我们不是从一个初始猜测沿最小化 Q 的一条线出发, 而是考虑从一个初始猜测沿一个更大的子空间出发. 假定有一系列线性无关的搜索方向 $\boldsymbol{s}_1, \boldsymbol{s}_2, \cdots, \boldsymbol{s}_k$, 我们在子空间

$$\boldsymbol{x}_0 + c_1\boldsymbol{s}_1 + \cdots + c_n\boldsymbol{s}_k = \boldsymbol{x}_0 + S\boldsymbol{c} \tag{5.4.9}$$

中极小化 Q, 其中 S 是一个矩阵, 其列是搜索方向, $\boldsymbol{c}$ 是系数的列向量. 在这个 k 维仿射空间中, 我们看到

$$Q(\boldsymbol{x}_0 + S\boldsymbol{c}) = (\boldsymbol{x}_0 + S\boldsymbol{c})^{\mathrm{T}} H (\boldsymbol{x}_0 + S\boldsymbol{c}) - (\boldsymbol{x}_0 + S\boldsymbol{c})^{\mathrm{T}} G$$

$$
\begin{aligned}
&-G^{\mathrm{T}}(\boldsymbol{x}_0+S\boldsymbol{c})+Q_0\\
=&\boldsymbol{c}^{\mathrm{T}}(S^{\mathrm{T}}HS)\boldsymbol{c}-\boldsymbol{c}^{\mathrm{T}}S^{\mathrm{T}}(G-H\boldsymbol{x}_0)-(G-H\boldsymbol{x}_0)^{\mathrm{T}}S\boldsymbol{c}\\
&+(Q_0+\boldsymbol{x}_0^{\mathrm{T}}H\boldsymbol{x}_0-\boldsymbol{x}_0^{\mathrm{T}}G-G^{\mathrm{T}}\boldsymbol{x}_0)\\
=&\boldsymbol{c}^{\mathrm{T}}\widetilde{H}\boldsymbol{c}-\boldsymbol{c}^{\mathrm{T}}\widetilde{G}-\widetilde{G}^{\mathrm{T}}\boldsymbol{c}+\widetilde{Q}_0
\end{aligned}
\tag{5.4.10}
$$

也是 $\boldsymbol{c}$ 的二次函数, 其中

$$
\widetilde{H}=S^{\mathrm{T}}HS,
$$

$$
\widetilde{G}=S^{\mathrm{T}}(G-H\boldsymbol{x}_0),
$$

$$
\widetilde{Q}_0=Q(\boldsymbol{x}_0)=Q_0+\boldsymbol{x}_0^{\mathrm{T}}H\boldsymbol{x}_0-\boldsymbol{x}_0^{\mathrm{T}}G-G^{\mathrm{T}}\boldsymbol{x}_0.
$$

因为 S 的列线性无关以及矩阵 H 是正定的, 所以矩阵 $\widetilde{H}$ 也正定. 根据上面的讨论, 在这个仿射子空间中, $Q(\boldsymbol{x}_0+S\boldsymbol{c})$ 的极小值位于

$$
\tilde{\boldsymbol{c}}=\widetilde{H}^{-1}\widetilde{G}. \tag{5.4.11}
$$

因为 $\widetilde{H}$ 仅是 $k\times k$ 的, 其中 k 是子空间中搜索的方向数目, 所以计算上毫无困难. 当使用一个子空间搜索, 在极小点 $\boldsymbol{x}_s$ 处的下一猜测是

$$
\boldsymbol{x}_1=\boldsymbol{x}_0+S\tilde{\boldsymbol{c}}+S\widetilde{H}^{-1}\widetilde{G}. \tag{5.4.12}
$$

可以用迭代法得到 $\boldsymbol{x}_s$ 的一系列值.

所得算法的效率依赖于搜索方向的选择. 在 $\boldsymbol{x}_0$ 出发在 $\boldsymbol{s}_1=-\nabla Q(\boldsymbol{x}_0)$ 的方向上搜索, 得到 $\boldsymbol{x}_1$, 再求得 $\boldsymbol{s}_2=-\nabla Q(\boldsymbol{x}_1)$, 但这时不是简单地沿 $\boldsymbol{s}_2$ 这条线搜索. 我们在 $\boldsymbol{s}_1$ 和 $\boldsymbol{s}_2$ 张成的仿射空间中, 从 $\boldsymbol{x}_1$ 出发进行搜索, 一旦在这个子空间中找到了 Q 的极小值, 然后计算 $\boldsymbol{s}_3=-\nabla Q(\boldsymbol{x}_2)$, 并再在 $\boldsymbol{s}_1$, $\boldsymbol{s}_2$ 和 $\boldsymbol{s}_3$ 张成的子空间中搜索. 以这种方法, 我们在越来越大的空间中搜索极小值, 它保证每次搜索不使前一次搜索失效. 由这种方法产生的子空间就是 Krylov 子空间. 因为在每次迭代上, 搜索的子空间增大, 所以该算法将失去高效性, 然而, 对二次型可以证明, 通过首先沿 $-\nabla Q(\boldsymbol{x}_0)$ 搜索, 其次在每次迭代上仅在一个二维空间上搜索, 可获得在由前面搜索方向张成的整个子空间中搜索一样的结果.

假定在 l 次迭代后, 我们已到达点 $\boldsymbol{x}_l$, 同样计算 $-\nabla Q(\boldsymbol{x}_l)$, 然后在由该向量和向量 $\boldsymbol{x}_l-\boldsymbol{x}_{l-1}$ 张成的仿射空间中搜索, 可以证明, 在无截断误差的情况下, 结果与我们在 $-\nabla Q(\boldsymbol{x}_0)$, $-\nabla Q(\boldsymbol{x}_1)$, $\cdots$, $-\nabla Q(\boldsymbol{x}_l)$ 张成的空间中搜索一样. 用这个算法进行完全精确的运算, 我们至多 n 步能得到 n 维二次型的极小值.

注意搜索方向 S 的矩阵是这样建立的. 在第一次迭代上, 它由包含 $2(G-H\boldsymbol{x}_0)$ 的一个列构成, 这是初始猜测的负梯度. 在第一次迭代之后, S 的第二列设

为 $\boldsymbol{x}_1-\boldsymbol{x}_0$. 在第二次迭代上, 第一列设为 $2(G-H\boldsymbol{x}_1)\equiv-\nabla Q(\boldsymbol{x}_1)$ 以使第一次搜索在由 $-\nabla Q(\boldsymbol{x}_1)$ 和 $\boldsymbol{x}_1-\boldsymbol{x}_0$ 张成的二维空间中找到极小值, 这是一个连续迭代过程.

5.5 广义最小二乘法

设 M 是模型空间, D 是数据空间, 正问题可以表示为

$$\boldsymbol{d}=f(\boldsymbol{m}), \tag{5.5.1}$$

其中 $\boldsymbol{m}$ 已知, f 将 M 映射为 D, 通常是非线性的.

给定观测数据 $\boldsymbol{d}_{\text{obs}}$, 先验模型 $\boldsymbol{m}_{\text{prior}}$, 以及非线性算子 $f(\boldsymbol{m})$, 则反演是极小化下列表达式

$$\begin{aligned}S(\boldsymbol{m})&=\frac{1}{2}\left\{||f(\boldsymbol{m})-\boldsymbol{d}_{\text{obs}}||^2+||\boldsymbol{m}-\boldsymbol{m}_{\text{prior}}||^2\right\}\\&=\frac{1}{2}\left\{(f(\boldsymbol{m})-\boldsymbol{d}_{\text{obs}})^{\mathrm{T}}(f(\boldsymbol{m})-\boldsymbol{d}_{\text{obs}})+(\boldsymbol{m}-\boldsymbol{m}_{\text{prior}})^{\mathrm{T}}(\boldsymbol{m}-\boldsymbol{m}_{\text{prior}})\right\},\end{aligned} \tag{5.5.2}$$

其中因子 1/2 为了便于化简. 该问题的解记作 $\boldsymbol{m}_{\text{est}}$, 称为**最小二乘估计**.

现在计算 $S(\boldsymbol{m})$ 的梯度

$$\begin{aligned}S(\boldsymbol{m}_n+\delta\boldsymbol{m})=\frac{1}{2}\Big\{&(f(\boldsymbol{m}_n+\delta\boldsymbol{m})-\boldsymbol{d}_{\text{obs}})^{\mathrm{T}}(f(\boldsymbol{m}_n+\delta\boldsymbol{m})-\boldsymbol{d}_{\text{obs}})\\&+(\boldsymbol{m}_n+\delta\boldsymbol{m}-\boldsymbol{m}_{\text{prior}})^{\mathrm{T}}(\boldsymbol{m}_n+\delta\boldsymbol{m}-\boldsymbol{m}_{\text{prior}})\Big\}.\end{aligned}$$

引进 $f(\boldsymbol{m})$ 在点 $\boldsymbol{m}_n$ 处的 Fréchet 导数

$$F_n=\left(\frac{\partial f}{\partial\boldsymbol{m}}\right)_n, \tag{5.5.3}$$

有

$$f(\boldsymbol{m}_n+\delta\boldsymbol{m})=f(\boldsymbol{m}_n)+F_n\delta\boldsymbol{m}+O(||\delta\boldsymbol{m}||^2),$$

从而

$$\begin{aligned}&S(\boldsymbol{m}_n+\delta\boldsymbol{m})-S(\boldsymbol{m}_n)\\&=\left[F_n^{\mathrm{T}}(f(\boldsymbol{m}_n)-\boldsymbol{d}_{\text{obs}})+(\boldsymbol{m}_n-\boldsymbol{m}_{\text{prior}})\right]^{\mathrm{T}}\delta\boldsymbol{m}+O(||\delta\boldsymbol{m}||^2).\end{aligned} \tag{5.5.4}$$

定义 γ 是 $S(\boldsymbol{m})$ 的梯度, 于是有

$$S(\boldsymbol{m}_n+\delta\boldsymbol{m})=S(\boldsymbol{m}_n)+(\gamma_n,\delta\boldsymbol{m})_M+O(||\delta\boldsymbol{m}||^2),$$

即

$$S(\boldsymbol{m}_n+\delta\boldsymbol{m})=S(\boldsymbol{m}_n)+\gamma_n^{\mathrm{T}}\delta\boldsymbol{m}+O(||\delta\boldsymbol{m}||^2).$$

因此

$$\gamma_n=F_n^{\mathrm{T}}(f(\boldsymbol{m}_n)-\boldsymbol{d}_{\mathrm{obs}})+(\boldsymbol{m}_n-\boldsymbol{m}_{\mathrm{prior}}). \tag{5.5.5}$$

类似地, 得到 Hessian 矩阵

$$H_n=\left(\frac{\partial\gamma}{\partial\boldsymbol{m}}\right)_n=I+F_n^{\mathrm{T}}F_n+K_n^{\mathrm{T}}(f(\boldsymbol{m}_n)-\boldsymbol{d}_{\mathrm{obs}}), \tag{5.5.6}$$

其中

$$K_n=\left(\frac{\partial F}{\partial\boldsymbol{m}}\right)_n. \tag{5.5.7}$$

假如 $\boldsymbol{d}=f(\boldsymbol{m})$ 表示一个线性算子, 则 K_n 恒为零. 对通常的非线性反问题, (5.5.6) 中的最后一项尽管不恒为零, 但通常比较小. 由前面可知道, Hessian 矩阵近似已知即可, 因而该项对 Hessian 矩阵可忽略, 即取

$$H_n=I+F_n^{\mathrm{T}}F_n. \tag{5.5.8}$$

5.6 Backus-Gilbert 方法

下面讨论线性化问题的 Backus-Gilbert 方法. 设 $\boldsymbol{m}_{\mathrm{true}}$ 是未知模型, $\boldsymbol{d}_{\mathrm{obs}}$ 是观测值. 假定问题在初值 $\boldsymbol{m}_0$ 处线性化

$$\boldsymbol{d}=f(\boldsymbol{m})=f(\boldsymbol{m}_0)+F_0(\boldsymbol{m}-\boldsymbol{m}_0). \tag{5.6.1}$$

假定 $\boldsymbol{d}_{\mathrm{obs}}$ 无误差, 则

$$\boldsymbol{d}_{\mathrm{obs}}=f(\boldsymbol{m}_0)+F_0(\boldsymbol{m}_{\mathrm{true}}-\boldsymbol{m}_0). \tag{5.6.2}$$

引进数据的残差

$$\Delta\boldsymbol{d}_{\mathrm{obs}}=\boldsymbol{d}_{\mathrm{obs}}-f(\boldsymbol{m}_0) \tag{5.6.3}$$

及模型修正量

$$\Delta\boldsymbol{m}_{\mathrm{true}}=\boldsymbol{m}_{\mathrm{true}}-\boldsymbol{m}_0, \tag{5.6.4}$$

则 (5.6.1) 可改写成

$$\Delta \boldsymbol{d}_{\text{obs}} = F_0 \Delta \boldsymbol{m}_{\text{true}}. \tag{5.6.5}$$

在 (5.6.5) 中, $\Delta \boldsymbol{d}_{\text{obs}}$ 和线性算子 F_0 已知, 而 $\Delta \boldsymbol{m}_{\text{true}}$ 未知.

一般来说 F_0 没有逆. 因 (5.6.5) 是一个线性方程, Backus 和 Gilbert[8] 提出定义一个向量 $\Delta \boldsymbol{m}_{\text{est}}$ 作为 $\Delta \boldsymbol{m}_{\text{true}}$ 的估计, 且线性依赖于 $\Delta \boldsymbol{d}_{\text{obs}}$

$$\Delta \boldsymbol{m}_{\text{est}} = L \Delta \boldsymbol{d}_{\text{obs}}, \tag{5.6.6}$$

其中 L 是一个线性算子, 将 (5.6.5) 代入 (5.6.6) 中, 有

$$\Delta \boldsymbol{m}_{\text{est}} = A \Delta \boldsymbol{m}_{\text{true}}, \tag{5.6.7}$$

其中

$$A = LF_0. \tag{5.6.8}$$

Backus 和 Gilbert 建议选择这样的算子 L 使得 A 尽可能为单位算子, 也即极小化模 $||A-I||$. 这样选择使 $A \approx I$ 的原因是由方程 (5.6.7) 可得到 $\Delta \boldsymbol{m}_{\text{est}} \approx \Delta \boldsymbol{m}_{\text{true}}$.

当范数 $||A-I||$ 是 L^2 范数时, 有

$$L = F_0^{\mathrm{T}} (F_0 F_0^{\mathrm{T}})^{-1}, \tag{5.6.9}$$

于是得到 Backus-Gilbert 解

$$\Delta \boldsymbol{m}_{\text{est}} = F_0^{\mathrm{T}} (F_0 F_0^{\mathrm{T}})^{-1} \Delta \boldsymbol{d}_{\text{obs}}. \tag{5.6.10}$$

在实际应用中, 真实模型的估计 $\boldsymbol{m}_{\text{est}}$ 通常表示为

$$\boldsymbol{m}_{\text{est}} = \boldsymbol{m}_0 + \Delta \boldsymbol{m}_{\text{est}}, \tag{5.6.11}$$

再由 (5.6.10) 和 (5.6.3), 得

$$\boldsymbol{m}_{\text{est}} = \boldsymbol{m}_0 + F_0^{\mathrm{T}} (F_0 F_0^{\mathrm{T}})^{-1} (\boldsymbol{d}_{\text{obs}} - f(\boldsymbol{m}_0)). \tag{5.6.12}$$

5.7 非线性病态问题

非线性病态问题出现在各种应用中, 例如医学成像和地球物理反问题均会涉及. 考虑下列方程

$$F(x) = y, \tag{5.7.1}$$

其中 $F: X \to Y$ 是一个非线性算子, X 和 Y 是 Hilbert 空间. 给定 $\forall y \in Y$, 求 $x \in X$, 使得 $F(x) = y$. 我们知道, 该问题是良态的, 如果: (1) 对任意数据 $y \in Y$,

存在一个解 $x \in X$, 使得 $F(x) = y$. (2) 解 x 唯一. (3) 解 x 连续依赖于数据 y. 我们主要感兴趣 F 没有闭值域的问题, 所以, 条件 (1) 与条件 (3) 都不成立. 假定 F 是 Fréchet 可微的, 其 Fréchet 导数为 $F'(x)$.

对 (5.7.1) 作线性化处理, 有

$$F(\hat{x} + s) = F(\hat{x}) + F'(\hat{x})s + O(||s||^2), \tag{5.7.2}$$

去掉该式中的 $O(||s||^2)$ 项, 得到

$$F'(\hat{x})s = y - F(\hat{x}), \tag{5.7.3}$$

其中 $\hat{x}$ 是 (5.7.1) 的一个近似解, s 未知.

可形式地得到求解问题 (5.7.1) 的 Newton 方法: 给定 $x^0 \in X$, 则对 $k = 0, 1, \cdots$, 令

$$x^{k+1} = x^k + s^k, \tag{5.7.4}$$

其中 $s^k \in X$ 是

$$F'(x^k)s = y - F(x^k) \tag{5.7.5}$$

的解. 对非线性问题 (5.7.1), 应用该方法的一个困难是线性化问题 (5.7.3) 也可能是病态的, 甚至线性化问题 (5.7.3) 比非线性问题 (5.7.1) 更坏. 当 y 在 F 的值域中, $(y - F(x^k))$ 可能不在 $F'(x^k)$ 的值域中.

常用的求解非线性病态问题 (5.7.1) 方法三种, 即 Levenberg-Marquardt 方法、罚最小二乘法和约束最小二乘法. 注意若算子 F 是线性的, 这三种方法是等价的. 对每种方法, 我们求解一个子问题序列. 对每个子问题, 解依赖于一个参数. 为了保证方法的稳健性, 方法应当有下列性质: (1) 每个子问题是良态的; (2) 若 y 在 F 的值域中, 通过取参数的极限, 得到 (5.7.1) 的解; (3) 若 y 不在 F 的值域中, 有合理的可计算的准则来选择参数, 产生"可接受"的 (5.7.1) 的近似解.

在每种方法中, 参数起一个双重作用. 首先, 它可以看作一个稳定化或正则化参数, 其次, 它可以看作一个同伦参数. 变化该参数, 将良态问题的解作为病态问题的解, 只要解存在.

5.7.1 Levenberg-Marquardt 方法

Levenberg-Marquardt 方法求解 (5.7.1) 是给定 $x^0 \in X$, 对 $k = 0, 1, \cdots$, 令

$$x^{k+1} = x^k + s^k, \tag{5.7.6}$$

其中参数 $\mu_k \geqslant 0$, $s^k \in X$ 是子问题

$$\left[F'(x^k)^* F'(x^k) + \mu_k I\right] s = F'(x^k)^*(y - F(x^k)) \tag{5.7.7}$$

的解, 即

$$s^k=\left[F'(x^k)^*F'(x^k)+\mu_k I\right]^{-1}F'(x^k)^*(y-F(x^k)). \tag{5.7.8}$$

Levenberg-Marquardt 方法可以看作是一种求解非线性问题 (5.7.1) 的“先线性化然后正则化”的迭代方法. 考虑极小化问题

$$\min_{x\in X}||F(x)-y||^2, \tag{5.7.9}$$

由 (5.7.8) 给出的解 s^k 实际上两个子问题的解. 第一个是无约束极小化问题

$$\min_{x\in X}\left\{||F(x^k)+F'(x^k)s-y||^2+\mu_k||s||^2\right\}. \tag{5.7.10}$$

该问题可通过对线性化问题 (5.7.3) 应用 Tikhonov 正则化来得到. 第二个是约束的极小化问题

$$\min_{x\in X}\left\{||F(x^k)+F'(x^k)s-y||^2\right\},\quad \text{s.t.}\quad ||s||^2\leqslant r_k^2, \tag{5.7.11}$$

其中 r_k 是 s 的范数的界, 对线性化问题 (5.7.3) 起稳定化作用.

式 (5.7.10) 等价于 (5.7.7). 令 (5.7.10) 中目标函数的梯度

$$g_k=2\Big\{F'(x^k)^*[F(x^k)+F'(x^k)s-y]+\mu_k s\Big\} \tag{5.7.12}$$

为零, 并求解 s. 若 $\mu_k>0$, 则 Hessian 矩阵为

$$H_k=2\big\{F'(x^k)^*F'(x^k)+\mu_k I\big\} \tag{5.7.13}$$

是正定的, 解是唯一的. (5.7.10) 与 (5.7.11) 等价. 问题 (5.7.11) 的 Lagrange 函数为

$$L_k(s,\mu)=||F(x^k)+F'(x^k)s-y||^2+\mu(||s||^2-r_k^2), \tag{5.7.14}$$

其中 Lagrange 乘子 $\mu\geqslant 0$. 在 (5.7.11) 中一个约束极值的必要条件是 $\dfrac{\partial L_k}{\partial s}=0$, 这得到 $g_k=0$, 只要 $\mu=\mu_k$. 充分性由 (5.7.13) 中的正定性得到.

约束极小值问题 (5.7.11) 构成了非线性最小二乘问题 (5.7.9) 的信赖域方法的基础. 选择信赖域半径 r_k 使目标函数

$$||F(x^k+s^k)-y||^2<||F(x^k)-y||^2 \tag{5.7.15}$$

每步都减少. 在信赖域中关于 F 的线性模型是精确的

$$F(x^k+s)\approx F(x^k)+F'(x^k)s,\quad ||s||\leqslant r_k. \tag{5.7.16}$$

该方法保证收敛到 (5.7.9) 的一个局部解, 只要非线性最小二乘问题是良态的. 然而, 若 (5.7.1) 的解不连续依赖数据 y, 则 (5.7.9) 的解也不连续依赖于数据, 因为上面的方法不考虑去掉连续依赖性的条件, 即对每个 k, 子问题 (5.7.11) 是良态的, 也不能防止 $||x|| \to \infty$ $(k \to \infty)$. 尽管有该缺点, Levenberg-Marquardt 方法经常被用来求解病态问题.

5.7.2 罚最小二乘法

给定参数 $\alpha \geqslant 0$, 选择 $x_\alpha \in X$ 求解无约束极小化问题

$$\min_{x\in X}\Big\{||F(x)-y||^2+\alpha||x||^2\Big\}. \tag{5.7.17}$$

该问题的解 $x_\alpha \in X$ 依赖于参数 $\alpha > 0$. 问题 (5.7.17) 可以看作不作线性化用 Tikhonov 正则化近似求解 (5.7.1).

该方法非常类似于求解约束最优化问题的二次罚方法

$$\min_{x\in X}||x||^2, \quad \text{s.t.} \;\; F(x)-y=0. \tag{5.7.18}$$

在该方法中求解一系列无约束的子问题

$$\min_{x\in X}\Big\{||x||^2+\beta||F(x)-y||^2\Big\}, \tag{5.7.19}$$

其解 $x_\beta \in X$ 依赖于参数 $\beta > 0$. 可以取 x_β 的极限 $(\beta \to \infty)$ 来得到 (5.7.18) 的解, 只要该极限存在及 (5.7.18) 有解. 当然, 若 (5.7.1) 病态及 $y \in Y$ 含有误差, 则约束集 $\{x : F(x) = y\}$ 会是空集, (5.7.18) 也会无解. 式 (5.7.17) 中的 $||x||^2$ 称为罚项或正则化项, 式 (5.7.19) 中的 $||F(x) - y||^2$ 称为二次罚项.

罚最小二乘法的求解步骤如下: 首先给定"大"的 α 和 (5.7.1) 解的一个初始猜测 $x_\alpha^0 \in X$, 然后如下进行:

(1) 使用一个无约束极小方法 (如拟 Newton 方法), 用初始猜测 x_α^0 得到 (5.7.17) 的一个 (局部) 解 x_α^*.

(2) 决定 x_α^* 是否是 (5.7.1) 解的一个可接受的近似. 例如, 若数据误差已知, 用偏差准则判断, 当 $||F(x^*) - y|| \approx ||\eta||$ 时, 中止. 这里 η 是误差, 即 $||\eta|| = ||F(x) - y||$.

(3) 若 x_α^* 不可接受, 则令 $x_\alpha^0 = x_\alpha^*$, 减小 α, 回到步骤 (1).

罚最小二乘问题成功的关键是求解无约束极小化问题 (5.7.17) 的稳健性和有效性, 任何无约束极小化代码都可以用来求解 (5.7.17). 容易得到精确的梯度

$$g_\alpha(x) = 2\Big\{F'(x)^*[F(x)-y]+\alpha x\Big\}, \tag{5.7.20}$$

以及 (正定) Hessian 矩阵近似

$$\widetilde{H}_\alpha(x) = 2\Big\{F'(x)^*F'(x) + \alpha I\Big\}. \tag{5.7.21}$$

真正的 Hessian 矩阵为

$$H_\alpha(x) = 2\Big\{F''(x)^*[F(x) - y] + F'(x)^*F'(x) + \alpha I\Big\}. \tag{5.7.22}$$

5.7.3 约束最小二乘法

该方法对解的正则化来自对近似解范数的有界约束. 考虑约束最优化子问题

$$\min_{x\in X} ||F(x) - y||^2, \quad \text{s.t.} \quad ||x|| \leqslant \rho, \tag{5.7.23}$$

其解 $x_\rho \in X$ 依赖于参数 $\rho \geqslant 0$. 对固定 $\rho \geqslant 0$, 根据 $\{x \in X : ||x|| \leqslant \rho\}$ 的弱紧致性, (5.7.23) 的解存在, 只要 $F : X \to Y$ 弱连续. 约束也可以是对解的其他约束, 例如 $x(\tau) \geqslant 0,\ \ \forall\tau \in [0, 1]$.

约束最小二乘方法的数值算法是: 给定"小"的 ρ 及 (5.7.1) 解的初始猜测 $x_\rho^0 \in X$, 然后是如下计算步骤:

(1) 使用初始猜测为 x_ρ^0 的约束最优化方法求解约束最优化问题

$$\min_{x\in X} ||F(x) - y||^2, \ \ \text{s.t.} \ \ ||x||^2 - \rho^2 \leqslant 0 \tag{5.7.24}$$

的解 x_ρ^*.

(2) 确定 x_ρ^* 是否是 (5.7.1) 的可接受的近似解, 若先验信息界 b^* 可得到, 则当 $\rho \approx \rho^*$ 时停止; 若界 ρ^* 不知, 则当 $||F(x_\rho^*) - y|| \approx ||\eta||$ 时, 中止.

(3) 若 x_ρ^* 不可接受, 令 $x_\rho^0 = x_\rho^*$, 增加 ρ, 回到步骤 (1).

最优化子问题 (5.7.24) 有些类似于约束最小二乘法的最优化子问题 (5.7.17), 其中 (5.7.24) 中大的 ρ 值相应于 (5.7.17) 中小的 α 值.

式 (5.7.24) 的 Lagrange 函数为

$$L_\rho(x, \lambda) = ||F(x) - y||^2 + \lambda C_\rho(x), \tag{5.7.25}$$

其中 $\lambda > 0$ 是 Lagrange 乘子, $C_\rho(x)$ 为

$$C_\rho(x) = ||x||^2 - \rho^2 \tag{5.7.26}$$

是约束函数. (5.7.25) 有解的一阶必要条件是

$$\frac{\partial L_\rho}{\partial x} = 2\Big\{F'(x)^*[F(x) - y] + \lambda x\Big\} = 0, \tag{5.7.27}$$

$$\frac{\partial L_\rho}{\partial \lambda} = C_\rho(x) = ||x||^2 - \rho^2 = 0, \tag{5.7.28}$$

二阶必要条件是

$$(H_\rho u, u) \geqslant 0, \quad \forall u \in X, \quad \text{s.t.} \quad (\nabla C_\rho, u) > 0, \tag{5.7.29}$$

其中

$$H_\rho = \frac{\partial^2 L_\rho}{\partial x^2} = 2\Big\{F''(x)^*[F(x) - y] + F'(x)^* F'(x) + \lambda I\Big\}, \tag{5.7.30}$$

$$\nabla C_\rho = \frac{\partial^2 L_\rho}{\partial \lambda \partial x} = 2x. \tag{5.7.31}$$

二阶充分条件可以在 (5.7.29) 中将“$\geqslant$”改为“$>$”得到. 相应的 (5.7.17) 有解的二阶条件是 (5.7.22) 中的 Hessian 矩阵非负定 (必要) 或正定 (充分). 显然, 当 F 非线性 λ 小时, 在 (5.7.30) 中的 $[F''(x)^*(y - F(x))]$ 项可引起 Hessian 矩阵不定.

注意若算子 F 是线性的, 上面的三种方法是等价的, 只要参数 μ_k, α 和 ρ 适当选择.

5.8 非精确线搜索

对于一般的无约束优化问题

$$\min f(x), \quad x \in \mathbb{R}^n, \tag{5.8.1}$$

其中 $f : \mathbb{R}^n \to \mathbb{R}$, 迭代法求解的格式为

$$x_{k+1} = x_k + \alpha_k d_k. \tag{5.8.2}$$

根据下降方向 d_k 和步长 α_k 的不同, 可得到多种不同的数值优化算法. 现假定下降方向已知, 讨论步长的选取. 线搜索方法求解步长通常是解下面的优化问题

$$\min_{\alpha > 0} f(x + \alpha d), \tag{5.8.3}$$

其中 $x, d \in \mathbb{R}^n$ 已知, 因此线搜索是求解 n 维函数在一维子空间上的极值问题. 优化算法中每次迭代都进行线搜索, 因此线搜索方法的好坏直接影响非线性优化算法的效率. 目前线搜索方法分为精确线搜索和非精确线搜索.

精确线搜索是指精确求解 (5.8.3), 得到 $\widetilde{\alpha} > 0$, 满足

$$f(x + \widetilde{\alpha} d) = \min_{\alpha > 0} f(x + \alpha d), \tag{5.8.4}$$

但当 n 很大时, 计算目标函数 f 及其梯度, 计算量很大, 因此常采用非精确线搜索方法.

非精确线搜索是通过迭代法求解 (5.8.3), 给定 α_0, 通过某种方法得到一系列 α_i, 直到目标函数得到期望的下降量. 当搜索方向 d 给定后, 只需考虑在该方向上应该移动多远. 因此, 须给出一些额外的条件使非精确线搜索方法有效. 常用的非精确线搜索方法有 Armijo 方法[3]、Goldstein 方法[41]、Wolfe 方法[146, 147].

5.8.1 Armijo、Goldstein、Wolfe 方法

Armijo 方法要求步长满足充分下降性条件, 即目标函数达到一定的下降量

$$f(x+\alpha d) < f(x) + C,$$

其中 $C < 0$. 为取得合适的 C 值, 我们对 $f(x+\alpha d)$ 作一阶 Taylor 展开

$$f(x+\alpha d) = f(x) + \alpha \nabla f^{\mathrm{T}} d + O(\alpha^2).$$

当 d 为下降方向时, 有 $\nabla f^{\mathrm{T}} d < 0$, 因此我们强制

$$f(x+\alpha d) \leqslant f(x) + c_1 \alpha \nabla f^{\mathrm{T}} d, \tag{5.8.5}$$

其中 $c_1 \in (0,1)$, 代表目标函数下降量的松弛因子, 当 c_1 越大时, 表示目标函数的下降量越大, 此时搜索步长 α 需要的计算量也越大.

Goldstein 方法要求步长不仅满足充分下降性条件 (5.8.5), 而且还要求满足条件

$$f(x+\alpha d) \geqslant f(x) + (1-c_1)\alpha \nabla f^{\mathrm{T}} d, \tag{5.8.6}$$

当 $c_1 < 1/2$ 时, Goldstein 方法保证二次函数可以找到它的极小值, 当目标函数不是二次函数时, 条件 (5.8.6) 可能会将目标函数极小值排除在外.

Wolfe 方法要求步长同时满足条件 (5.8.5) 和下面的曲率条件, 即对曲率满足如下约束

$$\nabla f(x+\alpha d)^{\mathrm{T}} d \geqslant c_2 \nabla f(x)^{\mathrm{T}} d, \tag{5.8.7}$$

其中 $c_2 \in (c_1, 1)$.

为方便讨论, 我们记

$$y(\alpha) = f(x+\alpha d), \tag{5.8.8}$$

则 (5.8.7) 的左边为 $y'(\alpha)$, 右边为 $y'(0)$. 式 (5.8.7) 要求在点 $x+\alpha d$ 处的斜率不小于在点 x 处的斜率的 c_2 倍. 曲率条件保证在当前搜索方向上点 $x+\alpha d$ 已经走得足够远. Nocedal 和 Wright[90] 指出, 对于 Newton 法或者拟 Newton 法,

$c_2 = 0.9$, 共轭梯度法 $c_2 = 0.1$, 即可得到相当精确的搜索结果. 一般 c_2 越小, 搜索结果越精确, 我们取 $c_2 = 0.5$.

可证明在大多数情形下, 由充分性下降条件和曲率条件构成 Wolfe 线搜索方法, 当 $c_2 > c_1$ 时, Wolfe 线搜索在有限步内搜索到 (5.8.3) 的极小值.

引理 5.8.1[167] 如果函数 $y(\alpha) = f(x+\alpha d)$ 连续可微, $y'(0) = \nabla f(x)^{\mathrm{T}} d < 0$, 且 $y(\alpha)$ 有下界, 则必存在 $\alpha > 0$, 使得 (5.8.5) 和 (5.8.6) 成立.

证明 由于 $y(\alpha)$ 有下界, 所以存在 $\hat{\alpha} > 0$, 使得

$$f(x) - f(x+\alpha d) = -\hat{\alpha} c_1 \nabla f^{\mathrm{T}} d. \tag{5.8.9}$$

由 $\nabla f(x)^{\mathrm{T}} d < 0$, 因此 (5.8.5) 对任意 $\alpha \in (0, \hat{\alpha})$ 成立. 再由中值定理可知, 存在 $\bar{\alpha} \in (0, \hat{\alpha})$, 有

$$\nabla f(x+\bar{\alpha} d)^{\mathrm{T}} d = y'(\bar{\alpha}) = \frac{y(0) - y(\hat{\alpha})}{-\hat{\alpha}} = c_1 \nabla f^{\mathrm{T}} d \geqslant c_2 \nabla f^{\mathrm{T}} d, \tag{5.8.10}$$

显然 $\bar{\alpha}$ 可同时满足 (5.8.5) 和 (5.8.6). □

将条件 (5.8.6) 改为

$$|\nabla f(x+\alpha d)^{\mathrm{T}} d| \leqslant -c_2 d^{\mathrm{T}} \nabla f(x) \tag{5.8.11}$$

就构成强 Wolfe 条件. 该条件是比 (5.8.7) 更苛刻的条件. 强 Wolfe 方法搜索出的步长比 Wolfe 方法更接近精确求解所得到的步长, 在实际计算中, c_2 均不会取得很小, 一般取 $c_2 = 0.9$, 算法对 c_1 的取值并不敏感.

非精确 Wolfe 线搜索也可以理论上得到目标函数下降量的下界.

引理 5.8.2[167] 设 $f(x)$ 连续可微且 ∇f 是 Lipschitz 连续, 即

$$\|\nabla f(y) - \nabla f(x)\|_2 \leqslant M \|y - x\|_2, \tag{5.8.12}$$

且 $f(x+\alpha d)$ 有下界, 则对任意满足 (5.8.5) 和 (5.8.6) 的 $\alpha > 0$, 有

$$f(x) - f(x+\alpha d) \geqslant \frac{c_1(1-c_2)}{M} \|\nabla f(x)\|_2^2 \cos^2 \langle d, -\nabla f(x) \rangle. \tag{5.8.13}$$

在每个非精确搜索中, 当前步长不满足搜索条件时, 需要有一些策略来调整步长. 有一种粗略的调整步长的方法称作*回溯法* (backtracing), 这种方法的思想是: 在步长需要增大时乘以一个大于 1 的数, 在步长需要减小时乘以一个小于 1 的数. 算法 5.8.1 描述了 Armijo 条件, Wolfe 条件和强 Wolfe 条件结合回溯法调整步长的过程. 算法 5.8.2 是 Wolfe 线搜索方法.

算法 5.8.1 (基于回溯法的线搜索方法)

0. 选择要使用的线搜索方法: (Armijo、Wolfe、强 Wolfe).
1. 已知当前迭代步的 x_k, 搜索方向 d_k 和梯度 ∇f.
2. 给定调整系数 $c_i > 1$ 和 $c_d < 1$ 的值. 给步长 α 一个初始值.
3. 循环

 3.1 计算 $\widetilde{f} = f(x+\alpha d)$.

 3.2 如果 $\widetilde{f}$ 不满足条件 (5.8.5), 则 $c_w = c_d$; 否则:

  如果: 使用 Armijo 方法, 则满足条件跳出循环; 否则:

   计算 $\widetilde{g} = \nabla f(x+\alpha d)$;

    如果 $\widetilde{g}$ 不满足条件 (5.8.7), 则 $c_w = c_i$; 否则:

     如果 使用 Wolfe 方法, 则满足条件跳出循环; 否则:

      如果 $\widetilde{g}$ 不满足条件 (5.8.11), 则 $c_w = c_d$; 否则:

      满足强 Wolfe 方法条件, 跳出循环.

 3.3 令 $\alpha = c_w \cdot \alpha$.

算法 5.8.2 (Wolfe 线搜索)

0. 选择参数 $c_1 \in (0,1), c_2 \in (c_1, 1)$, $a = 0, b = b_{\max}$, $\alpha = \alpha_0$, 令 $k := 1$.
1. 令 $x_{k+1} = x_k + \alpha d$, 计算 $f_{k+1}, \nabla f_{k+1}$.

 1.1 若同时满足 (5.8.5) 和 (5.8.6), 则 $\alpha := \alpha$. 计算结束.

 1.2 若不满足 (5.8.5), 转步骤 2.

 1.3 若满足 (5.8.5), 但不满足 (5.8.6), 转步骤 3.

2. 令 $b = \alpha, \alpha = \dfrac{a+\alpha}{2}$, $k = k+1$, 转步骤 1.
3. 令 $a = \alpha, \alpha = \min\left\{2\alpha, \dfrac{b+\alpha}{2}\right\}$, $k = k+1$ 转步骤 1.

5.8.2 多项式拟合

该方法基于多项式拟合求极小来计算步长[86]. 首先给定一个包含满足条件的步长的区间, 然后不断地缩小这个区间. 通过已知信息拟合出二次或者三次多项式, 再求解多项式极小值来搜索步长.

插值法是另一类重要的一维搜索方法, 其基本思想是在搜索区间中用低次多项式 $\phi(\alpha)$ 来近似目标函数, 然后用近似多项式的极小点来逼近一维搜索问题. 下面给出三点二次插值方法, 设二次插值多项式为

$$\phi(\alpha) = a\alpha^2 + b\alpha + c, \tag{5.8.14}$$

则 (5.8.14) 的极小点为

$$\alpha = -\frac{b}{2a}. \tag{5.8.15}$$

考虑 $\alpha_1, \alpha_2, \alpha_3$ 三点处的函数值 $\phi(\alpha_1), \phi(\alpha_2), \phi(\alpha_3)$

$$\begin{cases}\phi(\alpha_1) = a\alpha_1^2 + b\alpha_1 + c := \phi_1,\\ \phi(\alpha_2) = a\alpha_2^2 + b\alpha_2 + c := \phi_2,\\ \phi(\alpha_3) = a\alpha_3^2 + b\alpha_3 + c := \phi_3\end{cases} \tag{5.8.16}$$

求解方程组 (5.8.16), 可得

$$\begin{aligned} a &= \frac{(\alpha_2-\alpha_3)\phi_1 + (\alpha_3-\alpha_1)\phi_2 + (\alpha_1-\alpha_2)\phi_3}{(\alpha_1-\alpha_2)(\alpha_2-\alpha_3)(\alpha_3-\alpha_1)},\\ b &= \frac{(\alpha_2^2-\alpha_3^2)\phi_1 + (\alpha_3^2-\alpha_1^2)\phi_2 + (\alpha_1^2-\alpha_2^2)\phi_3}{(\alpha_1-\alpha_2)(\alpha_2-\alpha_3)(\alpha_3-\alpha_1)},\end{aligned} \tag{5.8.17}$$

于是

$$\overline{\alpha} = -\frac{b}{2a} = -\frac{1}{2}\frac{(\alpha_2^2-\alpha_3^2)\phi_1 + (\alpha_3^2-\alpha_1^2)\phi_2 + (\alpha_1^2-\alpha_2^2)\phi_3}{(\alpha_2-\alpha_3)\phi_1 + (\alpha_3-\alpha_1)\phi_2 + (\alpha_1-\alpha_2)\phi_3}. \tag{5.8.18}$$

5.8.3 迭代方向

线搜索方法的每次迭代都会计算迭代方向 p_k, 然后决定沿该方向移动的距离, 迭代格式为

$$x_{k+1} = x_k + \alpha_k p_k, \tag{5.8.19}$$

其中 α_k 是迭代步长, p_k 是迭代方向. 线搜索方法的成功取决于迭代方向 p_k 和迭代步长 α_k 的选择. 在线搜索方法中, 首先需要计算得到迭代方向 p_k, 然后沿着迭代方法求解得到迭代步长 α_k.

在大多数情况下, 我们要求 $p_k^{\mathrm{T}}\nabla f_k < 0$, 在这种情况下, p_k 是下降方向. 如果迭代方向 p_k 是形式 $p_k = -B_k^{-1}\nabla f_k$, 这就是 Newton 方法, 其中 B_k 是 Hessian 矩阵. 通常 Hessian 矩阵的逆并不容易得到, 因此采用拟 Newton 方法, 基本思想是用某个矩阵 B_k 近似代替 Hessian 矩阵, 使得相应算法产生的方向近似于 Newton 方向.

设 $f:\mathbb{R}^n \to \mathbb{R}$ 在开集 $D \in \mathbb{R}^n$ 上二次连续可微, 则 f 在 x_{k+1} 处的近似为

$$\begin{aligned} f(x) \approx & f(x_{k+1}) + g_{k+1}^{\mathrm{T}}(x - x_{k+1})\\ & + \frac{1}{2}(x-x_{k+1})^{\mathrm{T}} G_{k+1}(x - x_{k+1}),\end{aligned} \tag{5.8.20}$$

其中 $g_{k+1} = \nabla f_{k+1}$, $G_{k+1} = \nabla^2 f_{k+1}$. 上式两边求导, 有

$$g(x) \approx g_{k+1} + G_{k+1}(x - x_{k+1}),$$

令 $x = x_k$, $s_k = x_{k+1} - x_k$, $y_k = g_{k+1} - g_k$, 则有

$$G_{k+1}^{-1} y_k \approx s_k \quad \text{或} \quad G_{k+1} s_k \approx y_k, \tag{5.8.21}$$

现要求在拟 Newton 算法中满足

$$H_{k+1} y_k = s_k, \tag{5.8.22}$$

其中 H_{k+1} 是 Hessian 矩阵逆即 G_{k+1}^{-1} 的近似. 式 (5.8.22) 称为拟 Newton 条件. 如果 B_{k+1} 是 G_{k+1} 的近似, 即 $B_{k+1} \approx G_{k+1}$, 则拟 Newton 条件也为

$$B_{k+1} s_k = y_k. \tag{5.8.23}$$

第一个拟 Newton 法由 Davidon 于 1959 年提出 (参见 [21]), 后经 Fletcher 和 Powell[33] 改进, 称为 DFP 方法 . 另一个拟 Newton 法是由 Broyden[9], Fletcher[34], Goldfarb[42] 和 Shanno[112] 在 1970 各自独立提出, 称为 BFGS 算法. 该方法是最有效的拟 Newton 算法, 采用对称秩二校正, 即

$$B_{k+1} = B_k + \alpha u_k u_k^{\mathrm{T}} + \beta v_k v_k^{\mathrm{T}},$$

由于 B_{k+1} 满足拟 Newton 条件 (5.8.23), 所以

$$\left(B_k + a u_k u_k^{\mathrm{T}} + b v_k v_k^{\mathrm{T}}\right) s_k = y_k,$$

其中 u_k 和 v_k 并不是唯一确定. u 和 v 的一个明显的选择是

$$u_k = B_k s_k, \quad v_k = y_k,$$

于是

$$s_k u_k^{\mathrm{T}} s_k = 1, \quad b_k v_k^{\mathrm{T}} s_k = -1,$$

因此

$$\alpha = \frac{1}{u^{\mathrm{T}} s_k} = \frac{1}{y_k^{\mathrm{T}} s_k},$$

$$\beta = -\frac{1}{v^{\mathrm{T}} s_k} = -\frac{1}{s^{\mathrm{T}} B_k s_k}.$$

因此 B_{k+1} 有 BFGS 公式

$$B_{k+1} = B_k - \frac{B_k s_k s_k^{\mathrm{T}} B_k}{s_k^{\mathrm{T}} B_k s_k} + \frac{y_k y_k^{\mathrm{T}}}{y_k^{\mathrm{T}} s_k}, \tag{5.8.24}$$

其中

$$s_k = x_{k+1} - x_k, \quad y_k = g_{k+1} - g_k, \quad g_{k+1} = \nabla g(x_{k+1}), \quad g_k = \nabla f(x_k).$$

将 (5.8.24) 改写成

$$B_{k+1} = B_k - a_k a_k^{\mathrm{T}} + b_k b_k^{\mathrm{T}}, \tag{5.8.25}$$

其中 a_k 和 b_k 的定义为

$$a_k = \frac{B_k s_k}{(s_k^{\mathrm{T}} B_k s_k)^{\frac{1}{2}}}, \quad b_k = \frac{y_k}{(y_k^{\mathrm{T}} s_k)^{\frac{1}{2}}}. \tag{5.8.26}$$

对 BFGS 校正公式 (5.8.25) 有如下结论[167, 168].

命题 5.8.1 设 B_k 对称正定, B_{k+1} 由 BFGS 校正公式计算, 则当且仅当 $y_k^{\mathrm{T}} s_k > 0$ 时, B_{k+1} 对称正定.

下面的命题给出了保证 $y_k^{\mathrm{T}} s_k > 0$ 的条件.

命题 5.8.2 若在 BFGS 算法中采用精确线搜索或 Wolfe 搜索算法, 则有 $y_k^{\mathrm{T}} s_k > 0$.

在实际应用中, 通常计算 B_k 的逆, 而不是 B_k 本身, 令 $H_k = B_k^{-1}$, 根据 Sherman-Morrison-Woodbury 公式[115], 可以得到 BFGS 修正公式的逆修正公式

$$\begin{aligned} H_{k+1} &= H_k + \left(1 + \frac{y_k^{\mathrm{T}} H_k y_k}{s_k^{\mathrm{T}} y_k}\right) \frac{s_k s_k^{\mathrm{T}}}{s_k^{\mathrm{T}} y_k} - \frac{s_k y_k^{\mathrm{T}} H_k + H_k y_k s_k^{\mathrm{T}}}{s_k^{\mathrm{T}} y_k} \\ &= \left(I - \frac{s_k y_k^{\mathrm{T}}}{s_k^{\mathrm{T}} y_k}\right) H_k \left(I - \frac{y_k s_k^{\mathrm{T}}}{s_k^{\mathrm{T}} y_k}\right) + \frac{s_k s_k^{\mathrm{T}}}{s_k^{\mathrm{T}} y_k}. \end{aligned} \tag{5.8.27}$$

对于 H_{k+1} 的迭代格式, $s_i, y_i, i = 1, 2, 3, \cdots, k-1$ 需要在每次迭代过程中更新, 这会消耗大量的存储空间和计算量. 为节省内存, 人们提出了一种改进的方法[113], 称为有限内存 BFGS, 也就是 L-BFGS 算法[91]. 为了描述该算法, 将 (5.8.27) 改写成下面的对称形式

$$H_{k+1} = v_k^{\mathrm{T}} H_k v_k + \rho_k s_k s_k^{\mathrm{T}}, \tag{5.8.28}$$

其中

$$v_k = 1 - \rho_k y_k s_k^{\mathrm{T}}, \quad \rho_k = \frac{1}{y_k^{\mathrm{T}} s_k}, \quad s_k = x_{k+1} - x_k, \quad y_k = \nabla f_{k+1} - \nabla f_k.$$

递归应用该公式可以得到

$$H_{k+1} = \left(v_k^{\mathrm{T}} v_{k-1}^{\mathrm{T}} \cdots v_{k-m+1}^{\mathrm{T}}\right) H_0^k \left(v_{k-m+1} \cdots v_{k-1} v_k\right)$$

$$
\begin{aligned}
&+\rho_0\left(v_k^{\mathrm{T}} v_{k-1}^{\mathrm{T}} \cdots v_{k-m+2}^{\mathrm{T}}\right) \boldsymbol{s}_0 \boldsymbol{s}_0^{\mathrm{T}}\left(v_{k-m+2} \cdots v_{k-1} v_k\right) \\
&\cdots\cdots \\
&+\rho_{k-1} v_k^{\mathrm{T}} \boldsymbol{s}_{k-1} \boldsymbol{s}_{k-1}^{\mathrm{T}} v_k \\
&+\rho_k \boldsymbol{s}_k \boldsymbol{s}_k^{\mathrm{T}},
\end{aligned} \tag{5.8.29}
$$

其中 H_k^0 是对 H_{k-m+1} 的近似, 若 $k+1 \leqslant m$, 可直接忽视下标为负的向量. 一种常用的 H_k^0 的选取方式为

$$
H_k^0=\frac{s_k^{\mathrm{T}} y_k}{\|y_k\|_2^2} I. \tag{5.8.30}
$$

其他选取 H_k^0 的方法, 可以参考文献 [77]. 在计算中不显式地给出 H_k 的值, 直接计算 $H \cdot \nabla_k$, 应用 L-BFGS 的算法, 见算法 5.8.3. 算法的 Matlab 程序可参考 [163].

算法 5.8.3 (L-BFGS 算法)

$q \leftarrow \nabla f_k$

for $i=k-1, k-2, \cdots, k-m$

$\alpha_i:=\rho_i s_i^{\mathrm{T}} q$

$q:=q-\alpha_i y_i$

end $r:=H_k^0 q$

for $i=k-m, k-m+1, \cdots, k-1$

$\beta:=\rho_i y_i^{\mathrm{T}} r$

$r:=r+s_i(\alpha_i-\beta)$

end

stop

输出 $H_k \nabla f_k:=r$.

在算法 5.8.3 中, 只存储有限迭代步产生的向量 s_k, y_k 和初始矩阵 H_k^0, 而不是迭代之前的所有模型和导数. 设最多保存 m 步 (一般是 3~20 步) 的信息, 若迭代步数大于 m, 则只保留最近计算的 m 步信息, 所以 L-BFGS 的存储量为 $(2m+1)M$, 这里 M 是解向量 x 的维数.

5.9 信赖域方法

对极小化问题 $\min f(x)$, 线搜索方法是先产生一个迭代方向, 然后沿该方向找到合适的迭代步长. 与线搜索方法不同, 信赖域方法是在当前步 x_k 定义一个区域 (信赖区域), 然后在该区域中, 通过极小化目标函数 f 的二次模型近似 $\widetilde{f}$(模型

函数) 来得到迭代步长, 也即

$$
\begin{aligned}
&\min_{p} \widetilde{f}_k(x_k+p)=f_k+p^{\mathrm{T}}\nabla f_k+\frac{1}{2}p^{\mathrm{T}}B_kp, \\
&\text{s.t.}\ \ ||p||\in\Delta_k,
\end{aligned} \tag{5.9.1}
$$

其中 Δ_k 称为信赖域半径, x_k 是第 k 步的迭代点, 以及

$$
f_k=f(x_k),\quad B_k=\nabla^2 f(x_k).
$$

在 (5.9.1) 中的范数 $||\cdot||$ 可以为任一种向量范数, 通常取 $||\cdot||_2$. 问题 (5.9.1) 称为信赖域子问题.

信赖域方法的关键是如何选择半径 Δ_k. 半径的选择基于先前迭代的目标函数 f 与模型函数 $\widetilde{f}_k$ 之间的一致性, 即它们之间的比值:

$$
\rho_k=\frac{f(x_k)-f(x_k+p_k)}{\widetilde{f}_k(0)-\widetilde{f}_k(p_k)}, \tag{5.9.2}
$$

其中分子表示第 k 步 f 的实际下降量, 一般为正; 分母是对应的预测下降量.

算法 5.9.1 (信赖域算法) 选取信赖域半径的上限 $\hat{\Delta}>0$, 初始信赖域半径 $\Delta_0\in(0,\hat{\Delta}]$, 以及初始参数 $0<\varepsilon\ll 1$, $0\leqslant r_1<r_2<1$, 以及 $0<\tau_1<1<\tau_2$. 取定迭代初值 x_0, 令 $k:=0$:

1. 计算 $\nabla f(x_k)$. 若 $||\nabla f(x_k)||\leqslant\varepsilon$, 迭代停止.
2. 求解子问题 (5.9.1) 得到子问题的最优解, 即迭代步长 p_k.
3. 由 (5.9.2) 计算 ρ_k.
4. 调整信赖域半径:

$$
\Delta_{k+1}:=\begin{cases}\tau_1\Delta_k, & \rho_k\leqslant r_1,\\ \Delta_k, & r_1<\rho_k<r_2,\\ \min(\tau_2\Delta_k,\hat{\Delta}), & \rho_k>r_2, ||p_k||=\Delta_k.\end{cases} \tag{5.9.3}
$$

5. 若 $\rho_k>r_1$, 则 $x_{k+1}:=x_k+p_k$, 更新 B_k 到 B_{k+1}, 令 $k:=k+1$, 转步骤 1; 否则, $x_{k+1}:=x_k$, 令 $k:=k+1$, 转步骤 2.

在算法 5.9.1 中, 如果 $\rho_k<0$, 则 x_k+p_k 不能作为下一个迭代值, 需要缩小信赖域半径重新求解子问题. 如果比值 ρ_k 太小, 则说明在当前信赖域半径下, 模型函数 $\tilde{f}_k$ 并不是目标函数 $f(x)$ 一个好的近似, 此时信赖域的半径需要减小; 如果 $\|p_k\|_2$ 到达信赖区域的边界或 ρ_k 足够大, 则需要扩大半径; 对其他情况, 信赖域半径不变.

求解信赖域子问题 (5.9.1) 决定了信赖域方法的有效性. 信赖域子问题是一个目标函数为二次函数的约束优化问题, 有多种求解方法, 如截断的共轭梯度法等. 下面介绍 Dogleg 方法 (也称折线法) 和二维子空间方法.

5.9.1 Dogleg 方法

Dogleg 要求 (5.9.1) 中 的 B_k 正定. 在实际中, 方程 (5.9.1) 的解取决于区域的半径, 因此可以将该解表示为信赖域半径的函数, 记为 $p(\Delta_k)$. 在几何上 $p(\Delta_k)$ 是一条曲线. 在 Dogleg 方法的思想用通过由两个线段组成的折线来近似代替函数曲线 $p(\Delta_k)$. 第一个线段从原点到 p^U, 即

$$p^U = -\frac{g^{\mathrm{T}}g}{g^{\mathrm{T}}Bg}g. \tag{5.9.4}$$

第二线段是从 p^U 到 p^B, 其中 $p^B := B^{-1}g$, 因此, Dogleg 方法的形式为

$$\hat{p}(\tau) = \begin{cases} \tau p^U, & 0 \leqslant \tau \leqslant 1, \\ p^U + (\tau - 1)(p^B - p^U), & 1 \leqslant \tau \leqslant 2. \end{cases} \tag{5.9.5}$$

Dogleg 方法在由两个线段组成的路径 $\hat{p}$ 上选择点来极小化 $\widetilde{f}$. 当 τ 较小时, 取最速下降方向 p^U, 否则取 p^U 和 p^B 的组合方向. 可以证明, 所构造的折线具有如下性质[90].

命题 5.9.1 假设 B 对称正定, 则

(1) $||\hat{p}(\tau)||$ 关于 τ 为单调增函数;

(2) $\widetilde{f}(\hat{p}(\tau))$ 关于 τ 为单调减函数.

命题 5.9.1 表明, 基于 (5.9.5) 求解信赖域子问题 (5.9.1), 极小点解在信赖域边界上达到, 即 τ 满足

$$\left\|p^U + (\tau - 1)(p^B - p^U)\right\|^2 = \Delta^2,$$

该式为关于 τ 的二次代数方程, 求该方程的解即可得 Dogleg 方法的解.

5.9.2 二维子空间方法

当 B 是正定的时, 可以通过将搜索空间扩展到由 p^U 和 p^B 张成的整个二维子空间来扩展 Dogleg 方法. 子问题 (5.9.1) 被替换为

$$\begin{aligned} &\min_p \widetilde{f}(p) = f + g^{\mathrm{T}}p + \frac{1}{2}p^{\mathrm{T}}Bp, \\ &\text{s.t.} \ \|p\| \leqslant \Delta, \quad p \in \operatorname{span}\left[g, B^{-1}g\right]. \end{aligned} \tag{5.9.6}$$

这是一个两个变量的问题, 比较容易求解. 显然, 二维子空间方法是 Dogleg 方法的扩展, 因为整个 Dogleg 路径都在 $\mathrm{span}[g, B^{-1}g]$ 中.

二维子空间方法的优点是可以调整成处理 B 不定的情况[11,121]. 当矩阵 B 有负特征值时, 我们可以修改策略, 以更合理的方式处理 B 的情况. 此时, (5.9.6) 中的二维子空间可以更改为

$$\mathrm{span}\left[g, (B+\alpha I)^{-1}g\right], \quad \alpha \in (-\lambda_1, -2\lambda_1], \tag{5.9.7}$$

其中 λ_1 是 B 的最小的负特征值. 参数 α 的选择可确保 $B+\alpha I$ 正定. 参数 α 可用 Lanczos 方法[44] 等方法计算. 在满足

$$||\left(B+\alpha I\right)^{-1}|| \leqslant \Delta$$

的情况下, 可以取步长

$$p = -\left(B+\alpha I\right)^{-1} + v,$$

其中 v 是满足 $v^{\mathrm{T}}\left(B+\alpha I\right)^{-1} \leqslant 0$ 的向量, 它可以保证 $\|p\| \geqslant \|\left(B+\alpha I\right)^{-1}g\|$. 当 B 有零特征值而没有负特征值时, 迭代步长 p 被定义为 Cauchy 点, 即 $p := p^C$:

$$p_k^C = -\tau_k \frac{\Delta_k}{||\nabla f_k||}\nabla f_k, \tag{5.9.8}$$

其中 Δ_k 为信赖域半径及

$$\tau_k = \begin{cases} 1, & \nabla f_k^{\mathrm{T}} B_k \nabla f_k \leqslant 0, \\ \min\left\{\dfrac{||\nabla f_k||^3}{\Delta_k \nabla f_k^{\mathrm{T}} B_k \nabla f_k}, 1\right\}, & \text{其他}. \end{cases}$$

第 6 章　时间域声波方程全波形反演

全波形反演同时利用波场的振幅、相位和走时信息来反演介质物性参数, 是一个极小化模拟数据与已知观测数据之间残量的优化迭代过程. 由于正问题是关于模型参数的一个非线性算子及波形拟合中的周期跳跃现象, 全波形反演是一个典型的不适定性问题. 本章阐述两重网格全波形反演方法, 详细描述有限差分正演方法及多重网格全波形反演方法, 并对复杂构造 Marmousi 模型进行了大规模并行反演计算, 得到了高精度的反演结果.

6.1　引　　言

地震全波形反演是利用地表或钻孔中观测到的叠前波场记录, 根据波场的振幅、相位和走时信息来推测地球内部介质的物性参数, 如速度、密度或弹性常数等. 速度是重要的物性参数之一, 速度反演或建模是地球物理偏移成像和地震资料解释的重要基础[169]. 地震全波形反演具有反演精度高的优点, 反演可在时间域中进行[127, 128, 151, 171], 也可在频率域中进行[68, 103, 104]. 这两类方法各有优缺点, 时间域方法不需对波场记录作 Fourier 变换, 反演是对连续频段的数据进行的; 频率域方法需对记录波场作 Fourier 变换, 反演是对某个离散频率的数据进行的.

全波形反演总体上是一个极小化目标函数的优化迭代求解过程, 其中目标函数通常取为记录数据与模拟数据的离散 l_2 模. 尽管全波形反演精度高, 但目标函数有多极值, 反演对初始模型有严重依赖性, 是一个典型的不适定问题. 由于求解正问题的算子是一个关于模型参数 (速度) 的非线性算子, 因此导致的最小二乘问题会有很多局部极小值. 一般非线性优化方法只能保证在问题只有一个极小点时, 不论从哪个点出发都能到达这个极小点. 如果问题有很多局部极小点, 那么只会就近收敛到离初值最近的极小点. 为了消除局部极小, 可以线性化正问题算子, 这样最小二乘问题将会近似成一个二次函数, 使得问题只有一个全局极小点, 但对正问题算子做这样的近似也需要初始值在精确解附近才会有效.

周期跳跃 (cycle-skipping) 是导致全波形反演没有唯一解的原因之一. 当模拟数据和记录数据的相位差大于子波的半个周期, 周期跳跃就会发生, 见图 6.1, 其中实线是观测数据, 虚线是模拟数据. 在图 6.1(a) 中, 模拟数据的 n 时刻是与观测数据的 n 时刻拟合, 但在图 6.1(b) 中由于时间延迟多于半个周期, 使得模拟

数据的 $n+1$ 时刻与观测数据 n 时刻拟合, 反演会产生不精确的结果, 发生这种情况是由于无法获得包含记录低频的初始模型.

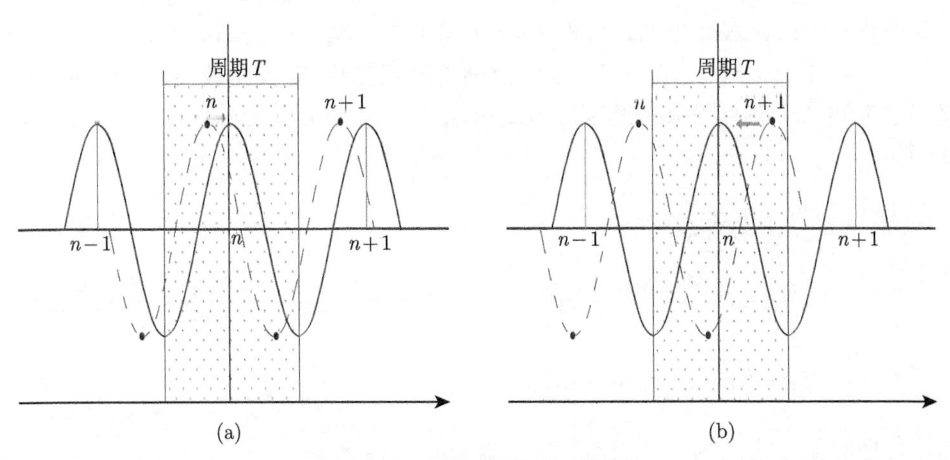

图 6.1 周期跳跃现象示意图

多尺度全波形反演方法[10] 是克服这些困难和提高全波形反演对初值稳健性的有效方法. 多尺度全波形反演方法通过将问题分解在不同频率尺度上求解, 充分利用观测数据中的低频信息, 来保证反演过程稳定和收敛.

6.2 正 演 方 法

6.2.1 有限差分格式

在时间域上, 考虑二维模型, x 为地面横向坐标. 设 z 为深度纵向坐标. 假设波传播遵循密度为常数的声波方程

$$\frac{1}{v(x,z)^2}\frac{\partial^2 u}{\partial t^2}-\left(\frac{\partial^2 u}{\partial x^2}+\frac{\partial^2 u}{\partial z^2}\right)=f(t)\delta(x-x_s)\delta(z-z_s),\quad (x,z)\in\Omega,\tag{6.2.1}$$

其中 $u(x,z,t)$ 表示压力, $v(x,z)$ 为介质速度, $f(t)$ 是震源的函数, (x_s,z_s) 为震源位置. 方程的初始条件为

$$u(x,z,t=0)=0,\quad \frac{\partial u}{\partial t}(x,z,t=0)=0,\quad (x,z)\in\partial\Omega.\tag{6.2.2}$$

设模拟的矩形区域为 $\Omega=\{(x,z),0\leqslant x\leqslant X,0\leqslant z\leqslant Z\}$, 正演是已知介质速度 $v(x,z)$, 在该区域 Ω 内数值求解问题 (6.2.1)~(6.2.2). 可以用各种方法来求解

该问题, 如有限元方法[152]、有限差分法、有限体积法等. 这里我们用有限差分来求解.

设用 $u_{n,m}^{l}$ 表示时刻 $l\Delta t$ 和空间位置 $(n\Delta x, m\Delta z)$ 处的波场值, 用 $v_{n,m}$ 表示空间位置 $(n\Delta x, m\Delta z)$ 处的速度值, 其中 $l=0,\cdots,N_t-1; n=0,\cdots,N_x-1; m=0,\cdots,N_z-1$. 记 $M=N_x\times N_z$ 表示空间离散点总数, 在反演波速时 M 即是优化问题未知量个数. 震源的坐标为 (n_s, m_s), 用二阶中心差分法对 (6.2.1) 差分离散, 得

$$\begin{aligned} u_{n,m}^{l+1}=&\,u_{n,m}^{l-1}-2u_{n,m}^{l}\\ &+v_{n,m}^{2}\Delta t^{2}\left(\frac{u_{n+1,m}^{l}-2u_{n,m}^{l}+u_{n-1,m}^{l}}{\Delta x^{2}}+\frac{u_{n,m+1}^{l}-2u_{n,m}^{l}+u_{n,m-1}^{l}}{\Delta z^{2}}\right)\\ &+f(l)\delta(n-n_s)\delta(m-m_s), \end{aligned} \tag{6.2.3}$$

初始条件的差分格式为

$$u_{n,m}^{-1}=0,\quad u_{n,m}^{0}=0. \tag{6.2.4}$$

用 Fourier 级数稳定分析方法法, 可得该二阶差分格式的稳定条件为

$$\min(\Delta x,\Delta z)>\sqrt{2}\Delta t\max(v). \tag{6.2.5}$$

波在传播过程中存在物理频散现象, 即波传播的相速度随波数发生变化的现象. 在用有限差分方程进行数值模拟时, 差分的空间网格间距和时间采样不合适会引起波形的畸变. 数值频散的实质是一种离散化求解波动方程而带来的伪波动, 这种频散不同于物理方程本身的物理频散, 是差分方程固有的本质特征. 为压制二阶差分模拟产生的数值频散, 要求一个波长内至少有 10 个采样点, 即要满足数值频散条件

$$\max(\Delta x,\Delta z)<\frac{\min(v)}{10f_{\max}}. \tag{6.2.6}$$

由 (6.2.5) 和 (6.2.6) 得

$$\sqrt{2}\Delta t\max(v)<\max(\Delta x,\Delta z)<\frac{\min(v)}{10f_{\max}}. \tag{6.2.7}$$

分析可知, 对于相同频率的震源, 空间网格间距越大, 数值频散越严重, 也即对于固定的空间网格长度, 震源频率越高, 频散越严重; 差分格式精度越高, 数值频散越小.

6.2.2 吸收边界条件

在计算中, 计算区域总是有界的, 为了模拟波在无界区域中的传播, 需要加入适当的吸收边界条件. 波动方程吸收边界条件或非反射边界条件[122] 一直是一个重要问题. 1977 年, Engquist 和 Majda 基于拟微分算子的近似讨论了吸收边界条件[29]. 1980 年, Clayton 和 Engquist 用傍轴法推导了声波和弹性波方程的吸收边界条件[14], 该方法能在一定入射角范围内消除来自边界的反射能量. 1994 年, Berenger 在研究电磁波方程时提出了一种称为完全匹配层的方法[4], 并从理论上证明了该方法可以吸收来自各个方向和各种频率的电磁波. 完全匹配层方法的基本思想是在求解区域的周围增加一个吸收层, 在吸收层内基于原方程构造一个具有吸收作用的新方程并求解, 从而达到吸收的效果. 这些边界条件都得到了广泛应用. 大多数吸收边界条件都是局部化的, 即对沿法线方向的入射波都能较好地吸收, 当入射波偏离法线较越远, 吸收效果会减弱.

傍轴法的主要思想是通过对原方程频散关系的近似得到吸收边界条件. 令 (6.2.1) 右端为零, 通过平面波分析可得频散关系为

$$\omega = v\sqrt{k_x^2 + k_z^2}, \tag{6.2.8}$$

即频率 ω 是 x 和 z 方向的波数 k_x, k_z 的函数. 因此

$$k_z = \pm\frac{\omega}{v}\sqrt{1 - \frac{v^2 k_x^2}{\omega^2}}. \tag{6.2.9}$$

对上式中平方根项使用 Padé 逼近, 分别得到一阶、二阶、三阶的逼近式

$$A1: \quad \frac{vk_z}{\omega} = 1 + O\left(\left(\frac{vk_x}{\omega}\right)^2\right), \tag{6.2.10}$$

$$A2: \quad \frac{vk_z}{\omega} = 1 - \frac{1}{2}\left(\frac{vk_x}{\omega}\right)^2 + O\left(\left(\frac{vk_x}{\omega}\right)^4\right), \tag{6.2.11}$$

$$A3: \quad \frac{vk_z}{\omega} = \frac{1 - \dfrac{3}{4}\left(\dfrac{vk_x}{\omega}\right)^2}{1 - \dfrac{1}{4}\left(\dfrac{vk_x}{\omega}\right)^2} + O\left(\left(\frac{vk_x}{\omega}\right)^6\right), \tag{6.2.12}$$

这三种近似的频散关系对应的偏微分方程分别是

$$A1: \quad \frac{\partial u}{\partial z} + \frac{1}{v}\frac{\partial u}{\partial t} = 0, \tag{6.2.13}$$

$$A2: \quad \frac{\partial^2 u}{\partial z \partial t} + \frac{1}{v}\frac{\partial^2 u}{\partial t^2} - \frac{v}{2}\frac{\partial^2 u}{\partial x^2} = 0, \tag{6.2.14}$$

$$A3: \quad \frac{\partial^3 u}{\partial z \partial t^2} - \frac{v^2}{4}\frac{\partial^3 u}{\partial x^2 \partial z} + \frac{1}{v}\frac{\partial^3 u}{\partial t^3} - \frac{3v}{4}\frac{\partial^3 u}{\partial x^2 \partial t} = 0. \tag{6.2.15}$$

因为上面的逼近只有当波数 k_x 较小时才正确, 这对应沿 z 轴较小夹角内的波, 故称*傍轴法*. 由于 (6.2.15) 是一个三阶方程, 计算较复杂, 实际计算中很少采用.

由于反演在地表接收数据, 因此我们在计算中在区域的上边界设置零边界条件, 而在另外三条边都设置吸收边界条件.

对本章的矩形计算区域, 我们使用的是 $A2$ 吸收边界条件

$$\text{顶边界}: \quad \left(\frac{\partial^2 u}{\partial z \partial t} - \frac{1}{v}\frac{\partial^2 u}{\partial t^2} + \frac{v}{2}\frac{\partial^2 u}{\partial x^2}\right)(x, z=0, t) = 0, \tag{6.2.16}$$

$$\text{底边界}: \quad \left(\frac{\partial^2 u}{\partial z \partial t} + \frac{1}{v}\frac{\partial^2 u}{\partial t^2} - \frac{v}{2}\frac{\partial^2 u}{\partial x^2}\right)(x, z=Z, t) = 0, \tag{6.2.17}$$

$$\text{左边界}: \quad \left(\frac{\partial^2 u}{\partial x \partial t} - \frac{1}{v}\frac{\partial^2 u}{\partial t^2} + \frac{v}{2}\frac{\partial^2 u}{\partial z^2}\right)(x=0, z, t) = 0, \tag{6.2.18}$$

$$\text{右边界}: \quad \left(\frac{\partial^2 u}{\partial x \partial t} + \frac{1}{v}\frac{\partial^2 u}{\partial t^2} - \frac{v}{2}\frac{\partial^2 u}{\partial z^2}\right)(x=X, z, t) = 0. \tag{6.2.19}$$

在矩形区域的四个角点, 采用一阶吸收条件即可, 这可由 $A1$ 边界条件旋转得到, 结果为

左上角:

$$-\frac{\partial u}{\partial x} - \frac{\partial u}{\partial z} + \frac{\sqrt{2}}{v}\frac{\partial u}{\partial t} = 0, \quad (i,j) = (0,0),(0,1),(1,0). \tag{6.2.20}$$

右上角:

$$\frac{\partial u}{\partial x} - \frac{\partial u}{\partial z} + \frac{\sqrt{2}}{v}\frac{\partial u}{\partial t} = 0, \quad (i,j) = (N_x,0),(N_x,1),(N_x-1,0). \tag{6.2.21}$$

左下角:

$$-\frac{\partial u}{\partial x} + \frac{\partial u}{\partial z} + \frac{\sqrt{2}}{v}\frac{\partial u}{\partial t} = 0, \quad (i,j) = (0,N_z),(0,N_z-1),(1,N_z). \tag{6.2.22}$$

右下角:

$$\frac{\partial u}{\partial x} + \frac{\partial u}{\partial z} + \frac{\sqrt{2}}{v}\frac{\partial u}{\partial t} = 0, \quad (i,j) = (N_x,N_z),(N_x,N_z-1),(N_x-1,N_z). \tag{6.2.23}$$

图 6.2 是均匀速度模型中的波场在 360ms 时刻的波场快照, 区域大小为 2952m × 1488m, 其中图 6.2(a) 是零边界条件的波场快照, 图中可见上下边界导致的明显的边界反射, 图 6.2(b) 是相应的加 $A2$ 吸收边界条件的波场快照, 边界反射已被明显消除. 随着传播时间的增加, 左右边界也有类似的结果, 相关图形略. 由于在下面的全波形反演中是在地表附近接收数据, 震源也布置在地表附近, 因此我们在计算中在区域的顶边界设置零边界条件即可, 即 $u(x, z=0, t)=0$, 而在另外三条边都设置吸收边界条件.

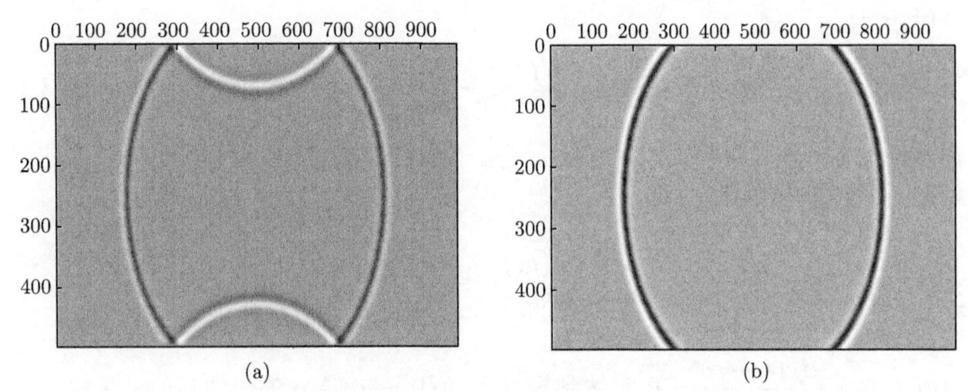

图 6.2 波场在 360ms 的快照. (a) 零边界条件; (b) $A2$ 吸收边界条件

6.3 全波形反演

6.3.1 反演方法

全波形反演是一个极小化模拟数据与已知观测数据之间残量的过程, 即极小化目标函数

$$\chi(\boldsymbol{v})=\frac{1}{2}\left\|\boldsymbol{u}_{\text{obs}}-\boldsymbol{u}_{\text{cal}}(\boldsymbol{v})\right\|_2^2, \tag{6.3.1}$$

其中 $\boldsymbol{u}_{\text{cal}}$ 表示数值模拟的波场值, $\boldsymbol{u}_{\text{obs}}$ 表示观测数据. 模型参数 $\boldsymbol{v}$ 表示整个区域的速度离散值. 由于 $\boldsymbol{u}$ 是关于 $\boldsymbol{v}$ 的函数, 所以目标函数也是关于 $\boldsymbol{v}$ 的函数. 设空间离散点个数也即 $\boldsymbol{v}$ 的维数为 $M=N_x\times N_z$, 接收点个数为 N_r, 接收点位置为 (n_r, m_r), $r=0,\cdots,N_r-1$, 炮点个数为 N_s, 则 $\boldsymbol{u}_{\text{obs}}$ 是一个 $N_s\times N_r\times N_t$ 维的观测数据. 目标函数的离散形式可写为

$$\chi(\boldsymbol{v})=\frac{1}{2}\sum_{n_s=0}^{N_s}\sum_{n_t=0}^{N_t}\sum_{n_r=0}^{N_r}\left[\boldsymbol{u}_{\text{obs}}(r,n_t,n_s)-\boldsymbol{u}_{\text{cal}}(\boldsymbol{v};n_r,m_r,n_t,n_s)\right]^2. \tag{6.3.2}$$

全波形反演是一个不适定问题, 需要对目标函数进行正则化, 通常对目标函数加上正则化项 $||\nabla \boldsymbol{v}||_2$, 正则化项的离散和梯度计算可见第 7 章. 目标函数 $\chi(\boldsymbol{v})$ 的极小化是从一个给定的初始值 $\boldsymbol{v}_0$ 出发进行搜索, 这是一个局部优化问题. 由于数据与模型参数间的非线性关系, 需要多次迭代才能收敛到目标函数在 $\boldsymbol{v}_0$ 附近的局部极小点. 每次迭代都寻找一个下降方向 $\boldsymbol{p}$ 和搜索步长 α, 以确保新的迭代步

$$\boldsymbol{v}_{k+1} = \boldsymbol{v}_k + \alpha \boldsymbol{p}, \tag{6.3.3}$$

使得目标函数值下降 $\chi(\boldsymbol{v}_{k+1}) < \chi(\boldsymbol{v}_k)$. 计算搜索方向的方法有很多, 如梯度法, 这时 $\boldsymbol{p}$ 为

$$\boldsymbol{p} = -\frac{\partial \chi(\boldsymbol{v})}{\partial \boldsymbol{v}} = -\left(\frac{\partial \boldsymbol{u}_{\mathrm{cal}}}{\partial \boldsymbol{v}}\right)^{\mathrm{T}} (\boldsymbol{u}_{\mathrm{cal}}(\boldsymbol{v}) - \boldsymbol{u}_{\mathrm{obs}}). \tag{6.3.4}$$

但单纯的梯度法在解附近收敛缓慢, 可用 Newtow 类方法, 需求目标函数对速度模型 $\boldsymbol{v}$ 的二阶导数信息, 即

$$\chi(\boldsymbol{v}_k + \boldsymbol{p}) \approx \chi(\boldsymbol{v}_k) + \sum_{j=1}^{M} \frac{\partial \chi(\boldsymbol{v}_k)}{\partial v_j} p_j + \frac{1}{2} \sum_{j=1}^{M} \sum_{k=1}^{M} \frac{\partial^2 \chi(\boldsymbol{v}_k)}{\partial v_j \partial v_k} p_j p_k. \tag{6.3.5}$$

目标函数在 $\dfrac{\partial \chi(\boldsymbol{v}+\boldsymbol{p})}{\partial \boldsymbol{p}} = 0$ 时达到极小值, 所以有方向 $\boldsymbol{p}$ 的表达式

$$\boldsymbol{p} = -\left[\sum_{j=1}^{M} \frac{\partial^2 \chi(\boldsymbol{v}_k)}{\partial v_j \partial v_l}\right]^{-1} \frac{\partial \chi(\boldsymbol{v}_k)}{\partial v_l}. \tag{6.3.6}$$

式 (6.3.6) 中的二阶导数矩阵即 Hessian 矩阵利用 L-BFGS 算法来近似计算, 式 (6.3.6) 中的步长用线搜索方法搜索, 本章使用基于回溯法的强 Wolfe 方法. 在 L-BFGS 算法中, 也需要计算目标函数的梯度, 由于梯度的计算效率是与正问题计算效率直接相关的, 因此尽可能减少计算梯度时所需要的正问题计算次数可大量节省反演的计算量, 用波场反传播的方法来计算梯度, 见 6.3.3 节.

对于传统的 BFGS 方法, 有时会出现收敛慢[38] 的情况, 这是由于 Hessian 矩阵初值选取不当或者当前迭代步 Hessian 矩阵条件数很坏. 为了克服这种情况, 可在更新 Hessian 矩阵之前对矩阵进行一个尺度变换[93,94], 即用 $\tau_k B_k$ 代替 B_k, 其中 τ_k 称为变尺度因子, 可取[92]

$$\tau_k = \frac{\boldsymbol{y}_k^{\mathrm{T}} \boldsymbol{s}_k}{\boldsymbol{s}_k^{\mathrm{T}} B_k \boldsymbol{s}_k},$$

基于变尺度 BFGS 方法的全波形反演算法见算法 6.3.1. 基于 L-BFGS 方法的全波形反演算法见算法 6.3.2.

算法 6.3.1 (BFGS 法全波形反演算法) 给定初始模型 $\boldsymbol{v}_0$, 给定迭代终止条件, 最大迭代步 $k_{\max}$, 令迭代步 $k=0$.

1. 计算目标函数 $\chi(\boldsymbol{v}_0)$ 和梯度 $\boldsymbol{g}_0$, 如果梯度满足终止条件, 则算法终止; 否则, 令搜索方向 $\boldsymbol{p}_0=-\boldsymbol{g}_0$.

2. 令 $k=k+1$, 若 $k<k_{\max}$, 循环:

 2.1 用某种线搜索方法求出搜索步长 α_k.

 2.2 修正模型 $\boldsymbol{v}_{k+1}=\boldsymbol{v}_k+\alpha_k\boldsymbol{p}_k$.

 2.3 计算 $\boldsymbol{v}_{k+1}$ 点的函数值 $\chi(\boldsymbol{v}_{k+1})$ 和梯度 $\boldsymbol{g}_{k+1}$.

 2.4 如果满足终止条件, 跳出循环.

 2.5 计算 $\boldsymbol{s}_k=\boldsymbol{v}_{k+1}-\boldsymbol{v}_k$, $\boldsymbol{y}_{k+1}=\boldsymbol{g}_{k+1}-\boldsymbol{g}_k$.

 2.6 计算变尺度因子 $\tau_k=\dfrac{\boldsymbol{y}_k^{\mathrm{T}}\boldsymbol{s}_k}{\boldsymbol{s}_k^{\mathrm{T}}B_k\boldsymbol{s}_k}$ 且令 $B_k=\tau_kB_k$.

 2.7 用式 (5.8.25) 更新 B_{k+1}.

 2.8 求解正定方程: $B_{k+1}\boldsymbol{p}_{k+1}=-\boldsymbol{g}_{k+1}$ 得 $\boldsymbol{p}_{k+1}$. 令 $k=k+1$, 返回步骤 2.

算法 6.3.2 (L-BFGS 的全波形反演算法) 给定初始模型 $\boldsymbol{v}_0$, 迭代终止条件, 最大迭代步 $k_{\max}$, 有限存储步 m, 令迭代步 $k=0$.

1. 计算目标函数 $\chi(\boldsymbol{v}_0)$ 和梯度 $\boldsymbol{g}_0$, 如果梯度满足终止条件, 则算法终止; 否则, 令搜索方向 $\boldsymbol{p}_0=-\boldsymbol{g}_0$.

2. 令 $k=k+1$, 若 $k<k_{\max}$, 当终止条件不满足时:

 2.1 用某种线搜索得到搜索步长 α.

 2.2 $\boldsymbol{v}_{k+1}=\boldsymbol{v}_k+\alpha\boldsymbol{p}$.

 2.3 计算目标函数在 $\boldsymbol{v}_{k+1}$ 的值 $\chi(\boldsymbol{v}_{k+1})$ 和梯度 $\boldsymbol{g}_{k+1}$.

 2.4 如果梯度满足终止条件, 跳出循环.

 2.5 计算 $\boldsymbol{s}_k$, $\boldsymbol{y}_k$, $\rho_k=\boldsymbol{s}_k^{\mathrm{T}}\boldsymbol{y}_k$.

 2.6 令 $\widetilde{m}_1=\min(m,k)$, $\widetilde{m}_2=\max(0,k-m)$;

  2.6.1 $\boldsymbol{p}=-\boldsymbol{g}_{k+1}$. 设存储信息为 $\boldsymbol{s}_j$, $\boldsymbol{y}_j$, ρ_j, $j\in[\widetilde{m}_2,k-1]$.

  2.6.2 执行循环 $i=(\widetilde{m}_1-1)$: 0

   $j=i+\widetilde{m}_2$; $\lambda_i=\rho_j\boldsymbol{s}_j^{\mathrm{T}}\boldsymbol{p}$, 存储 λ_i; $\boldsymbol{p}=\boldsymbol{p}-\lambda_i\boldsymbol{y}_j$.

  2.6.3 $\boldsymbol{p}=\rho_k\boldsymbol{p}/\boldsymbol{y}_k^{\mathrm{T}}\boldsymbol{y}_k$.

  2.6.4 执行循环 $i=0:(\widetilde{m}_1-1)$

   $j=i+\widetilde{m}_2$; $\beta_i=\rho_j\boldsymbol{y}_j^{\mathrm{T}}\boldsymbol{p}$; $\boldsymbol{p}=\boldsymbol{p}+(\lambda_i-\beta_i)\boldsymbol{s}_j$.

 2.7 令 $k=k+1$, 返回步骤 2.

6.3.2 Gauss-Newton 法

对于目标函数 (6.3.1), 将非线性函数 $\boldsymbol{u}_{\text{cal}}(\boldsymbol{v})$ 在当前迭代点 $\boldsymbol{v}_k$ 作线性化

$$\boldsymbol{u}_{\text{cal}}(\boldsymbol{v}_k+\Delta\boldsymbol{v})=\boldsymbol{v}_k+\frac{\partial \boldsymbol{u}_{\text{cal}}}{\partial \boldsymbol{v}}\Delta\boldsymbol{v}, \tag{6.3.7}$$

将该式代入目标函数中, 再对目标函数求二阶导得

$$\frac{\nabla^2\chi(\boldsymbol{v})}{\partial \boldsymbol{v}^2}=\left(\frac{\partial \boldsymbol{u}_{\text{cal}}}{\partial \boldsymbol{v}}\right)^{\mathrm{T}}\frac{\partial \boldsymbol{u}_{\text{cal}}}{\partial \boldsymbol{v}}=J^{\mathrm{T}}J. \tag{6.3.8}$$

该式就是 Gauss-Newton 法中 Hessian 矩阵的近似. 记

$$H_{\text{GN}}=J^{\mathrm{T}}J, \tag{6.3.9}$$

其中 H_{GN} 称为 Gauss-Newton 矩阵, 该矩阵至少是一个半正定矩阵, 基于 Gauss-Newton 全波形反演算法见算法 6.3.3.

算法 6.3.3 (Gauss-Newton 全波形反演算法) 给定初始模型 $\boldsymbol{v}_0$, 最大迭代次数 $k_{\max}$, 迭代终止条件, 令迭代步 $k=0$.

1. 计算目标函数 $\chi(\boldsymbol{v}_0)$ 和梯度 $\boldsymbol{g}_0$, 如果梯度满足终止条件, 则算法终止.
2. 令 $k=k+1$, 若 $k<k_{\max}$, 循环:
   2.1 令 $\mu=\tau\|\boldsymbol{g}_k\|$, 求解正定方程: $(J^{\mathrm{T}}J+\mu I)\boldsymbol{p}_k=-\boldsymbol{g}_k$, 解得 $\boldsymbol{p}_k$.
   2.2 用某种线搜索方法求出搜索步长 α_k.
   2.3 修正模型 $\boldsymbol{v}_{k+1}=\boldsymbol{v}_k+\alpha_k\boldsymbol{p}_k$.
   2.4 计算 $\boldsymbol{v}_{k+1}$ 处的目标函数值 $\chi(\boldsymbol{v}_{k+1})$ 和梯度 $\boldsymbol{g}_{k+1}$.
   2.5 如果梯度满足终止条件, 跳出循环.

返回步骤 2 继续判断.

在算法 6.3.3 中, 求解搜索方向 $\boldsymbol{p}$ 时要求解一个线性方程组, 为保证 H_{GN} 正定, 将其修正 $\widetilde{H}_{\text{GN}}:=H_{\text{GN}}+\mu I$, 其中 μ 的选取既要使 $\widetilde{H}_{\text{GN}}$ 的条件数不要太大, 也要在保持 $\widetilde{H}_{\text{GN}}$ 正定的前提下尽可能小, 以免与原 H_{GN} 相差过大. 算法虽然对 μ 不是很敏感, 但若将 μ 取为常数时, 取值过小会使搜索步长过大, 取值过大又会使收敛很慢. 所以选取 $\mu=\tau\|\boldsymbol{g}\|_2$. 在迭代步离解较远时梯度比较大, μ 较大, 搜索步长就不会很大; 当在解附近时, 梯度值会愈来愈小, μ 也会随之减小, 不会影响解的收敛.

设反演数的规模是 M, 表 6.1 给出了共轭梯度法 (CG)、BFGS 方法、 L-BFGS 方法和 Gauss-Newton(GN) 方法这四种方法随问题规模的计算量和存储量的比较. 在表 6.1 中, M_f 表示 M 次正演的计算量, N_r 是接收点数目, N_t 是时间

离散点数, m 是 L-BFGS 方法中的有限存储步参数, $O(M^3)$ 是直接法如 Cholesky 分解法解方程所导致的乘法计算量. 比较可知, L-BFGS 方法的计算量最小.

表 6.1 问题规模为 M 时, CG, BFGS, L-BFGS 和 GN 方法计算下降步的计算量和存储量比较

方 法	乘法运算量	二阶导数计算量	额外存储量
CG	$O(M)$	—	$1\times M$
BFGS	$O(M^3)$	$O(M^2)$	$M(1+M)/2$
L-BFGS	$O(M)$	$O(M)$	$2\times m\times M$
GN	$O(M^3)$	$M_f+O(M^2)$	$N_r\times N_t\times M$

6.3.3 共轭梯度法推导

共轭算子法是大规模问题中最常用的梯度计算方法, 它只需要计算两次正问题. 将声波方程 (6.2.1) 写成算子形式

$$\mathcal{A}u=f\cdot\delta(\boldsymbol{x}-\boldsymbol{x}_s), \tag{6.3.10}$$

其中 $\mathcal{A}$ 为

$$\mathcal{A}=\frac{1}{v^2}\frac{\partial^2}{\partial t^2}-\Delta,$$

其中 Δ 为 Laplace 算子. 再将目标函数 (6.3.2) 记为

$$\chi(v)=\sum_{\text{shot}}\int_T\int_\Omega\frac{1}{2}[u-u_{\text{obs}}]^2\delta(\boldsymbol{x}-\boldsymbol{x}_r)dxdzdt. \tag{6.3.11}$$

为求 $\chi(v)$ 关于 v 的导数, 我们首先想求 $\mathcal{A}$ 的共轭算子 $\mathcal{A}^*$, 即对于 $\forall\phi,u\in L^2(0,T;H_0^1(\Omega))$, 满足下面的关系式

$$\int_T\int_\Omega(\mathcal{A}u)\phi dxdzdt=\int_T\int_\Omega(\mathcal{A}^*\phi)udxdzdt. \tag{6.3.12}$$

引理 6.3.1 对 $\forall\phi,u\in L^2(0,T;H_0^1(\Omega))$, 且满足时间边界条件

$$\phi\big|_{t=T}=0,\quad \frac{\partial\phi}{\partial t}\Big|_{t=T}=0,\quad u\big|_{t=0}=0,\quad \frac{\partial u}{\partial t}\Big|_{t=0}=0,$$

则算子 $\mathcal{A}$ 是自共轭算子, 即

$$\int_T\int_\Omega\left(\frac{1}{v^2}\frac{\partial^2 u}{\partial t^2}-\Delta u\right)\phi dxdzdt=\int_T\int_\Omega u\left(\frac{1}{v^2}\frac{\partial^2\phi}{\partial t^2}-\Delta\phi\right)dxdzdt.$$

证明　根据算子 $\mathcal{A}$ 的定义, 有

$$
\begin{aligned}
&\int_T\int_\Omega (\mathcal{A}u)\phi dxdzdt = \int_T\int_\Omega \left(\frac{1}{v^2}\frac{\partial^2 u}{\partial t^2}\phi - \Delta u\phi\right) dxdzdt \\
&= \int_T\int_\Omega \frac{1}{v^2}\frac{\partial^2 u}{\partial t^2}\phi dxdzdt - \int_T\int_\Omega \Delta u\phi dxdzdt.
\end{aligned} \tag{6.3.13}
$$

对时间应用格林公式及边界条件, 对 (6.3.13) 右端第一项有

$$
\begin{aligned}
&\int_\Omega dxdz \int_T \frac{1}{v^2}\frac{\partial^2 u}{\partial t^2}\phi dt \\
&= \int_\Omega \frac{1}{v^2} dxdz \left(\frac{\partial u}{\partial t}\phi\Big|_0^T - \int_T \frac{\partial u}{\partial t}\frac{\partial \phi}{\partial t} dt \right) \\
&= \int_\Omega \frac{1}{v^2} dxdz \left(\frac{\partial u}{\partial t}\phi\Big|_0^T - u\frac{\partial \phi}{\partial t}\Big|_0^T + \int_T u\frac{\partial^2 \phi}{\partial t^2} dt \right) \\
&= \int_\Omega \frac{1}{v^2} dxdz \left(\int_T u\frac{\partial^2 \phi}{\partial t^2} dt \right).
\end{aligned} \tag{6.3.14}
$$

对空间应用格林公式及空间齐次边界条件, 对 (6.3.13) 右端第二项有

$$
\begin{aligned}
&\int_T dt \int_\Omega \Delta u\phi dxdz \\
&= \int_T dt \left(\frac{\partial u}{\partial \boldsymbol{n}}\phi\Big|_{\partial\Omega} - \int_\Omega \nabla u\cdot\nabla\phi dxdz \right) \\
&= \int_T dt \left(\frac{\partial u}{\partial \boldsymbol{n}}\phi\Big|_{\partial\Omega} - \frac{\partial \phi}{\partial \boldsymbol{n}}u\Big|_{\partial\Omega} + \int_\Omega u\Delta\phi dxdz \right) \\
&= \int_T dt \int_\Omega u\Delta\phi dxdz.
\end{aligned} \tag{6.3.15}
$$

将上述两项结果代入 (6.3.13), 得

$$
\int_T\int_\Omega \left(\frac{1}{v^2}\frac{\partial^2 u}{\partial t^2} - \Delta u\right)\phi dxdzdt = \int_T\int_\Omega u\left(\frac{1}{v^2}\frac{\partial^2 \phi}{\partial t^2} - \Delta\phi\right) dxdzdt. \tag{6.3.16}
$$

□

对目标函数 (6.3.11), 应用链式法则对其求导, 得到其导数算子

$$
\begin{aligned}
\frac{\partial\chi(v)}{\partial v}\delta v &= \sum_{\text{shot}}\int_T\int_\Omega \frac{\partial}{\partial u}\frac{1}{2}\left[u-u_{\text{obs}}\right]^2\delta(\boldsymbol{x}-\boldsymbol{x}_r)\delta u dxdzdt \\
&= \sum_{\text{shot}}\int_T\int_\Omega (u-u_{\text{obs}})\delta(\boldsymbol{x}-\boldsymbol{x}_r)\delta u dxdzdt,
\end{aligned}
\tag{6.3.17}
$$

其中

$$
\delta u = u(v+\delta v) - u(v). \tag{6.3.18}
$$

注意到 $u(v+\delta v), u(v) \in L^2(0,T;H_0^1(\Omega))$, 且均满足初始条件

$$
u(v)\big|_{t=0}=0, \quad \frac{\partial u(v)}{\partial t}\bigg|_{t=0}=0, \quad u(v+\delta v)\big|_{t=0}=0, \quad \frac{\partial u(v+\delta v)}{\partial t}\bigg|_{t=0}=0,
$$

则可知 $\delta u \in L^2(0,T;H_0^1(\Omega))$, 且满足

$$
\delta u\big|_{t=0}=0, \quad \frac{\partial \delta u}{\partial t}\bigg|_{t=0}=0.
$$

定理 6.3.1 若 ϕ 是下列问题的解

$$
\begin{cases}
\dfrac{1}{v^2}\dfrac{\partial^2\phi}{\partial t^2} - \Delta\phi = -(u-u_{\text{obs}})\cdot\delta(\boldsymbol{x}-\boldsymbol{x}_r), \\
\phi\big|_{t=T}=0, \quad \dfrac{\partial\phi}{\partial t}\bigg|_{t=T}=0,
\end{cases}
\tag{6.3.19}
$$

并假设区域 Ω 足够大, 则目标函数 (6.3.11) 的梯度为

$$
\frac{\partial\chi}{\partial v} = -\sum_{\text{shot}}\int_T\int_\Omega \frac{2}{v^3}\frac{\partial^2 u}{\partial t^2}\phi dxdzdt. \tag{6.3.20}
$$

证明 由 (6.3.17) 及 ϕ 的定义知

$$
\begin{aligned}
\frac{\partial\chi}{\partial v}\delta v &= \sum_{\text{shot}}\int_T\int_\Omega (u-u_{\text{obs}})\delta(\boldsymbol{x}-\boldsymbol{x}_r)\delta u dxdzdt \\
&= \sum_{\text{shot}}\int_T\int_\Omega \left(-\frac{1}{v^2}\frac{\partial^2\phi}{\partial t^2}+\Delta\phi\right)\delta u dxdzdt,
\end{aligned}
\tag{6.3.21}
$$

由边界条件及引理 6.3.1, 得到

$$\frac{\partial \chi}{\partial v}\delta v=\sum_{\text{shot}}\int_T\int_\Omega \phi\left(-\frac{1}{v^2}\frac{\partial^2 \delta u}{\partial t^2}+\Delta\delta u\right)dxdzdt. \tag{6.3.22}$$

由定义可知 $u(v), u(v+\delta v)$ 满足方程

$$-\frac{1}{(v+\delta v)^2}\frac{\partial^2 u(v+\delta v)}{\partial t^2}+\Delta u(v+\delta v)=-f\cdot\delta(\boldsymbol{x}-\boldsymbol{x}_s), \tag{6.3.23}$$

$$-\frac{1}{v^2}\frac{\partial^2 u(v)}{\partial t^2}+\Delta u(v)=-f\cdot\delta(\boldsymbol{x}-\boldsymbol{x}_s). \tag{6.3.24}$$

式 (6.3.23) 减去 (6.3.24), 并利用近似

$$\frac{1}{(v+\delta v)^2}=\frac{1}{v^2}-\frac{2\delta v}{v^3}+o(\delta v^2),$$

可得

$$\left(-\frac{1}{v^2}\frac{\partial^2 \delta u}{\partial t^2}+\Delta\delta u\right)+\frac{2\delta v}{v^3}\frac{\partial^2 u(v+\delta v)}{\partial t^2}+o(\delta v^2)=0,$$

即

$$\left(-\frac{1}{v^2}\frac{\partial^2 \delta u}{\partial t^2}+\Delta\delta u\right)=-\frac{2\delta v}{v^3}\frac{\partial^2 u(v)}{\partial t^2}+o(\delta v^2). \tag{6.3.25}$$

代入 (6.3.22) 并忽略 δv 的高阶无穷小量, 我们即得到目标函数的梯度表示

$$\frac{\partial \chi}{\partial v}=-\sum_{\text{shot}}\int_T\int_\Omega \frac{2}{v^3}\frac{\partial^2 u}{\partial t^2}\phi dxdzdt. \tag{6.3.26}$$

□

6.4 多重网格策略

由 (6.2.7) 可知, 低频时采用较大的网格步长也能满足频散条件, 这意味着可以减少空间离散点数. 由于空间网格的加粗, 时间步长也可以增大, 这样大大减少了求解正问题的计算量, 由于空间离散点数就是极小化问题的未知量个数, 从而可以减少优化问题未知量个数, 提高计算效率.

多重网格方法[50] 的思想是将离散区域分为几套不同规模的网格, 由粗网格到细网格依次求解, 将粗网格上的迭代结果插值后作为细网格上计算的初值. 通常最细网格的步长是由震源最大频率决定的, 为方便描述, 设最细网格的长度为 h, 下一层粗网格的长度为 H, 通常加粗网格的方法是取粗网格步长是它上一套网格步长的两倍, 即 $H = 2h$. 我们用 V^h 表示步长为 h 的网格. 设提取细网格 V^h 到粗网格 V^{2h} 的限制算子 (或投影算子) 为 I_h^{2h}; 又设将粗网格 V^{2h} 插值回细网格 V^h 的插值算子 (或延拓算子) 为 I_{2h}^h. 限制算子可以是如下的全加权算子

$$\begin{aligned} v^{2h}(x,z) := I_h^{2h}v^h(x,z) = \frac{1}{16}\Big\{&4v^h(x,z) + 2v^h(x+h,z) + 2v^h(x-h,z) \\ &+ 2v^h(x,z+h) + 2v^h(x,z-h) + v^h(x+h,z+h) \\ &+ v^h(x+h,z-h) + v^h(x-h,z+h) + v^h(x-h,z-h)\Big\}, \end{aligned} \tag{6.4.1}$$

也可以是直接为采样算子, 这里采用后者, 如图 6.3 所示. 插值算子 I_{2h}^h 采用双线性插值, 如图 6.4 所示, 即

$$v^h(x,z) := I_{2h}^h v^{2h}(x,z) = \begin{cases} v^{2h}(x,z), \\ \dfrac{1}{2}\big[v^{2h}(x,z+h) + v^{2h}(x,z+h)\big], \\ \dfrac{1}{2}\big[v^{2h}(x+h,z) + v^{2h}(x-h,z)\big], \\ \dfrac{1}{4}\big[v^{2h}(x+h,z+h) + v^{2h}(x+h,z-h) \\ \quad +v^{2h}(x-h,z+h) + v^{2h}(x-h,z-h)\big]. \end{cases} \tag{6.4.2}$$

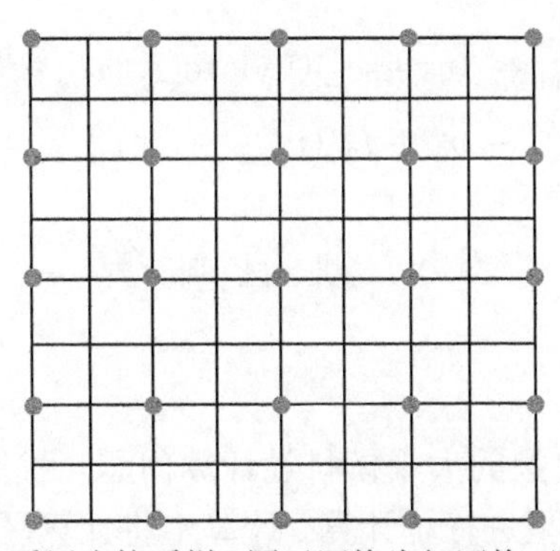

图 6.3 限制算子, 采用直接采样. 图示网格为细网格, 黑点为粗网格的格点

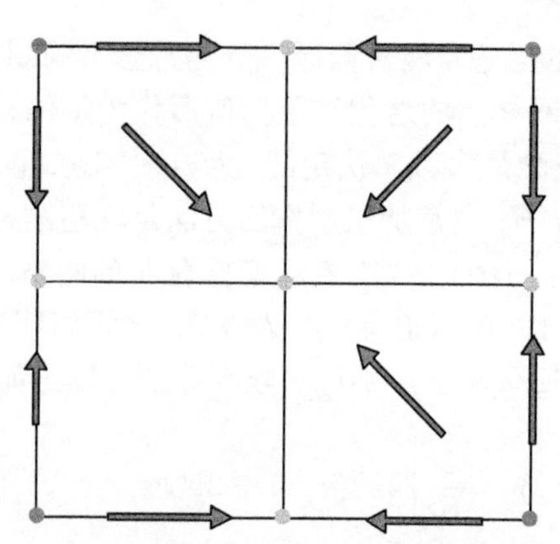

图 6.4 插值算子, 采用双线性插值. 黑点为细网格的格点, 灰点为粗网格的格点

注意在粗网格和细网格上进行正演模拟时, 粗细网格计算出的波场在震源附近离散点上的值差别较大, 这是由于不同网格尺度能重构的波数范围不同, 在波数较大时不同的网格会产生不同的空间频散. 为了消除这种影响, 可以在初始迭代步对粗网格上使用的记录数据进行校正

$$\boldsymbol{u}_{\text{obs}}^{2h}-\boldsymbol{u}_{\text{cal}}^{2h}(I_h^{2h}\boldsymbol{v}^h)=\boldsymbol{u}_{\text{obs}}^{h}-\boldsymbol{u}_{\text{cal}}^{h}(\boldsymbol{v}^h), \tag{6.4.3}$$

其中 $\boldsymbol{u}_{\text{obs}}^{h}$ 是已知细网格上的记录数据, 将初始迭代步校正 $\boldsymbol{u}_{\text{obs}}^{2h}$ 作为粗网格上的记录数据, 由于粗细网格正演记录的数据中接收的直达波波场值差别较大, 接收到的反射波波场值差别较小, 如果浅层的速度值改变不大, 那么初始迭代步的校正在以后的迭代中仍然有效. 记在网格 Ω^h 上用校正后的记录数据反演的过程为

$$\boldsymbol{v}_{\text{end}}^{h}\leftarrow \text{Inverse\_Update}(\boldsymbol{v}_0^h,\boldsymbol{u}_{\text{obs}}^{h}), \tag{6.4.4}$$

则用粗网格 Ω^{2h} 的结果修正细网格 Ω^h 初值的过程可描述为

$$\boldsymbol{v}_{\text{end}}^{2h}\leftarrow \text{Inverse\_Update}(I_h^{2h}\boldsymbol{v}_0^h,\boldsymbol{u}_{\text{obs}}^{2h}), \tag{6.4.5}$$

$$\boldsymbol{v}_{\text{end}}^{h}\leftarrow \boldsymbol{v}_0^h+I_{2h}^{h}(\boldsymbol{v}_{\text{end}}^{2h}-I_h^{2h}\boldsymbol{v}_0^h). \tag{6.4.6}$$

6.5 数 值 计 算

6.5.1 单层网格

全波形反演是一个典型的大规模科学计算问题. 我们采用基于 MPI 的并行算法, 针对 Marmousi 模型进行了计算. 计算中将计算区域划分成不同的子区域, 分别由不同的进程进行正反问题的计算. Marmousi 模型是一个国际标准的复杂

构造模型[81], 可用来验证反演算法的效果和能力, 图 6.5 是该模型真实的速度模型, 在计算中我们已对原模型作稀疏采样, 但模型结构的复杂性仍保留. 计算的实际规模是地表宽度 2952m, 地下深度为 1488m. 初始速度模型如图 6.6 所示, 是由最小速度值 1500m/s 和最大速度值 4300m/s 线性插值得到, 可以看到初始模型已经完全没有真实模型的结构.

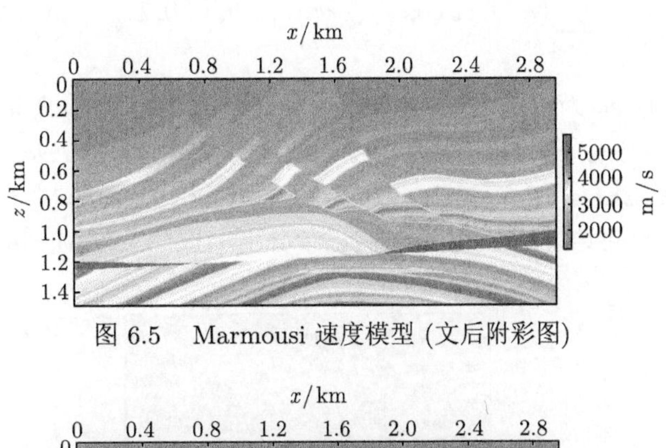

图 6.5 Marmousi 速度模型 (文后附彩图)

图 6.6 初始速度模型 (文后附彩图)

空间的离散维数为 $N_x \times N_z = 985 \times 497$, 空间步长 $\Delta x = 3\text{m}, \Delta z = 3\text{m}$, 由稳定性条件可知 $\Delta t = 0.6\text{ms}$. 震源函数为雷克子波

$$f(t) = (1 - 2(\pi f_0 t)^2) e^{-(\pi f_0 t)^2}, \tag{6.5.1}$$

其中心频率 $f_0 = 30\text{Hz}$, 最大频率为 60Hz.

频率多尺度实验分为 5 个尺度: $0 \sim 5\text{Hz}$, $0 \sim 10\text{Hz}$, $0 \sim 25\text{Hz}$, $0 \sim 35\text{Hz}$, $0 \sim 60\text{Hz}$. 滤波函数选用 Blackman-Harris 窗[63]

$$w(n) = c_1 + c_2 \cos\left(\frac{2\pi n}{N}\right) + c_3 \cos\left(\frac{4\pi n}{N}\right) + c_4 \cos\left(\frac{6\pi n}{N}\right),$$

$$n = 0, 1, \cdots, N-1, \tag{6.5.2}$$

其中

$$c_1 = 0.35875, \quad c_2 = -0.48829, \quad c_3 = 0.14128, \quad c_4 = -0.01168. \tag{6.5.3}$$

滤波器长度为 $N = 500$, 滤波器长度主要与频率过渡带的长短和采样频率有关, 滤波器长度越大, 在截断的频率处幅频曲线就越陡, Blackman-Harris 窗函数对低通滤波来说具有很好的通带阻带过渡和对旁瓣的抑制效果. Blackman-Harris 窗函数是一般余弦窗函数

$$w(n) = \sum_{k=0}^{K}(-1)^k c_k \cos\left(\frac{2\pi}{N}kn\right), \quad n = 0, 1, \cdots, N-1. \tag{6.5.4}$$

当项数 $K = 3$ 且 c_k 为 (6.5.4) 中的值时的特殊形式, 信号加窗既可以在时域进行, 也可以先对信号进行 Fourier 变换后再在频率中处理. 图 6.7 是模型最左边的炮记录结果, 频带范围是 $0 \sim 60\text{Hz}$. 图 6.8 是对该记录分别经过 $0 \sim 5\text{Hz}$ 和 $0 \sim 10\text{Hz}$ 滤波所得到的结果, 图 6.9 是对该记录分别经过 $0 \sim 25\text{Hz}$ 和 $0 \sim 35\text{Hz}$ 滤波

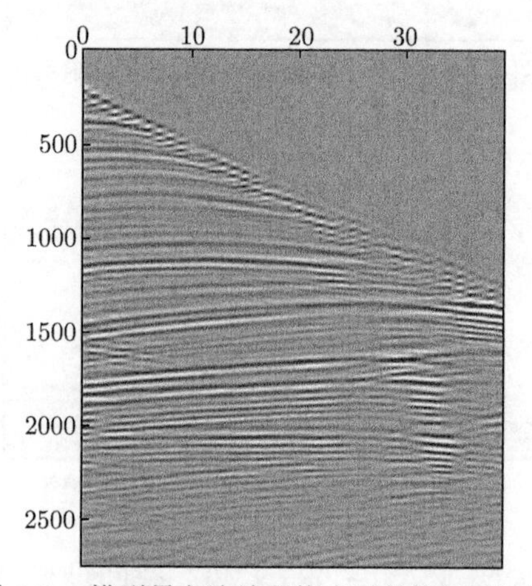

图 6.7　模型最左边放置炮点时的炮记录波场

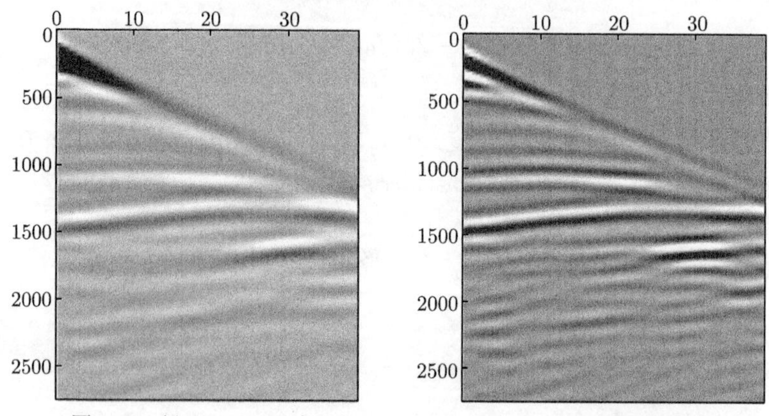

图 6.8　经 $0 \sim 5\text{Hz}$ (左) 和 $0 \sim 10\text{Hz}$ (右) 低通滤波后的数据

所得到的结果, 可以看到随着滤波范围的增大, 高频成分越来越丰富. 图 6.7 至图 6.9 中的横向坐标均是 x 方向的采样点数, 纵向坐标均是 z 方向的采样点数.

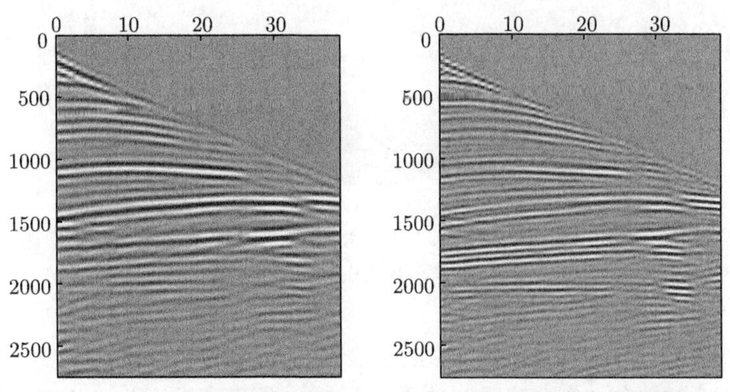

图 6.9　经 0 ~ 25Hz (左) 和 0 ~ 35Hz (右) 低通滤波后的数据

在反演中, 每个尺度上的 L-BFGS 方法的最大迭代步都为 50 步, 因为在同一个尺度上迭代 50 步左右后目标函数的残量的下降率已经很小, 有限内存步设为 6. 图 6.10 是最高频率为 5Hz 时, L-BFGS 方法迭代 10 次、 20 次和 50 次的

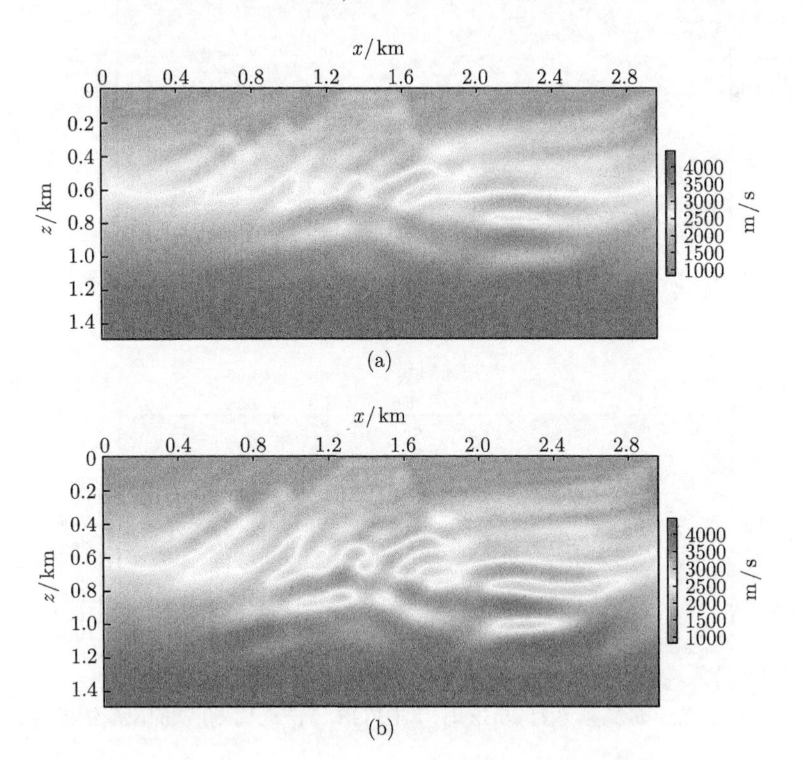

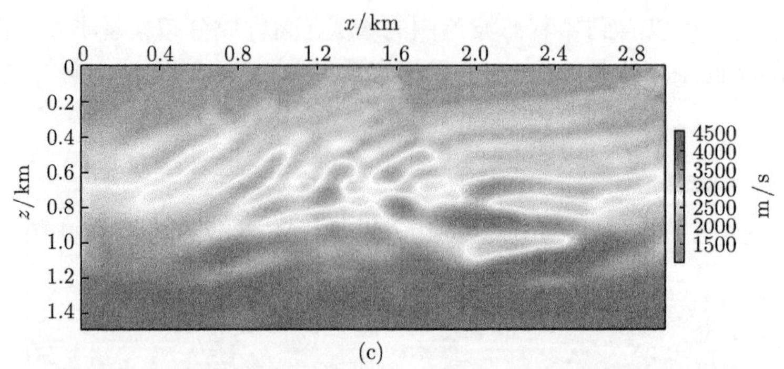

(c)

图 6.10　最高频率 5Hz 时, L-BFGS 方法迭代不同次数的反演结果.
(a) 10 次; (b) 20 次; (c) 50 次

反演结果. 图 6.11 是最高频率为 10Hz 时迭代 50 次的反演结果. 图 6.12 是最高频率为 25Hz 时迭代 50 次的反演结果. 图 6.13 是最高频率为 35Hz 时迭代 50 次的反演结果. 图 6.14 最高频率为 60Hz 时迭代 50 次的反演结果.

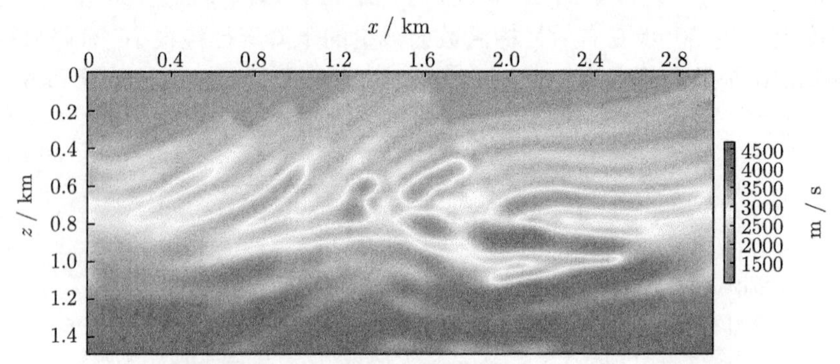

图 6.11　最高频率为 10Hz 时, L-BFGS 方法迭代 50 次的反演结果

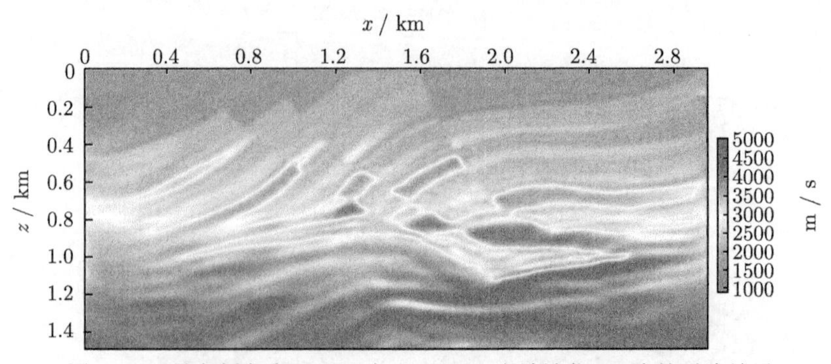

图 6.12　最高频率为 25Hz 时, L-BFGS 方法迭代 50 次的反演结果

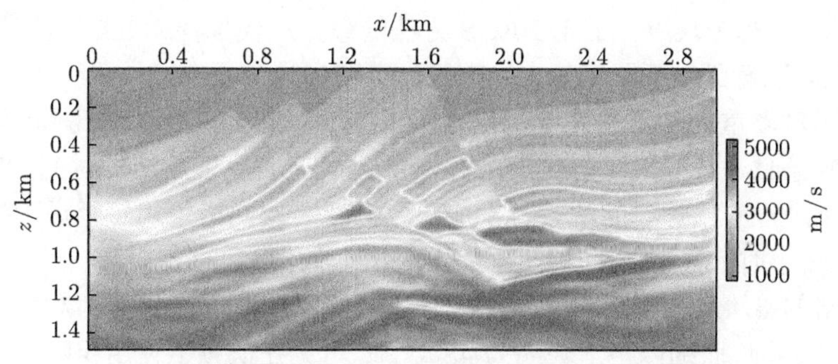

图 6.13 最高频率为 35Hz 时, L-BFGS 迭代 50 次的反演结果

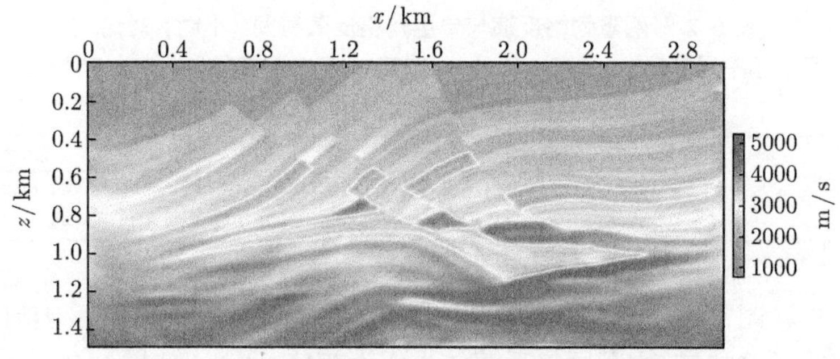

图 6.14 最高频率为 60Hz 时, L-BFGS 方法迭代 50 次的反演结果 (文后附彩图)

6.5.2 两重网格

全波形反演需要多次迭代来极小化目标函数, 计算量与迭代次数成正比. 为了减少优化问题的未知量个数, 我们通过多重网格算法来减少空间离散点数, 从而减少了优化问题的未知量个数, 既较好克服了初始模型远离真实模型时反演发散的问题, 又提高了计算效率.

下面针对复杂构造 Marmosi 模型, 在两重网格上进行了大规模 MPI 并行反演计算, 采用两重网格, 主要是考虑到频散条件的限制. 使用两重网格, 细网格空间步长 $\Delta x = 3\text{m}$, $\Delta z = 3\text{m}$, 时间步长 $\Delta t = 0.3\text{ms}$; 粗网格空间步长 $\Delta x = 6\text{m}$, $\Delta z = 6\text{m}$, 时间步长 $\Delta t = 0.6\text{ms}$. 离散后区域的细网格空间维数为 $N_x \times N_z = 985 \times 497$, 时间取样点为 $N_t = 7001$; 粗网格空间维数为 493×249, 时间取样点为 $N_t = 3501$; 计算中共设 122 个炮点, 每个炮点有 245 个 接收点, 炮点深度为 12m; 接收点深度为 6m. 炮点间距为 24m, 第一炮离左端 24m; 接收点间距为 12m, 第一个接收点离左端 12m. 频率多尺度实验分为 5 个尺度: $0 \sim 5\text{Hz}$, $0 \sim 10\text{Hz}$, $0 \sim 25\text{Hz}$, $0 \sim 35\text{Hz}$, $0 \sim 60\text{Hz}$.

在多重网格反演中, 考虑到频散条件, 设置成两重网格, 其中频率尺度 $0 \sim 5\text{Hz}$ 与 $0 \sim 10\text{Hz}$ 在粗网格上反演, 频率尺度 $0 \sim 25\text{Hz}$, $0 \sim 35\text{Hz}$ 和 $0 \sim 60\text{Hz}$ 在

细网格上反演; 每个尺度上的 L-BFGS 方法的最大迭代步都为 50 步 (因该问题迭代 50 步左右残量已经下降率很小), 有限内存步设为 6.

表 6.2 对多重网格反演和单层网格反演的计算时间进行了对比, 可以看出在同样的计算条件下, 用粗网格反演的时间要远小于细网格反演的时间, 对多重网格平均每个进程的计算时间约为 0.34 小时, 而对单层网格平均每个进程的计算时间约为 0.92 小时. 对粗网格和细网格求解正问题计算量进行分析, 细网格的计算量是粗网格的 8 倍. 使用同样的进程数, 粗网格上计算一次目标函数和梯度的时间大约是 6 分钟, 而细网格上大约为 48 分钟. 可见在低频上使用粗网格反演大大地减少了计算时间, 并且也能给高频细网格反演提供一个很好的初值.

表 6.2 两重网格反演与单层网格反演时间 (小时) 对比. 两个频率尺度: $0 \sim 5$Hz 和 $0 \sim 10$Hz. 三个频率尺度: $0 \sim 25$Hz, $0 \sim 35$Hz 和 $0 \sim 60$Hz

网格	总时间	数据校正	两个频率尺度	三个频率尺度
两重	66	1 (32 个进程)	18 (32 个进程)	47 (128 个进程)
单层	147	—	105 (32 个进程)	42 (128 个进程)

图 6.15 和图 6.16 给出了粗网格在频带范围 $0 \sim 5$Hz 和 $0 \sim 10$Hz 上分别迭代 50 步的反演结果, 用粗网格反演结果作为初值, 图 6.17、图 6.18 和图 6.19 给

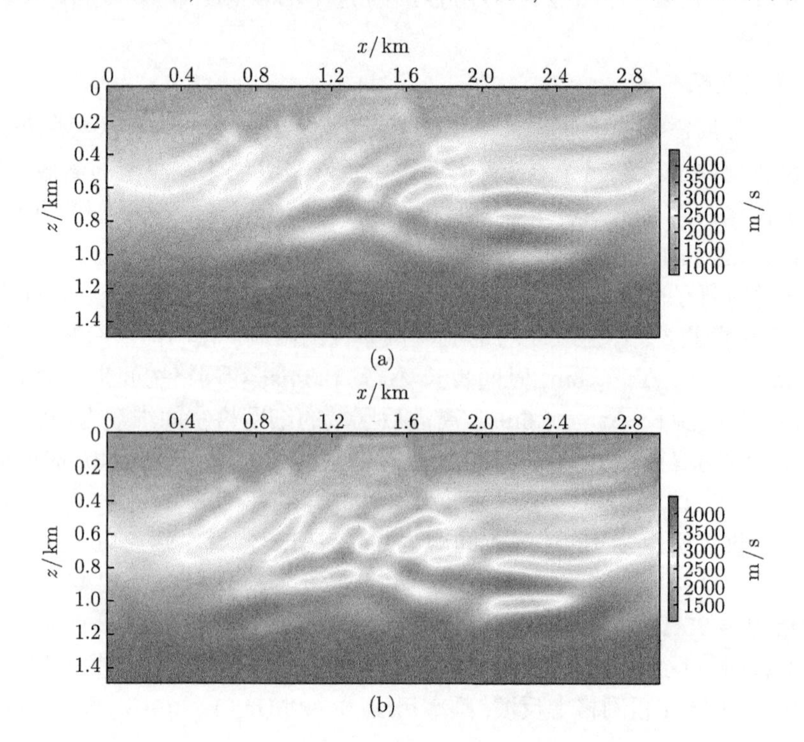

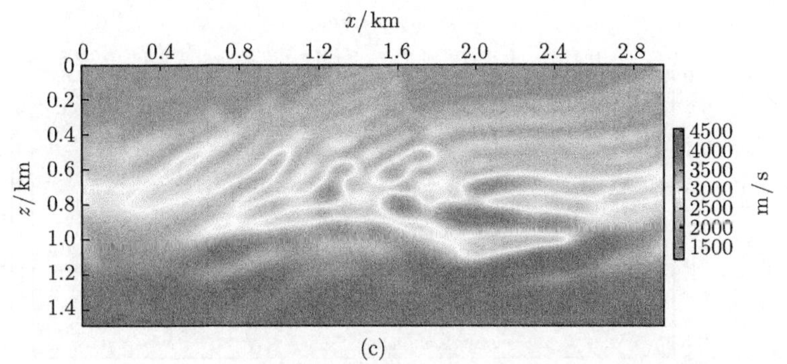

(c)

图 6.15 用 0 ~ 5Hz 数据在粗网格上经过不同迭代步数的反演结果.
(a) 10 步; (b) 20 步; (c) 50 步

出了细网格在频带范围 0 ~ 25Hz, 0 ~ 35Hz 和 0 ~ 60Hz 上分别迭代 50 步的反演结果. 可以看出多重网格方法虽然在低频增大了网格尺度, 但是仍能很好地重构速度模型. 图 6.20 和图 6.21 表示的是多重网格最终反演结果 (虚线) 在 1080m 和 1500m 处与精确模型 (实线) 的拟合程度, 比较可知, 反演结果精度很高. 在图 6.20和图 6.21 中, 横轴是深度方向的采样点数, 纵轴是速度值, 单位是 m/s.

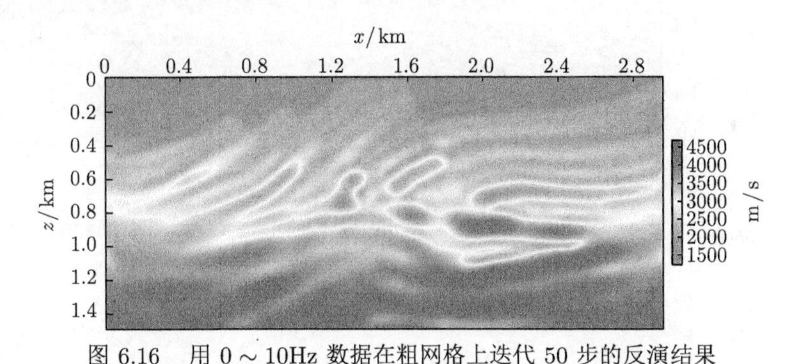

图 6.16 用 0 ~ 10Hz 数据在粗网格上迭代 50 步的反演结果

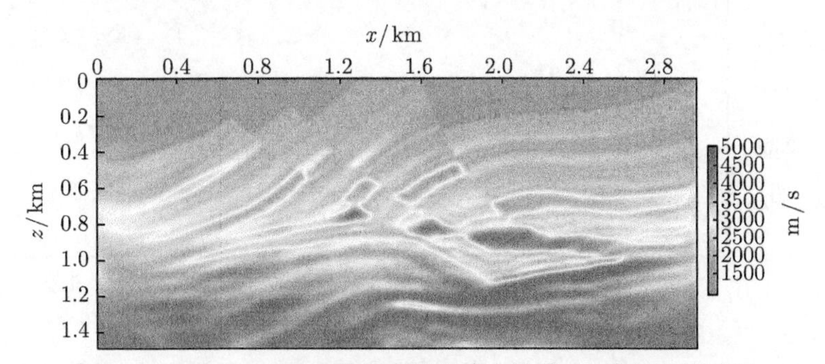

图 6.17 用 0 ~ 25Hz 数据在细网格上迭代 50 步的反演结果

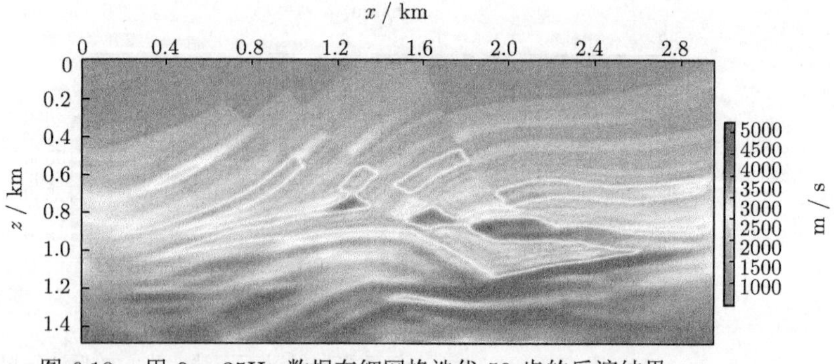

图 6.18　用 $0\sim35$Hz 数据在细网格迭代 50 步的反演结果

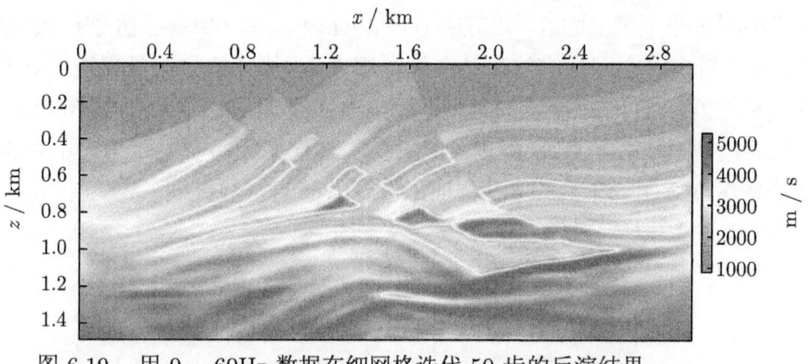

图 6.19　用 $0\sim60$Hz 数据在细网格迭代 50 步的反演结果

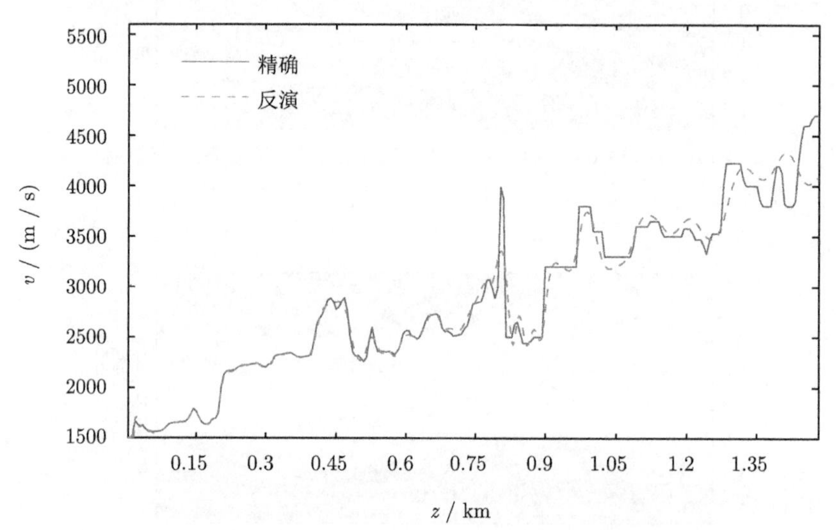

图 6.20　两重网格最终反演结果 (虚线) 在 1080m 处与精确模型 (实线) 的比较

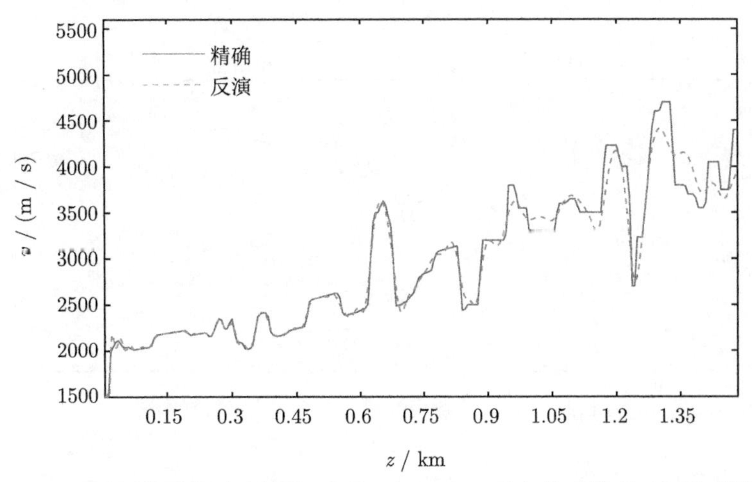

图 6.21 两重网格最终反演结果 (虚线) 在 1500m 处与精确模型 (实线) 的比较

6.5.3 实际资料反演

全波形反演是一个典型的不适定问题, 不同的模型可以生成与记录数据相差无几的人工数据. 为了进一步验证本章全波形反演方法的稳健性, 我们对国内某地区的一个实际资料进行了全波形反演计算. 实际数据有 100 炮, 每炮共有 480 道, 道间距 10m, 时间采样 1ms. 图 6.22 是实际数据的其中一炮记录, 可以看到数据中有较多的噪声干扰, 而且还有一定的面波, 为了检验全波形反演方法抗干扰的能力, 我们并未对数据作任何去噪等前处理而直接进行反演, 图 6.23 是部分显示的目标层的反演结果, 可以明显看到, 在高速介质中, 存在明显的低速目标层, 且层位的连续性与间断也很清楚. 如果在全波形反演前对数据作去噪预处理, 则显然可以进一步改善反演效果.

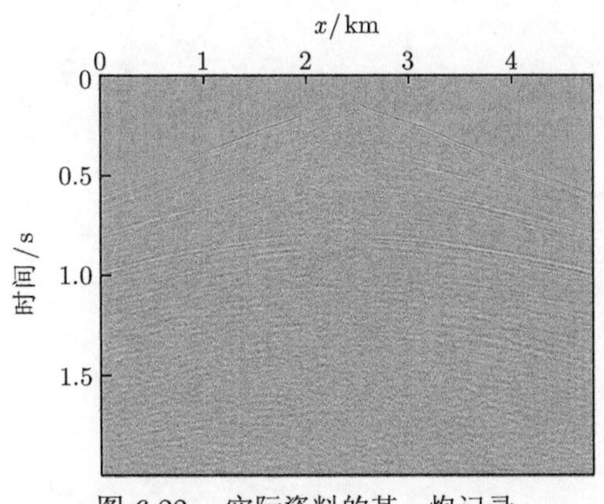

图 6.22 实际资料的某一炮记录

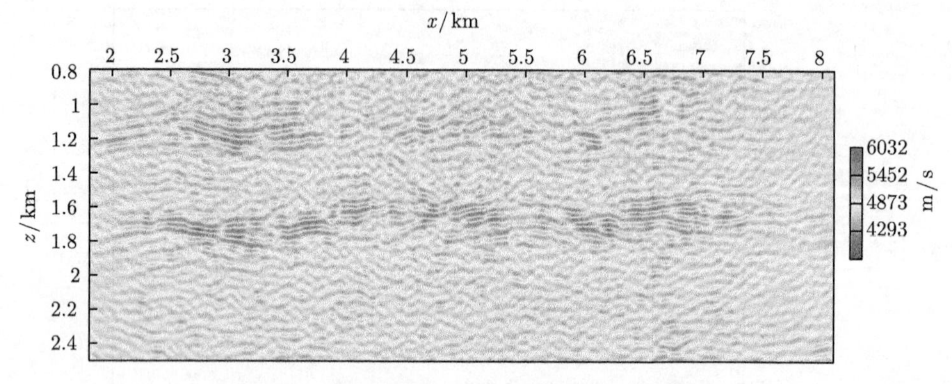

图 6.23　实际资料全波形反演结果 (文后附彩图)

第 7 章　频率域声波方程全波形反演

本章介绍频率域声波方程全波形反演的数值方法. 正演用带完全匹配层边界条件的九点差分格式求解. 反演是一个极小化模拟数据与观测数据之间残量的优化迭代过程. 本章将比较多种数值优化方法, 包括最速下降法、共轭梯度法、L-BFGS 方法、Gauss-Newton 方法以及预条件方法, 并对一个简单模型和两个国际标准模型, 即 Marmousi 模型和 Overthrust 模型进行了 MPI 并行反演计算, 结果表明 Newton 方法和预条件方法能对复杂构造模型进行反演成像.

7.1　引　　言

地震全波形反演是利用地表或钻孔中观测到的波场记录, 根据波场的振幅、相位和走时信息来推测地球内部介质的物性参数的方法. 物性参数可以是速度、密度或弹性常数, 其中速度是最重要和常用的介质参数, 可以用于指示油气构造的位置. 地震全波形反演具有反演精度高的优点, 但由于问题的非线性性以及波形周期跳跃现象, 导致全波形反演没有唯一解, 是一个典型的不适当问题. 全波形反演可在时间域中进行[10,85,114,127,128,151,171,172], 也可在频率域中进行[68,101-104,124,154]. 这两类方法各有优缺点, 难以相互替代. 时间域方法不需对波场记录作 Fourier 变换, 计算量相对较小, 但反演是对连续频段的数据进行; 频率域方法需对记录波场作 Fourier 变换, 计算量大, 优点是反演可对单个选定的离散频率进行.

时间域全波形反演的工作始于 1984 年 Tarantola 对声波方程的完全非线性全波形反演的研究[127], 其中目标函数的梯度由反传播方法计算得到, 避免了直接通过模型参数扰动来计算导数, 大大减少了计算量, 随后这种反传播方法被用到弹性波方程的全波形反演中[85]. 频率域反演最早是 Pratt 等在 1988 年对跨井数据进行的[101], 之后得到了较多的研究[104,124]. 频率域反演的优点是可以对单独每个频率进行反演. 全波形反演还可在 Laplace 域中进行[48,117], 或在频率域与 Laplace 域中混合进行[119], 但反演思路本质都相同.

全波形反演由于反演的非线性性和周期跳跃现象, 导致目标函数存在多极值, 使得反演对初始模型有严重依赖性, 是一个典型的不适定问题. 为了提高全波形反演对初值的稳健性, 总体上是先从低频出发开始反演, 由于对低频数据反演陷入局部极值导数不收敛的概率要小, 从而可以估计出相对较好的初始模型, 然后再逐级提高频率进行反演, 从而大大提高了反演过程的稳定收敛, 最终得到较合理的解.

7.2 正演方法

7.2.1 有限差分格式

在频率域中, 二维声波在各向同性弹性介质中的传播可以用如下方程来描述

$$\frac{\omega^2}{\kappa(x,z)}u(x,z,\omega)+\frac{\partial}{\partial x}\left(\frac{1}{\rho(x,z)}\frac{\partial u(x,z,\omega)}{\partial x}\right)$$
$$+\frac{\partial}{\partial z}\left(\frac{1}{\rho(x,z)}\frac{\partial u(x,z,\omega)}{\partial z}\right)=-s(x,z,\omega), \tag{7.2.1}$$

其中 x 为地面横向坐标, z 为深度纵向坐标, $u(x,z,\omega)$ 表示压力场, $\kappa(x,z)=\rho v^2$ 表示弹性体积模量, $v(x,z)$ 表示波速, $\rho(x,z)$ 表示密度, ω 表示角频率, $s(x,z,\omega)$ 为震源.

方程 (7.2.1) 可以用多种数值方法求解, 如有限元法[152] 和区域分解有限差分法[150]. 有限差分法由于计算效率高和编程相对简单, 常被用来求解该方程[65,70,110,116]. 方程 (7.2.1) 可以用多种有限差分格式来求解, 最简单的是标准 5 点差分格式. 为了进一步减少频散, 提高精度, 也可以用 9 点格式求解. 9 点格式是标准 5 点差分格式与 45° 坐标旋转后的 5 点差分格式的加权组合[65]. 采用多方向分裂的方法还可以构造其他各种格式求解, 例如 7 点格式、两方向 13 点格式、两方向 19 点格式、紧致 17 点格式等. 下面我们采用等间距网格的 9 点差分格式的网格格点. 如图 7.1 所示, 是 9 点差分格式的模板, 其中图 7.1(a) 是坐标系 x-z 下的网格, 图 7.1(b) 是 45° 旋转坐标系 x'-z' 下的网格.

首先在图 7.1(a) 所示的 x-z 坐标系的网格上, 对方程 (7.2.1) 中的二阶偏导数可以通过标准的五点差分格式离散为如下形式

$$\left[\frac{\partial}{\partial x}\left(\frac{1}{\rho(x,z)}\frac{\partial u(x,z,\omega)}{\partial x}\right)\right]_{i,j}$$
$$\approx\frac{1}{h^2}\left[\frac{1}{\rho_{i+1/2,j}}(u_{i+1,j}-u_{i,j})-\frac{1}{\rho_{i-1/2,j}}(u_{i,j}-u_{i-1,j})\right], \tag{7.2.2}$$

$$\left[\frac{\partial}{\partial z}\left(\frac{1}{\rho(x,z)}\frac{\partial u(x,z,\omega)}{\partial z}\right)\right]_{i,j}$$
$$\approx\frac{1}{h^2}\left[\frac{1}{\rho_{i,j+1/2}}(u_{i,j+1}-u_{i,j})-\frac{1}{\rho_{i,j-1/2}}(u_{i,j}-u_{i,j-1})\right], \tag{7.2.3}$$

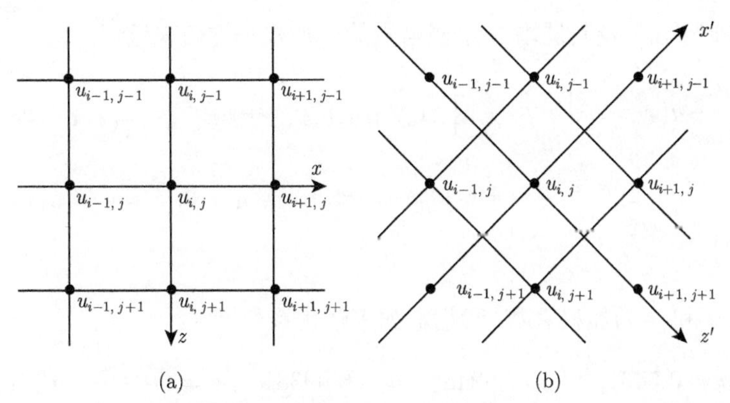

图 7.1　不同坐标系下的有限差分网格格点. (a) 坐标系 x-z; (b) 45° 旋转坐标系 x'-z'

其中 h 为 x, z 方向上的网格步长及

$$\frac{1}{\rho_{i\pm1/2,j}}=\frac{1}{2}\left(\frac{1}{\rho_{i\pm1,j}}+\frac{1}{\rho_{i,j}}\right),\quad \frac{1}{\rho_{i,j\pm1/2}}=\frac{1}{2}\left(\frac{1}{\rho_{i,j\pm1}}+\frac{1}{\rho_{i,j}}\right). \tag{7.2.4}$$

然后在图 7.1(b) 所示的 45° 旋转坐标系 x'-z' 的网格上, 注意网格间距为 $\sqrt{2}h$, 对方程 (7.2.1) 中的二阶偏导数可以离散为如下形式:

$$\left[\frac{\partial}{\partial x'}\left(\frac{1}{\rho(x,z)}\frac{\partial u(x,z,\omega)}{\partial x'}\right)\right]_{i,j}\approx\frac{1}{2h^2}\left[\frac{u_{i+1,j-1}-u_{i,j}}{\rho_{i+1/2,j-1/2}}-\frac{u_{i,j}-u_{i-1,j+1}}{\rho_{i-1/2,j+1/2}}\right], \tag{7.2.5}$$

$$\left[\frac{\partial}{\partial z'}\left(\frac{1}{\rho(x,z)}\frac{\partial u(x,z,\omega)}{\partial z'}\right)\right]_{i,j}\approx\frac{1}{2h^2}\left[\frac{u_{i+1,j+1}-u_{i,j}}{\rho_{i+1/2,j+1/2}}-\frac{u_{i,j}-u_{i-1,j-1}}{\rho_{i-1/2,j-1/2}}\right]. \tag{7.2.6}$$

我们记

$$\Gamma_{i,j}=\left[\frac{\partial}{\partial x}\left(\frac{1}{\rho(x,z)}\frac{\partial u(x,z,\omega)}{\partial x}\right)\right]_{i,j}+\left[\frac{\partial}{\partial z}\left(\frac{1}{\rho(x,z)}\frac{\partial u(x,z,\omega)}{\partial z}\right)\right]_{i,j}, \tag{7.2.7}$$

$$\Psi_{i,j}=\left[\frac{\partial}{\partial x'}\left(\frac{1}{\rho(x,z)}\frac{\partial u(x,z,\omega)}{\partial x'}\right)\right]_{i,j}+\left[\frac{\partial}{\partial z'}\left(\frac{1}{\rho(x,z)}\frac{\partial u(x,z,\omega)}{\partial z'}\right)\right]_{i,j}. \tag{7.2.8}$$

方程 (7.2.1) 可以通过加权平均定义为如下混合网格差分形式

$$\left[\frac{\omega^2}{\kappa(x,z)}u(x,z,\omega)\right]_{i,j}+a\Gamma_{i,j}+(1-a)\Psi_{i,j}=-s(x,z,\omega)_{i,j}, \tag{7.2.9}$$

其中第一项用 $u_{i,j}$ 及其周围 8 个网格点的值加权平均值来近似:

$$\left[\frac{\omega^2}{\kappa(x,z)}u(x,z,\omega)\right]_{i,j} \approx \frac{\omega^2}{\kappa}\Big\{cu_{i,j} + d(u_{i+1,j} + u_{i-1,j} + u_{i,j+1} + u_{i,j-1}) + e(u_{i+1,j+1} + u_{i-1,j-1} + u_{i-1,j+1} + u_{i+1,j-1})\Big\}. \tag{7.2.10}$$

其中 a, c, d 和 e 为加权系数, 我们取如下最优系数[70]

$$a = 0.5461, \quad c = 0.6248, \quad d = 0.09381, \quad e = (1 - c - 4d)/4,$$

在实际计算中 e 可以近似为零.

将式 (7.2.2)~(7.2.8) 及 (7.2.10) 代入方程组 (7.2.9) 中, 我们得到如下形式线性方程组

$$A_{i-1,j-1}u_{i-1,j-1} + A_{i-1,j}u_{i-1,j} + A_{i-1,j+1}u_{i-1,j+1} + A_{i,j-1}u_{i,j-1} + A_{i,j}u_{i,j} + A_{i,j+1}u_{i,j+1} + A_{i+1,j-1}u_{i+1,j-1} + A_{i+1,j}u_{i+1,j} + A_{i+1,j+1}u_{i+1,j+1} = -s_{i,j}. \tag{7.2.11}$$

记 $b_{i,j} = 1/\rho_{i,j}$, 其中

$$A_{i,j} = c\frac{\omega^2}{\kappa} - \frac{a}{h^2}\left(b_{i+1/2,j} + b_{i-1/2,j} + b_{i,j+1/2} + b_{i,j-1/2}\right) - \frac{1-a}{2h^2}\left(b_{i+1/2,j+1/2} + b_{i+1/2,j-1/2} + b_{i-1/2,j+1/2} + b_{i-1/2,j-1/2}\right),$$

$$A_{i,j-1} = d\frac{\omega^2}{\kappa} + \frac{a}{h^2}b_{i,j-1/2}, \quad A_{i,j+1} = d\frac{\omega^2}{\kappa} + \frac{a}{h^2}b_{i,j+1/2},$$

$$A_{i-1,j} = d\frac{\omega^2}{\kappa} + \frac{a}{h^2}b_{i-1/2,j}, \quad A_{i+1,j} = d\frac{\omega^2}{\kappa} + \frac{a}{h^2}b_{i+1/2,j},$$

$$A_{i-1,j-1} = e\frac{\omega^2}{\kappa} + \frac{1-a}{2h^2}b_{i-1/2,j-1/2}, \quad A_{i-1,j+1} = e\frac{\omega^2}{\kappa} + \frac{1-a}{2h^2}b_{i-1/2,j+1/2},$$

$$A_{i+1,j-1} = e\frac{\omega^2}{\kappa} + \frac{1-a}{2h^2}b_{i+1/2,j-1/2}, \quad A_{i+1,j+1} = e\frac{\omega^2}{\kappa} + \frac{1-a}{2h^2}b_{i+1/2,j+1/2}.$$

将计算区域划分为 $N := N_x \times N_z$ 的网格, 其中 N_x 为 x 方向的网格点数, N_z 为 z 方向的网格点数. 设在每个网格点 (i,j) 上形成的系数矩阵为

$$
A^k = \begin{pmatrix} A^k_{i-1,j-1} & A^k_{i,j-1} & A^k_{i+1,j-1} \\ A^k_{i-1,j} & A^k_{i,j} & A^k_{i+1,j} \\ A^k_{i-1,j+1} & A^k_{i,j+1} & A^k_{i+1,j+1} \end{pmatrix} := \begin{pmatrix} A^k_1 & A^k_4 & A^k_7 \\ A^k_2 & A^k_5 & A^k_8 \\ A^k_3 & A^k_6 & A^k_9 \end{pmatrix},
$$

$$
k = i + (j-1) \times N_x, \tag{7.2.12}
$$

则在整个计算网格上形成的人型稀疏线性方程组可以写成

$$
A(\omega)\boldsymbol{u}(\omega) = \boldsymbol{s}(\omega), \tag{7.2.13}
$$

其中 $\boldsymbol{s}$ 和 $\boldsymbol{u}$ 均为 N_xN_z 维向量

$$
\boldsymbol{s} = (\cdots, -s_{i,j}, \ \cdots)^{\mathrm{T}},
$$

$$
\begin{aligned}
\boldsymbol{u} = \big(& \cdots, u_{i-1,1}, \ u_{i,1}, \ u_{i+1,1}, \cdots, u_{i-1,j}, \ u_{i,j}, \ u_{i+1,j}, \\
& \cdots, u_{i-1,Nz}, \ u_{i,Nz}, \ u_{i+1,Nz}, \cdots \big)^{\mathrm{T}},
\end{aligned}
$$

A 为 N_xN_z 阶复矩阵

$$
\begin{pmatrix}
A_5^1 & A_6^1 & & & & A_8^1 & A_9^1 & & & & & & & & \\
A_4^2 & A_5^2 & A_6^2 & & & A_7^2 & A_8^2 & A_9^2 & & & & & & & \\
 & A_4^3 & A_5^3 & A_6^3 & & & A_7^3 & A_8^3 & A_9^3 & & & & & & \\
 & & \cdots & & & & & \cdots & & & & & & & \\
 & & & A_4^{N_x} & A_5^{N_x} & & & & A_7^{N_x} & A_8^{N_x} & & & & & \\
A_2^k & A_3^k & & & & A_5^k & A_6^k & & & & A_8^k & A_9^k & & & \\
A_1^k & A_2^k & A_3^k & & & A_4^k & A_5^k & A_6^k & & & A_7^k & A_8^k & A_9^k & & \\
 & A_1^k & A_2^k & A_3^k & & & A_4^k & A_5^k & A_6^k & & & A_7^k & A_8^k & A_9^k & \\
 & & \cdots & & & & & \cdots & & & & & \cdots & & \\
 & & & A_1^k & A_2^k & & & & A_3^k & A_4^k & & & & A_7^k & A_8^k \\
 & & & & & A_5^N & A_6^N & & & & A_8^N & A_9^N & & & \\
 & & & & & A_4^N & A_5^N & A_6^N & & & A_7^N & A_8^N & A_9^N & & \\
 & & & & & & A_4^N & A_5^N & A_6^N & & & A_7^N & A_8^N & A_9^N & \\
 & & & & & & & \cdots & & & & & \cdots & & \\
 & & & & & & & & A_3^N & A_4^N & & & & A_7^N & A_8^N
\end{pmatrix}.
$$

对该大型线性方程组, 可用迭代法或 LU 分解法求解. 我们基于 MUMPS 软件用 LU 分解法求解.

7.2.2 完全匹配层吸收边界

在计算中计算区域都是有限的, 如采用 Dirichlet 边界条件会使计算结果中出现人为的边界反射, 严重干扰波的有效信息, 从而影响反演结果. 虽然可以通过扩大计算区域来减小边界反射对内部区域的影响, 但会大大增加计算量, 通常采用吸收边界条件来达到消除或削减人为边界反射的目的. 吸收边界条件有多种, 如傍轴近似吸收边界条件[29]、精确吸收边界条件[45,46,153] 和完全匹配层 (PML) 吸收边界条件. 我们采用完全匹配层吸收边界条件, 该条件是 1994 年 Berenger[4] 在电磁波数值模拟中提出的, 基本思想是通过在计算区域周围附加入一个具有吸收作用的吸收层使波进入该区域后得到衰减, 在理论上可以吸收任何频率及以任何角度入射的波. 完全匹配层吸收边界已经在地震波场数值模拟中得到很好应用[15,64].

将 PML 吸收边界条件应用到声波方程 (7.2.1), 可以得到

$$\frac{\omega^2}{\kappa(x,z)}u+\frac{1}{\xi_x(x)}\frac{\partial}{\partial x}\left(\frac{b(x,z)}{\xi_x(x)}\frac{\partial u}{\partial x}\right)+\frac{1}{\xi_z(z)}\frac{\partial}{\partial z}\left(\frac{b(x,z)}{\xi_z(z)}\frac{\partial u}{\partial z}\right)=-s(x,z,\omega), \tag{7.2.14}$$

其中

$$\kappa(x,z)=\rho(x,z)v(x,z)^2,\quad b(x,z)=\frac{1}{\rho(x,z)},$$

$$\xi_x(x)=\frac{\mathrm{i}\omega+d(x)}{\mathrm{i}\omega}=1+\frac{d(x)}{\mathrm{i}\omega},\quad \xi_z(z)=\frac{\mathrm{i}\omega+d(z)}{\mathrm{i}\omega}=1+\frac{d(z)}{\mathrm{i}\omega},$$

$$d(x)=a\left(1-\cos\left(\frac{\pi}{2}x\right)\right),\quad d(z)=a\left(1-\cos\left(\frac{\pi}{2}z\right)\right),$$

阻尼因子 $d(x)$ 和 $d(z)$ 中的变量 x 和 z 分别表示 PML 层内网格节点到内部计算区域边界的横向和纵向距离. 在计算中, 取 $a=90$. 可以看到, 方程 (7.2.14) 与 (7.2.1) 形式上完全一致, 因此, 完全可以应用与 (7.2.1) 式一样方法进行离散.

7.2.3 正演数值计算

我们考虑一均匀模型, 内部计算区域 $\Omega=[0,5000\text{m}]\times[0,5000\text{m}]$, 其中 $N_x=N_z=201$, $h=25\text{m}$. 计算区域周围为完全匹配吸收层, 厚度为 500m. 模型速度 $v=3000\text{m/s}$. 在模型中央 $(x,z)=(2500\text{m},2500\text{m})$ 处设置点源. 图 7.2 和

图 7.3 是频率分别为 10Hz 和 20Hz 时的频率域波场, 其中左图是实部, 右图是虚部, 从图可以看到, 边界反射已经被吸收.

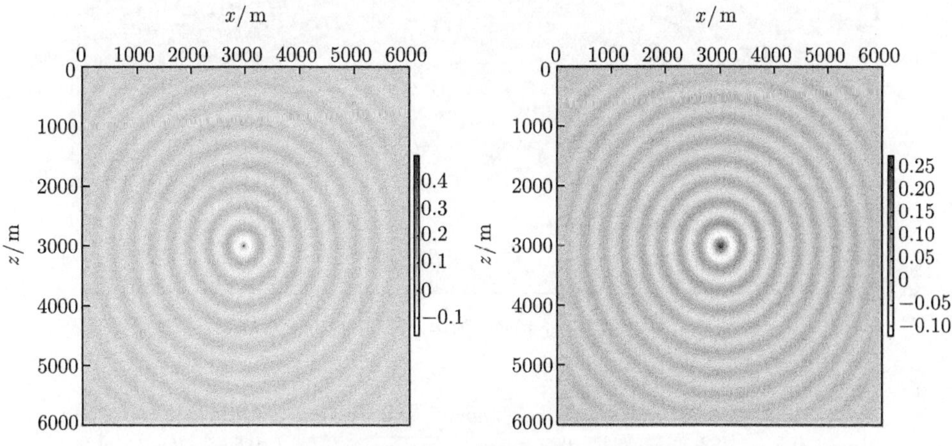

图 7.2　均匀模型 10Hz 波场图. 左: 实部, 右: 虚部

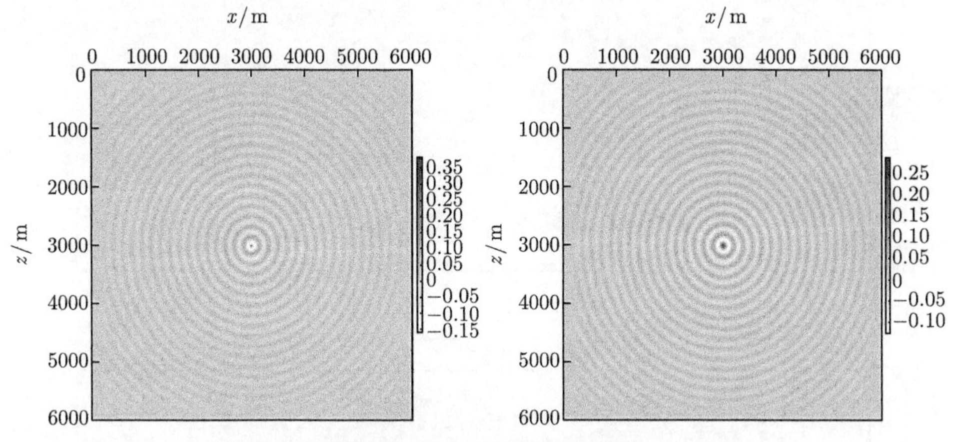

图 7.3　均匀模型 20Hz 波场图. 左: 实部, 右: 虚部

其次考虑一个复杂模型, 即如图 7.4 所示的 Marmousi 模型. 内部计算区域 $\Omega = [0, 9200\text{m}] \times [0, 3000\text{m}]$, 其中 $N_z = 151$, $N_x = 461$, $h = 20\text{m}$. 计算区域周围为 PML 吸收边界层, 厚度为 500m. 在模型上表面 $(x, z) = (4600\text{m}, 20\text{m})$ 处设置点源, 如图 7.4 中的小圆点所示. 图 7.5 和图 7.6 是频率分别为 5Hz 和 10Hz 时的频率域波场, 其中上图是实部, 下图是虚部. 由图可知, 在计算区域边界处对波场有很好的吸收效果.

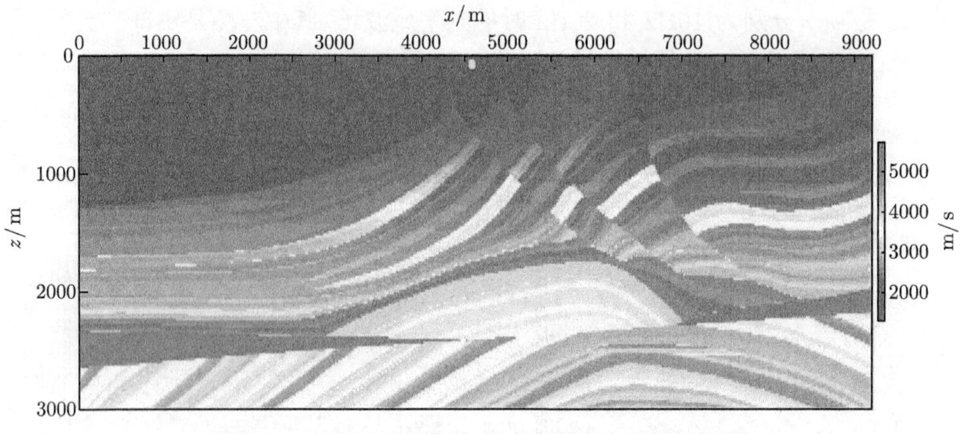

图 7.4 Marmousi 模型, 图中小圆点表示震源位置

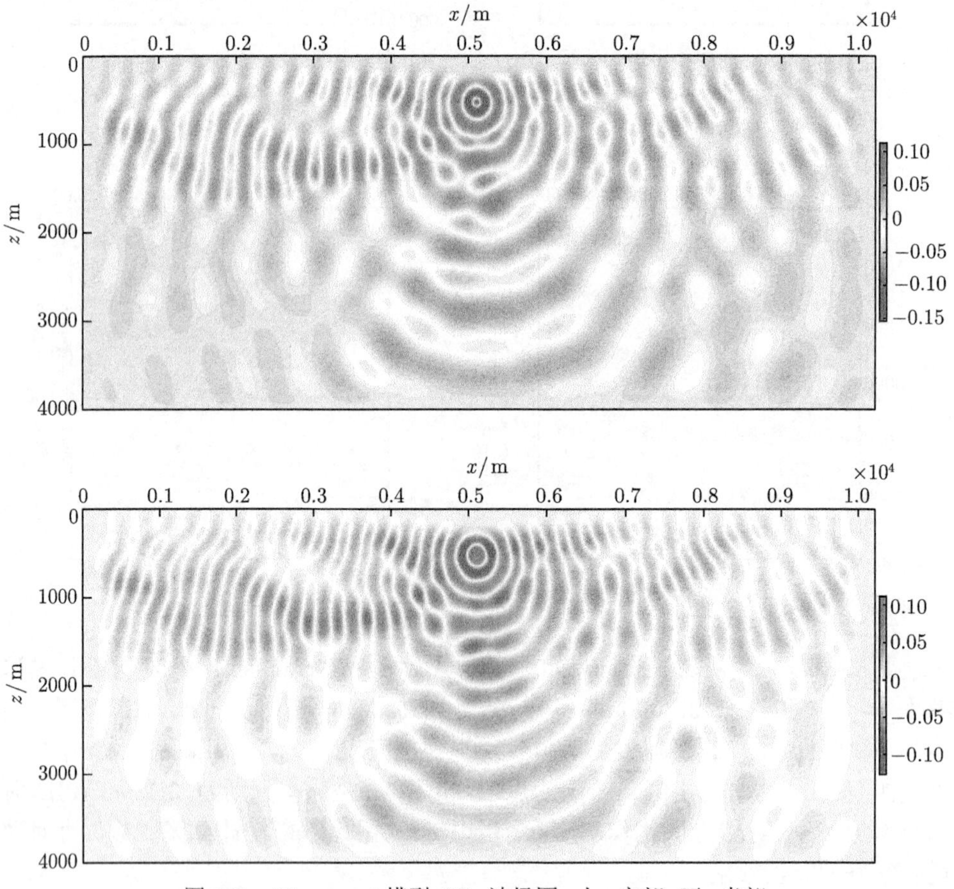

图 7.5 Marmousi 模型 5Hz 波场图. 上: 实部, 下: 虚部

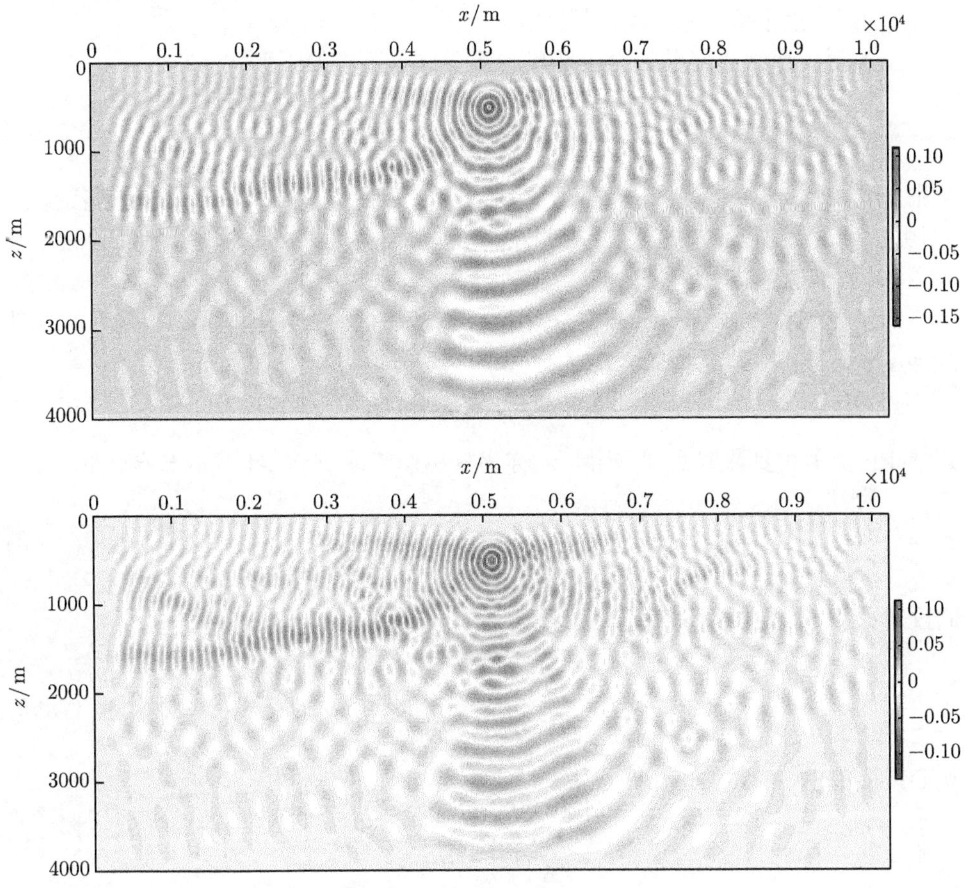

图 7.6 Marmousi 模型 10Hz 波场图. 上: 实部, 下: 虚部

7.3 反演方法

7.3.1 反演算法

全波形反演总体上是一个极小化目标函数的优化迭代求解过程, 其中目标函数通常取为观测数据与模拟数据的离散 l_2 范数, 即极小化如下问题

$$\min_{\boldsymbol{m}} f(\boldsymbol{m}) = \frac{1}{2}||\delta \boldsymbol{u}||_2^2 = \frac{1}{2}\sum_{\omega}^{N_\omega}\sum_{s}^{N_s}\sum_{r}^{N_r}\left[\boldsymbol{u}^{\rm syn}(x_s, x_r, \omega) - \boldsymbol{u}^{\rm obs}(x_s, x_r, \omega)\right]^2, \tag{7.3.1}$$

其中 $\delta \boldsymbol{u}$ 为接收点上模拟数据 $\boldsymbol{u}^{\rm syn}$ 和观测数据 $\boldsymbol{u}^{\rm obs}$ 之间的残差, $\boldsymbol{m}$ 表示模型参数, 在这里为波速. x_s 表示震源位置, x_r 表示接收点位置, N_s 表示震源个数,

N_r 表示接收点个数, N_ω 表示反演频率个数.

全波形反演优化问题的一般迭代求解公式可写成如下形式

$$\boldsymbol{m}_{k+1} = \boldsymbol{m}_k + \alpha_k \boldsymbol{p}_k, \quad k = 0, 1, 2, \cdots, \tag{7.3.2}$$

其中 $\boldsymbol{m}_0$ 表示初始模型, k 表示迭代步数, $\boldsymbol{p}_k$ 表示搜索方向, α_k 表示迭代步长. α_k 用 Wolfe 线搜索方法得到. 搜索方法 $\boldsymbol{p}_k$ 可用不同的方法求解, 从而导致不同的方法, 如最速下降法和共轭梯度法等[168].

为了得到搜索方向, 我们对目标函数 $f(\boldsymbol{m})$ 关于参数 $\boldsymbol{m}$ 求导, 得到目标函数的梯度表达式

$$\nabla_{\boldsymbol{m}} f = \mathrm{Re}(J^{\mathrm{T}} \delta \boldsymbol{u}^*), \tag{7.3.3}$$

其中 Re 表示对复数取实部, 矩阵 J 称为敏感矩阵或 Fréchet 导数矩阵, 即

$$J = \frac{\partial \boldsymbol{u}}{\partial \boldsymbol{m}} = -A^{-1} \frac{\partial A}{\partial \boldsymbol{m}} \boldsymbol{u}. \tag{7.3.4}$$

通过对方程 (7.2.13) 两端关于模型参数 $\boldsymbol{m}$ 求导, 得

$$A \frac{\partial \boldsymbol{u}}{\partial \boldsymbol{m}} = -\frac{\partial A}{\partial \boldsymbol{m}} \boldsymbol{u}, \tag{7.3.5}$$

从而可以推出

$$\nabla_{\boldsymbol{m}} f = -\mathrm{Re}\left\{ \boldsymbol{u}^{\mathrm{T}} \frac{\partial A^{\mathrm{T}}}{\partial \boldsymbol{m}} A^{-1} \delta \boldsymbol{u}^* \right\}, \tag{7.3.6}$$

其中 T 表示转置, $*$ 表示共轭.

由方程 (7.3.6) 可以看出, 梯度是由震源产生的入射波场 $\boldsymbol{u}$ 和残量反传播波场 $A^{-1}\delta\boldsymbol{u}^*$ 零延迟互相关运算得到, 其中 $\boldsymbol{u}$ 为震源激发的入射波场; $A^{-1}\delta\boldsymbol{u}^*$ 可以看作 N_r 个接收点位置处残差的反传播波场; $\dfrac{\partial A^{\mathrm{T}}}{\partial \boldsymbol{m}}$ 可由系数矩阵 A 经过简单的计算得到, 对于参数 m_i, $\dfrac{\partial A^{\mathrm{T}}}{\partial m_i}$ 只在 i 个位置及其周围有值, 其他位置均为零.

由如上分析可知, 梯度的计算需要求解两个正演问题, 即求解震源入射波场和反传播残差波场. 其中入射波场模拟需要求解的线性方程组的右端项为 N_s 个实际炮点位置激发的震源, 而反传播波场模拟需要求解的线性方程组的右端项为 N_r 个接收点位置处的残差波场. 这样每次梯度计算只需要求解 $N_s + N_r$ 个右端项的线性方程组, 避免了直接求解 Jacobi 矩阵 J. 我们采取多频率从小到大逐步反演, 后一频率的初始模型为前一频率反演的结果, 全波形反演算法见算法 7.3.1. 当残量或迭代次数小于预先设定的阈值时, 迭代就中止.

算法 7.3.1 (频率域全波形反演算法) 给定初始模型 $\boldsymbol{m}_0$, 迭代终止条件 ε, 最大迭代次数 $k_{\max}$, 设迭代步 $k=0$. **while** ($|\nabla_{\boldsymbol{m}} f|>\varepsilon$ and $k<k_{\max}$) **do**

for $\omega=\omega_1$ to ω_n **do**

模拟震源产生的波场 u

计算残差向量 $\delta \boldsymbol{u}$ 和目标函数 $f(\boldsymbol{m})$

模拟在接收点位置残差产生的反传播波场 $A^{-1}\delta \boldsymbol{u}^*$

计算梯度 $\nabla_{\boldsymbol{m}} f(\boldsymbol{m})$

if $k=1$ **then**

计算拟 Hessian 矩阵的对角线元素

end if

用各类优化方法计算扰动搜索方向 $\boldsymbol{p}_k$

用线搜索方法计算迭代步长 α_k

更新参数模型 $\boldsymbol{m}_{k+1}=\boldsymbol{m}_k+\alpha_k \boldsymbol{p}_k$

end do

end while

7.3.2 Gauss-Newton 法和预条件子

梯度法和共轭梯度法都利用了目标函数的一阶导数信息. Newton 法利用了目标函数的二阶导数信息, 是求解目标函数极小化问题的一种常用算法. Newton 法搜索方向为

$$\boldsymbol{p}=-H^{-1}\nabla_{\boldsymbol{m}} f(\boldsymbol{m}), \tag{7.3.7}$$

其中 H 为目标函数的二阶导数矩阵 $\nabla_{\boldsymbol{m}}^2 f(\boldsymbol{m})$, 即 Hessian 矩阵. 对梯度公式 (7.3.3) 关于 $\boldsymbol{m}$ 求导数, 有

$$H=\frac{\partial^2 f(\boldsymbol{m})}{\partial \boldsymbol{m}^2}=\operatorname{Re}\left(J^{\mathrm{T}} J^*+\frac{\partial J^{\mathrm{T}}}{\partial \boldsymbol{m}}\delta \boldsymbol{u}^*\right). \tag{7.3.8}$$

将 (7.3.8) 代入 (7.3.7), 得

$$\boldsymbol{p}=-\operatorname{Re}\left\{J^{\mathrm{T}} J^*+\frac{\partial J^{\mathrm{T}}}{\partial \boldsymbol{m}}\delta \boldsymbol{u}^*\right\}^{-1}\operatorname{Re}(J^{\mathrm{T}}\delta \boldsymbol{u}^*). \tag{7.3.9}$$

直接计算 (7.3.9) 中的 Hessian 矩阵的逆计算量是巨大的, 通常用拟 Newton 方法来计算, 如 BFGS 方法和有限内存的 BFGS(即 L-BFGS) 方法, 对大规模计算问题, L-BFGS 方法更常用.

对线性问题, 式 (7.3.9) Hessian 阵中的第二项为零. 对于非线性问题, 为简化计算, 该项也经常省略, 从而得到拟 Hessian 矩阵

$$H \approx \widetilde{H} = \mathrm{Re}(J^{\mathrm{T}} J^*), \tag{7.3.10}$$

再代入 (7.3.7), 从而得到 Gauss-Newton 法搜索方向

$$\boldsymbol{p} = -\widetilde{H}^{-1}\mathrm{Re}(J^{\mathrm{T}}\delta\boldsymbol{u}^*) = -\mathrm{Re}\left(J^{\mathrm{T}}J^*\right)^{-1}\mathrm{Re}(J^{\mathrm{T}}\delta\boldsymbol{u}^*). \tag{7.3.11}$$

在实际计算中, $\widetilde{H}^{-1}$ 较难直接计算, 且计算量大, 可用拟 Hessian 矩阵对角线元素矩阵 (记为 $\mathrm{diag}\widetilde{H}$) 来替代 $\widetilde{H}$, 这些对角线元素可作为模型参数扰动量的预条件子. 相对于小偏移距或大振幅路径的浅层扰动, 这种预条件子更有助于增强大偏移距或小振幅路径的深部扰动. 因此, 预条件的最速下降法中的 $\boldsymbol{p}$ 为

$$\boldsymbol{p} = -\left(\mathrm{diag}\widetilde{H} + \varepsilon I\right)^{-1}\mathrm{Re}(J^{\mathrm{T}}\delta\boldsymbol{u}^*), \tag{7.3.12}$$

其中 $\varepsilon > 0$ 为小参数, 起到正则化参数的作用, 通常取 $\mathrm{diag}\widetilde{H}$ 最大值的 1%. 类似地, 这种预条件子也可以用于共轭梯度法或 L-BFGS 方法中的计算中.

7.3.3 正则化方法

波形反演是一个不适定的问题, 反演结果对数据敏感, 需要采用正则化方法. 带正则化项的目标函数可改写为

$$\min_{\boldsymbol{m}} f(\boldsymbol{m}) = \frac{1}{2}\sum_{\omega}^{N_\omega}\sum_{s=1}^{N_s}\sum_{r=1}^{N_r}||\delta\boldsymbol{u}||^2 + \alpha\Omega(\boldsymbol{m}), \tag{7.3.13}$$

其中 $\Omega(\boldsymbol{m}) := ||R\boldsymbol{m}||^2$ 为正则化项, R 为正则化算子, α 为正则化参数.

传统的 Tikhonov 正则化方法是取模型参数的极小解, 正则化项为 $||\boldsymbol{m}||_2^2$, 即 $R = I$. 另一种正则化方法是取 $R = \nabla$ 或 $R = \nabla^2$, 这对模型参数的空间上有光滑化作用. 对 $R = \nabla^2$, 这时 $\Omega(\boldsymbol{m})$ 为

$$\begin{aligned}\Omega(\boldsymbol{m}) = ||\nabla\boldsymbol{m}||_2^2 &= \sum_{i=1}^{N_x}\sum_{j=1}^{N_z}|\nabla m_{i,j}|^2 \\ &= \sum_{j=1}^{N_z}\sum_{i=1}^{N_x}(D_x m_{i,j})^2 + (D_z m_{i,j})^2,\end{aligned} \tag{7.3.14}$$

其中 D_x 和 D_z 分别为 x 和 z 方向一阶离散导数算子. 除采用 l_2 范数外, 还可以采用 TV 范数, 对应 TV 正则化. 1992 年, Rudin 等[109] 首次将 TV 正则化引入

图像处理中, 然后, Acar 等[1] 对不适定问题的 TV 正则化方法给出了理论推导及收敛性分析, 在此基础上, Vogel 等[142] 提出了不动点迭代方法. 在全波形反演中, 对 TV 正则化方法, $\Omega(\boldsymbol{m})$ 取为

$$\begin{aligned}\Omega(\boldsymbol{m}) = \|\boldsymbol{m}\|_{\mathrm{TV}}^2 &= \sum_{i=1}^{N_x}\sum_{j=1}^{N_z} |\nabla m_{i,j}| \\ &= \sum_{i=1}^{N_x}\sum_{j=1}^{N_z} \sqrt{(D_x m_{i,j})^2 + (D_z m_{i,j})^2},\end{aligned} \tag{7.3.15}$$

对于基于梯度的优化方法, 如最速下降法或拟 Newton 法, 我们只需要计算正则化函数的梯度

$$\frac{\partial\Omega(\boldsymbol{m})}{\partial\boldsymbol{m}} = \nabla^2\boldsymbol{m} = D_{xx}m_{i,j} + D_{zz}m_{i,j}, \tag{7.3.16}$$

其中 D_{xx} 和 D_{zz} 分别为 x 和 z 方向二阶离散导数算子. 对 TV 正则化, 其导数为

$$\frac{\partial\Omega(\boldsymbol{m})}{\partial\boldsymbol{m}} = \frac{(D_x m_{i,j})^2 D_{zz}m_{i,j} + 2D_x m_{i,j} D_z m_{i,j} D_{xz} m_{i,j} + (D_z m_{i,j})^2 D_{xx} m_{i,j}}{\left[(D_x m_{i,j})^2 + (D_z m_{i,j})^2 + \varepsilon\right]^{3/2}}, \tag{7.3.17}$$

其中 ε 是为了防止分母为零而添加的正常数, 离散导数算子为

$$\begin{aligned}
D_x m_{i,j} &= \frac{m_{i+1,j} - m_{i-1,j}}{2h}, \quad D_z m_{i,j} = \frac{m_{i,j+1} - m_{i,j-1}}{2h}, \\
D_{xx} m_{i,j} &= \frac{m_{i+1,j} - 2m_{i,j} + m_{i-1,j}}{h^2}, \\
D_{zz} m_{i,j} &= \frac{m_{i,j+1} - 2m_{i,j} + m_{i,j-1}}{h^2}, \\
D_{xz} m_{i,j} &= \frac{m_{i+1,j+1} + m_{i-1,j-1} - m_{i+1,j-1} - m_{i-1,j+1}}{4h^2}.
\end{aligned}$$

7.4 反演数值计算

7.4.1 简单模型反演

如图 7.7(a) 是一个简单方块模型, 模型背景速度为 3500m/s, 模型中央有 4000m/s 的速度异常体. 真实模型中竖线位于 $x = 2500$m 处, 用于对反演结果和真实模型进行比较. 在四个方向上靠近边界 500m 处设置四组炮点和接收点,

第一组炮点在靠近上边界处, 接收点在靠近下边界处, 第一个炮点位置为 $(x, z) = (500\text{m}, 500\text{m})$, 第一个接收点位置为 $(x, z) = (500\text{m}, 4500\text{m})$; 第二组炮点在靠近下边界处, 接收点在靠近上边界处, 炮点和接收点位置与第一组对调; 第三组炮点在靠近左边界处, 接收点在靠近右边界处, 第一个炮点位置为 $(x, z) = (500\text{m}, 500\text{m})$, 第一个接收点位置为 $(x, z) = (4500\text{m}, 500\text{m})$; 第四组炮点在靠近右边界处, 接收点在靠近左边界处, 炮点和接收点位置与第三组对调. 每组炮点和接收点的个数均为 21 个, 间距均为 200m. 震源函数取为雷克子波, 其时间域表达式为

$$g(t) = (1 - 2(\pi f_0)t^2)e^{-(\pi f_0 t)^2}, \tag{7.4.1}$$

其中 f_0 为主频, 在计算中取 7Hz. 取时间采样 $\Delta t = 0.01\text{s}$.

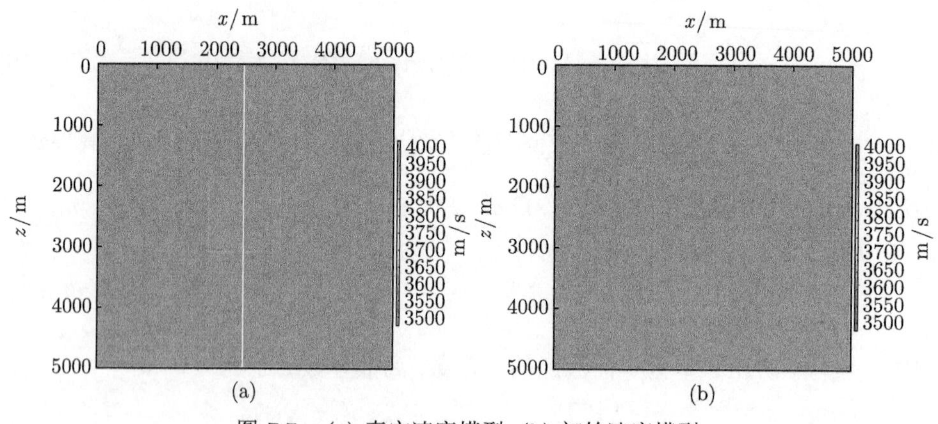

图 7.7 (a) 真实速度模型; (b) 初始速度模型

反演过程中共用 7 个离散频率, 依次为 4Hz, 5Hz, 7Hz, 10Hz, 13Hz, 16Hz 和 20Hz, 每个频率最大迭代步数为 12. 反演模型内部计算区域划分为 $N_x \times N_z$ 的网格, 其中 $N_x = 201$, $N_z = 201$, 网格间距 $h = 25\text{m}$, 模型周围为 $20h = 500\text{m}$ 厚的 PML 层. 反演初始模型速度为常值 3500m/s, 如图 7.7(b) 所示. 图 7.8 为最速下降法 20Hz 反演结果及 $x = 2500\text{m}$ 处反演结果与真实模型的比较, 图 7.9 为非线性共轭梯度法 20Hz 反演结果及 $x = 2500\text{m}$ 处反演结果与真实模型的比较; 图 7.10 为 L-BFGS 方法 20Hz 反演结果及 $x = 2500\text{m}$ 处反演结果与真实模型的比较. 图 7.11 是拟 Hessian 矩阵对角线元素的计算结果. 图 7.12~ 图 7.14 为预条件最速下降法 4Hz, 10Hz 和 20Hz 反演结果及 $x = 2500\text{m}$ 处反演结果与真实模型的比较; 对于预条件共轭梯度法和预条件 L-BFGS 方法, 在最终频率即 20Hz 处的反演结果与图 7.14 类似, 限于篇幅这里省略, 在后面对复杂 Marmousi 模型的反演中将给出其反演结果.

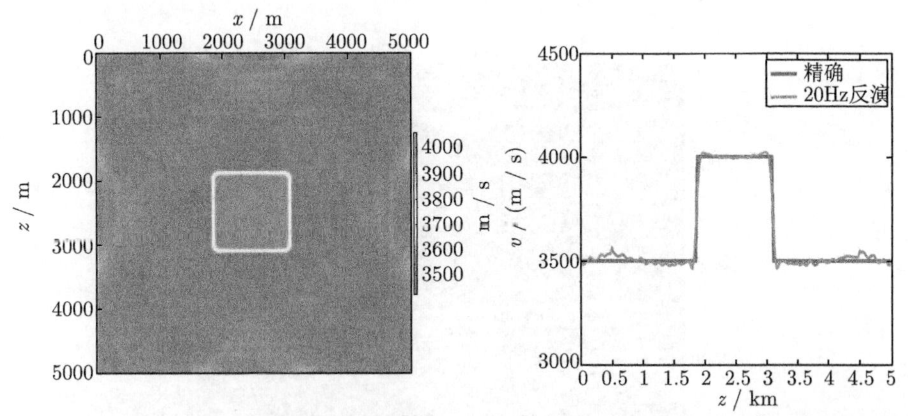

图 7.8 最速下降法 20Hz 反演结果 (左图) 及 $x = 2500$m 处反演结果与真实模型的比较 (右图)

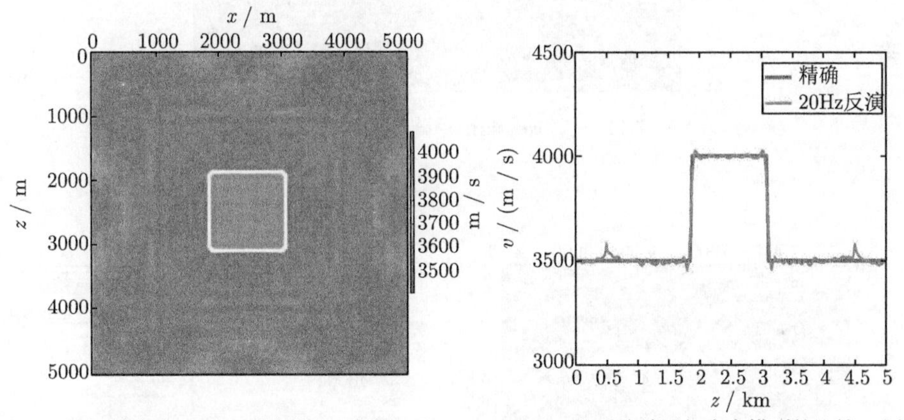

图 7.9 共轭梯度法 20Hz 反演结果 (左图) 及 $x = 2500$m 处反演结果与真实模型的比较 (右图)

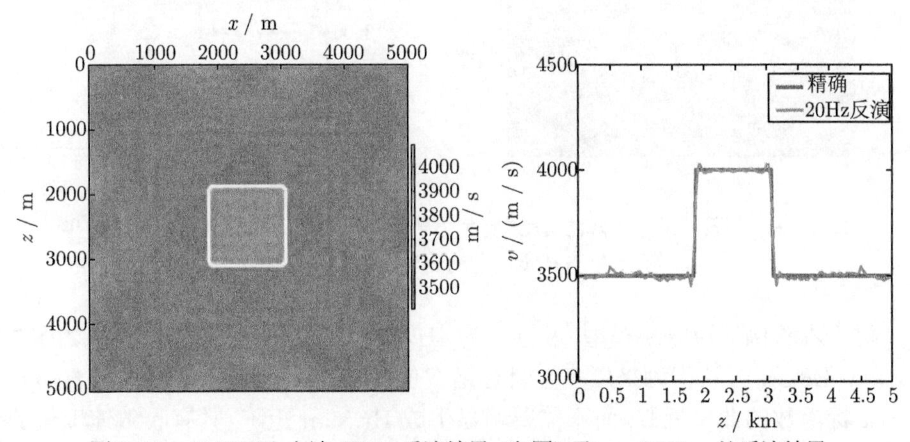

图 7.10 L-BFGS 方法 20Hz 反演结果 (左图) 及 $x=2500$m 处反演结果与真实模型的比较 (右图)

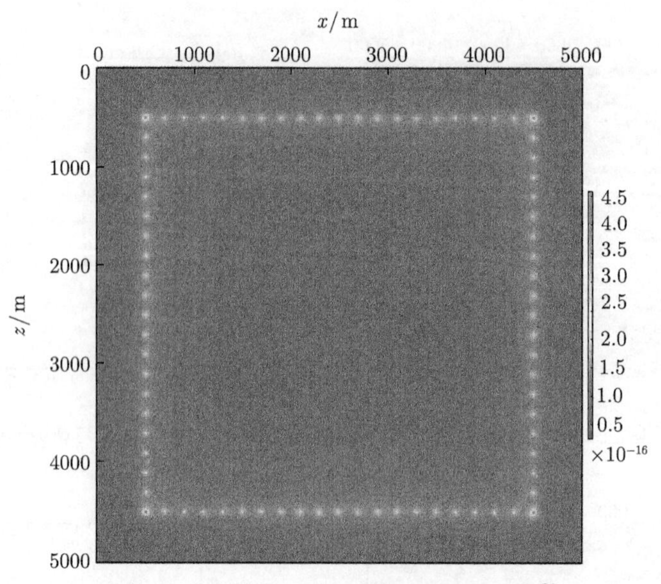

图 7.11　拟 Hessian 矩阵的对角矩阵 $\mathrm{diag}\widetilde{H}$

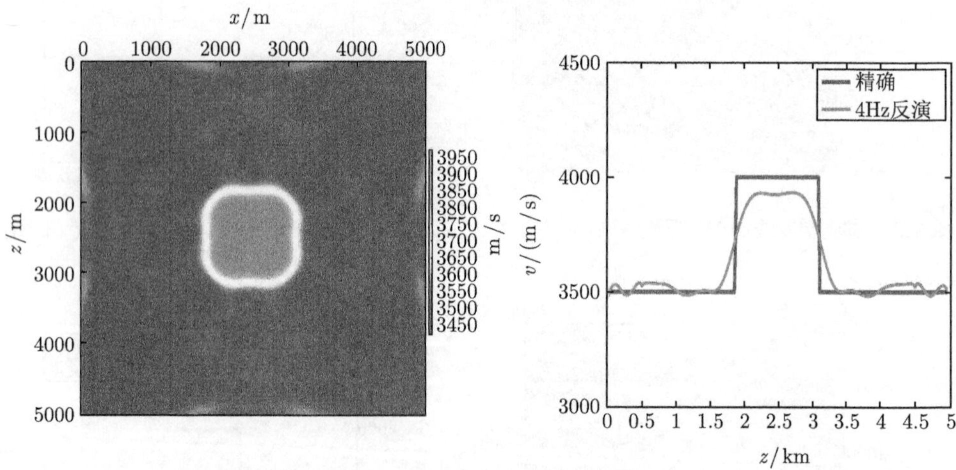

图 7.12　预条件最速下降法 4Hz 反演结果 (左图) 及 $x = 2500\mathrm{m}$ 处反演结果与真实模型的比较 (右图)

对于本算例简单方块模型, 取频率为 4Hz 时, 不同优化方法收敛曲线如图 7.15 所示. L-BFGS 方法因为采用多层目标函数值 $f(\boldsymbol{m})$ 和一阶导数信息 $\nabla f(\boldsymbol{m})$, 构造出目标函数的曲率近似, 而不需要明显生成 Hessian 矩阵, 具有收敛速度快的优点, 本算例中 L-BFGS 方法在各方法中收敛最快. 非线性共轭梯度法 (NLCG) 是介于最速下降法 (SD) 与 Newton 法之间的一个方法, 它仅需利用目标函数的一阶导数信息, 但是又克服了最速下降法收敛慢的特点. 同时我们也发现, 对于简单模型而言, 预条件子的作用并不明显. 最速下降法和预条件最速下降法 (PSD) 收敛速度相差不大; 然而对于复杂模型, 优化问题常常收敛到局部极小值, 这时预条件子的作用更为重要.

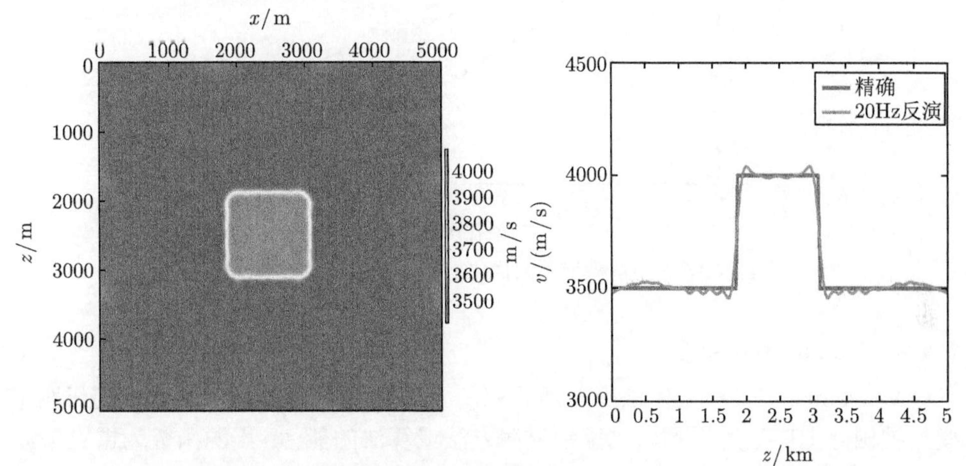

图 7.13 预条件最速下降法 10Hz 反演结果 (左图) 及 $x = 2500$m 处反演结果与真实模型的比较 (右图)

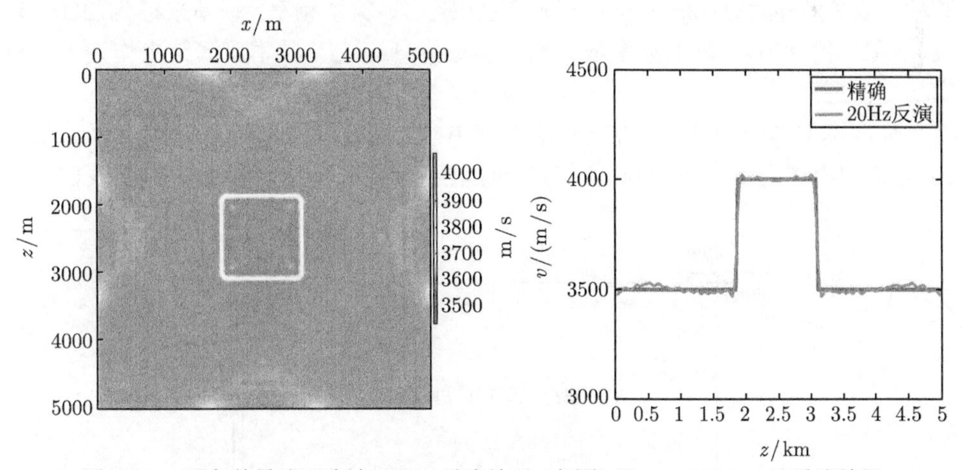

图 7.14 预条件最速下降法 20Hz 反演结果 (左图) 及 $x = 2500$m 处反演结果与真实模型的比较 (右图)

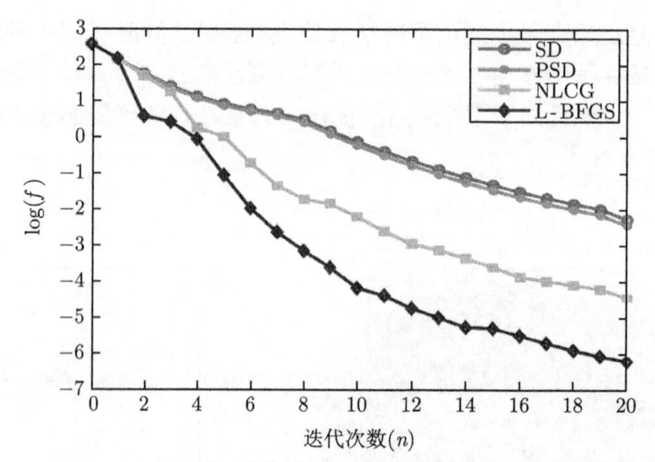

图 7.15　方块模型不同优化方法目标函数收敛曲线图

7.4.2 Marmousi 模型

Marmousi 原始模型由法国石油研究院 (IFP) 所属协会在 1988 年构造[139], 该模型被国际上广泛用于测试成像和反演方法或算法的能力. 震源函数为雷克子波, 中心频率为 7Hz, 由于震源中心频率较低, 可以利用波场较低频率信息. 反演过程中共用 30 个离散频率: 从 0.25Hz 至 2Hz 共 12 个频率, 频率采样间隔为 0.25Hz; 从 2.5Hz 至 5Hz 共 6 个频率, 频率采样为 0.5Hz; 从 6Hz 至 10Hz 共 6 个频率, 频率采样为 1Hz; 以及 12Hz 至 20Hz 共 5 个频率, 频率采样为 2Hz; 以及 24Hz 和 28Hz. 每个频率最大迭代步数为 12, 上一频率反演结果作为下一频率初始模型.

反演模型划分为 $N_x \times N_z$ 的网格, 其中 $N_x = 151$, $N_z = 461$, 网格间距 $h = 20\text{m}$, 模型周围为 $25h = 500\text{m}$ 厚的完全匹配层. 如图 7.16 所示, 模型上表面以下

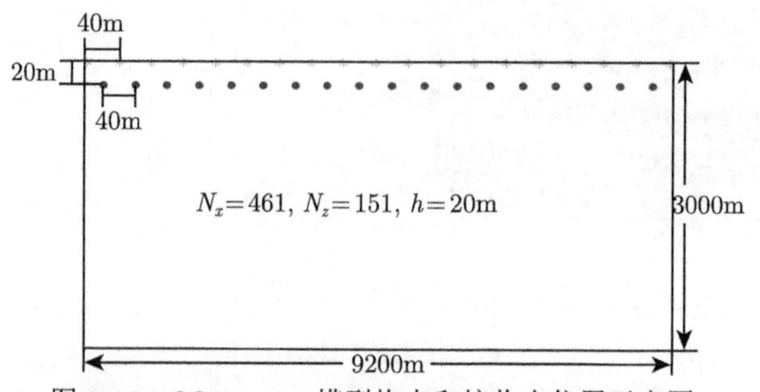

图 7.16　Marmousi 模型炮点和接收点位置示意图.
其中 • 表示炮点, 共 229 个炮点; * 表示接收点, 共 230 个接收点. 炮点和接收点间距均为 40m, 网格间距 $h = 20\text{m}$. 反演的未知数共 $N_x \times N_z = 69611$ 个

20m 处有一组炮点, 炮点个数为 229 个, x 方向上第一个炮点位置为 $(x,z)=(20\text{m},20\text{m})$, 接收点位置位于模型上表面, 个数为 230 个, x 方向上第一个接收点位置为 $(x,z)=(0,0)$, 炮点和接收点间距均为 40m. 由于接收点完全覆盖模型上表面, 观测数据中包含长偏移距信息. 图 7.17 是 Marmousi 模型的精确模型. 反演的初始速度模型如图 7.18 所示, 从浅到深速度线性增大. 图 7.19 是 Marmousi 模型的拟 Hessian 矩阵的对角矩阵.

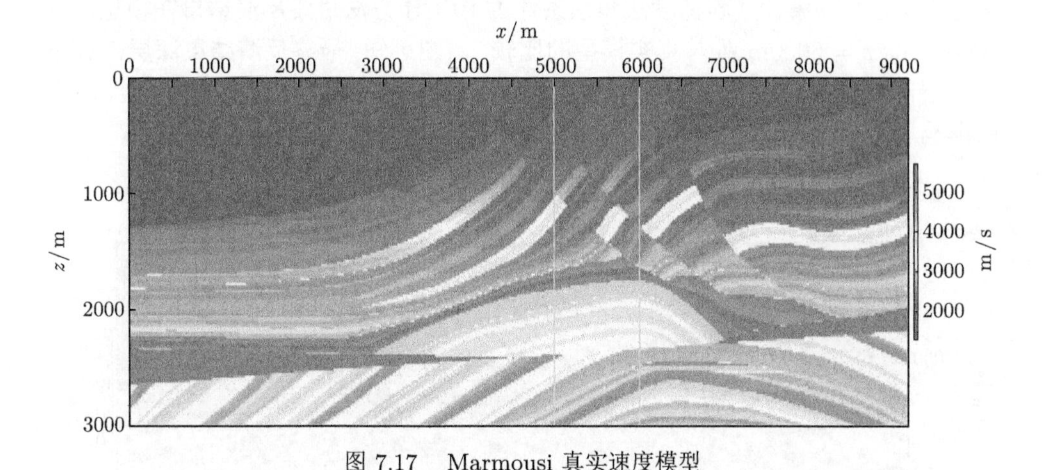

图 7.17 Marmousi 真实速度模型

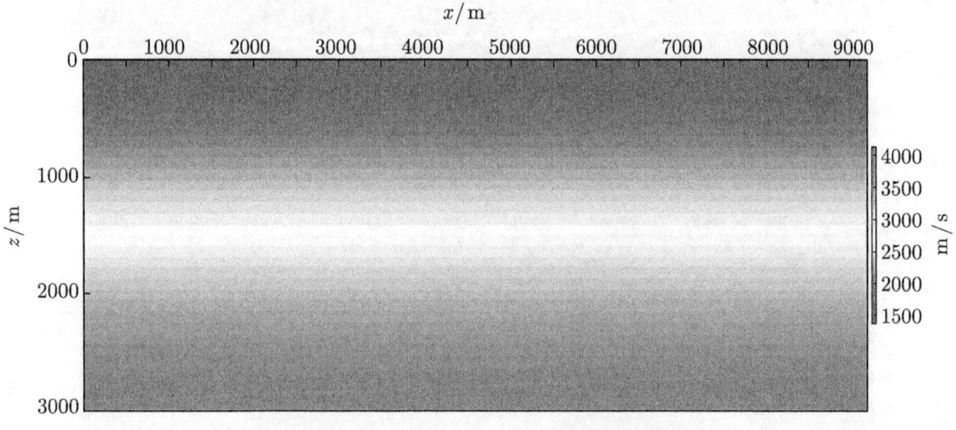

图 7.18 Marmousi 初始速度模型

对于最速下降法, 如图 7.20 所示, 波形反演收敛到一个局部极小值, 无法反演深层的模型, 图 7.21 和图 7.22 分别是在 $x=5000\text{m}$ 和 $x=6000\text{m}$ 处反演结果与真实模型的比较, 这时在梯度方向前加上预条件子改变优化问题的搜索方向, 就能较好恢复深层的参数信息. 图 7.23、图 7.25 和图 7.27 分别为预条件最速下降法、预条件共轭梯度法 (PNLCG) 和预条件 L-BFGS 方法 (PLBFGS) 的三个频率即 2.5Hz, 7Hz 和 28Hz 的反演结果. 由图可知, 通过多频率分量从小到大逐级反演, 预条件优化方法均达到了较高反演精度; 从频率的角度分析, 低频反演数据反映的是大尺度的模型信息, 从 2.5Hz 反演结果图 7.23(a) 可以看到, 反演得到的速度模型宏观构造已和真实模型基本一致, 正是低频数据的大尺度的反演结果为高频数据高精度反演奠定了基础. 图 7.24、图 7.26 和图 7.28 分别为预条件最速下降法、预条件共轭梯度法和预条件 L-BFGS 方法最终反演结果在模型 $x=5000$m 和 $x=6000$m 处与真实模型的比较, 由图可知, 最终反演结果深层部分不如浅层部分精度高, 这是由于深层照明较弱以及从浅层到深层的误差累积而造成的影响.

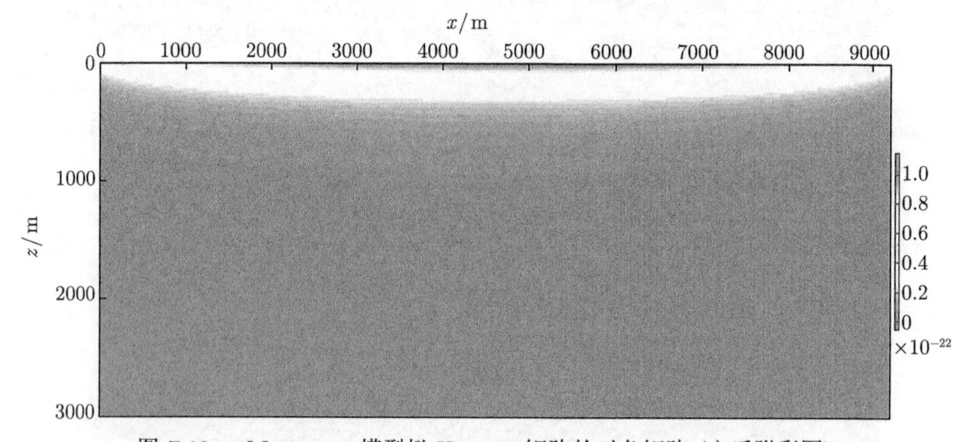

图 7.19　Marmousi 模型拟 Hessian 矩阵的对角矩阵 (文后附彩图)

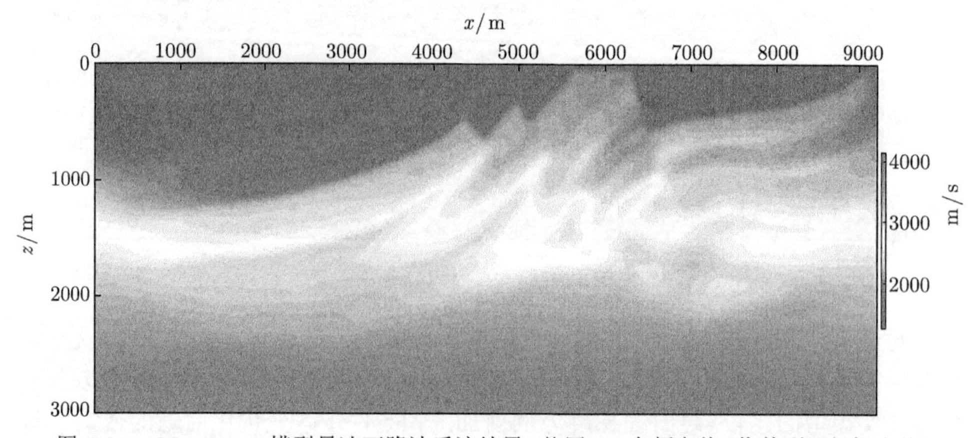

图 7.20　Marmousi 模型最速下降法反演结果, 共用 30 个频率值, 收敛到局部极小值

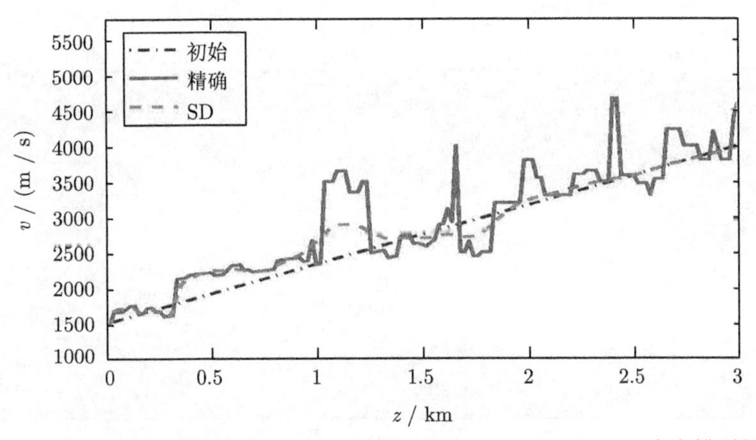

图 7.21 Marmousi 模型最速下降法的反演结果在 $x = 5000\text{m}$ 处与真实模型的比较

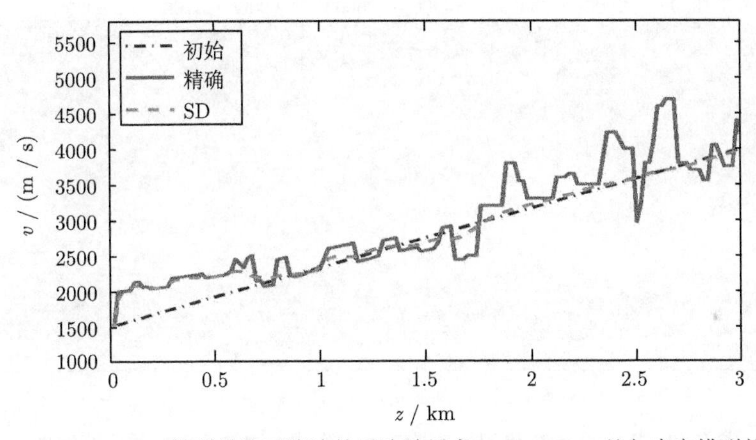

图 7.22 Marmousi 模型最速下降法的反演结果在 $x = 6000\text{m}$ 处与真实模型的比较

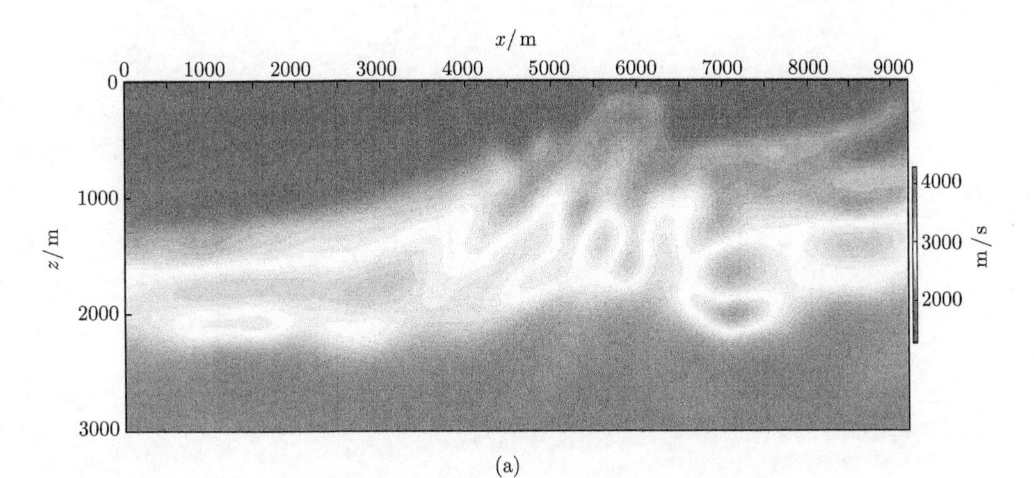

(a)

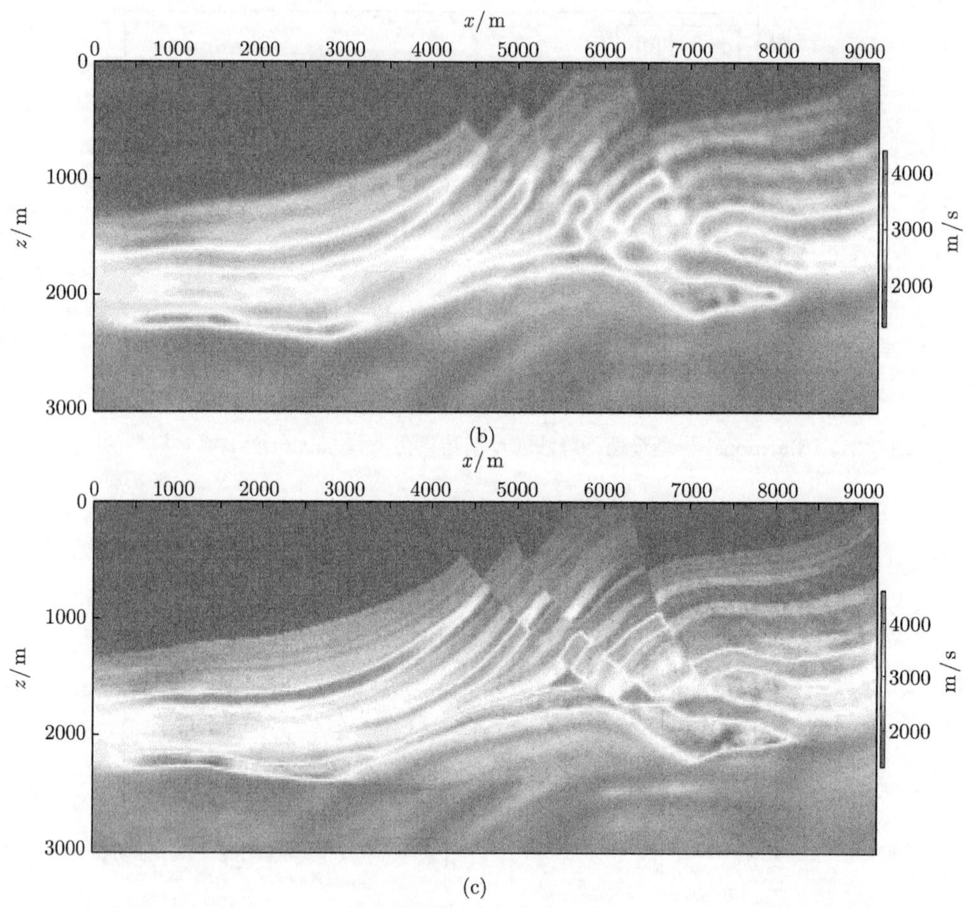

(b)

(c)

图 7.23　Marmousi 模型预条件最速下降法不同最高频率的反演结果.
(a) 2.5Hz; (b) 7Hz; (c) 28Hz

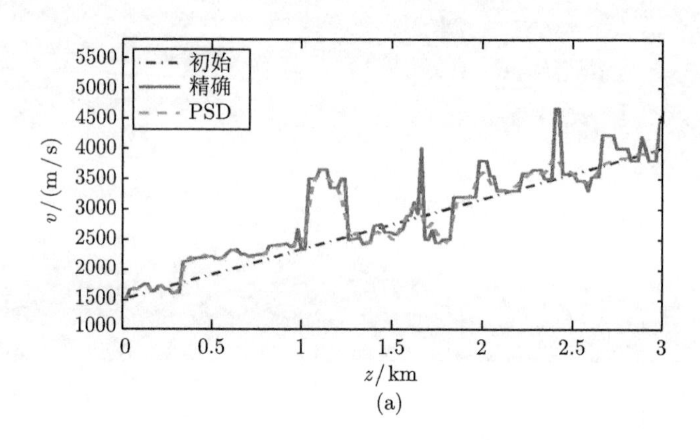

(a)

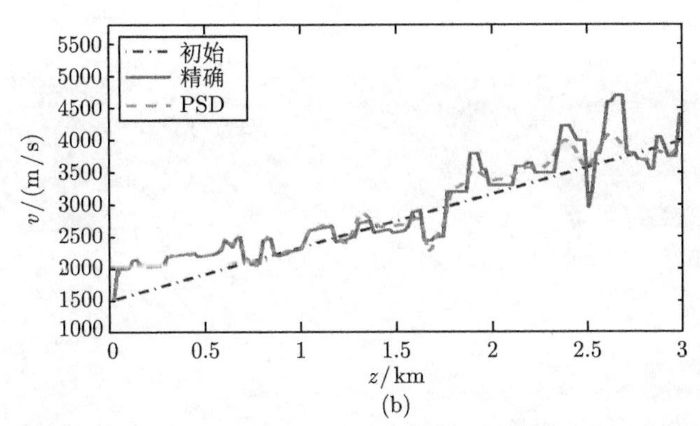

(b)

图 7.24 Marmousi 模型预条件最速下降法的反演结果在不同位置处与真实模型的比较. (a) $x = 5000\text{m}$; (b) $x = 6000\text{m}$

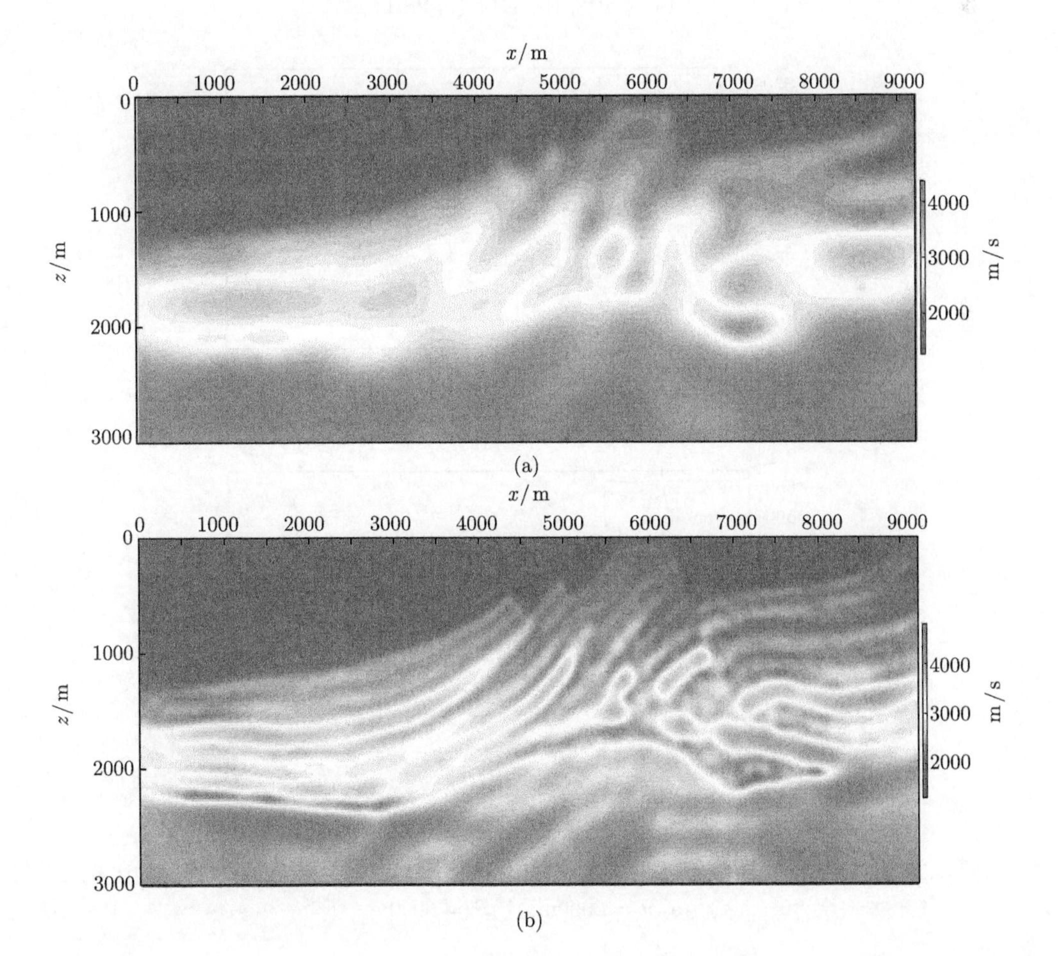

(a)

(b)

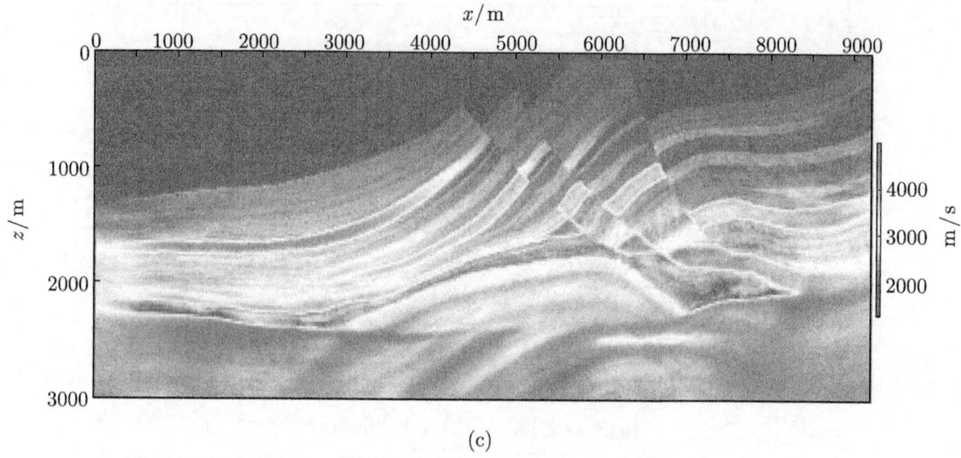

(c)

图 7.25　Marmousi 模型预条件共轭梯度法不同最高频率的反演结果.
(a) 2.5Hz; (b) 7Hz; (c) 28Hz

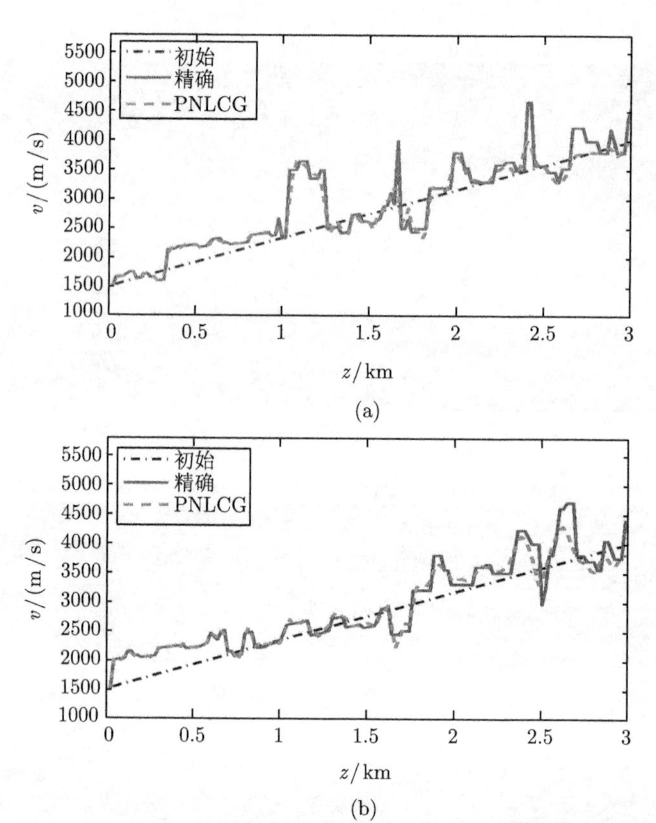

图 7.26　Marmousi 模型预条件共轭梯度法的反演结果在不同位置处与真实模型的比较.
(a) $x = 5000\text{m}$; (b) $x = 6000\text{m}$

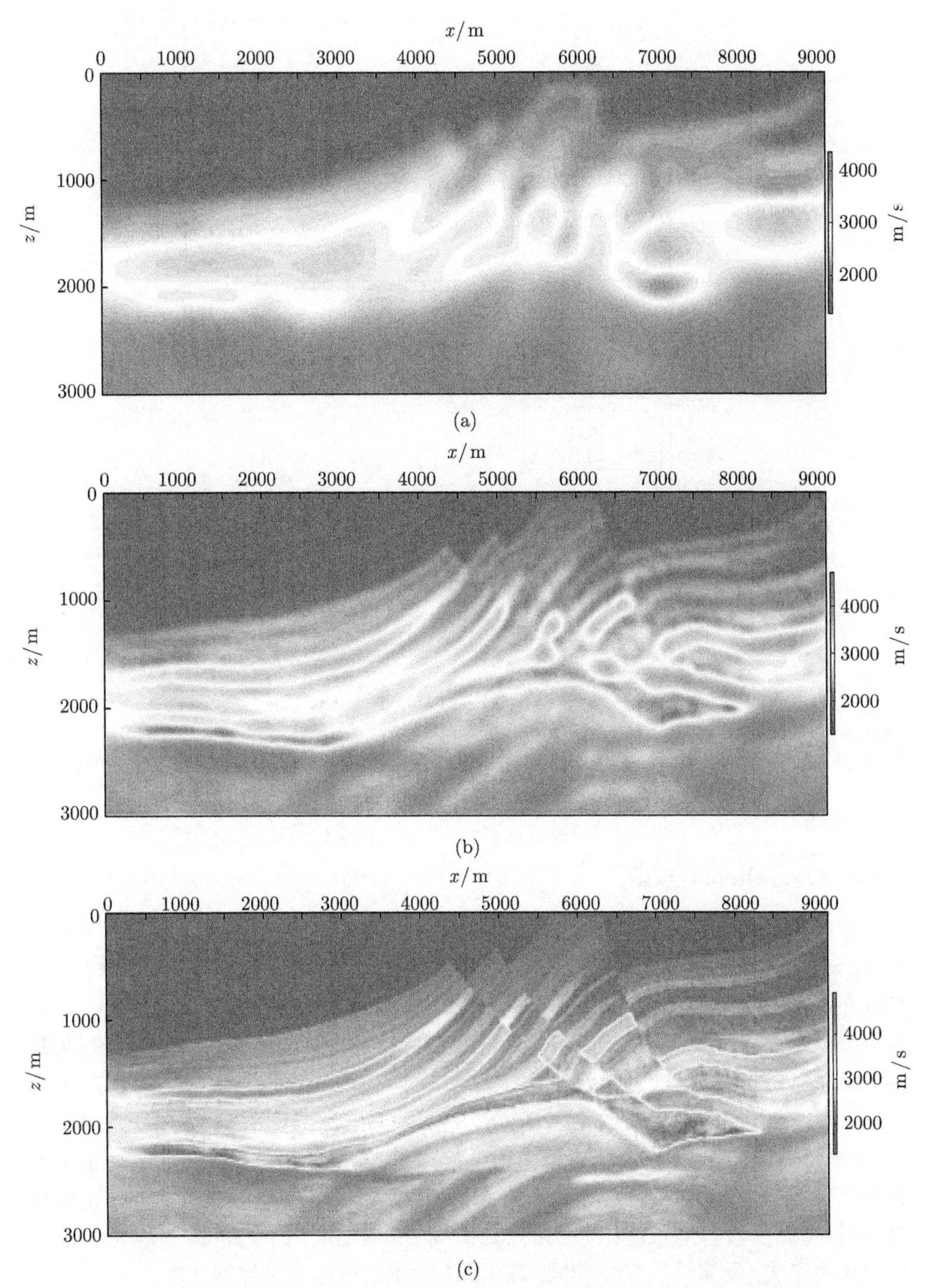

图 7.27 Marmousi 模型预条件 L-BFGS 方法不同最高频率的反演结果.
(a) 2.5Hz; (b) 7Hz; (c) 28Hz

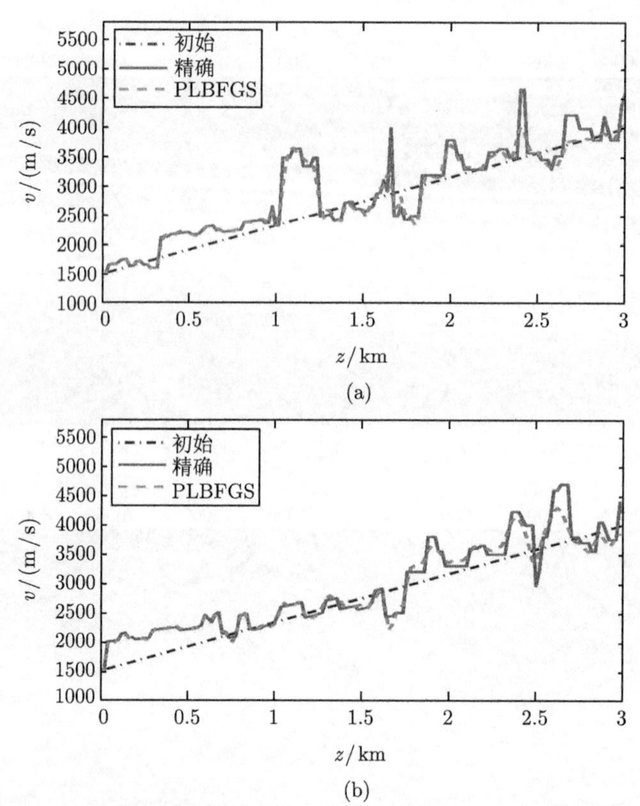

图 7.28 Marmousi 模型预条件 L-BFGS 方法的反演结果在不同位置处与真实模型的比较. (a) $x = 5000\text{m}$; (b) $x = 6000\text{m}$

7.4.3 Overthrust 模型

如图 7.29 所示, 是另一个二维国际标准模型 Overthrust 模型. 该模型被剖分成 $N_x \times N_z = 801 \times 187$ 的网格, x 和 z 方向的空间步长均为 $h = 25\text{m}$. 震源在 $z = 25\text{m}$ 处, 检波点在地表. 总共设置 $N_s = 199$ 个源点和 $N_r = 200$ 个检波点. 反演的初始模型如图 7.30 所示. 选择 7 个离散频率, 即 3.57Hz, 4.79Hz, 7.23Hz, 9.67Hz, 13.34Hz, 17.0Hz 和 20.67Hz 进行逐级反演. 第 1 个频率的反演结果如图 7.31 所示, 3 个频率的反演结果如图 7.32 所示, 7 个频率的反演如图 7.33 所示. 图 7.34 是在地表 $x = 5\text{km}$ 位置处最终反演结果与初始模型和精确模型的比较, 图 7.35 是在地表 $x = 6\text{km}$ 位置处最终反演结果与初始模型和精确模型的比较. 由图可知, 我们得到了较好的反演结果, 尤其是在浅层. 这里采用了 Gauss-Newton 算法, 对于其他算法, 反演结果大体相同, 限于篇幅, 我们这里不再详细比较.

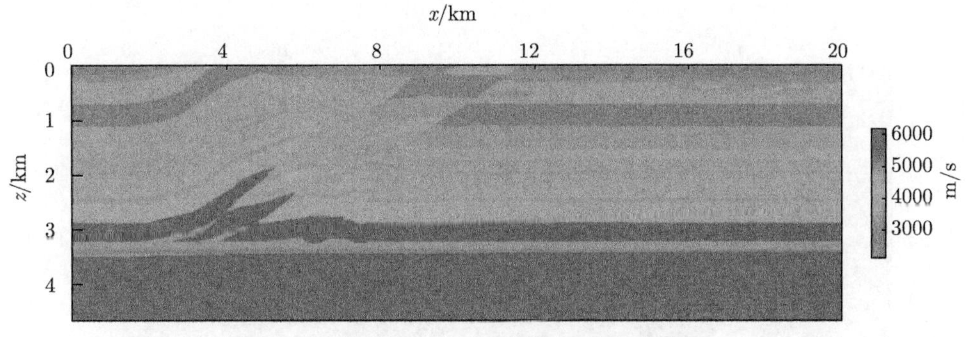

图 7.29 Overthrust 速度模型 (文后附彩图)

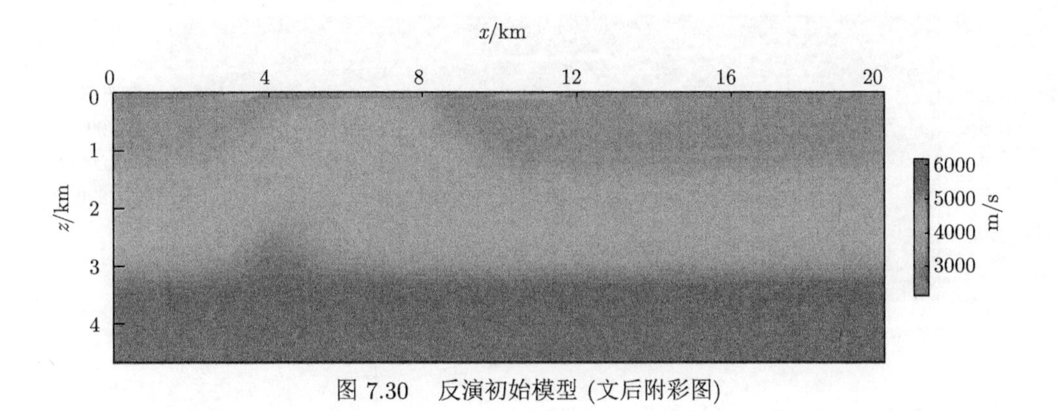

图 7.30 反演初始模型 (文后附彩图)

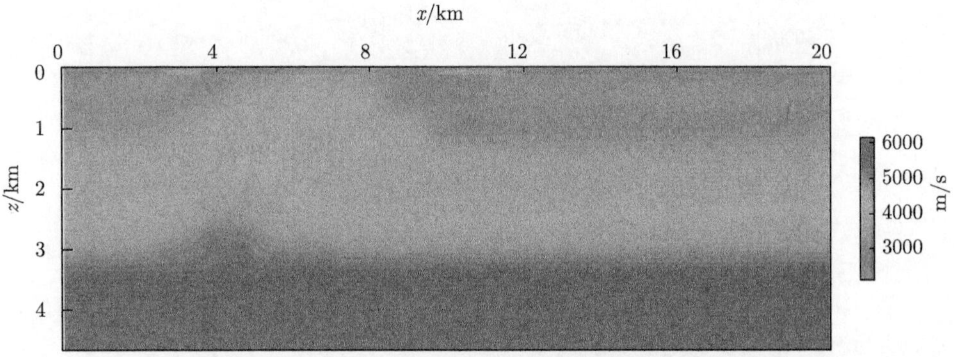

图 7.31 Overthrust 模型用第 1 个频率 3.57Hz 的反演结果

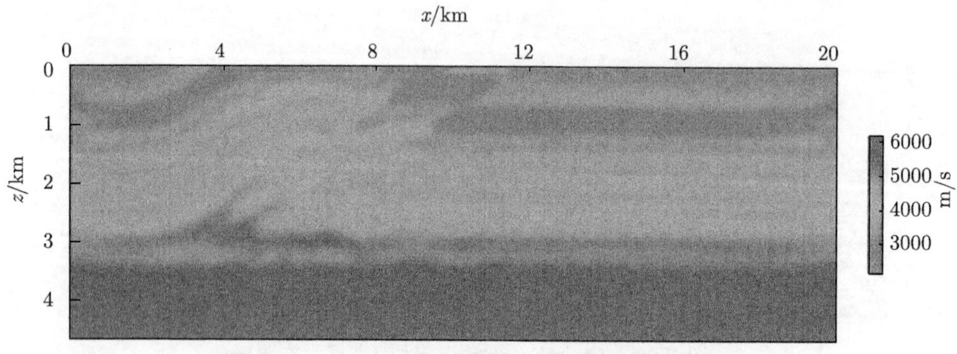

图 7.32　Overthrust 模型用 3 个频率的反演结果

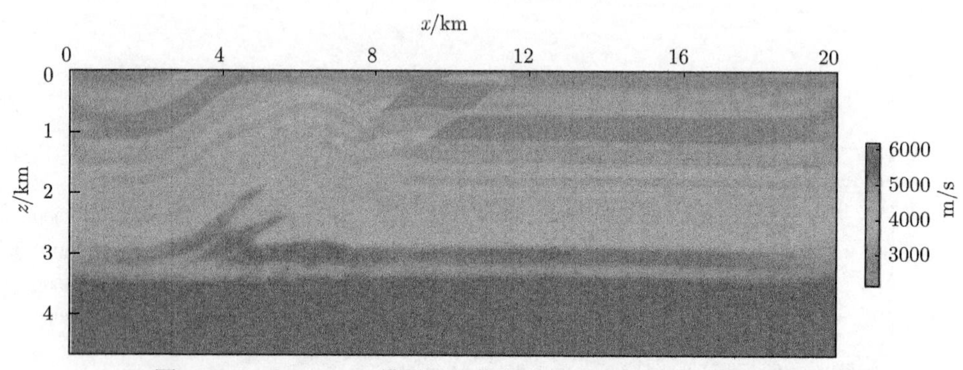

图 7.33　Overthrust 模型用 7 个频率的反演结果 (文后附彩图)

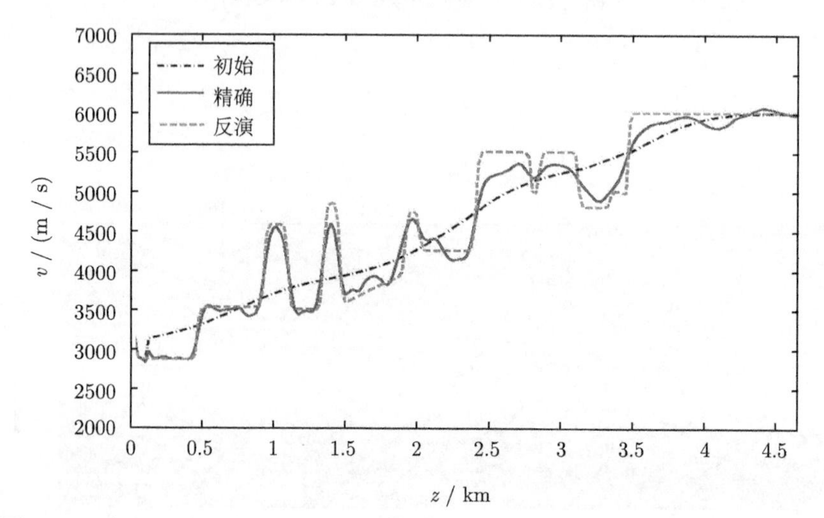

图 7.34　在 $x = 5\text{km}$ 处 Overthrust 模型反演结果与初始模型和精确模型的比较

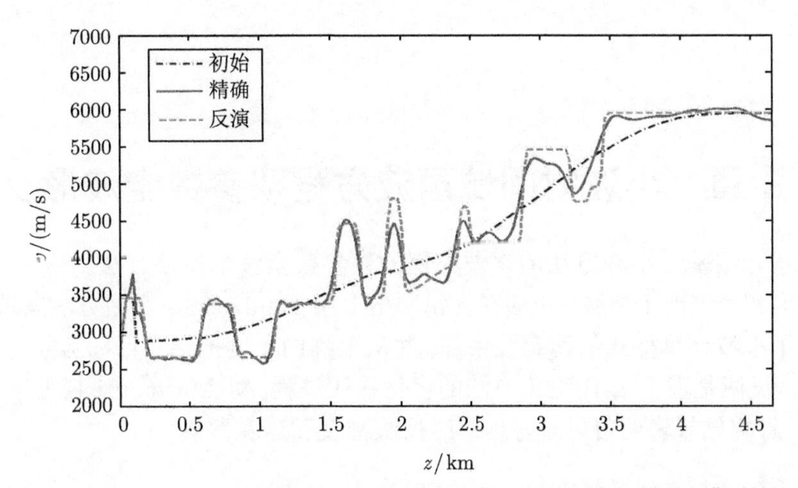

图 7.35 在 $x = 6\text{km}$ 处 Overthrust 模型反演结果与初始模型和精确模型的比较

第 8 章　小波时间域声波方程双参数全波形反演

本章介绍基于小波方法的声波方程的双参数全波形反演方法[159], 可以同时反演速度和密度两个参数. 正演在交错网格上用 Daubechies 小波方法来求解, 首次推导了小波计算格式的稳定性条件, 并从矩阵的角度推导了目标函数的梯度离散格式. 反演是基于 L-BFGS 方法的优化迭代过程, 对 Marmousi 模型进行了数值计算, 计算结果表明可以较好地同时反演密度和速度参数.

8.1　引　　言

全波形反演是大规模计算, 由于计算量的巨大, 通常采用非全局优化方法如梯度类方法. 这些方法包括最速下降法、Gauss-Newton 方法、全 Newton 方法[103]、Newton-CG 方法[31]、截断的 Newton 方法[84,149] 等. 全波形反演由于是一个非线性不适定问题, 反演通常收敛于局部极小值. 常用的正则化方法有 Tikhonov 正则化[28,47] 和全变差 (TV) 正则化[2,76]. 多尺度方法[10] 可看作一种宏观正则化方法, 该方法通过从低频到高频逐级反演来增强反演的稳健性, 使反演更好收敛. 此外, 最优输运方法[30,83] 也被应用到全波形反演中, 该方法通过 Wasserstein 度量而非 L^2 度量来增加目标函数的凸性.

在全波形反演的正问题求解中, 正问题需要迭代求解. 本章我们用小波方法来数值求解[6,17,36,62,105] 正问题. 在小波方法中, 由于多分辨率的性质, 小波方法正演模拟具有更高的精度.

8.2　正交小波基

首先简要回顾具有紧支撑的正交小波基, 更详细内容可参考 [12, 19, 20, 79]. 在 $L^2(\mathbb{R})$ 中具有紧支撑的正交基是由一个简单函数 $\psi(x)$ 的伸缩和平移得到

$$\psi_{j,k} = 2^{-j/2}\psi(2^{-j}x - k), \tag{8.2.1}$$

其中 $j, k \in \mathbb{Z}$. 函数 $\psi(x)$ 有一个相伴的函数, 称为*尺度函数* $\phi(x)$. 函数 $\phi(x)$ 和 $\psi(x)$ 满足下列关系

$$\phi(x) = \sqrt{2}\sum_{k=0}^{L-1} h_k \phi(2x - k), \tag{8.2.2}$$

$$\psi(x)=\sqrt{2}\sum_{k=0}^{L-1}g_k\phi(2x-k), \tag{8.2.3}$$

其中

$$g_k=(-1)^k h_{L-k-1}, \quad k=0,\cdots,L-1 \tag{8.2.4}$$

及

$$\int_{-\infty}^{\infty}\phi(x)dx=1. \tag{8.2.5}$$

另外, 函数 $\psi(x)$ 具有 M 阶消失矩

$$\int_{-\infty}^{\infty}\psi(x)x^m dx=0, \qquad m=0,\cdots,M-1. \tag{8.2.6}$$

其中在 (8.2.2)~(8.2.3) 中的 L 与 M 有关. 对本章所应用的 Daubechies 小波[19], $L=2M$. 在 (8.2.2)~(8.2.3) 中的系数 $H=\{h_k\}_{k=0}^{k=L-1}$ 和 $G=\{g_k\}_{k=0}^{k=L-1}$ 是正交镜像滤波器系数. 一旦滤波器给定 H , 小波函数 ψ 和尺度函数 ϕ 就确定了. 小波的小波系数可以通过多分辨率分析算法求得[79].

在多分辨率分析中, Hilbert 空间 $L^2(\mathbb{R})$ 被分解成一系列的闭子空间:

$$\cdots\subset V_2\subset V_1\subset V_0\subset V_{-1}\subset V_{-2}\subset\cdots,$$

满足

$$\bigcap_{j\in\mathbb{Z}}V_j=0, \quad \overline{\bigcup_{j\in\mathbb{Z}}}V_j=L^2(\mathbb{R}).$$

设 W_j 是 V_j 在 V_{j-1} 中的正交补:

$$V_{j-1}=V_j\oplus W_j,$$

则 $L^2(\mathbb{R})$ 可以表示成 W_j 直和, 即 $L^2(\mathbb{R})=\oplus_{j\in\mathbb{Z}}W_j$. 对某一固定的 j, 尺度函数 $\phi_{j,k}(x)$ 和小波函数 $\psi_{j,k}(x)$ 分别构成 V_j 和 W_j 的正交基, 即

$$V_j=\overline{\mathrm{span}\{\phi_{j,k}:k\in\mathbb{Z}\}}, \qquad W_j=\overline{\mathrm{span}\{\psi_{j,k}:k\in\mathbb{Z}\}}.$$

因此 $\forall f_j\in V_j$ 有下面的分解

$$f_j=f_{j+1}+\hat{f}_{j+1}, \tag{8.2.7}$$

其中

$$f_{j+1} = \sum_{l\in\mathbb{Z}} c_l^j \phi_{j+1,k} \in V_{j+1}, \quad \hat{f}_{j+1} = \sum_{l\in\mathbb{Z}} d_l^{j+1} \psi_{j+1,k} \in W_{j+1}, \tag{8.2.8}$$

$$c_l^{j+1} = \langle f_j, \phi_{j+1,l}\rangle, \quad d_l^{j+1} = \langle f_j, \psi_{j+1,l}\rangle, \tag{8.2.9}$$

这里 I 上的内积 $\langle f, g\rangle$ 定义为

$$\langle f, g\rangle = \int_I f(x)\overline{g(x)}dx, \quad \forall f(x),\ g(x) \in L^2(\mathbb{R})$$

及

$$c_k^{j+1} = \sum_{l\in\mathbb{Z}} \overline{h}_{l-2k} c_l^j, \quad d_k^{j+1} = \sum_{l\in\mathbb{Z}} \overline{g}_{l-2k} c_l^j. \tag{8.2.10}$$

构造二维小波的一个有效方法是使用一维小波的张量积. 定义 $V_j^2 = V_j \otimes V_j$, 其中 $\otimes$ 表示张量积. 类似地, $L^2(\mathbb{R}^2)$ 被分解为一列子空间 V_j^2 的和. 作直和分解, 有

$$V_{j-1}^2 = V_j^2 \oplus W_j^2,$$

其中

$$W_j^2 = (V_j \otimes W_j) \oplus (W_j \otimes V_j) \oplus (W_j \otimes W_j).$$

因此 $L^2(\mathbb{R}^2) = \oplus_{j\in\mathbb{Z}} W_j^2$. 而且, 由 $\left\{\phi_{j,k}(x)\phi_{j,m}(z)\right\}_{k,m\in\mathbb{Z}}$ 构成 V_j^2 的正交基, 由

$$\left\{\phi_{j,k}(x)\psi_{j,m}(z), \psi_{j,k}(x)\phi_{j,m}(z), \psi_{j,k}(x)\psi_{j,m}(z)\right\}_{k,m\in\mathbb{Z}}$$

构成 W_j^2 的正交基.

8.3 正演方法

带有速度和密度的二维声波方程可以表示为

$$\frac{1}{\rho v^2}\frac{\partial^2 u}{\partial t^2} - \text{div} \cdot \frac{1}{\rho}\nabla u = f(t)\delta(x - x_s)\delta(z - z_s), \tag{8.3.1}$$

其中 u 是压力, ρ 是密度, v 是速度, $f(t)$ 是位于 (x_s, z_s) 的源函数. 引进辅助变量 w_x 和 w_z 可以将 (8.3.1) 改写成

$$\frac{\partial w_x}{\partial t} = \frac{1}{\rho}\frac{\partial u}{\partial x}, \tag{8.3.2}$$

$$\frac{\partial w_z}{\partial t} = \frac{1}{\rho}\frac{\partial u}{\partial z}, \tag{8.3.3}$$

$$\frac{1}{\rho v^2}\frac{\partial u}{\partial t} = \frac{\partial w_x}{\partial x} + \frac{\partial w_z}{\partial z} + \int_T f(t)\delta(x-x_s)\delta(z-z_s)dt. \tag{8.3.4}$$

初始条件是

$$u(x,z,t)\Big|_{t=0} = 0, \quad u_t(x,z,t)\Big|_{t=0} = 0. \tag{8.3.5}$$

正问题是良态的[67]. 如果对 (8.3.2)~(8.3.4) 和 (8.3.5) 应用交错网格方法, 可以得到如下格式

$$(w_x)_{i+\frac{1}{2},j}^{n+\frac{1}{2}} - (w_x)_{i+\frac{1}{2},j}^{n-\frac{1}{2}} = \left(\frac{1}{2\rho_{i+1,j}} + \frac{1}{2\rho_{i,j}}\right)\frac{\Delta t}{h_x}(u_{i+1,j}^n - u_{i,j}^n), \tag{8.3.6}$$

$$(w_z)_{i,j+\frac{1}{2}}^{n+\frac{1}{2}} - (w_z)_{i,j+\frac{1}{2}}^{n-\frac{1}{2}} = \left(\frac{1}{2\rho_{i,j}} + \frac{1}{2\rho_{i,j+1}}\right)\frac{\Delta t}{h_z}(u_{i,j+1}^n - u_{i,j}^n), \tag{8.3.7}$$

$$\begin{aligned} u_{i,j}^{n+1} - u_{i,j}^n = {} & \frac{\rho v_{i,j}^2 \Delta t}{h_x}\left((w_x)_{i+\frac{1}{2},j}^{n+\frac{1}{2}} - (w_x)_{i-\frac{1}{2},j}^{n+\frac{1}{2}}\right) \\ & + \frac{\rho v_{i,j}^2 \Delta t}{h_z}\left((w_z)_{i,j+\frac{1}{2}}^{n+\frac{1}{2}} - (w_z)_{i,j-\frac{1}{2}}^{n+\frac{1}{2}}\right) + \rho v_{i,j}^2 \Delta t^2 \sum_{s=0}^{n} f_{i,j}^s, \end{aligned} \tag{8.3.8}$$

初始条件为

$$(w_x)_{i+\frac{1}{2},j}^{-\frac{1}{2}} = 0, \quad (w_z)_{i,j+\frac{1}{2}}^{-\frac{1}{2}} = 0, \quad u_{i,j}^0 = 0, \tag{8.3.9}$$

其中 Δt 是时间步长, h_x 和 h_z 分别是 x 和 z 方向的空间步长. 下面用小波方法来求解.

8.3.1 基于小波的正演格式

用尺度函数 ϕ 来表示 (8.3.2)~(8.3.4) 中的波场 u, w_x 和 w_z. 令

$$u^n = \sum_{i,j\in\mathbb{Z}} c_{k,i,j}^{u,n}\phi_{k,i}(x)\phi_{k,j}(z), \tag{8.3.10}$$

$$w_x^{n+\frac{1}{2}} = \sum_{i,j\in\mathbb{Z}} c_{k,i+\frac{1}{2},j}^{w_x,n+\frac{1}{2}}\phi_{k,i+\frac{1}{2}}(x)\phi_{k,j}(z), \tag{8.3.11}$$

$$w_z^{n+\frac{1}{2}} = \sum_{i,j\in\mathbb{Z}} c_{k,i,j+\frac{1}{2}}^{w_z,n+\frac{1}{2}}\phi_{k,i}(x)\phi_{k,j+\frac{1}{2}}(z). \tag{8.3.12}$$

在无源的 (8.3.2)~(8.3.4) 两边作用 ϕ, 得到

$$\left(w_x^{n+\frac{1}{2}} - w_x^{n-\frac{1}{2}}, \phi_{k,i+\frac{1}{2}}(x)\phi_{k,j}(z)\right) = \frac{\Delta t}{\rho}\left(\frac{\partial u^n}{\partial x}, \phi_{k,i+\frac{1}{2}}(x)\phi_{k,j}(z)\right), \tag{8.3.13}$$

$$\left(w_z^{n+\frac{1}{2}} - w_z^{n-\frac{1}{2}}, \phi_{k,i}(x)\phi_{k,j+\frac{1}{2}}(z)\right) = \frac{\Delta t}{\rho}\left(\frac{\partial u^n}{\partial z}, \phi_{k,i}(x)\phi_{k,j+\frac{1}{2}}(z)\right), \tag{8.3.14}$$

$$\begin{aligned}\left(\frac{1}{\rho v^2}(u^{n+1} - u^n), \phi_{k,i}(x)\phi_{k,j}(z)\right) = {} & \Delta t\left(\frac{\partial w_x^{n+\frac{1}{2}}}{\partial x}, \phi_{k,i}(x)\phi_{k,j}(z)\right) \\ & + \Delta t\left(\frac{\partial w_z^{n+\frac{1}{2}}}{\partial z}, \phi_{k,i}(x)\phi_{k,j}(z)\right).\end{aligned} \tag{8.3.15}$$

下面计算 (8.3.13)~(8.3.15) 中的积分. 令

$$r_{l,i} = \int_{-\infty}^{+\infty} \phi(x-l)\phi(x-i)dx, \tag{8.3.16}$$

$$r_{l+\frac{1}{2},i+\frac{1}{2}} = \int_{-\infty}^{+\infty} \phi\left(x-l-\frac{1}{2}\right)\phi\left(x-i-\frac{1}{2}\right)dx, \tag{8.3.17}$$

$$r^1_{l+\frac{1}{2},i} = \int_{-\infty}^{+\infty} \frac{\partial\phi\left(x-l-\frac{1}{2}\right)}{\partial x}\phi(x-i)dx, \tag{8.3.18}$$

$$r^1_{l,i+\frac{1}{2}} = \int_{-\infty}^{+\infty} \frac{\partial\phi(x-l)}{\partial x}\phi\left(x-i-\frac{1}{2}\right)dx. \tag{8.3.19}$$

显然

$$r_{l,i} = r_{l+\frac{1}{2},i+\frac{1}{2}}, \quad r^1_{l+\frac{1}{2},i} = r^1_{l,i+\frac{1}{2}}. \tag{8.3.20}$$

因此根据多分辨率的性质, 有

$$\begin{aligned} s_{(l,m),(i,j)} &= \iint_{-\infty}^{+\infty} \phi(x-l)\phi(z-m)\cdot\phi(x-i)\phi(z-j)dxdz \\ &= \int_{-\infty}^{+\infty}\phi(x-l)\phi(x-i)dx\int_{-\infty}^{+\infty}\phi(z-m)\phi(z-j)dz \\ &= r_{l,i}\cdot r_{m,j}, \end{aligned} \tag{8.3.21}$$

$$s^{1,x}_{(l+\frac{1}{2},m),(i,j)} = \iint_{-\infty}^{+\infty} \frac{\partial\phi\left(x-l-\dfrac{1}{2}\right)}{\partial x}\phi(z-m)\cdot\phi(x-i)\phi(z-j)dxdz$$

$$= \int_{-\infty}^{+\infty} \frac{\partial\phi\left(x-l-\dfrac{1}{2}\right)}{\partial x}\phi(x-i)dx \int_{-\infty}^{+\infty}\phi(z-m)\phi(z-j)dz$$

$$= r^1_{l+\frac{1}{2},i}\cdot r_{m,j}, \tag{8.3.22}$$

$$s^{1,z}_{(l,m+\frac{1}{2}),(i,j)} = \iint_{-\infty}^{+\infty} \phi(x-l)\frac{\partial\phi\left(z-m-\dfrac{1}{2}\right)}{\partial z}\cdot\phi(x-i)\phi(z-j)dxdz$$

$$= \int_{-\infty}^{+\infty}\phi(x-l)\phi(x-i)dx\int_{-\infty}^{+\infty}\frac{\partial\phi(z-m-\frac{1}{2})}{\partial z}\phi(z-j)dz$$

$$= r_{l,i}\cdot r^1_{m+\frac{1}{2},j}, \tag{8.3.23}$$

由于 $\phi_{k,i}=2^{-k/2}\phi(2^{-k}x-i)$, 所以

$$\left(\phi_{k,l}(x)\phi_{k,m}(z),\phi_{k,i}(x)\phi_{k,j}(z)\right)$$

$$= \iint_{-\infty}^{+\infty} 2^{-k}\phi(2^{-k}x-l)\phi(2^{-k}z-m)\cdot 2^{-k}\phi(2^{-k}x-i)\phi(2^{-k}z-j)dxdz$$

$$= s_{(l+\frac{1}{2},m),(i,j)} = r_{l,i}\cdot r_{m,j}, \tag{8.3.24}$$

$$\left(\frac{\partial\phi_{k,l+\frac{1}{2}}(x)}{\partial x}\phi_{k,m}(z),\phi_{k,i}(x)\phi_{k,j}(z)\right)$$

$$= \iint_{-\infty}^{+\infty} 2^{-2k}\frac{\partial\phi\left(2^{-k}x-l-\dfrac{1}{2}\right)}{\partial x}\phi(2^{-k}z-m)\cdot 2^{-k}\phi(2^{-k}x-i)\phi(2^{-k}z-j)dxdz$$

$$= 2^{-k}s^{1,x}_{(l+\frac{1}{2},m),(i,j)} = 2^{-k}r^1_{l+\frac{1}{2},i}\cdot r_{m,j}, \tag{8.3.25}$$

$$\left(\phi_{k,l}(x)\frac{\partial\phi_{k,m+\frac{1}{2}}(z)}{\partial z},\phi_{k,i}(x)\phi_{k,j}(z)\right)$$

$$= \iint_{-\infty}^{+\infty} 2^{-2k}\phi(2^{-k}x-l)\frac{\partial\phi\left(2^{-k}z-m-\dfrac{1}{2}\right)}{\partial z}\cdot 2^{-k}\phi(2^{-k}x-i)\phi(2^{-k}z-j)dxdz$$

$$= 2^{-k} s^{1,z}_{(l,m+\frac{1}{2}),(i,j)} = 2^{-k} r_{l,i} \cdot r^1_{m+\frac{1}{2},j}. \tag{8.3.26}$$

根据平移性和对称性, 有

$$\left(\phi_{k,l+\frac{1}{2}}(x)\phi_{k,m}(z), \phi_{k,i+\frac{1}{2}}(x)\phi_{k,j}(z)\right) = r_{l+\frac{1}{2},i+\frac{1}{2}} \cdot r_{m,j} = r_{l,i} \cdot r_{m,j},$$

$$\left(\phi_{k,l}(x)\phi_{k,m+\frac{1}{2}}(z), \phi_{k,i}(x)\phi_{k,j+\frac{1}{2}}(z)\right) = r_{l,i} \cdot r_{m+\frac{1}{2},j+\frac{1}{2}} = r_{l,i} \cdot r_{m,j},$$

$$\left(\frac{\partial \phi_{k,l}(x)}{\partial x}\phi_{k,m}(z), \phi_{k,i+\frac{1}{2}}(x)\phi_{k,j}(z)\right) = 2^{-k} r^1_{l,i+\frac{1}{2}} \cdot r_{m,j} = 2^{-k} r^1_{l+\frac{1}{2},i} \cdot r_{m,j},$$

$$\left(\phi_{k,l}(x)\frac{\partial \phi_{k,m}(z)}{\partial z}, \phi_{k,i}(x)\phi_{k,j+\frac{1}{2}}(z)\right) = 2^{-k} r_{l,i} \cdot r^1_{m,j+\frac{1}{2}} = 2^{-k} r_{l,i} \cdot r^1_{m+\frac{1}{2},j}.$$

因此我们需要计算 $r_{l,i}$ 和 $r^1_{l+\frac{1}{2},i}$. 根据 ϕ 的正交性, 有

$$r_{l,i} = \begin{cases} 1, & l = i, \\ 0, & l \neq i. \end{cases} \tag{8.3.27}$$

我们采用 $M = 4$ 的 Daubechies 小波[19], 该小波光滑.

8.3.2 小波系数的计算

下面我们计算小波系数 $r_{l+\frac{1}{2},i}$. 根据 (8.3.18) 的定义, 有

$$r^1_{l+\frac{1}{2},i} = \int_{-\infty}^{+\infty} \phi(x-i)\frac{\partial \phi\left(x-l-\dfrac{1}{2}\right)}{\partial x}dx. \tag{8.3.28}$$

为简单起见, 令 $\hat{r}_{i-l-\frac{1}{2}} := r^1_{l+\frac{1}{2},i}$, 则可将 (8.3.28) 改写成

$$\hat{r}_{i-l-\frac{1}{2}} = \int_{-\infty}^{+\infty} \phi\left(x-i+l+\frac{1}{2}\right)\frac{\partial \phi(x)}{\partial x}dx, \tag{8.3.29}$$

由 (8.2.2) 可得

$$\begin{aligned}\hat{r}_{i-l-\frac{1}{2}} &= 4\sum_{k=0}^{L-1}\sum_{m=0}^{L-1} h_k h_m \int_{-\infty}^{+\infty} \phi(2x-2i+2l+1-k)\phi'(2x-m)dx \\ &= 2\sum_{k=0}^{L-1}\sum_{m=0}^{L-1} h_k h_m \hat{r}_{2i+k-2l-1-m}.\end{aligned} \tag{8.3.30}$$

作替换 $m = k - n$, 可将 (8.3.30) 改写成

$$\begin{aligned}
\hat{r}_{i-l-\frac{1}{2}} &= 2\sum_{k=0}^{L-1}\sum_{n=k}^{k-L+1} h_k h_{k-n}\hat{r}_{2i+n-2l-1} \\
&= 2\left\{\sum_{n=1-L}^{-1}\sum_{k=0}^{L-1+n} + \sum_{n=0}^{L-1}\sum_{k=n}^{L-1}\right\} h_k h_{k-n}\hat{r}_{2i+n-2l-1} \\
&= 2\sum_{n=1}^{L-1}\sum_{k=0}^{L-1-n} h_k h_{k+n}\hat{r}_{2i-n-2l-1} + 2\sum_{n=0}^{L-1}\sum_{k=0}^{L-1-n} h_k h_{k+n}\hat{r}_{2i+n-2l-1} \\
&= 2\sum_{n=1}^{L-1}\sum_{k=0}^{L-1-n} h_k h_{k+n}\left(\hat{r}_{2i-n-2l-1} + \hat{r}_{2i+n-2l-1}\right) + 2\sum_{k=0}^{L-1} h_k^2 \hat{r}_{2i-2l-1}.
\end{aligned} \tag{8.3.31}$$

由于 $\sum\limits_{k=0}^{L-1} h_k^2 = 1$, 所以

$$\hat{r}_{i-l-\frac{1}{2}} = 2\hat{r}_{2i-2l-1} + \sum_{n=1}^{L-1} a_n(\hat{r}_{2i-n-2l-1} + \hat{r}_{2i+n-2l-1}), \tag{8.3.32}$$

其中 a_n 是 h_k $(k = 0, \cdots, L-1)$ 的自相关系数:

$$a_n = 2\sum_{k=0}^{L-1-n} h_k h_{k+n}, \quad n = 1, \cdots, L-1. \tag{8.3.33}$$

由于 Daubechies 小波具有 M 阶消失矩, 所以 a_n 可以被表示为[5]

$$a_{2m-1} = \frac{(-1)^{m-1}C_M}{(M-m)!(M+m-1)!(2m-1)}, \quad m = 1, \cdots, M,$$

其中

$$C_M = \left[\frac{(2M-1)!}{(M-1)!4^{M-1}}\right]^2.$$

注意 a_n 当 n 为偶数时为零. 在整数网格 $i \in \mathbb{Z}$ 上的 $\hat{r}_i$ 可以通过求解一个线性代数方程组得到. 例如, 对 $M = 4$ 的 Daubechies 小波, 我们有

$$\hat{r}_1 = -7.9300952\mathrm{e}-01, \quad \hat{r}_2 = 1.9199897\mathrm{e}-01,$$

$$\hat{r}_3 = -3.3580207\mathrm{e}-02, \quad \hat{r}_4 = 2.2240497\mathrm{e}-03,$$

$$\hat{r}_5 = 1.7220619\mathrm{e}-04, \quad \hat{r}_6 = -8.4085053\mathrm{e}-07.$$

因此, 根据 (8.3.32) 并令 $i=l+1,\cdots,l+7$, 我们能求得交错网格上的系数为

$$\left\{\begin{array}{l}
r^1_{l+\frac{1}{2},l+1}=-r^1_{l+\frac{1}{2},l}=-1.3110341,\\
r^1_{l+\frac{1}{2},l+2}=-r^1_{l+\frac{1}{2},l-1}=1.5601008\text{e}-01,\\
r^1_{l+\frac{1}{2},l+3}=-r^1_{l+\frac{1}{2},l-2}=-4.1995747\text{e}-02,\\
r^1_{l+\frac{1}{2},l+4}=-r^1_{l+\frac{1}{2},l-3}=8.6543237\text{e}-03,\\
r^1_{l+\frac{1}{2},l+5}=-r^1_{l+\frac{1}{2},l-4}=-8.3086955\text{e}-04,\\
r^1_{l+\frac{1}{2},l+6}=-r^1_{l+\frac{1}{2},l-5}=-1.0899854\text{e}-05,\\
r^1_{l+\frac{1}{2},l+7}=-r^1_{l+\frac{1}{2},l-6}=4.1057155\text{e}-09,\\
r^1_{l+\frac{1}{2},l+q}=0,\quad q<-6 \text{ 或 } q>7.
\end{array}\right. \tag{8.3.34}$$

8.3.3 稳定性分析

我们用 Fourier 方法来分析稳定性. 假定计算区域为 $\Omega=[0,\widetilde{L}]\times[0,\widetilde{L}]$. 注意到小波将计算区域映到 $[0,1]\times[0,1]$. 因此一阶导数将产生因子 $1/\widetilde{L}$. 为简单起见, 对一个固定的 k , 用表示 $u^n_{i,j}$, $(w_x)^{n+\frac{1}{2}}_{i+\frac{1}{2},j}$, $(w_z)^{n+\frac{1}{2}}_{i,j+\frac{1}{2}}$, $k=1,\cdots,7$ 表示小波系数 $c^{u,n}_{k,i,j}$, $c^{w_x,n+\frac{1}{2}}_{k,i+\frac{1}{2},j}$, $c^{w_z,n+\frac{1}{2}}_{k,i,j+\frac{1}{2}}$, 其中 n 是时间指标. 将 (8.3.13)~(8.3.15) 改写成时间递推形式

$$(w_x)^{n+\frac{1}{2}}_{i+\frac{1}{2},j}-(w_x)^{n-\frac{1}{2}}_{i+\frac{1}{2},j}=\frac{\Delta t}{2^k\widetilde{L}\rho}\sum_{l=1}^{7}r^1_{\frac{1}{2},l}(u^n_{i+l,j}-u^n_{i-l+1,j}), \tag{8.3.35}$$

$$(w_z)^{n+\frac{1}{2}}_{i,j+\frac{1}{2}}-(w_z)^{n-\frac{1}{2}}_{i,j+\frac{1}{2}}=\frac{\Delta t}{2^k\widetilde{L}\rho}\sum_{l=1}^{7}r^1_{\frac{1}{2},l}(u^n_{i,j+l}-u^n_{i,j-l+1}), \tag{8.3.36}$$

$$\begin{aligned}
u^{n+1}_{i,j}-u^n_{i,j}=&\frac{\rho v^2\Delta t}{2^k\widetilde{L}}\sum_{l=1}^{7}r^1_{\frac{1}{2},l}\big[(w_x)^{n+\frac{1}{2}}_{i-\frac{1}{2}+l,j}-(w_x)^{n+\frac{1}{2}}_{i+\frac{1}{2}-l,j}\big]\\
&+\frac{\rho v^2\Delta t}{2^k\widetilde{L}}\sum_{l=1}^{7}r^1_{\frac{1}{2},l}\big[(w_z)^{n+\frac{1}{2}}_{i,j-\frac{1}{2}+l}-(w_z)^{n+\frac{1}{2}}_{i,j+\frac{1}{2}-l}\big],
\end{aligned} \tag{8.3.37}$$

应用 Fourier 稳定性分析方法[133], 可得

$$
\begin{cases}
(\widehat{w}_x)^{n+\frac{1}{2}} - (\widehat{w}_x)^{n-\frac{1}{2}} = \dfrac{r_x}{\rho} q_x \widehat{u}^n, \\
(\widehat{w}_z)^{n+\frac{1}{2}} - (\widehat{w}_z)^{n-\frac{1}{2}} = \dfrac{r_z}{\rho} q_z \widehat{u}^n, \\
\widehat{u}^{n+1} - \widehat{u}^n = \rho v^2 r_x q_x (\widehat{w}_x)^{n+\frac{1}{2}} + \rho v^2 r_z q_z (\widehat{w}_z)^{n+\frac{1}{2}},
\end{cases}
\tag{8.3.38}
$$

其中 $\hat{w}_x$, $\hat{w}_z$ 和 $\hat{u}$ 分别表示 w_x, w_z 和 u 的 Fourier 变换,

$$
r_x = r_z = \frac{\Delta t}{2^k \widetilde{L}}, \quad q_x = 2\mathrm{i}\left(\sum_{l=1}^{7} r^1_{\frac{1}{2},l} \sin\left(l - \frac{1}{2}\right)\sigma_x\right),
$$

$$
q_z = 2\mathrm{i}\left(\sum_{l=1}^{7} r^1_{\frac{1}{2},l} \sin\left(l - \frac{1}{2}\right)\sigma_z\right),
\tag{8.3.39}
$$

其中 $\mathrm{i} = \sqrt{-1}$ 为虚数单位. 注意到

$$
\left|\sum_{l=1}^{7} r^1_{\frac{1}{2},l} \sin\left(l - \frac{1}{2}\right)\sigma\right| \leqslant \sum_{l=1}^{7} |r^1_{\frac{1}{2},l}| = 1.518535998.
$$

在 (8.3.38) 中消去 $(\widehat{w}_x)^{n+\frac{1}{2}}$ 和 $(\widehat{w}_z)^{n+\frac{1}{2}}$, 得到

$$
\widehat{u}^{n+1} - 2\widehat{u}^n + \widehat{u}^{n-1} = v^2 r_x^2 q_x^2 \widehat{u}^n + v^2 r_z^2 q_z^2 \widehat{u}^n.
\tag{8.3.40}
$$

令 $q_x^2 = p_x$, $q_z^2 = p_z$, 则 (8.3.40) 的特征方程是

$$
\lambda^2 - \left(2 + v^2(p_x r_x^2 + p_z r_z^2)\right)\lambda + 1 = 0.
$$

稳定性要求两个特征根都在单位圆内, 由此得到

$$
\left|2 + v^2(p_x r_x^2 + p_z r_z^2)\right| \leqslant 2.
\tag{8.3.41}
$$

求解 (8.3.41) 得到小波格式 (8.3.35)~(8.3.37) 的充分必要条件为

$$
\Delta t \leqslant \frac{2^k \widetilde{L}}{v_{\max}} \frac{1}{\sqrt{2 \times 1.518535998}},
\tag{8.3.42}
$$

或

$$
r_x = r_z \leqslant \frac{0.573815739}{v_{\max}},
\tag{8.3.43}
$$

其中 $v_{\max}$ 是最大速度值.

8.4 双参数反演方法

将目标函数定义为合成数据 $u(\boldsymbol{x}_r, t; \boldsymbol{x}_s)$ 与观测数据 $u_{\text{obs}}(\boldsymbol{x}_r, t; \boldsymbol{x}_s)$ 之残量的 l_2 范数:

$$\mathcal{F}(\boldsymbol{m}) = \frac{1}{2}\sum_{\boldsymbol{x}_s}\sum_{\boldsymbol{x}_r}\int_0^T \left[u(\boldsymbol{x}_r, t; \boldsymbol{x}_s) - u_{\text{obs}}(\boldsymbol{x}_r, t; \boldsymbol{x}_s)\right]^2 dt, \tag{8.4.1}$$

其中 $\boldsymbol{x}_s$ 是炮点位置, $\boldsymbol{x}_r$ 是接收点位置, $\boldsymbol{m} = (v, \rho)$ 是模型参数, T 总的记录时间. 在 (8.4.1) 中的求和是对所有的震源和检波点进行.

极小化该目标函数的迭代公式可以写成

$$\boldsymbol{m}_{k+1} = \boldsymbol{m}_k + \alpha_k \Delta \boldsymbol{m}_k, \quad k = 0, 1, 2, \cdots, \tag{8.4.2}$$

其中上标 k 表达第 k 次迭代, $\boldsymbol{m}_0$ 是初始模型, $\Delta \boldsymbol{m}_k$ 表示模型的修正. α_k 标量步长, 可以通过线搜索得到, 我们采用强 Wolfe 线搜索方法来求. 模型的修改量有下列的一般形式

$$\Delta \boldsymbol{m}_k = -G_k^{-1} \nabla \mathcal{F}(\boldsymbol{m}_k), \tag{8.4.3}$$

其中 G_k 是一个对称和非奇异矩阵. 在最速下降方法中, G_k 为单位矩阵; 在 Newton 法中, G_k 是精确的 Hessian 矩阵, 即 $\nabla^2 \mathcal{F}(\boldsymbol{m}_k)$. 在拟 Newton 方法中, G_k 是每次都要修正的 Hessian 矩阵. 对大规模的全波形反演, Hessian 矩阵及其逆计算量巨大, 所以 Newton 方法很少用于全波形反演. 拟 Newton 法不需要计算 Hessian 矩阵并具有超线性的收敛率, 本章用 L-BFGS 方法. 在 L-BFGS 方法中, Hessian 矩阵的逆由前几步的梯度来确定. 截断的 Newton 法最初由 Dembo 和 Steihaug[23] 在 1983 年提出, 也被用于全波形反演, 在该方法中, 用共轭梯度方法来求解 Newton 方程.

全波形反演是一个典型的不适定问题, 在目标函数中加入正则项, 则 (8.4.1) 为

$$\mathcal{F}(\boldsymbol{m}) = \frac{1}{2}\sum_{\boldsymbol{x}_s}\sum_{\boldsymbol{x}_r}\int_0^T \left[u(\boldsymbol{x}_r, t; \boldsymbol{x}_s) - u_{\text{obs}}(\boldsymbol{x}_r, t; \boldsymbol{x}_s)\right]^2 dt + \alpha\Omega(\boldsymbol{m}), \tag{8.4.4}$$

其中 α 是正则化参数, $\Omega(\boldsymbol{m})$ 正则化项. 有两类常用的正则化项, 一类是 Tikhonov 正则化

$$\Omega_1(\boldsymbol{m}) = \frac{1}{2}||\nabla \boldsymbol{m}||_2^2 = \frac{1}{2}\sum_{i=1}^{N_x}\sum_{j=1}^{N_z}\left|\nabla \boldsymbol{m}_{i,j}\right|^2. \tag{8.4.5}$$

另一类是 TV 正则化

$$\Omega_2(\boldsymbol{m}) = ||\boldsymbol{m}||_{\mathrm{TV}} = \sum_{i=1}^{N_x}\sum_{j=1}^{N_z}\left|\nabla \boldsymbol{m}_{i,j}\right|. \tag{8.4.6}$$

通常, TV 正则化可以改善不连续处的反演精度, 而 Tikhonov 正则化对解起光滑作用.

正则化项 $\Omega(\boldsymbol{m})$ 关于模型参数的导数可由有限差分方法计算. 对 Tikhonov 正则化 (8.4.5), 结果为

$$\frac{\partial \Omega_1(\boldsymbol{m})}{\partial \boldsymbol{m}_{i,j}} = \frac{1}{h_x^2}\left(\boldsymbol{m}_{i+1,j} - 2\boldsymbol{m}_{i,j} + \boldsymbol{m}_{i-1,j}\right) + \frac{1}{h_z^2}\left(\boldsymbol{m}_{i,j+1} - 2\boldsymbol{m}_{i,j} + \boldsymbol{m}_{i,j-1}\right). \tag{8.4.7}$$

对 TV 正则化 (8.4.6), 也可以类似计算, 略.

8.4.1 梯度公式

本节推导目标函数 $\mathcal{F}(\boldsymbol{m})$ 即 $\mathcal{F}(v,\rho)$ 关于模型参数 v 和 ρ 的导数. 我们用共轭算子方法来推导.

考虑含有两个参数密度 ρ 和弹性模量 κ 的声波方程

$$\frac{1}{\rho v^2}\frac{\partial^2 u}{\partial t^2} - \mathrm{div}\cdot\frac{1}{\rho}\nabla u = f\cdot\delta(\boldsymbol{x}-\boldsymbol{x}_s). \tag{8.4.8}$$

引进算子 $\mathcal{A}$:

$$\mathcal{A} = \frac{1}{\rho v^2}\frac{\partial^2}{\partial t^2} - \mathrm{div}\cdot\frac{1}{\rho}\nabla,$$

将 (8.4.8) 简写成如下形式

$$\mathcal{A}u = f\cdot\delta(\boldsymbol{x}-\boldsymbol{x}_s). \tag{8.4.9}$$

将目标函数 (8.4.1) 改写成

$$\mathcal{F}(v,\rho) = \sum_{\boldsymbol{x}_s}\int_T\int_\Omega \frac{1}{2}[u-u_{\mathrm{obs}}]^2\delta(\boldsymbol{x}-\boldsymbol{x}_r)dxdzdt, \tag{8.4.10}$$

我们然需要寻找算子 $\mathcal{A}$ 的共轭算子 $\mathcal{A}^*$, 即对于任意的 $\phi, u\in L^2(0,T;H_0^1(\Omega))$, 下面的等式成立

$$\int_T\int_\Omega(\mathcal{A}u)\phi dxdzdt = \int_T\int_\Omega(\mathcal{A}^*\phi)udxdzdt. \tag{8.4.11}$$

引理 8.4.1　对任意 $\phi, u \in L^2(0,T;H_0^1(\Omega))$, 且满足时间边界条件

$$\phi\big|_{t=T}=0,\quad \left.\frac{\partial\phi}{\partial t}\right|_{t=T}=0;\quad u\big|_{t=0}=0,\quad \left.\frac{\partial u}{\partial t}\right|_{t=0}=0,$$

则算子 $\mathcal{A}$ 自共轭, 即

$$\int_T\int_\Omega\left(\frac{1}{\rho v^2}\frac{\partial^2 u}{\partial t^2}-\mathrm{div}\cdot\frac{1}{\rho}\nabla u\right)\phi dxdzdt=\int_T\int_\Omega u\left(\frac{1}{\rho v^2}\frac{\partial^2\phi}{\partial t^2}-\mathrm{div}\cdot\frac{1}{\rho}\nabla\phi\right)dxdzdt.$$

证明　根据算子 $\mathcal{A}$ 的定义有

$$\begin{aligned}&\int_T\int_\Omega(\mathcal{A}u)\phi dxdzdt=\int_T\int_\Omega\left(\frac{1}{\rho v^2}\frac{\partial^2 u}{\partial t^2}\phi-\mathrm{div}\cdot\frac{1}{\rho}\nabla u\phi\right)dxdzdt\\ =&\int_T\int_\Omega\frac{1}{\rho v^2}\frac{\partial^2 u}{\partial t^2}\phi dxdzdt-\int_T\int_\Omega\mathrm{div}\cdot\frac{1}{\rho}\nabla u\phi dxdzdt.\end{aligned}\tag{8.4.12}$$

对时间应用格林公式及边界条件, 则对 (8.4.12) 第一项有

$$\begin{aligned}&\int_\Omega dxdz\int_T\frac{1}{\rho v^2}\frac{\partial^2 u}{\partial t^2}\phi dt\\ =&\int_\Omega\frac{1}{\rho v^2}dxdz\left(\frac{\partial u}{\partial t}\phi\Big|_0^T-\int_T\frac{\partial u}{\partial t}\frac{\partial\phi}{\partial t}dt\right)\\ =&\int_\Omega\frac{1}{\rho v^2}dxdz\left(\frac{\partial u}{\partial t}\phi\Big|_0^T-u\frac{\partial\phi}{\partial t}\Big|_0^T+\int_T u\frac{\partial^2\phi}{\partial t^2}dt\right)\\ =&\int_\Omega\frac{1}{\rho v^2}dxdz\left(\int_T u\frac{\partial^2\phi}{\partial t^2}dt\right),\end{aligned}\tag{8.4.13}$$

对空间应用格林公式及空间齐次边界条件, 则对 (8.4.12) 第二项有

$$\begin{aligned}&\int_T dt\int_\Omega\mathrm{div}\cdot\frac{1}{\rho}\nabla u\phi dxdz\\ =&\int_T dt\left(\frac{1}{\rho}\frac{\partial u}{\partial\boldsymbol{n}}\phi\Big|_{\partial\Omega}-\int_\Omega\frac{1}{\rho}\nabla u\cdot\nabla\phi dxdz\right)\\ =&\int_T dt\left(\frac{1}{\rho}\frac{\partial u}{\partial\boldsymbol{n}}\phi\Big|_{\partial\Omega}-\frac{1}{\rho}\frac{\partial\phi}{\partial\boldsymbol{n}}u\Big|_{\partial\Omega}+\int_\Omega u\mathrm{div}\cdot\frac{1}{\rho}\nabla\phi dxdz\right)\\ =&\int_T dt\left(\int_\Omega u\mathrm{div}\cdot\frac{1}{\rho}\nabla\phi dxdz\right).\end{aligned}\tag{8.4.14}$$

将 (8.4.13)~(8.4.14) 代入 (8.4.12), 得

$$\begin{aligned}&\int_T\int_\Omega\left(\frac{1}{\rho v^2}\frac{\partial^2 u}{\partial t^2}-\operatorname{div}\cdot\frac{1}{\rho}\nabla u\right)\phi dxdzdt\\ =&\int_T\int_\Omega u\left(\frac{1}{\rho v^2}\frac{\partial^2 \phi}{\partial t^2}-\operatorname{div}\cdot\frac{1}{\rho}\nabla \phi\right)dxdzdt.\end{aligned}$$

得证. □

定理 8.4.1 若 ϕ 是下面定解问题的解

$$\begin{cases}\dfrac{1}{\rho v^2}\dfrac{\partial^2 \phi}{\partial t^2}-\operatorname{div}\cdot\dfrac{1}{\rho}\nabla\phi=-(u-u_{\text{obs}})\cdot\delta(\boldsymbol{x}-\boldsymbol{x}_r),\\ \phi\big|_{t=T}=0,\quad \dfrac{\partial\phi}{\partial t}\Big|_{t=T}=0,\end{cases}\tag{8.4.15}$$

并假设区域 Ω 足够大, 则目标函数 $\mathcal{F}$ 的梯度为

$$\begin{aligned}\frac{\partial\mathcal{F}}{\partial\rho}=&-\sum_{\boldsymbol{x}_s}\int_T\int_\Omega\frac{1}{\rho^2}\nabla\phi\cdot\nabla u dxdzdt\\ &-\sum_{\boldsymbol{x}_s}\int_T\int_\Omega\frac{1}{\rho^2 v^2}\phi\frac{\partial^2 u}{\partial t^2}dxdzdt,\end{aligned}\tag{8.4.16}$$

$$\frac{\partial\mathcal{F}}{\partial v}=-\sum_{\boldsymbol{x}_s}\int_T\int_\Omega\frac{2}{\rho v^3}\phi\frac{\partial^2 u}{\partial t^2}dxdzdt.\tag{8.4.17}$$

证明 根据 (8.4.10), 对 $\mathcal{F}$ 进行泛函变分

$$\begin{aligned}\delta\mathcal{F}(v,\rho)&=\mathcal{F}(v+\delta v,\rho+\delta\rho)-\mathcal{F}(v,\rho)\\ &=\sum_{\text{shot}}\int_T\int_\Omega\delta\frac{1}{2}[u-u_{\text{obs}}]^2\delta(\boldsymbol{x}-\boldsymbol{x}_r)dxdzdt\\ &=\sum_{\text{shot}}\int_T\int_\Omega(u-u_{\text{obs}})\delta(\boldsymbol{x}-\boldsymbol{x}_r)\delta u dxdzdt,\end{aligned}\tag{8.4.18}$$

其中

$$\delta u=u(v+\delta v,\rho+\delta\rho)-u(v,\rho),\tag{8.4.19}$$

且满足

$$\mathcal{A}(v+\delta v,\rho+\delta\rho)u(v+\delta v,\rho+\delta\rho)=f\cdot\delta(\boldsymbol{x}-\boldsymbol{x}_s),\tag{8.4.20}$$

$$\mathcal{A}(v,\rho)u(v,\rho)=f\cdot\delta(\boldsymbol{x}-\boldsymbol{x}_s). \tag{8.4.21}$$

注意到这里

$$u(v+\delta v,\rho+\delta\rho),\ u(v,\rho)\in L^2(0,T;H_0^1(\Omega))$$

且均满足初始条件

$$u(v,\rho)\big|_{t=0}=0,\quad \left.\frac{\partial u(v,\rho)}{\partial t}\right|_{t=0}=0, \tag{8.4.22}$$

$$u(v+\delta v,\rho+\delta\rho)\big|_{t=0}=0,\quad \left.\frac{\partial u(v+\delta v,\rho+\delta\rho)}{\partial t}\right|_{t=0}=0, \tag{8.4.23}$$

则易得 $\delta u\in L^2(0,T;H_0^1(\Omega))$ 且满足

$$\delta u\big|_{t=0}=0,\quad \left.\frac{\partial\delta u}{\partial t}\right|_{t=0}=0.$$

由边界条件及引理 8.4.1, 可以得到

$$\delta\mathcal{F}(v,\rho)=\sum_{\boldsymbol{x}_s}\int_T\int_\Omega\phi\left(-\frac{1}{\rho v^2}\frac{\partial^2\delta u}{\partial t^2}+\mathrm{div}\cdot\frac{1}{\rho}\nabla\delta u\right)dxdzdt. \tag{8.4.24}$$

由定义可知 $u(v+\delta v,\rho+\delta\rho)$ 和 $u(v,\rho)$ 分别满足方程

$$\begin{aligned}&-\frac{1}{(\rho+\delta\rho)(v+\delta v)^2}\frac{\partial^2u(v+\delta v,\rho+\delta\rho)}{\partial t^2}\\&+\mathrm{div}\cdot\frac{1}{\rho+\delta\rho}\nabla u(v+\delta v,\rho+\delta\rho)=-f\cdot\delta(\boldsymbol{x}-\boldsymbol{x}_s),\end{aligned} \tag{8.4.25}$$

$$-\frac{1}{\rho v^2}\frac{\partial^2u(v,\rho)}{\partial t^2}+\mathrm{div}\cdot\frac{1}{\rho}\nabla u(v,\rho)=-f\cdot\delta(\boldsymbol{x}-\boldsymbol{x}_s). \tag{8.4.26}$$

以上两式相减, 并利用近似

$$\frac{1}{(v+\delta v)^2}=\frac{1}{v^2}-\frac{2\delta v}{v^2}+o(\delta v^2),\quad \frac{1}{\rho+\delta\rho}=\frac{1}{\rho}-\frac{\delta\rho}{\rho^2}+o(\delta\rho^2),$$

可得

$$\begin{aligned}&\left(-\frac{1}{\rho v^2}\frac{\partial^2\delta u}{\partial t^2}+\mathrm{div}\cdot\frac{1}{\rho}\nabla\delta u\right)+\left(\frac{\delta\rho}{\rho^2v^2}+\frac{2\delta v}{\rho v^3}\right)\frac{\partial^2u(v+\delta v,\rho+\delta\rho)}{\partial t^2}\\&-\mathrm{div}\cdot\frac{\delta\rho}{\rho^2}\nabla u(v+\delta v,\rho+\delta\rho)+o(\delta v^2+\delta\rho^2)=0.\end{aligned} \tag{8.4.27}$$

对 (8.4.27) 进一步化简, 得到

$$\begin{aligned}
&\left(-\frac{1}{\rho v^2}\frac{\partial^2 \delta u}{\partial t^2}+\operatorname{div}\cdot\frac{1}{\rho}\nabla\delta u\right)\\
=&-\left(\frac{\delta\rho}{\rho^2 v^2}+\frac{2\delta v}{\rho v^3}\right)\frac{\partial^2 u(v+\delta v,\rho+\delta\rho)}{\partial t^2}\\
&+\operatorname{div}\cdot\frac{\delta\rho}{\rho^2}\nabla u(v+\delta v,\rho+\delta\rho)+o(\delta v^2+\delta\rho^2),
\end{aligned}\tag{8.4.28}$$

代入 (8.4.24), 有

$$\begin{aligned}
\delta\mathcal{F}(v,\rho)=&\sum_{\boldsymbol{x}_s}\int_T\int_\Omega\phi\left(-\frac{1}{\rho v^2}\frac{\partial^2\delta u}{\partial t^2}+\operatorname{div}\cdot\frac{1}{\rho}\nabla\delta u\right)dxdzdt\\
=&\sum_{\boldsymbol{x}_s}\int_T\int_\Omega\phi\left[-\left(\frac{\delta\rho}{\rho^2 v^2}+\frac{2\delta v}{\rho v^3}\right)\frac{\partial^2 u(v+\delta v,\rho+\delta\rho)}{\partial t^2}\right]dxdzdt\\
&+\sum_{\boldsymbol{x}_s}\int_T\int_\Omega\phi\left[\operatorname{div}\cdot\frac{\delta\rho}{\rho^2}\nabla u(v+\delta v,\rho+\delta\rho)\right]dxdzdt+o(\delta v^2+\delta\rho^2).
\end{aligned}\tag{8.4.29}$$

再对 (8.4.29) 等式右端第二项空间上应用格林公式及边界条件, 可得

$$\begin{aligned}
\delta\mathcal{F}(v,\rho)=&\sum_{\boldsymbol{x}_s}\int_T\int_\Omega\phi\left[-\left(\frac{\delta\rho}{\rho^2 v^2}+\frac{2\delta v}{\rho v^3}\right)\frac{\partial^2 u(v+\delta v,\rho+\delta\rho)}{\partial t^2}\right]dxdzdt\\
&+\sum_{\boldsymbol{x}_s}\int_T dt\left\{\frac{\delta\rho}{\rho^2}\frac{\partial u(v+\delta v,\rho+\delta\rho)}{\partial\boldsymbol{n}}\phi\Big|_{\partial\Omega}\right.\\
&\left.-\int_\Omega\frac{\delta\rho}{\rho^2}\nabla\phi\cdot\nabla u(v+\delta v,\rho+\delta\rho)dxdz\right\}+o(\delta v^2+\delta\rho^2),
\end{aligned}\tag{8.4.30}$$

也即

$$\begin{aligned}
\delta\mathcal{F}(v,\rho)=&-\sum_{\boldsymbol{x}_s}\int_T\int_\Omega\left(\frac{\delta\rho}{\rho^2 v^2}+\frac{2\delta v}{\rho v^3}\right)\phi\frac{\partial^2 u(v+\delta v,\rho+\delta\rho)}{\partial t^2}dxdzdt\\
&-\sum_{\boldsymbol{x}_s}\int_T\int_\Omega\frac{\delta\rho}{\rho^2}\nabla\phi\cdot\nabla u(v+\delta v,\rho+\delta\rho)dxdzdt+o(\delta v^2+\delta\rho^2),
\end{aligned}\tag{8.4.31}$$

再令 $\delta v, \delta\rho \to 0$, 即得

$$\frac{\partial \mathcal{F}}{\partial \rho} = -\sum_{\boldsymbol{x}_s}\int_T\int_\Omega \frac{1}{\rho^2}\nabla\phi\cdot\nabla u dxdzdt$$

$$-\sum_{\boldsymbol{x}_s}\int_T\int_\Omega \frac{1}{\rho^2 v^2}\phi\frac{\partial^2 u}{\partial t^2}\delta\rho dxdzdt, \tag{8.4.32}$$

$$\frac{\partial \mathcal{F}}{\partial v} = -\sum_{\boldsymbol{x}_s}\int_T\int_\Omega \frac{2}{\rho v^3}\phi\frac{\partial^2 u}{\partial t^2} dxdzdt. \tag{8.4.33}$$

得证. □

8.4.2 梯度离散格式

设 x 和 z 方向的离散点数分别为 N_x 和 N_z. 方程 (8.3.1) 具有二阶精度的差分格式是

$$\begin{aligned}
&\frac{1}{\rho_{i,j}v_{i,j}^2}\frac{1}{\Delta t^2}(u_{i,j}^{n+1}-2u_{i,j}^n+u_{i,j}^{n-1})\\
&=\frac{1}{h_x^2}\left(\frac{1}{\rho_{i+\frac{1}{2},j}}(u_{i+1,j}^n-u_{i,j}^n)-\frac{1}{\rho_{i-\frac{1}{2},j}}(u_{i,j}^n-u_{i-1,j}^n)\right)\\
&\quad+\frac{1}{h_z^2}\left(\frac{1}{\rho_{i,j+\frac{1}{2}}}(u_{i,j+1}^n-u_{i,j}^n)-\frac{1}{\rho_{i,j-\frac{1}{2}}}(u_{i,j}^n-u_{i,j-1}^n)\right)+f_{i,j}^n,\\
&\qquad i=0,\cdots,N_x;\ j=0,\cdots,N_z;\ n=0,\cdots,N_t-1,
\end{aligned} \tag{8.4.34}$$

其中

$$\frac{1}{\rho_{i\pm\frac{1}{2},j}}=\frac{1}{2}\left(\frac{1}{\rho_{i,j}}+\frac{1}{\rho_{i\pm1,j}}\right),\quad \frac{1}{\rho_{i,j\pm\frac{1}{2}}}=\frac{1}{2}\left(\frac{1}{\rho_{i,j}}+\frac{1}{\rho_{i,j\pm1}}\right).$$

将空间指标先按 x 方向排列, 再按 z 方向排列, 可以将 (8.4.34) 改写成下列矩阵形式

$$A(\overline{u}^{n+1}-2\overline{u}^n+\overline{u}^{n-1})=K\overline{u}^n+\overline{f}^n,\quad n=0,\cdots,N_t-1, \tag{8.4.35}$$

其中

$$\overline{u}^n=\left(u_{0,0}^n,\cdots,u_{0,N_z}^n,\cdots,u_{N_x,0}^n,\cdots,u_{N_x,N_z}^n\right)^{\mathrm{T}},$$

$$\overline{f}^n=\left(f_{0,0}^n,\cdots,f_{0,N_z}^n,\cdots,f_{N_x,0}^n,\cdots,f_{N_x,N_z}^n\right)^{\mathrm{T}},$$

$$A = \frac{1}{\Delta t^2}\begin{pmatrix} \frac{1}{\rho v_{0,0}^2} & 0 & \cdots & 0 \\ 0 & \frac{1}{\rho v_{0,1}^2} & \cdots & 0 \\ \vdots & \vdots & \ddots & \vdots \\ 0 & 0 & \cdots & \frac{1}{\rho v_{N_x,N_z}^2} \end{pmatrix}, \tag{8.4.36}$$

$$K = \begin{pmatrix} K_{0,0} & K_{1,0} & \cdots & 0 \\ K_{0,1} & K_{1,1} & K_{2,1} & 0 \\ \vdots & \ddots & \ddots & \vdots \\ 0 & \cdots & K_{N_x,N_x-1} & K_{N_x,N_x} \end{pmatrix} \tag{8.4.37}$$

及

$$K_{i+1,i} = \begin{pmatrix} \frac{1}{2}\left(\frac{1}{\rho_{i+1,0}}+\frac{1}{\rho_{i,0}}\right)\frac{1}{h_x^2} & 0 & \cdots & 0 \\ 0 & \frac{1}{2}\left(\frac{1}{\rho_{i+1,1}}+\frac{1}{\rho_{i,1}}\right)\frac{1}{h_x^2} & \cdots & 0 \\ \vdots & \ddots & \ddots & \vdots \\ 0 & \cdots & 0 & \frac{1}{2}\left(\frac{1}{\rho_{i+1,N_z}}+\frac{1}{\rho_{i,N_z}}\right)\frac{1}{h_x^2} \end{pmatrix},$$

$$i = 0, 1, \cdots, N_x - 1,$$

$$K_{i-1,i} = \begin{pmatrix} \frac{1}{2}\left(\frac{1}{\rho_{i-1,0}}+\frac{1}{\rho_{i,0}}\right)\frac{1}{h_x^2} & 0 & \cdots & 0 \\ 0 & \frac{1}{2}\left(\frac{1}{\rho_{i-1,1}}+\frac{1}{\rho_{i,1}}\right)\frac{1}{h_x^2} & \cdots & 0 \\ \vdots & \ddots & \ddots & \vdots \\ 0 & \cdots & 0 & \frac{1}{2}\left(\frac{1}{\rho_{i-1,N_z}}+\frac{1}{\rho_{i,N_z}}\right)\frac{1}{h_x^2} \end{pmatrix},$$

$$i = 1, 2, \cdots, N_x,$$

$$K_{i,i} = \begin{pmatrix} k_{0,0} & k_{0,1} & \cdots & 0 \\ k_{1,0} & k_{1,1} & k_{1,2} & 0 \\ \vdots & \ddots & \ddots & \vdots \\ 0 & \cdots & k_{N_z,N_z-1} & k_{N_z,N_z} \end{pmatrix}. \tag{8.4.38}$$

在 (8.4.38) 中, $K_{i,i}$ 的非零元素是

$$k_{j,j} = -\frac{1}{2}\left(\frac{1}{\rho_{i+1,j}} + \frac{2}{\rho_{i,j}} + \frac{1}{\rho_{i-1,j}}\right)\frac{1}{h_x^2} - \frac{1}{2}\left(\frac{1}{\rho_{i,j+1}} + \frac{2}{\rho_{i,j}} + \frac{1}{\rho_{i,j-1}}\right)\frac{1}{h_z^2},$$

$$j = 0, 1, \cdots, N_z,$$

$$k_{j,j+1} = \frac{1}{2}\left(\frac{1}{\rho_{i,j+1}} + \frac{1}{\rho_{i,j}}\right)\frac{1}{h_z^2}, \quad j = 0, 1, \cdots, N_z - 1,$$

$$k_{j,j-1} = \frac{1}{2}\left(\frac{1}{\rho_{i,j-1}} + \frac{1}{\rho_{i,j}}\right)\frac{1}{h_z^2}, \quad j = 1, 2, \cdots, N_z.$$

注意到 $K_{i+1,i}, K_{i-1,i}$ 均是对角矩阵, 且 $K_{i+1,i} = K_{i,i+1}$. 因为 $k_{j,j+1} = k_{j+1,j}$, 所以 $K_{i,i}$ 对称. 因此 $K^{\mathrm{T}} = K$.

方程组 (8.4.35) 可以改写成下面的矩阵形式

$$M\boldsymbol{u} = \boldsymbol{f}, \tag{8.4.39}$$

其中

$$\boldsymbol{u} = \left(\overline{u}^0, \overline{u}^1, \cdots, \overline{u}^{N_t}\right)^{\mathrm{T}}, \quad \boldsymbol{f} = \left(0, \overline{f}^0, \cdots, \overline{f}^{N_t-1}\right)^{\mathrm{T}},$$

$$M = \begin{pmatrix} A & 0 & 0 & \cdots & 0 \\ -2A-K & A & 0 & \cdots & 0 \\ A & -2A-K & A & \cdots & 0 \\ \vdots & \ddots & \ddots & \ddots & 0 \\ 0 & \cdots & A & -2A-K & A \end{pmatrix}. \tag{8.4.40}$$

注意 A 和 K 都是对称矩阵.

计算目标函数关于 $v_{i,j}$ 和 $\rho_{i,j}$ 的导数, 得到

$$\frac{\partial \mathcal{F}(v,\rho)}{\partial v_{i,j}} = \frac{\partial \boldsymbol{u}^{\mathrm{T}}}{\partial v_{i,j}} \cdot \boldsymbol{d}, \quad \frac{\partial \mathcal{F}(v,\rho)}{\partial \rho_{i,j}} = \frac{\partial \boldsymbol{u}^{\mathrm{T}}}{\partial \rho_{i,j}} \cdot \boldsymbol{d}, \tag{8.4.41}$$

其中

$$\overline{d}^n = (d_{0,0}^n, \cdots, d_{N_x,N_z}^n)^{\mathrm{T}}, \quad \boldsymbol{d} = (\overline{d}^0, \cdots, \overline{d}^{N_t})^{\mathrm{T}},$$

$$d_{i,j}^n = \begin{cases} u_{i,j}^n - (u_{\mathrm{obs}})_{i,j}^n, & (i,j) = \boldsymbol{x}_r, \\ 0, & (i,j) \neq \boldsymbol{x}_r. \end{cases}$$

对 (8.4.39) 关于 $v_{i,j}$ 和 $\rho_{i,j}$ 求导, 得到

$$\frac{\partial \boldsymbol{u}}{\partial v_{i,j}} = -M^{-1}\frac{\partial M}{\partial v_{i,j}}\boldsymbol{u}, \quad \frac{\partial \boldsymbol{u}}{\partial \rho_{i,j}} = -M^{-1}\frac{\partial M}{\partial \rho_{i,j}}\boldsymbol{u}. \tag{8.4.42}$$

将 (8.4.42) 代入 (8.4.41) 得到

$$\frac{\partial \mathcal{F}(v,\rho)}{\partial v_{i,j}} = \left(\frac{\partial M}{\partial v_{i,j}}\boldsymbol{u}\right)^{\mathrm{T}} M^{-\mathrm{T}}(-\boldsymbol{d}), \quad \frac{\partial \mathcal{F}(v,\rho)}{\partial \rho_{i,j}} = \left(\frac{\partial M}{\partial \rho_{i,j}}\boldsymbol{u}\right)^{\mathrm{T}} M^{-\mathrm{T}}(-\boldsymbol{d}). \tag{8.4.43}$$

由 (8.4.40) 得

$$\frac{\partial M}{\partial v_{i,j}} = \begin{pmatrix} \frac{\partial A}{\partial v_{i,j}} & 0 & 0 & \cdots & 0 \\ -2\frac{\partial A}{\partial v_{i,j}} & \frac{\partial A}{\partial v_{i,j}} & 0 & \cdots & 0 \\ \frac{\partial A}{\partial v_{i,j}} & -2\frac{\partial A}{\partial v_{i,j}} & \frac{\partial A}{\partial v_{i,j}} & \cdots & 0 \\ \vdots & \ddots & \ddots & \ddots & 0 \\ 0 & \cdots & \frac{\partial A}{\partial v_{i,j}} & -2\frac{\partial A}{\partial v_{i,j}} & \frac{\partial A}{\partial v_{i,j}} \end{pmatrix}, \tag{8.4.44}$$

其中元素 $\frac{\partial A}{\partial v_{i,j}}$ 见 8.4.3 节的推导. 因此对给定的一个向量 $\overline{u}^n$:

$$\overline{u}^n = \left(u_{0,0}^n, \cdots, u_{0,N_z}^n, \cdots, u_{N_x,0}^n, \cdots, u_{N_x,N_z}^n\right)^{\mathrm{T}}, \tag{8.4.45}$$

有

$$\frac{\partial M}{\partial v_{i,j}}\boldsymbol{u} = \left(\overline{w}^0, \overline{w}^1, \cdots, \overline{w}^{N_t-1}, \overline{w}^{N_t}\right)^{\mathrm{T}}, \quad \overline{w}^0 = 0, \tag{8.4.46}$$

$$\overline{w}^{n+1}=\begin{pmatrix}0\\ \vdots\\ -\dfrac{2}{\rho v_{i,j}^{3}}\dfrac{1}{\Delta t^{2}}(u_{i,j}^{n+1}-2u_{i,j}^{n}+u_{i,j}^{n-1})\\ \vdots\\ 0\end{pmatrix},\quad n=0,1,\cdots,N_t-1. \tag{8.4.47}$$

现在计算 $\dfrac{\partial M}{\partial \rho_{i,j}}\boldsymbol{u}$. 首先根据 (8.4.40), 有

$$\frac{\partial M}{\partial \rho_{i,j}}=\begin{pmatrix}\dfrac{\partial A}{\partial \rho_{i,j}} & 0 & 0 & \cdots & 0\\ -2\dfrac{\partial A}{\partial \rho_{i,j}}-\dfrac{\partial K}{\partial \rho_{i,j}} & \dfrac{\partial A}{\partial \rho_{i,j}} & 0 & \cdots & 0\\ \dfrac{\partial A}{\partial \rho_{i,j}} & -2\dfrac{\partial A}{\partial \rho_{i,j}}-\dfrac{\partial K}{\partial \rho_{i,j}} & \dfrac{\partial A}{\partial \rho_{i,j}} & \cdots & 0\\ \vdots & \ddots & \ddots & \ddots & 0\\ 0 & \cdots & \dfrac{\partial A}{\partial \rho_{i,j}} & -2\dfrac{\partial A}{\partial \rho_{i,j}}-\dfrac{\partial K}{\partial \rho_{i,j}} & \dfrac{\partial A}{\partial \rho_{i,j}}\end{pmatrix}, \tag{8.4.48}$$

其中元素 $\dfrac{\partial A}{\partial \rho_{i,j}}$ 和 $\dfrac{\partial K}{\partial \rho_{i,j}}$ 见 8.4.3 节的推导. 因此

$$\frac{\partial M}{\partial \rho_{i,j}}\boldsymbol{u}=\begin{pmatrix}\overline{\psi}^{0}\\ \overline{\psi}^{1}\\ \vdots\\ \overline{\psi}^{N_t-1}\\ \overline{\psi}^{N_t}\end{pmatrix}+\begin{pmatrix}\overline{\varphi}^{0}\\ \overline{\varphi}^{1}\\ \vdots\\ \overline{\varphi}^{N_t-1}\\ \overline{\varphi}^{N_t}\end{pmatrix},\quad n=0,1,\cdots,N_t-1, \tag{8.4.49}$$

其中 $\overline{\psi}^{0}=0$,

$$\overline{\psi}^{n+1}=\left(0,\cdots,-\frac{1}{(\rho v_{i,j})^{2}}\frac{1}{\Delta t^{2}}(u_{i,j}^{n+1}-2u_{i,j}^{n}+u_{i,j}^{n-1}),\cdots,0\right)^{\mathrm{T}},$$

$$\overline{\varphi}^{n+1}=(\varphi_{0,0}^{n+1},\cdots,\varphi_{0,N_z}^{n+1},\cdots,\varphi_{N_x,0}^{n+1},\cdots,\varphi_{N_x,N_z}^{n+1})^{\mathrm{T}}=-\frac{\partial K}{\partial \rho_{i,j}}\overline{u}^{n},$$

$$\varphi_{i,j}^{n+1}=\frac{1}{2\rho_{i,j}^{2}}\left(\frac{1}{h_x^{2}}(u_{i+1,j}^{n}-2u_{i,j}^{n}+u_{i-1,j}^{n})+\frac{1}{h_z^{2}}(u_{i,j+1}^{n}-2u_{i,j}^{n}+u_{i,j-1}^{n})\right),$$

$$\varphi_{i\pm1,j}^{n+1} = \frac{1}{2\rho_{i,j}^2}\frac{1}{h_x^2}\left(u_{i,j}^n - u_{i\pm1,j}^n\right), \quad \varphi_{i,j\pm1}^{n+1} = \frac{1}{2\rho_{i,j}^2}\frac{1}{h_z^2}\left(u_{i,j}^n - u_{i,j\pm1}^n\right),$$

$$\varphi_{p,q}^{n+1} = 0, \quad (p,q) \neq (i,j),(i\pm1,j),(i,j\pm1), \quad n = 0,1,\cdots,N_t-1.$$

因为 A 和 K 都是对称矩阵, 我们有下列引理.

引理 8.4.2 假定 $\boldsymbol{\phi} - \left(\overline{\psi}^0,\overline{\psi}^1,\cdots,\overline{\phi}^{N_t}\right)^{\mathrm{T}}$ 是 $M^{-1}(-\boldsymbol{d})$ 的解, 则

$$\widetilde{\boldsymbol{\phi}} = \left(\overline{\phi}^{N_t},\overline{\phi}^{N_t-1},\cdots,\overline{\phi}^0\right)^{\mathrm{T}}$$

是 $M^{-1}(-\boldsymbol{d})$ 的解.

证明 根据定义, 我们将 $(-\boldsymbol{d}) = M^{\mathrm{T}}\boldsymbol{\phi}$, $n = N_t-1,\cdots,1$ 改写成

$$\begin{cases} A\overline{\phi}^{N_t} = -\overline{d}^{N_t}, \\ A\overline{\phi}^{N_t-1} - 2A\overline{\phi}^{N_t} = K\overline{\phi}^{N_t} - \overline{d}^{N_t-1}, \\ A\overline{\phi}^{n-1} - 2A\overline{\phi}^{n} + A\overline{\phi}^{n+1} = K\overline{\phi}^{n} - \overline{d}^{n-1}. \end{cases} \tag{8.4.50}$$

类似地, 将 $(-\boldsymbol{d}) = M\widetilde{\boldsymbol{\phi}}$, $n = N_t-1,\cdots,1$ 改写成

$$\begin{cases} A\overline{\phi}^{N_t} = -\overline{d}^{N_t}, \\ A\overline{\phi}^{N_t-1} - 2A\overline{\phi}^{N_t} = K\overline{\phi}^{N_t} - \overline{d}^{N_t-1}, \\ A\overline{\phi}^{n-1} - 2A\overline{\phi}^{n} + A\overline{\phi}^{n+1} = K\overline{\phi}^{n} - \overline{d}^{n-1}. \end{cases} \tag{8.4.51}$$

由 (8.4.50) 和 (8.4.51), 可知引理结论成立. □

由引理 8.4.2, 我们知道 $\widetilde{\boldsymbol{\phi}}$ 是相应于 (8.3.1) 的反传播问题的数值解, 其中源项是波场残差. 因此, 由 (8.4.43) 可以得到目标函数梯度的计算格式:

$$\frac{\partial\mathcal{F}(v,\rho)}{\partial v_{i,j}} = \sum_{n=0}^{N_t-1}(\overline{w}^n)^{\mathrm{T}}\cdot\overline{\phi}^n = \sum_{n=1}^{N_t-1} -\frac{2}{\rho v_{i,j}^3}\frac{1}{\Delta t^2}(u_{i,j}^{n+1} - 2u_{i,j}^n + u_{i,j}^{n-1})\phi_{i,j}^{n+1}, \tag{8.4.52}$$

$$\begin{aligned} \frac{\partial\mathcal{F}(v,\rho)}{\partial\rho_{i,j}} &= \sum_{n=0}^{N_t-1}(\overline{\psi}^n)^{\mathrm{T}}\cdot\overline{\phi}^n + (\overline{\varphi}^n)^{\mathrm{T}}\cdot\overline{\phi}^n \\ &= \sum_{n=1}^{N_t-1} -\frac{1}{(\rho v_{i,j})^2}\frac{1}{\Delta t^2}(u_{i,j}^{n+1} - 2u_{i,j}^n + u_{i,j}^{n-1})\phi_{i,j}^{n+1} + H^n, \end{aligned} \tag{8.4.53}$$

其中

$$
\begin{aligned}
H^n = -\frac{1}{2\rho_{i,j}^2}\bigg\{ & \frac{1}{h_x^2}(u_{i+1,j}^n - u_{i,j}^n)(\phi_{i+1,j}^{n+1} - \phi_{i,j}^{n+1}) \\
& + \frac{1}{h_x^2}(u_{i,j}^n - u_{i-1,j}^n)(\phi_{i,j}^{n+1} - \phi_{i-1,j}^{n+1}) \\
& + \frac{1}{h_z^2}(u_{i,j+1}^n - u_{i,j}^n)(\phi_{i,j+1}^{n+1} - \phi_{i,j}^{n+1}) \\
& + \frac{1}{h_z^2}(u_{i,j}^n - u_{i,j-1}^n)(\phi_{i,j}^{n+1} - \phi_{i,j-1}^{n+1})\bigg\}. \qquad (8.4.54)
\end{aligned}
$$

8.4.3 矩阵元素 $\frac{\partial M}{\partial v_{i,j}}$ 和 $\frac{\partial M}{\partial \rho_{i,j}}$ 的推导

现推导矩阵 (8.4.44) 和 (8.4.48) 中的元素. 矩阵 $\frac{\partial M}{\partial v_{i,j}}$ 的元素是 $\frac{\partial A}{\partial v_{i,j}}$. 由 A 的表达式 (8.4.36), 有

$$
\frac{\partial A}{\partial v_{i,j}} = \frac{1}{\Delta t^2}\begin{pmatrix} 0 & 0 & \cdots & 0 & 0 \\ 0 & \ddots & 0 & 0 & 0 \\ \vdots & 0 & -\frac{2}{\rho v_{i,j}^3} & 0 & \vdots \\ 0 & 0 & 0 & \ddots & 0 \\ 0 & 0 & \cdots & 0 & 0 \end{pmatrix}. \qquad (8.4.55)
$$

注意 $\frac{\partial K}{\partial v_{i,j}} = 0$.

式 (8.4.48) 即矩阵 $\frac{\partial M}{\partial \rho_{i,j}}$ 的元素是 $\frac{\partial A}{\partial \rho_{i,j}}$ 和 $\frac{\partial K}{\partial \rho_{i,j}}$. 由 (8.4.36) 中 A 的表达式, 得到

$$
\frac{\partial A}{\partial \rho_{i,j}} = \frac{1}{\Delta t^2}\begin{pmatrix} 0 & 0 & \cdots & 0 & 0 \\ 0 & \ddots & 0 & 0 & 0 \\ \vdots & 0 & -\frac{1}{(\rho v_{i,j})^2} & 0 & \vdots \\ 0 & 0 & 0 & \ddots & 0 \\ 0 & 0 & \cdots & 0 & 0 \end{pmatrix}. \qquad (8.4.56)
$$

由 (8.4.37) 中 K 的表达式, 有

$$
\frac{\partial K}{\partial \rho_{i,j}}=\begin{pmatrix}
\frac{\partial K_{0,0}}{\partial \rho_{i,j}} & \frac{\partial K_{1,0}}{\partial \rho_{i,j}} & \cdots & 0 & 0\\
\frac{\partial K_{0,1}}{\partial \rho_{i,j}} & \frac{\partial K_{1,1}}{\partial \rho_{i,j}} & \frac{\partial K_{2,1}}{\partial \rho_{i,j}} & 0 & 0\\
\vdots & \ddots & \ddots & \ddots & \vdots\\
0 & 0 & \frac{\partial K_{N_x-2,N_x-1}}{\partial \rho_{i,j}} & \frac{\partial K_{N_x-1,N_x-1}}{\partial \rho_{i,j}} & \frac{\partial K_{N_x,N_x-1}}{\partial \rho_{i,j}}\\
0 & 0 & \cdots & \frac{\partial K_{N_x-1,N_x}}{\partial \rho_{i,j}} & \frac{\partial K_{N_x,N_x}}{\partial \rho_{i,j}}
\end{pmatrix}, \tag{8.4.57}
$$

其中

$$
\frac{\partial K_{i+1,i}}{\partial \rho_{i,j}}=\frac{\partial K_{i,i-1}}{\partial \rho_{i,j}}=\frac{\partial K_{i,i+1}}{\partial \rho_{i,j}}=\frac{\partial K_{i-1,i}}{\partial \rho_{i,j}}=\begin{pmatrix}
0 & 0 & \cdots & 0 & 0\\
0 & \ddots & 0 & 0 & 0\\
\vdots & 0 & -\frac{1}{2\rho_{i,j}^2}\frac{1}{h_x^2} & 0 & \vdots\\
0 & 0 & 0 & \ddots & 0\\
0 & 0 & \cdots & 0 & 0
\end{pmatrix},
$$

$$
\frac{\partial K_{s+1,s}}{\partial \rho_{i,j}}=0,\quad \frac{\partial K_{s,s+1}}{\partial \rho_{i,j}}=0,\quad s\neq i-1,i,
$$

$$
\frac{\partial K_{i,i}}{\partial \rho_{i,j}}=\begin{pmatrix}
0 & 0 & 0 & \cdots & 0 & 0 & 0\\
0 & \ddots & 0 & \cdots & 0 & 0 & 0\\
0 & 0 & \frac{1}{2\rho_{i,j}^2}\frac{1}{h_z^2} & -\frac{1}{2\rho_{i,j}^2}\frac{1}{h_z^2} & 0 & 0 & 0\\
\vdots & \vdots & -\frac{1}{2\rho_{i,j}^2}\frac{1}{h_z^2} & \frac{1}{\rho_{i,j}^2}\left(\frac{1}{h_z^2}+\frac{1}{h_x^2}\right) & -\frac{1}{2\rho_{i,j}^2}\frac{1}{h_z^2} & \vdots & \vdots\\
0 & 0 & 0 & -\frac{1}{2\rho_{i,j}^2}\frac{1}{h_z^2} & \frac{1}{2\rho_{i,j}^2}\frac{1}{h_z^2} & 0 & 0\\
0 & 0 & 0 & \cdots & 0 & \ddots & 0\\
0 & 0 & 0 & \cdots & 0 & 0 & 0
\end{pmatrix},
$$

$$\frac{\partial K_{i\pm1,i\pm1}}{\partial \rho_{i,j}} = \begin{pmatrix} 0 & 0 & \cdots & 0 & 0 \\ 0 & \ddots & 0 & 0 & 0 \\ \vdots & 0 & \frac{1}{2\rho_{i,j}^2}\frac{1}{h_x^2} & 0 & \vdots \\ 0 & 0 & 0 & \ddots & 0 \\ 0 & 0 & \cdots & 0 & 0 \end{pmatrix}, \qquad \frac{\partial K_{s,s}}{\partial \rho_{i,j}} = 0, \quad s \neq i, i\pm1.$$

8.5 数值计算

8.5.1 正演计算

先考虑对 Marmousi 模型的正演计算. 精确的速度模型和密度模型如图 8.3 所示. 计算区域是 $(x,z) = [0, 6\text{km}] \times [0, 3\text{km}]$. 空间步长是 $h_x = h_z = 12\text{m}$, 时间步长是 $\Delta t = 0.001\text{s}$. 采用完全匹配层吸收边界, 完全匹配层的厚度是 420m. 炮点和接收点在地表 24m 处. 震源是雷克子波:

$$f(t) = \left(1 - 2(\pi f_0 t)^2\right) e^{-(\pi f_0 t)^2}, \tag{8.5.1}$$

其中 $f_0 = 15\text{Hz}$ 是中心频率. 图 8.1(a) 是炮点在 $(x,z) = (0, 24\text{m})$ 时的一个炮集数据. 图 8.1(b) 是炮点在 $(x,z) = (3\text{km}, 24\text{m})$ 处的一个炮集数据. 在图 8.1(a) 和图 8.1(b) 中, 均可看到边界反射已被明显消除. 图 8.2 是由交错网格法计算所得的相应的炮集. 比较图 8.1 与图 8.2 可知, 在图 8.1 中较少的频散, 小波方法的精度明显改善.

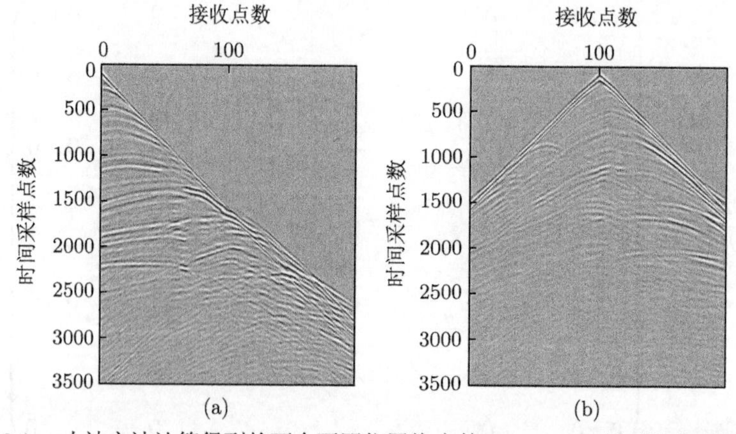

图 8.1　小波方法计算得到的两个不同位置炮点的 Marmousi 模型的炮集数据.
(a) 炮点位于 (0, 24m) 处; (b) 炮点位于 (3km, 24m) 处

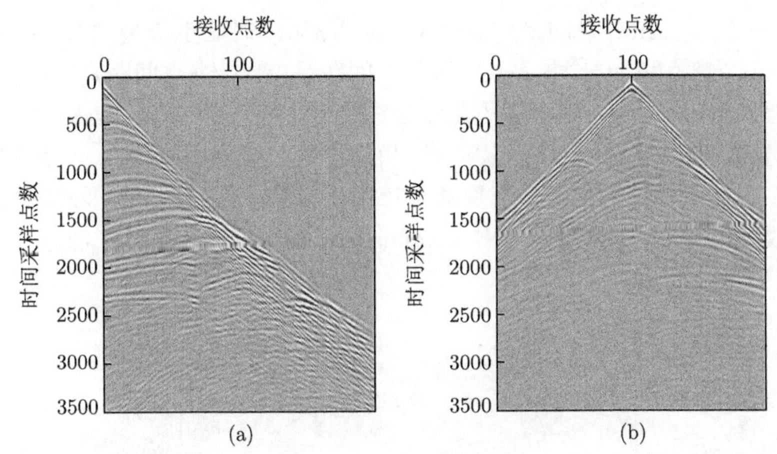

图 8.2 交错网格方法计算所得的两个不同位置炮点 Marmousi 模型的炮集数据. (a) 炮点在 (0, 24m) 处; (b) 炮点在 (3km, 24m) 处

8.5.2 反演计算

先考虑对 Marmousi 模型的全波形反演. 精确的速度和密度模型如图 8.3 所示. 密度变化范围是 1.5g/cm^3 至 5.5g/cm^3. 由于高速通常对应于高密度, 因此密度构造与速度构造相似. 模型的空间离散点数是 $N_x = 493$ 和 $N_z = 249$, 空间步

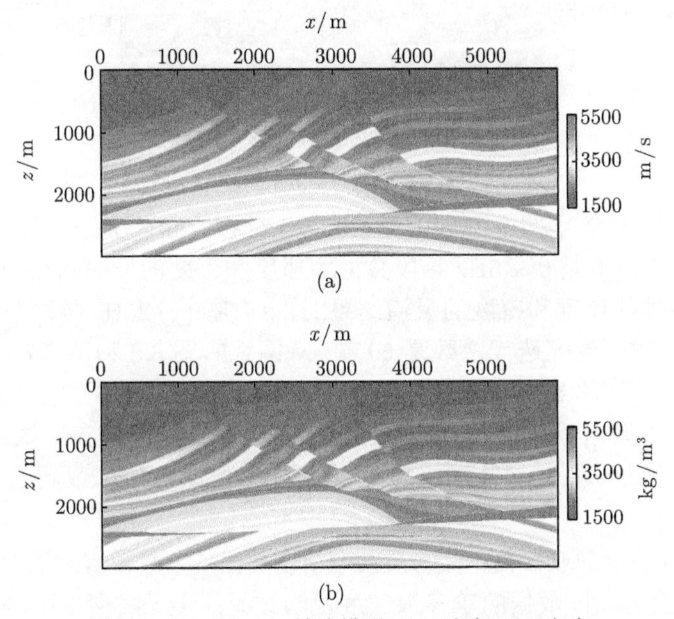

图 8.3 Marmousi 精确模型. (a) 速度; (b) 密度

长是 $h_x = h_z = 12\text{m}$. 时间采样点数是 $N_t = 3501$, 时间步长是 $\Delta t = 0.001\text{s}$. 总共设置 80 个炮点和 40 个检波点. 接收点间距是 24m, 炮点间距是 48m. 反演的初始模型如图 8.4 所示, 数值大小由浅至深线性增加. 图 8.4(a) 是初始速度模型, 图 8.4(b) 是初始密度模型. 可以看到, 初始模型与精确模型相比, 已经完全没有图 8.3 中的复杂构造的信息. 在反演中使用了频率多尺度策略, 不同频段的数据通过对数据滤波得到, 我们采用 Blackman-Harris 窗滤波器进行滤波.

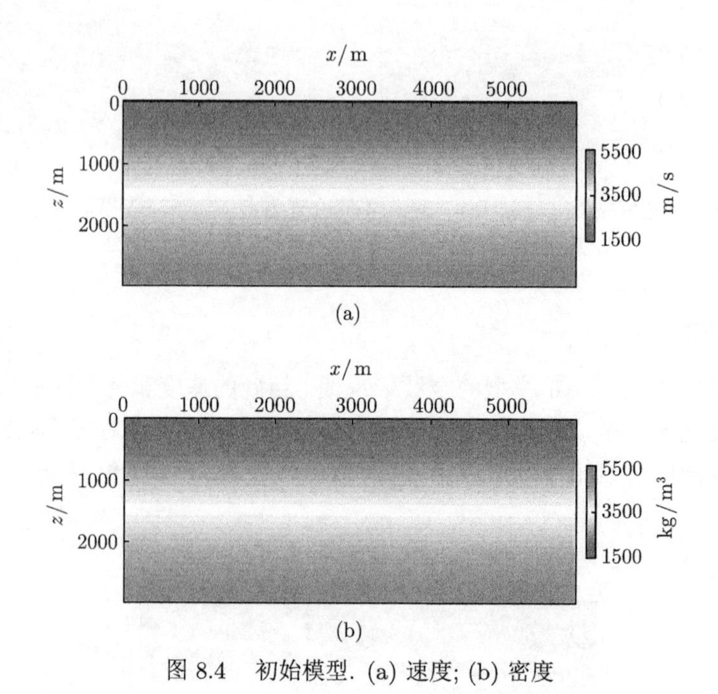

图 8.4　初始模型. (a) 速度; (b) 密度

在计算中, 设置了四个不同的频段. 下一个频段涵盖上一个频段, 以增强反演的稳定性. 图 8.5 是 0 ~ 5Hz 频段数据的速度和密度的反演结果. 图 8.6 是 0 ~ 15Hz 频段数据的速度和密度的反演结果. 图 8.7 是 0 ~ 25Hz 频段数据的速度和密度的反演结果. 最大迭代次数是 50 次. 从图 8.5, 图 8.6 和图 8.7 可以看出, 反演精度逐步提高. 图 8.8 全频段数据的反演结果. 比较图 8.8 和图 8.3, 可以看到精确模型的大部分构造得到了很好恢复. 该模型反演的离散参数数目为 245514. 迭代反演的中止准则是 $||\nabla \mathcal{F}(\boldsymbol{m})||$ 小于某个小量或迭代次数超过最大的迭代次数.

注意包含密度的双参数全波形反演的精度要比单参数反演的精度低. 图 8.9 是小波方法的四个频段数据的单参数速度反演结果. 这四个不同的频段是, 0 ~ 2.5Hz, 0 ~ 5Hz, 0 ~ 15Hz 及全频段. 从图 8.9(a) 至图 8.9(d) 可以看到反演效果逐步提高. 比较图 8.9(a) 和图 8.8(a) 可以看到, 最终的单参数反演结果比多参数的反演精度要高. 我们在计算中, 已经加上 5% 的 Gauss 噪声.

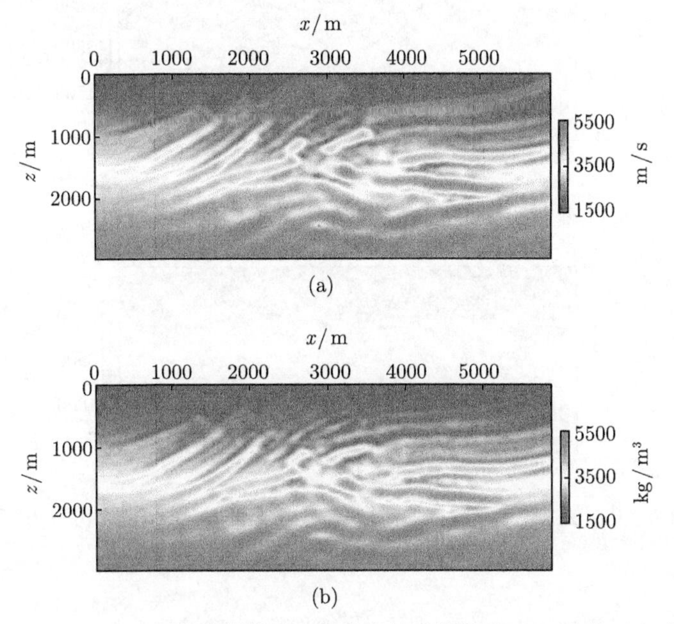

图 8.5 0 ~ 5Hz 频段数据的速度和密度的反演结果. (a) 速度; (b) 密度

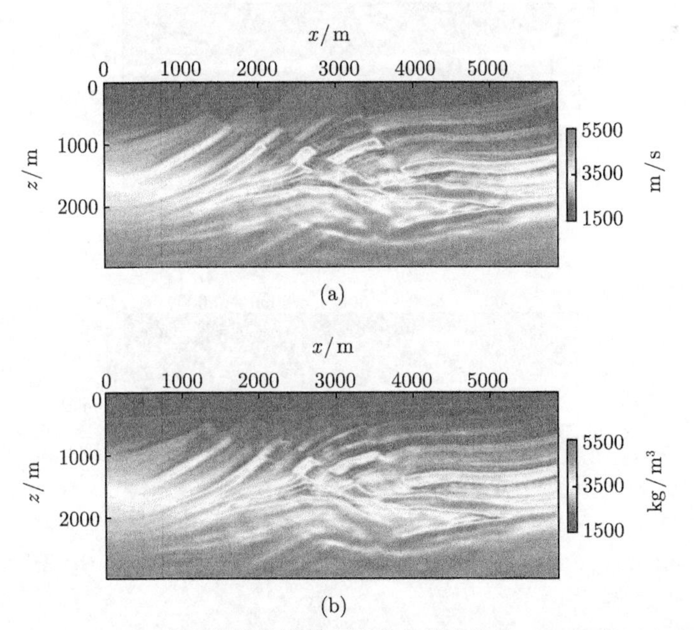

图 8.6 0 ~ 15Hz 频段数据的速度和密度的反演结果. (a) 速度; (b) 密度

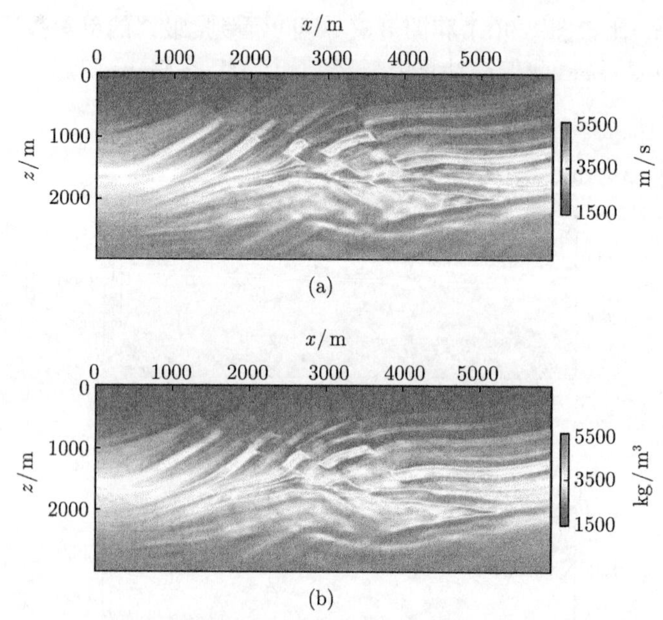

图 8.7 0 ~ 25Hz 频段数据的速度和密度的反演结果. (a) 速度; (b) 密度

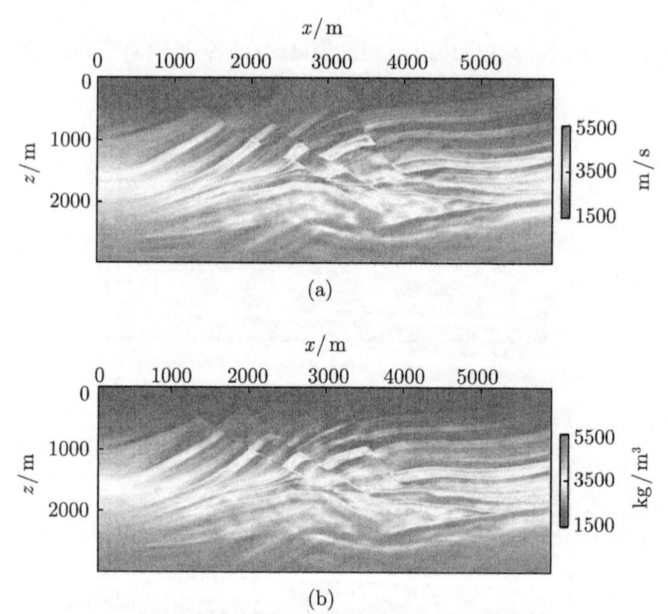

图 8.8 全频段数据的速度和密度的反演结果. (a) 速度; (b) 密度

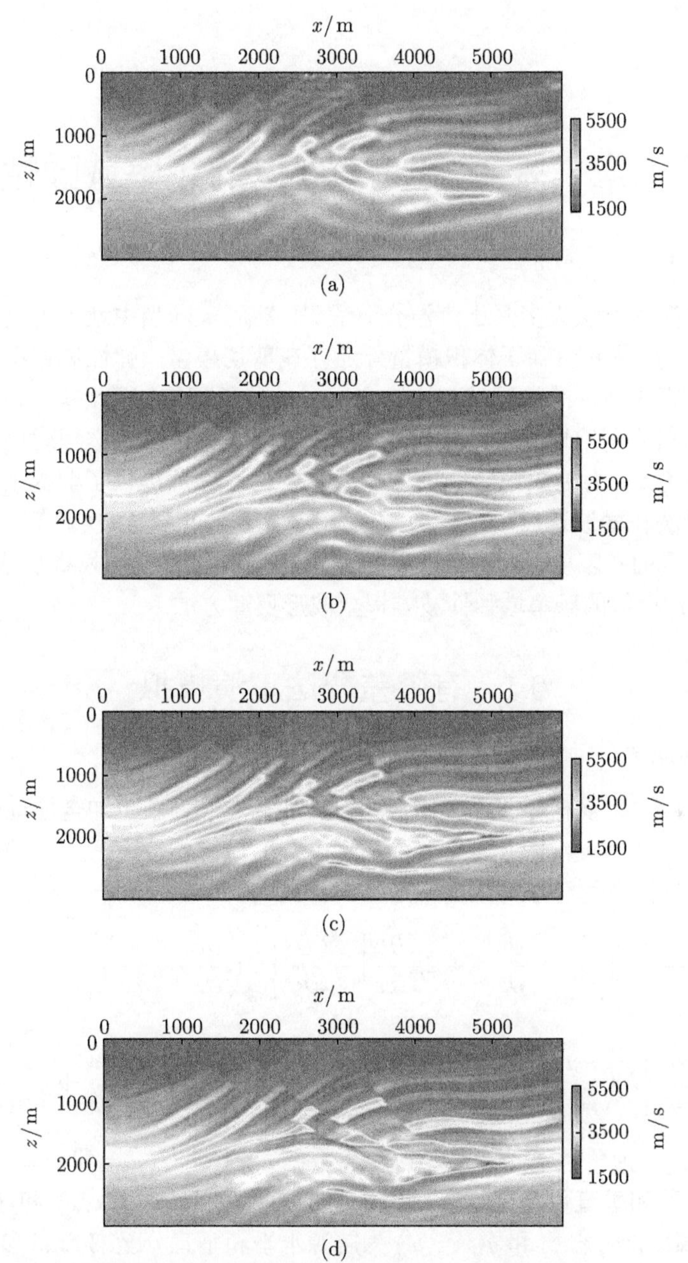

图 8.9 四个不同频段的小波单参数速度反演结果. (a) 0 ~ 2.5Hz; (b) 0 ~ 5Hz; (c) 0 ~ 15Hz; (d) 全频段数据 (文后附彩图)

第 9 章 基于 Born 近似的频率域弹性波全波形反演

常规的反演方法大多基于声波介质假设, 然而实际当中地下岩层表现为弹性介质, 相对于声波介质除了体积模量外还存在剪切模量. 弹性波方程相对于声波方程能更加真实地描绘地震波在实际介质中的传播规律, 因此基于弹性波方程反演方法能够充分利用地震观测数据中的有效信息, 克服声波方程对地下弹性介质性质描述的不足, 为更加精确地反演地下介质物性参数提供了前提条件. 根据弹性波方程纵波和横波速度场多参数反演结果, 结合岩石物理实验等, 可以进一步估算油气储层的孔隙度、饱和度等参数, 为油气储层的勘探开发提供依据. 本章阐述基于 Born 近似的频率域弹性波方程全波形反演方法.

9.1 有限差分法正演模拟

9.1.1 离散格式

精确高效的正演模拟方法是全波形反演的基础, 为了更加全面地介绍频率域弹性波方程全波形反演方法, 我们首先给出频率域弹性波方程正演模拟格式. 二维频率域弹性波方程可以写成如下形式

$$\omega^2\rho u+\frac{\partial}{\partial x}\left[\lambda\left(\frac{\partial u}{\partial x}+\frac{\partial v}{\partial z}\right)+2\mu\frac{\partial u}{\partial x}\right]+\frac{\partial}{\partial z}\left[\mu\left(\frac{\partial u}{\partial z}+\frac{\partial v}{\partial x}\right)\right]+f=0, \quad (9.1.1)$$

$$\omega^2\rho v+\frac{\partial}{\partial z}\left[\lambda\left(\frac{\partial u}{\partial x}+\frac{\partial v}{\partial z}\right)+2\mu\frac{\partial v}{\partial z}\right]+\frac{\partial}{\partial x}\left[\mu\left(\frac{\partial u}{\partial z}+\frac{\partial v}{\partial x}\right)\right]+g=0, \quad (9.1.2)$$

其中 $\omega=2\pi f_0$ 为角频率, f_0 为离散反演频率, $u=u(x,z,\omega)$ 和 $v=v(x,z,\omega)$ 分别为水平位移和垂直位移分量, $\rho=\rho(x,z)$ 为密度, $\lambda=\lambda(x,z)$ 和 $\mu=\mu(x,z)$ 为 Lamé 参数, $f(x,z,\omega)$ 和 $g(x,z,\omega)$ 为震源水平和垂直分量. Lamé 参数 λ 和 μ 与泊松比 γ 有关系式 $\dfrac{\lambda}{\mu}=\dfrac{2\gamma}{1-2\gamma}$.

引进应力变量 σ_{xx}, σ_{zz} 和 σ_{xz}, 将 (9.1.1)~(9.1.2) 改写为应力位移的形式

$$-\mathrm{i}\omega\rho u=\frac{\partial\sigma_{xx}}{\partial x}+\frac{\partial\sigma_{xz}}{\partial z}, \quad (9.1.3)$$

$$-\mathrm{i}\omega\rho v=\frac{\partial\sigma_{xz}}{\partial x}+\frac{\partial\sigma_{zz}}{\partial z}, \tag{9.1.4}$$

$$-\mathrm{i}\omega\sigma_{xx}=(\lambda+2\mu)\frac{\partial u}{\partial x}+\lambda\frac{\partial v}{\partial z}, \tag{9.1.5}$$

$$-\mathrm{i}\omega\sigma_{zz}=\lambda\frac{\partial u}{\partial x}+(\lambda+2\mu)\frac{\partial v}{\partial z}, \tag{9.1.6}$$

$$-\mathrm{i}\omega\sigma_{xz}=\mu\left(\frac{\partial u}{\partial z}+\frac{\partial v}{\partial x}\right). \tag{9.1.7}$$

对 (9.1.3)~(9.1.7) 引入完全匹配层吸收边界条件

$$-\mathrm{i}\omega\rho u=\frac{1}{\xi}\frac{\partial\sigma_{xx}}{\partial x}+\frac{1}{\eta}\frac{\partial\sigma_{xz}}{\partial z}, \tag{9.1.8}$$

$$-\mathrm{i}\omega\rho v=\frac{1}{\xi}\frac{\partial\sigma_{xz}}{\partial x}+\frac{1}{\eta}\frac{\partial\sigma_{zz}}{\partial z}, \tag{9.1.9}$$

$$-\mathrm{i}\omega\sigma_{xx}=(\lambda+2\mu)\frac{1}{\xi}\frac{\partial u}{\partial x}+\lambda\frac{1}{\eta}\frac{\partial v}{\partial z}, \tag{9.1.10}$$

$$-\mathrm{i}\omega\sigma_{zz}=\lambda\frac{1}{\xi}\frac{\partial u}{\partial x}+(\lambda+2\mu)\frac{1}{\eta}\frac{\partial v}{\partial z}, \tag{9.1.11}$$

$$-\mathrm{i}\omega\sigma_{xz}=\mu\left(\frac{1}{\eta}\frac{\partial u}{\partial z}+\frac{1}{\xi}\frac{\partial v}{\partial x}\right), \tag{9.1.12}$$

其中

$$\xi(x)=1+\frac{d(x)}{\mathrm{i}\omega},\quad \eta(z)=1+\frac{d(z)}{\mathrm{i}\omega}. \tag{9.1.13}$$

将 (9.1.10)~(9.1.12) 代入 (9.1.8)~(9.1.9) 中, 得

$$\begin{aligned}&\omega^2\rho u+\frac{1}{\xi}\frac{\partial}{\partial x}\left[(\lambda+2\mu)\frac{1}{\xi}\frac{\partial u}{\partial x}+\lambda\frac{1}{\eta}\frac{\partial v}{\partial z}\right]\\&\quad+\frac{1}{\eta}\frac{\partial}{\partial z}\left[\mu\frac{1}{\xi}\frac{\partial v}{\partial x}+\mu\frac{1}{\eta}\frac{\partial u}{\partial z}\right]+f=0,\end{aligned} \tag{9.1.14}$$

$$\begin{aligned}&\omega^2\rho v+\frac{1}{\eta}\frac{\partial}{\partial z}\left[(\lambda+2\mu)\frac{1}{\eta}\frac{\partial v}{\partial z}+\lambda\frac{1}{\xi}\frac{\partial u}{\partial x}\right]\\&\quad+\frac{1}{\xi}\frac{\partial}{\partial x}\left[\mu\frac{1}{\eta}\frac{\partial u}{\partial z}+\mu\frac{1}{\xi}\frac{\partial v}{\partial x}\right]+g=0.\end{aligned} \tag{9.1.15}$$

取 x 和 z 方向的空间网格间距分别为 h_x 和 h_z, 用二阶差分格式来近似 (9.1.14)~(9.1.15) 中的二阶空间偏导数, 可得如下差分格式

$$
\begin{aligned}
\omega^2\rho_{i,j}u_{i,j} &+ \frac{1}{h_x^2}\frac{1}{\xi_i}\left\{\frac{(\lambda+2\mu)_{i+1/2,j}}{\xi_{i+1/2}}[u_{i+1,j}-u_{i,j}] - \frac{(\lambda+2\mu)_{i-1/2,j}}{\xi_{i-1/2}}[u_{i,j}-u_{i-1,j}]\right\} \\
&+ \frac{1}{4h_xh_z}\frac{1}{\xi_i}\left\{\frac{\lambda_{i+1,j}}{\eta_j}[v_{i+1,j+1}-v_{i+1,j-1}] - \frac{\lambda_{i-1,j}}{\eta_j}[v_{i-1,j+1}-v_{i-1,j-1}]\right\} \\
&+ \frac{1}{4h_xh_z}\frac{1}{\eta_j}\left\{\frac{\mu_{i,j+1}}{\xi_i}[v_{i+1,j+1}-v_{i-1,j+1}] - \frac{\mu_{i,j-1}}{\xi_i}[v_{i+1,j-1}-v_{i-1,j-1}]\right\} \\
&+ \frac{1}{h_z^2}\frac{1}{\eta_j}\left\{\frac{\mu_{i,j+1/2}}{\eta_{j+1/2}}[u_{i,j+1}-u_{i,j}] - \frac{\mu_{i,j-1/2}}{\eta_{j-1/2}}[u_{i,j}-u_{i,j-1}]\right\} + f_{i,j} = 0,
\end{aligned}
\tag{9.1.16}
$$

$$
\begin{aligned}
\omega^2\rho_{i,j}v_{i,j} &+ \frac{1}{h_z^2}\frac{1}{\eta_j}\left\{\frac{(\lambda+2\mu)_{i,j+1/2}}{\eta_{j+1/2}}[v_{i,j+1}-v_{i,j}] - \frac{(\lambda+2\mu)_{i,j-1/2}}{\eta_{j-1/2}}[v_{i,j}-v_{i,j-1}]\right\} \\
&+ \frac{1}{4h_xh_z}\frac{1}{\eta_j}\left\{\frac{\lambda_{i,j+1}}{\xi_i}[u_{i+1,j+1}-u_{i-1,j+1}] - \frac{\lambda_{i,j-1}}{\xi_i}[u_{i+1,j-1}-u_{i-1,j-1}]\right\} \\
&+ \frac{1}{4h_xh_z}\frac{1}{\xi_i}\left\{\frac{\mu_{i+1,j}}{\eta_j}[u_{i+1,j+1}-u_{i+1,j-1}] - \frac{\mu_{i-1,j}}{\eta_j}[u_{i-1,j+1}-u_{i-1,j-1}]\right\} \\
&+ \frac{1}{h_x^2}\frac{1}{\xi_i}\left\{\frac{\mu_{i+1/2,j}}{\xi_{i+1/2}}[v_{i+1,j}-v_{i,j}] - \frac{\mu_{i-1/2,j}}{\xi_{i-1/2}}[v_{i,j}-v_{i-1,j}]\right\} + g_{i,j} = 0.
\end{aligned}
\tag{9.1.17}
$$

记

$$
V_{i,j} = (u_{i,j}, v_{i,j})^{\mathrm{T}}, \quad S_{i,j} = (-f_{i,j}, -g_{i,j})^{\mathrm{T}}, \tag{9.1.18}
$$

则 (9.1.16)~(9.1.17) 可以写成如下矩阵向量的形式

$$
\begin{aligned}
&A_{i-1,j-1}V_{i-1,j-1} + A_{i-1,j}V_{i-1,j} + A_{i-1,j+1}V_{i-1,j+1} \\
&+A_{i,j-1}V_{i,j-1} + A_{i,j}V_{i,j} + A_{i,j+1}V_{i,j+1} + A_{i+1,j-1}V_{i+1,j-1} \\
&+A_{i+1,j}V_{i+1,j} + A_{i+1,j+1}V_{i+1,j+1} = S_{i,j},
\end{aligned}
\tag{9.1.19}
$$

其中

$$
A_{i-1,j-1} = \frac{1}{4h_xh_z}\frac{1}{\xi_i\eta_j}\begin{pmatrix} 0 & \lambda_{i-1,j}+\mu_{i,j-1} \\ \lambda_{i,j-1}+\mu_{i-1,j} & 0 \end{pmatrix}, \tag{9.1.20}
$$

$$
A_{i,j-1} = \frac{1}{h_z^2}\frac{1}{\eta_j\eta_{j-1/2}}\begin{pmatrix} \mu_{i,j-1/2} & 0 \\ 0 & (\lambda+2\mu)_{i,j-1/2} \end{pmatrix}, \tag{9.1.21}
$$

$$A_{i+1,j-1} = -\frac{1}{4h_x h_z}\frac{1}{\xi_i\eta_j}\begin{pmatrix} 0 & \lambda_{i+1,j}+\mu_{i,j-1} \\ \lambda_{i,j-1}+\mu_{i+1,j} & 0 \end{pmatrix}, \tag{9.1.22}$$

$$A_{i-1,j} = \frac{1}{h_x^2}\frac{1}{\xi_i\xi_{i-1/2}}\begin{pmatrix} (\lambda+2\mu)_{i-1/2,j} & 0 \\ 0 & \mu_{i-1/2,j} \end{pmatrix}, \tag{9.1.23}$$

$$A_{i,j} = \begin{pmatrix} A_{i,j}^{1,1} & 0 \\ 0 & A_{i,j}^{2,2} \end{pmatrix}, \tag{9.1.24}$$

$$A_{i+1,j} = \frac{1}{h_x^2}\frac{1}{\xi_i\xi_{i+1/2}}\begin{pmatrix} (\lambda+2\mu)_{i+1/2,j} & 0 \\ 0 & \mu_{i+1/2,j} \end{pmatrix}, \tag{9.1.25}$$

$$A_{i-1,j+1} = -\frac{1}{4h_x h_z}\frac{1}{\xi_i\eta_j}\begin{pmatrix} 0 & \lambda_{i-1,j}+\mu_{i,j+1} \\ \lambda_{i,j+1}+\mu_{i-1,j} & 0 \end{pmatrix}, \tag{9.1.26}$$

$$A_{i,j+1} = \frac{1}{h_z^2}\frac{1}{\eta_j\eta_{j+1/2}}\begin{pmatrix} \mu_{i,j+1/2} & 0 \\ 0 & (\lambda+2\mu)_{i,j+1/2} \end{pmatrix}, \tag{9.1.27}$$

$$A_{i+1,j+1} = \frac{1}{4h_x h_z}\frac{1}{\xi_i\eta_j}\begin{pmatrix} 0 & \lambda_{i+1,j}+\mu_{i,j+1} \\ \lambda_{i,j+1}+\mu_{i+1,j} & 0 \end{pmatrix}, \tag{9.1.28}$$

$$\begin{aligned} A_{i,j}^{1,1} = \omega^2\rho_{i,j} &- \frac{1}{h_x^2}\left[\frac{(\lambda+2\mu)_{i+1/2,j}}{\xi_i\xi_{i+1/2}} + \frac{(\lambda+2\mu)_{i-1/2,j}}{\xi_i\xi_{i-1/2}}\right] \\ &- \frac{1}{h_z^2}\left[\frac{\mu_{i,j+1/2}}{\eta_j\eta_{j+1/2}} + \frac{\mu_{i,j-1/2}}{\eta_j\eta_{j-1/2}}\right], \end{aligned} \tag{9.1.29}$$

$$\begin{aligned} A_{i,j}^{2,2} = \omega^2\rho_{i,j} &- \frac{1}{h_z^2}\left[\frac{(\lambda+2\mu)_{i,j+1/2}}{\eta_j\eta_{j+1/2}} + \frac{(\lambda+2\mu)_{i,j-1/2}}{\eta_j\eta_{j-1/2}}\right] \\ &- \frac{1}{h_x^2}\left[\frac{\mu_{i+1/2,j}}{\xi_i\xi_{i+1/2}} + \frac{\mu_{i-1/2,j}}{\xi_i\xi_{i-1/2}}\right]. \end{aligned} \tag{9.1.30}$$

将计算区域划分为 $N_x \times N_z$ 的网格, 其中 N_x 为 x 方向上的网格点数, N_z 为 z 方向上的网格点数. 在整个计算网格上的大型稀疏线性方程组可以写成 $AV = S$, 其中 A 为 $2N_xN_z$ 阶矩阵:

$$
\left(\begin{array}{ccccccccccccccc}
A_5^1 & A_6^1 & & & & A_8^1 & A_9^1 & & & & & & & & \\
A_4^2 & A_5^2 & A_6^2 & & & A_7^2 & A_8^2 & A_9^2 & & & & & & & \\
 & A_4^3 & A_5^3 & A_6^3 & & & A_7^3 & A_8^3 & A_9^3 & & & & & & \\
 & & \cdots & & & & & \cdots & & & & & & & \\
 & & & A_4^{N_x} & A_5^{N_x} & & & & A_7^{N_x} & A_8^{N_x} & & & & & \\
A_2^k & A_3^k & & & & A_5^k & A_6^k & & & & A_8^k & A_9^k & & & \\
A_1^k & A_2^k & A_3^k & & & A_4^k & A_5^k & A_6^k & & & A_7^k & A_8^k & A_9^k & & \\
 & A_1^k & A_2^k & A_3^k & & & A_4^k & A_5^k & A_6^k & & & A_7^k & A_8^k & A_9^k & \\
 & & \cdots & & & & & \cdots & & & & & \cdots & & \\
 & & & A_1^k & A_2^k & & & & A_3^k & A_4^k & & & & A_7^k & A_8^k \\
 & & & & & A_5^N & A_6^N & & & & A_8^N & A_9^N & & & \\
 & & & & & A_4^N & A_5^N & A_6^N & & & A_7^N & A_8^N & A_9^N & & \\
 & & & & & & A_4^N & A_5^N & A_6^N & & & A_7^N & A_8^N & A_9^N & \\
 & & & & & & & \cdots & & & & & \cdots & & \\
 & & & & & & & & A_3^N & A_4^N & & & & A_7^N & A_8^N
\end{array}\right),
$$

$$
A^k = \begin{pmatrix} A_{i-1,j-1}^k & A_{i,j-1}^k & A_{i+1,j-1}^k \\ A_{i-1,j}^k & A_{i,j}^k & A_{i+1,j}^k \\ A_{i-1,j+1}^k & A_{i,j+1}^k & A_{i+1,j+1}^k \end{pmatrix} := \begin{pmatrix} A_1^k & A_4^k & A_7^k \\ A_2^k & A_5^k & A_8^k \\ A_3^k & A_6^k & A_9^k \end{pmatrix},
$$

$$
k = i + (j-1) \times N_x, \tag{9.1.31}
$$

其中 $A_i^k(i = 1, \cdots, 9; k = 1, \cdots, N)$ 为 2×2 矩阵, $N = N_x N_z$. V 和 S 均为 $2N_x N_z$ 向量:

$$
\begin{aligned}
V = (&\cdots, V_{i-1,1},\ V_{i,1},\ V_{i+1,1}, \cdots, V_{i-1,j},\ V_{i,j},\ V_{i+1,j}, \\
&\cdots, V_{i-1,Nz},\ V_{i,Nz},\ V_{i+1,Nz}, \cdots)^{\mathrm{T}},
\end{aligned} \tag{9.1.32}
$$

$$
\begin{aligned}
S = (&\cdots, S_{i-1,1},\ S_{i,1},\ S_{i+1,1}, \cdots, S_{i-1,j},\ S_{i,j},\ S_{i+1,j}, \\
&\cdots, S_{i-1,Nz},\ S_{i,Nz},\ S_{i+1,Nz}, \cdots)^{\mathrm{T}}.
\end{aligned} \tag{9.1.33}
$$

9.1.2 均匀正方形模型

先考虑一个简单的均匀正方形, 内部计算区域 $[0, 5000\mathrm{m}]^2$, 计算区域周围为完全匹配吸收层, 厚度为 500m, 其中 $N_x = N_z = 201$, $h = 25\mathrm{m}$. 纵波速度 v_p =3000m/s, 横波速度 $v_s = 2000\mathrm{m/s}$. 在模型中央 $(x, z) = (2500\mathrm{m}, 2500\mathrm{m})$ 处

设置点源, 计算频率域弹性波方程波场. 图 9.1 至图 9.4 是频率分别为 10Hz 和 20Hz 时的水平分量 u 和垂直分量 v 的波形图.

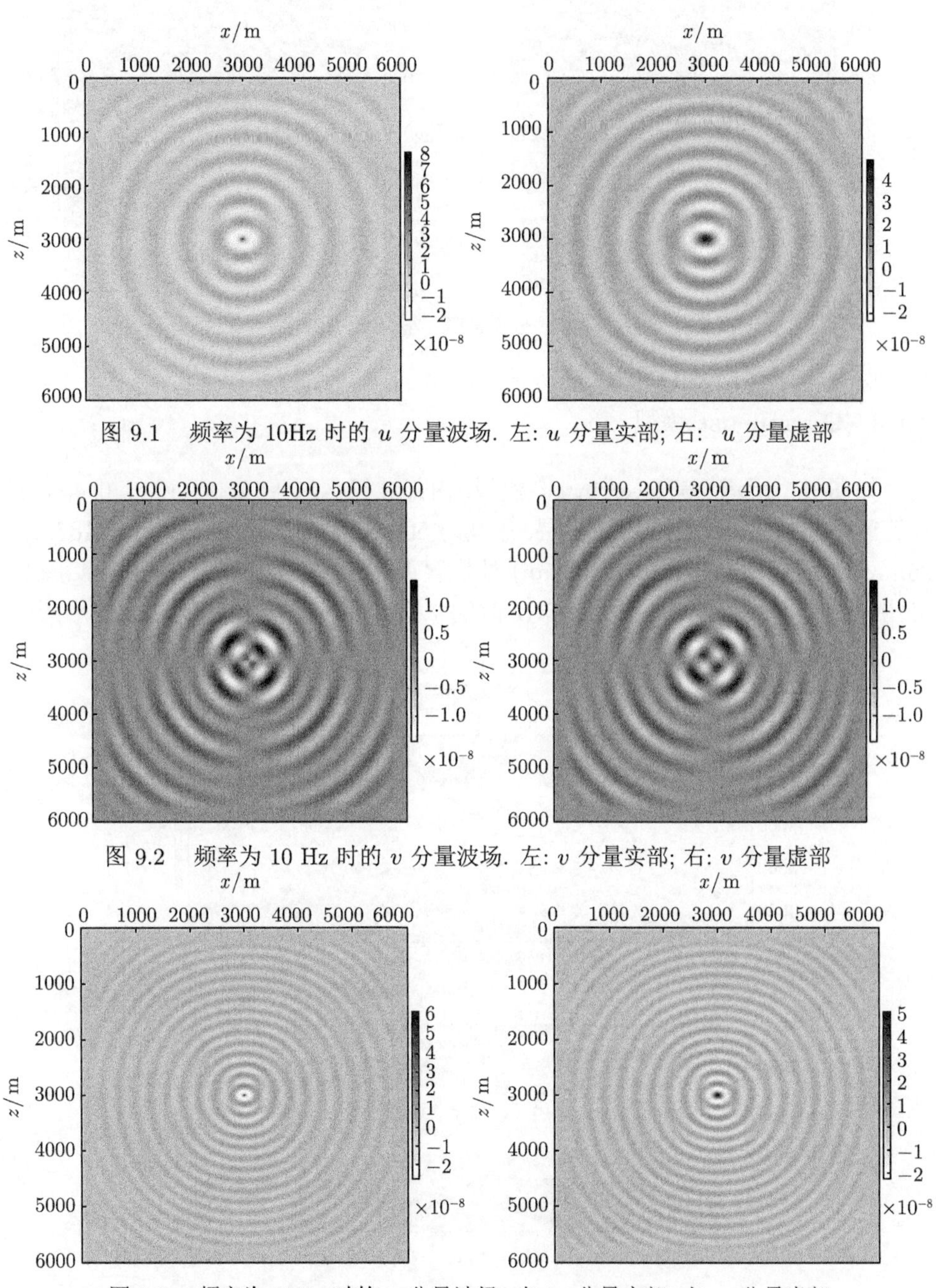

图 9.1 频率为 10Hz 时的 u 分量波场. 左: u 分量实部; 右: u 分量虚部

图 9.2 频率为 10 Hz 时的 v 分量波场. 左: v 分量实部; 右: v 分量虚部

图 9.3 频率为 20Hz 时的 u 分量波场. 左: u 分量实部; 右: u 分量虚部

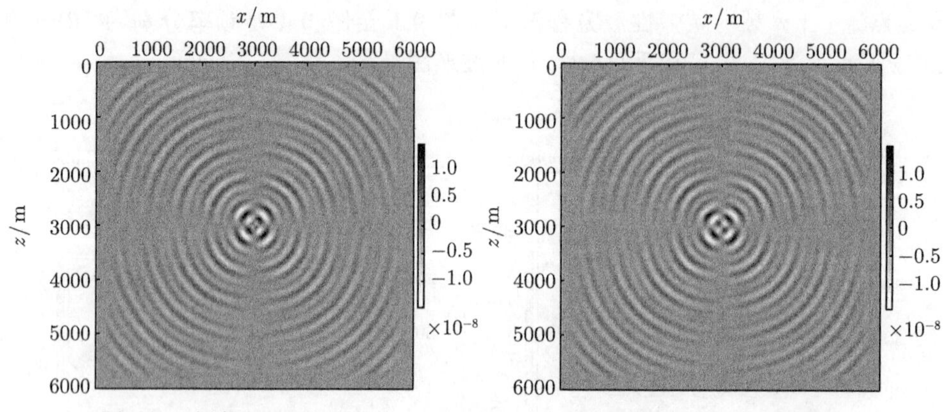

图 9.4 频率为 20Hz 时的 v 分量波场. 左: v 分量实部; 右: v 分量虚部

9.1.3 Overthrust 模型

如图 9.5 所示, 是 Overthrust 模型, 内部计算区域 $[0, 20000\text{m}] \times [0, 4650\text{m}]$, 计算区域周围完全匹配吸收边界层, 厚度为 500m, 其中 $N_x = 801$, $N_z = 187$, $h = 25\text{m}$. 在模型 $(x, z) = (10000\text{m}, 25\text{m})$ 处设置点源, 计算频率域弹性波波场. 图 9.6 至图 9.9 是频率分别为 5Hz 和 10Hz 时的水平分量 u 和垂直分量 v 的波形图.

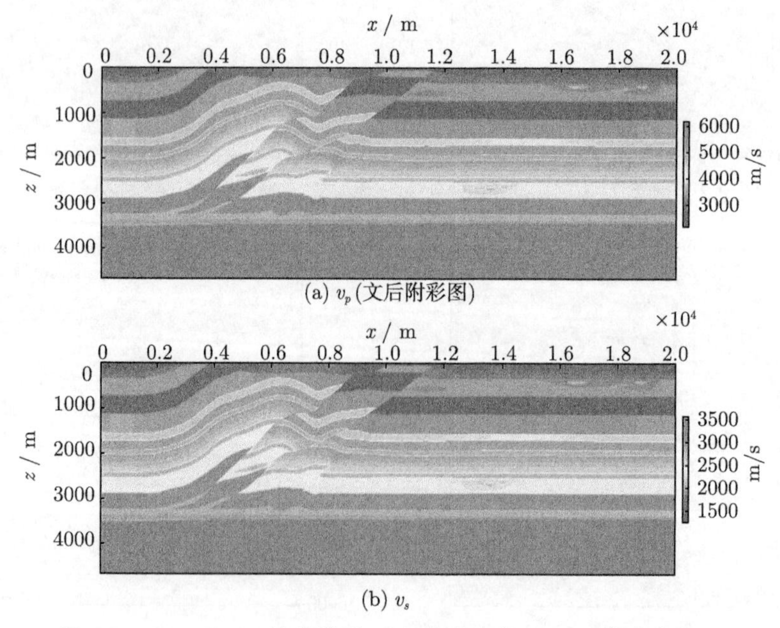

图 9.5 Overthrust 速度模型. (a) 纵波速度 v_p; (b) 横波速度 v_s

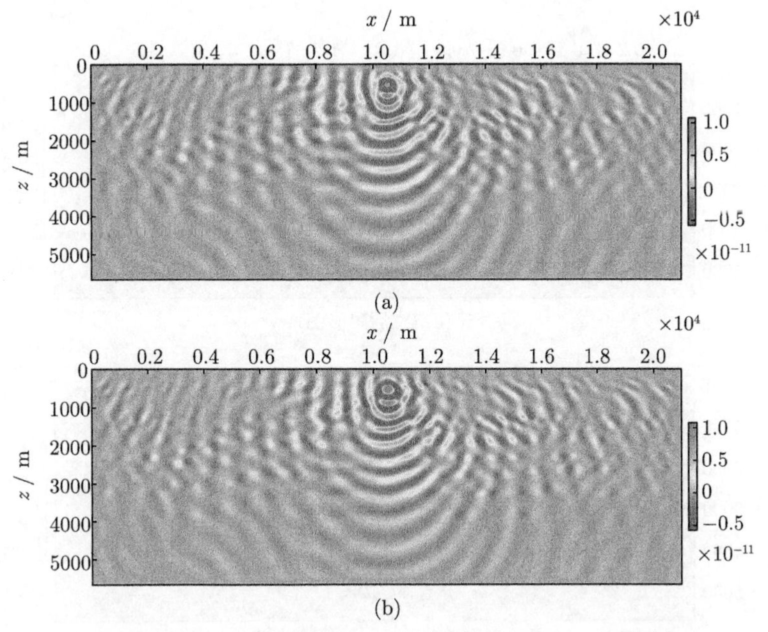

图 9.6 频率为 5Hz 时, Overthrust 模型的水平分量波场 u. (a) u 分量实部; (b) u 分量虚部

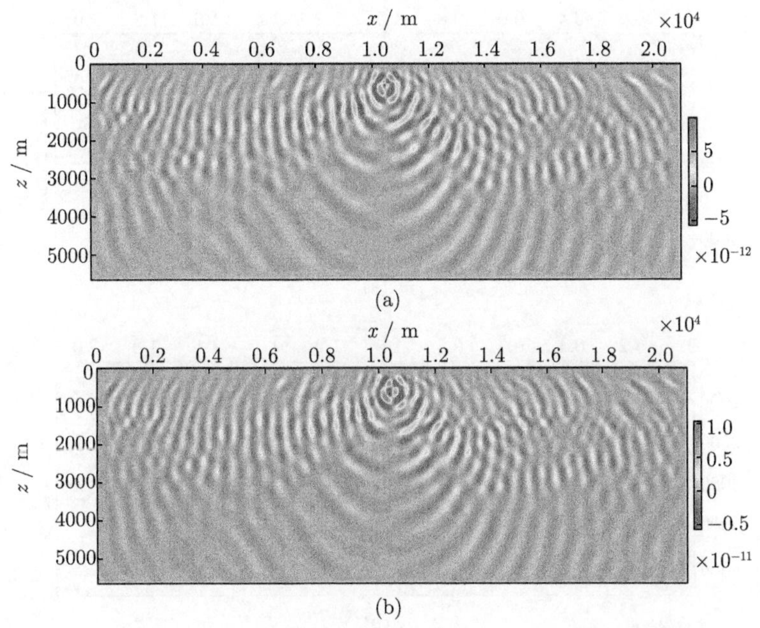

图 9.7 频率为 5Hz 时, Overthrust 模型的垂直分量波场 v. (a) v 分量实部; (b) v 分量虚部

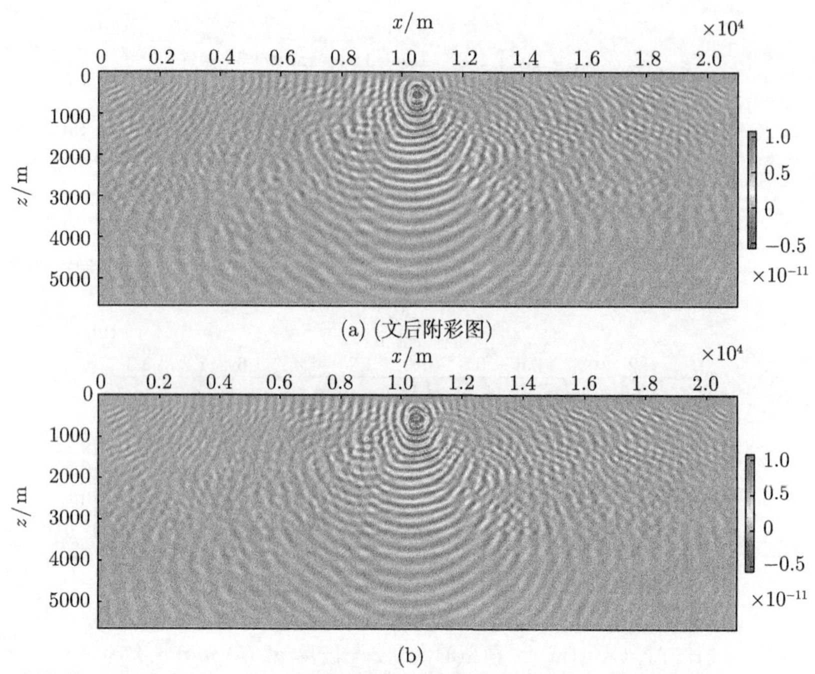

图 9.8　频率为 10Hz 时, Overthrust 模型的水平分量波场 u. (a) u 分量实部; (b) u 分量虚部

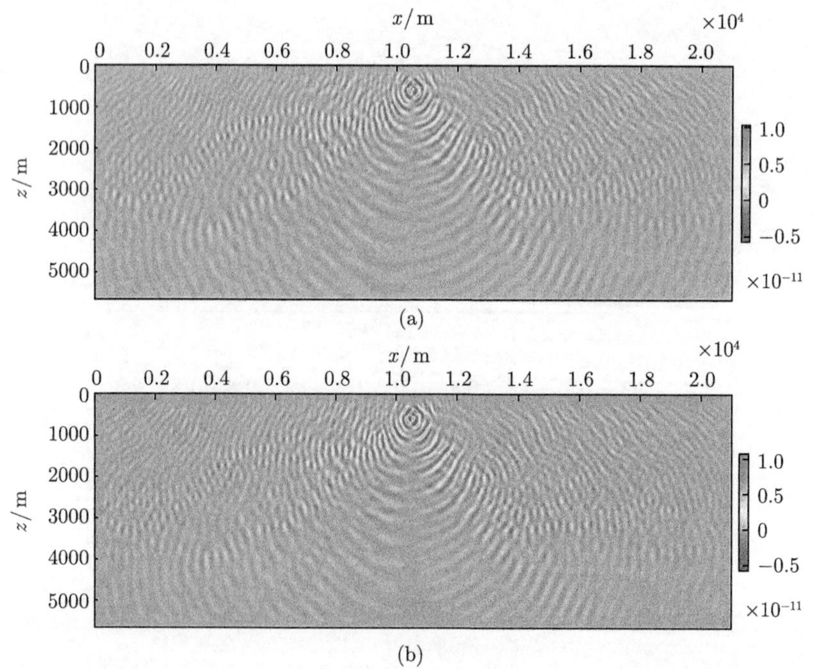

图 9.9　频率为 10Hz 时, Overthrust 模型的垂直分量波场 v. (a) v 分量实部; (b) v 分量虚部

9.1.4 Marmousi 模型

如图 9.10 所示 Marmousi 模型, 内部计算区域 $[0, 9200\text{m}] \times [0, 3000\text{m}]$, 计算区域周围为完全匹配吸收边界层, 厚度为 500m, 其中 $N_x = 461$, $N_z = 151$,

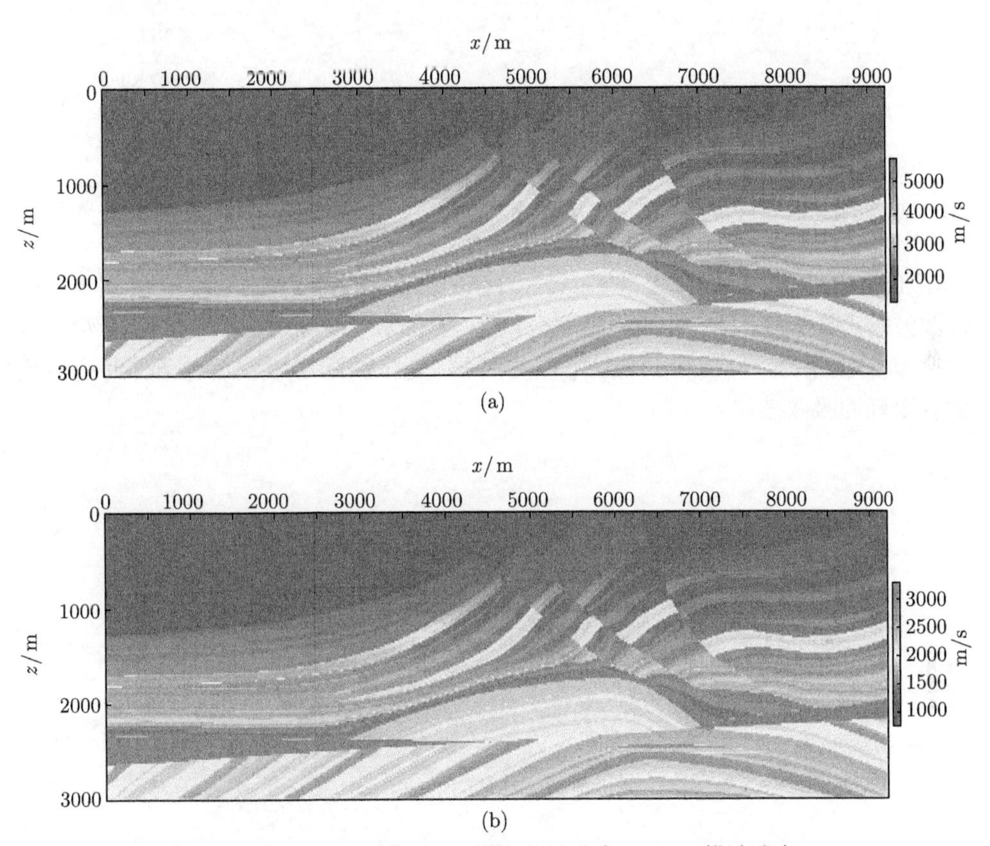

图 9.10 Marmousi 速度模型. (a) 纵波速度 v_p; (b) 横波速度 v_s

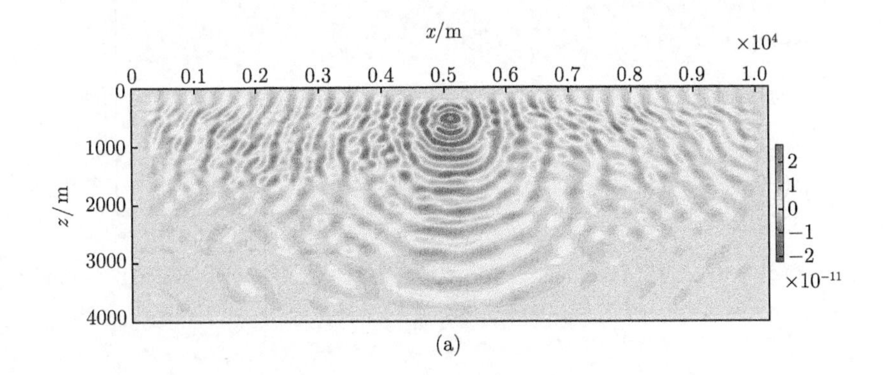

(a)

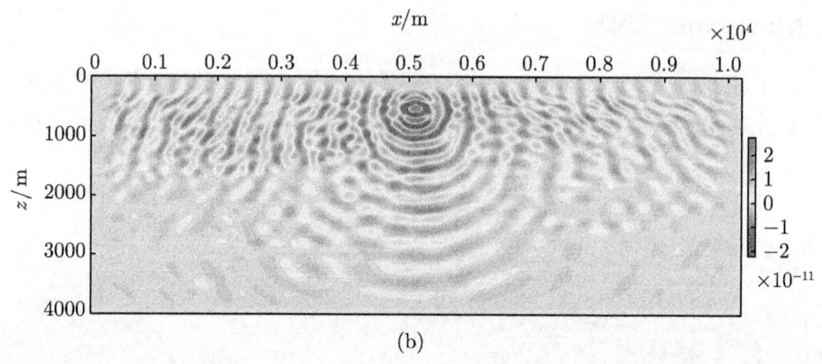

(b)

图 9.11　频率为 5Hz 时, Marmousi 模型水平分量波场 u. (a) u 分量实部; (b) u 分量虚部

$h = 20\text{m}$, $\Delta t = 0.01s$. 在模型 $(x, z) = (4600\text{m}, 20\text{m})$ 处设置点源, 计算频率域弹性波波场. 图 9.11 至图 9.14 是频率分别为 5Hz 和 10Hz 时的水平分量 u 和垂直分量 v 的波形图. 由图 9.11 至图 9.14 可知, 完全匹配层吸收边界条件对边界反射有很好的吸收效果.

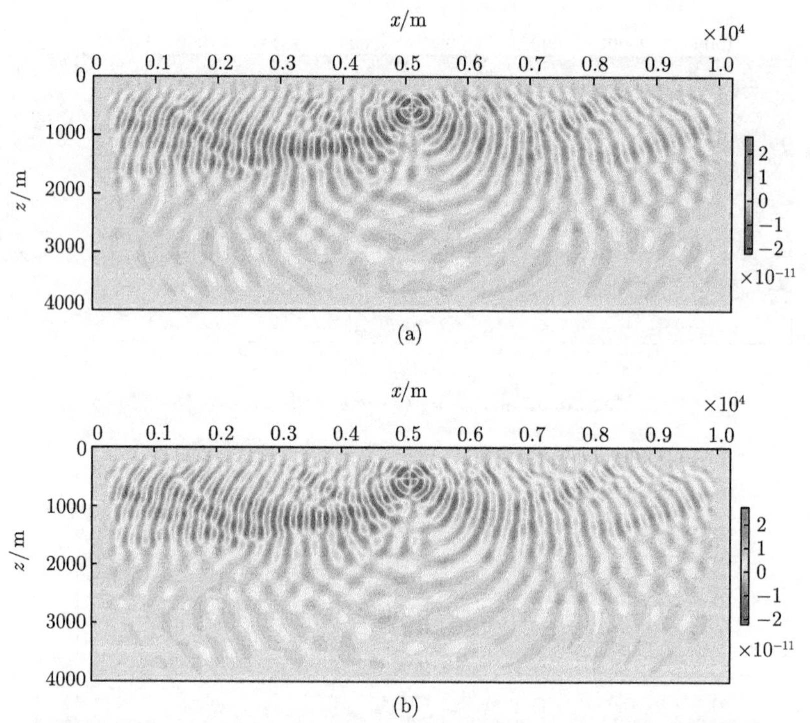

(b)

图 9.12　频率为 5Hz 时, Marmousi 模型垂直分量波场 v. (a) v 分量实部; (b) v 分量虚部

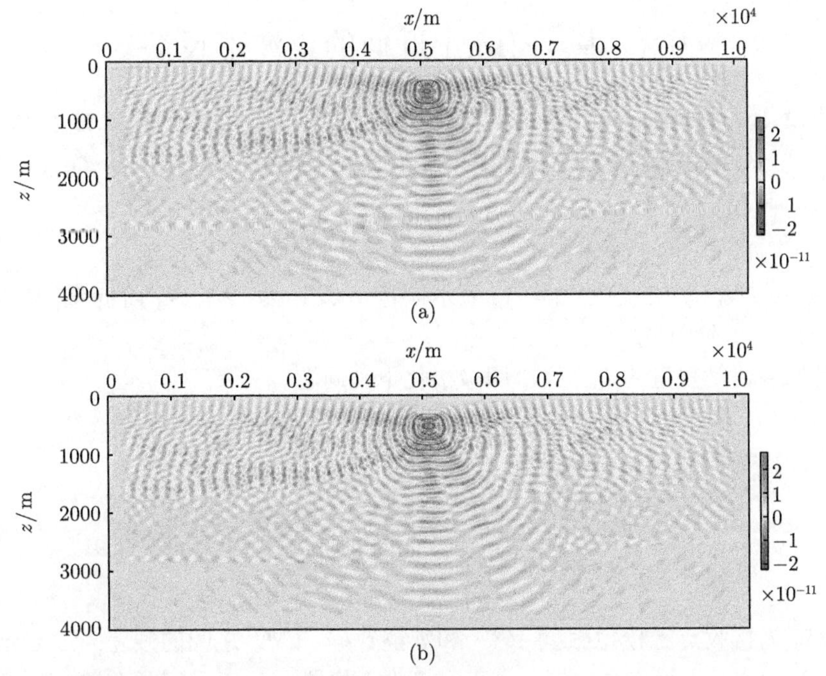

图 9.13 频率为 10Hz 时, Marmousi 模型水平分量波场 u. (a) u 分量实部; (b) u 分量虚部

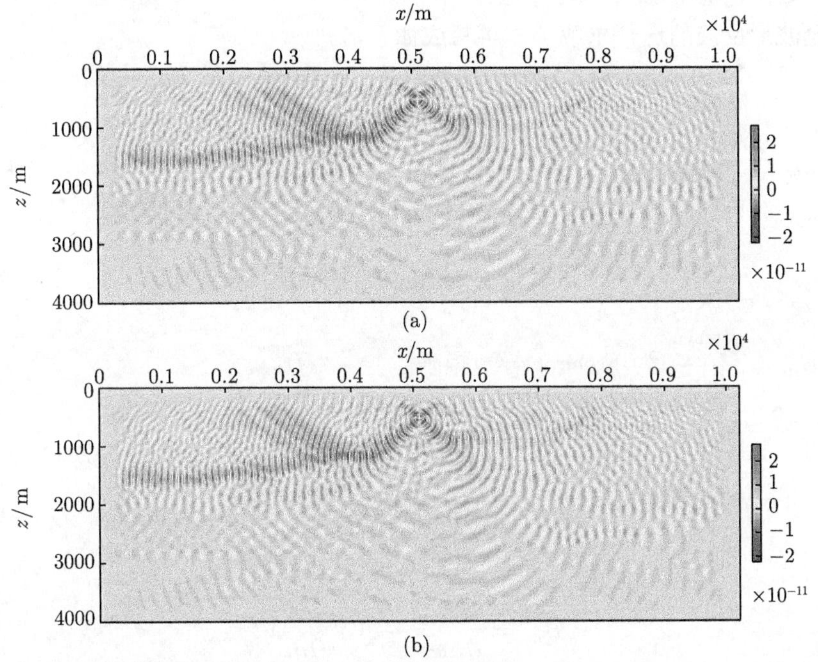

图 9.14 频率为 10Hz 时, Marmousi 模型垂直分量波场 v. (a) v 分量实部; (b) v 分量虚部

9.2　基于 Born 近似的全波形反演

假设计算区域剖分为 $N_x \times N_z$ 的矩形网格. 对每个频率 ω. 原方程 (9.1.1)~(9.1.2) 可以通过有限差分方法离散为如下线性方程组

$$A(\omega)V(\omega) = S(\omega), \tag{9.2.1}$$

其中 A 为 $2N_xN_z$ 阶复值矩阵; V 表示向量 (u, v), 为 $2N_xN_z$ 阶向量; S 表示源项, 为 $2N_xN_z$ 阶向量.

目标函数是残量的 l_2 范数, 即极小化下列问题

$$\begin{aligned}\min_{\boldsymbol{m}} E(\boldsymbol{m}) &= \frac{1}{2}||\delta V||_2^2 \\ &= \frac{1}{2}\sum_{\omega}^{N_\omega}\sum_{s}^{N_s}\sum_{r}^{N_r}\left[V^{\text{syn}}(x_s, x_r, \omega) - V^{\text{obs}}(x_s, x_r, \omega)\right]^2,\end{aligned} \tag{9.2.2}$$

其中 δV 为接收点上模拟数据 V^{syn} 和观测数据 V^{obs} 之间的残差; $\boldsymbol{m}$ 表示模型参数 (λ, μ); x_s 表示震源位置, x_r 表示接收点位置; N_s 表示震源个数, N_r 表示接收点个数; N_ω 表示反演频率个数.

全波形反演的迭代求解公式可写成如下形式

$$\boldsymbol{m}_{k+1} = \boldsymbol{m}_k + \alpha_k \boldsymbol{p}_k, \quad k = 0, 1, 2, \cdots, \tag{9.2.3}$$

其中 $\boldsymbol{m}_0$ 表示初始模型, k 表示迭代步数, $\boldsymbol{p} = \nabla_{\boldsymbol{m}} E$ 表示搜索方向, α 为步长.

我们对目标函数 $E(\boldsymbol{m})$ 关于参数 $\boldsymbol{m}$ 求导得到目标函数的梯度表达式

$$\nabla_{\boldsymbol{m}} E = \text{Re}\left(B_{\boldsymbol{m}}^{\text{T}} \delta V^*\right), \tag{9.2.4}$$

其中 $B_{\boldsymbol{m}} = \dfrac{\partial V^{\text{syn}}}{\partial \boldsymbol{m}}$ 为 Fréchet 导数矩阵.

对 (9.2.1) 两端关于模型参数 $\boldsymbol{m}$ 求导, 得

$$A\frac{\partial V}{\partial \boldsymbol{m}} = -\frac{\partial A}{\partial \boldsymbol{m}}V, \tag{9.2.5}$$

所以

$$B_{\boldsymbol{m}} = \frac{\partial V}{\partial \boldsymbol{m}} = -A^{-1}\frac{\partial A}{\partial \boldsymbol{m}}V, \tag{9.2.6}$$

于是有

$$\nabla_{\boldsymbol{m}} E=-\mathrm{Re}\left\{V^{\mathrm{T}}\frac{\partial A^{\mathrm{T}}}{\partial \boldsymbol{m}}\phi\right\}=-\mathrm{Re}\left\{S^{\mathrm{T}}A^{-\mathrm{T}}\frac{\partial A^{\mathrm{T}}}{\partial \boldsymbol{m}}A^{-\mathrm{T}}\delta V^{*}\right\}, \tag{9.2.7}$$

其中 $\phi=A^{-\mathrm{T}}\delta V^{*}$, $*$ 表示共轭. 下面用格林函数法来求解.

(1) $V=A^{-1}S$ 为震源激发的正演波场, 其中 A^{-1} 表示格林函数. 其对应 $s(i_s,j_s)$ 处震源激发, $x(i,j)$ 位置的格林函数为

$$\begin{pmatrix} G_{xx}^{0}(\boldsymbol{x},\omega,s) & G_{xz}^{0}(\boldsymbol{x},\omega,s) \\ G_{zx}^{0}(\boldsymbol{x},\omega,s) & G_{zz}^{0}(\boldsymbol{x},\omega,s) \end{pmatrix}, \tag{9.2.8}$$

从而

$$V_x^0(\boldsymbol{x},\omega,s)=G_{xx}^{0}(\boldsymbol{x},\omega,s)S_x(\omega,s)+G_{xz}^{0}(\boldsymbol{x},\omega,s)S_z(r,\omega,s), \tag{9.2.9}$$

$$V_z^0(\boldsymbol{x},\omega,s)=G_{zx}^{0}(\boldsymbol{x},\omega,s)S_x(\omega,s)+G_{zz}^{0}(\boldsymbol{x},\omega,s)S_z(r,\omega,s). \tag{9.2.10}$$

(2) $\phi=A^{-\mathrm{T}}\delta V^{*}$ 表示残差 δV^{*} 反传播波场. 由互易原理有 $A^{-\mathrm{T}}=A^{-1}$, 其对应 $r(i_r,j_r)$ 处激发的 $x(i,j)$ 位置的格林函数, 为

$$\begin{pmatrix} G_{xx}^{0}(\boldsymbol{x},\omega,r) & G_{xz}^{0}(\boldsymbol{x},\omega,r) \\ G_{zx}^{0}(\boldsymbol{x},\omega,r) & G_{xx}^{0}(\boldsymbol{x},\omega,r) \end{pmatrix}, \tag{9.2.11}$$

从而

$$\phi_x(\boldsymbol{x},\omega,s)=\sum_{r}\left\{G_{xx}^{0}(\boldsymbol{x},\omega,r)\delta V_x^{*}(r,\omega,s)+G_{xz}^{0}(\boldsymbol{x},\omega,r)\delta V_z^{*}(r,\omega,s)\right\}, \tag{9.2.12}$$

$$\phi_z(\boldsymbol{x},\omega,s)=\sum_{r}\left\{G_{zx}^{0}(\boldsymbol{x},\omega,r)\delta V_x^{*}(r,\omega,s)+G_{zz}^{0}(\boldsymbol{x},\omega,r)\delta V_z^{*}(r,\omega,s)\right\}. \tag{9.2.13}$$

Tarantola[129] 和 Mora[85] 等于 1987 年基于 Born 近似方法给出了梯度 $\nabla_{\boldsymbol{m}}E$ 的计算公式

$$\nabla_{\boldsymbol{m}}E=\begin{pmatrix}\nabla_{\lambda}E\\ \nabla_{\mu}E\end{pmatrix}=\begin{pmatrix}B_{\lambda}^{\mathrm{T}}\delta V^{*}\\ B_{\mu}^{\mathrm{T}}\delta V^{*}\end{pmatrix}_{2N_xN_z\times 1}, \tag{9.2.14}$$

其中 B_{λ}^{T} 和 B_{μ}^{T} 为 $N_xN_z\times 2N_xN_z$ 矩阵, δV 为 $2N_xN_z\times 1$ 向量. 这种方法不需要显式计算 Fréchet 导数矩阵 J. 经过推导, 相关表达式如下

$$
\begin{aligned}
[\nabla_\lambda E]_{i,j} =& [B_\lambda^{\mathrm{T}} \delta V^*]_{i,j} \\
=& -\sum_s \mathrm{Re}\left\{ \left(\frac{\partial V_x^0(\boldsymbol{x},\omega,s)}{\partial x} + \frac{\partial V_z^0(\boldsymbol{x},\omega,s)}{\partial z} \right) \right. \\
& \left. \times \left(\frac{\partial \phi_x(\boldsymbol{x},\omega,s)}{\partial x} + \frac{\partial \phi_z(\boldsymbol{x},\omega,s)}{\partial z} \right) \right\},
\end{aligned} \tag{9.2.15}
$$

也即

$$
\begin{aligned}
[\nabla_\lambda E]_{i,j} = & -\sum_s \mathrm{Re}\left\{ \left(\frac{\partial V_x^0(\boldsymbol{x},\omega,s)}{\partial x} + \frac{\partial V_z^0(\boldsymbol{x},\omega,s)}{\partial z} \right) \right. \\
& \times \sum_r \left[\left(\frac{\partial G_{xx}^0(\boldsymbol{x},\omega,r)}{\partial x} + \frac{\partial G_{zx}^0(\boldsymbol{x},\omega,r)}{\partial z} \right) \delta V_x^*(r,\omega,s) \right. \\
& \left. \left. + \left(\frac{\partial G_{xz}^0(\boldsymbol{x},\omega,r)}{\partial x} + \frac{\partial G_{zz}^0(\boldsymbol{x},\omega,r)}{\partial z} \right) \delta V_z^*(r,\omega,s) \right] \right\},
\end{aligned} \tag{9.2.16}
$$

$$
\begin{aligned}
[\nabla_\mu E]_{i,j} = [B_\mu^{\mathrm{T}} \delta V^*]_{i,j} = & -\sum_s \mathrm{Re}\left\{ \left(\frac{\partial V_x^0(\boldsymbol{x},\omega,s)}{\partial z} + \frac{\partial V_z^0(\boldsymbol{x},\omega,s)}{\partial x} \right) \right. \\
& \times \left(\frac{\partial \phi_x(\boldsymbol{x},\omega,s)}{\partial z} + \frac{\partial \phi_z(\boldsymbol{x},\omega,s)}{\partial x} \right) \\
& + 2 \left(\frac{\partial V_x^0(\boldsymbol{x},\omega,s)}{\partial x} \frac{\partial \phi_x^*(\boldsymbol{x},\omega,s)}{\partial x} \right. \\
& \left. \left. + \frac{\partial V_z^0(\boldsymbol{x},\omega,s)}{\partial z} \frac{\partial \phi_z(\boldsymbol{x},\omega,s)}{\partial z} \right) \right\},
\end{aligned} \tag{9.2.17}
$$

也即

$$
\begin{aligned}
[\nabla_\mu E]_{i,j} = & -\sum_s \mathrm{Re}\left\{ \left(\frac{\partial V_x^0(\boldsymbol{x},\omega,s)}{\partial z} + \frac{\partial V_z^0(\boldsymbol{x},\omega,s)}{\partial x} \right) \right. \\
& \times \sum_r \left[\left(\frac{\partial G_{xx}^0(\boldsymbol{x},\omega,r)}{\partial z} + \frac{\partial G_{zx}^0(\boldsymbol{x},\omega,r)}{\partial x} \right) \delta V_x^*(r,\omega,s) \right. \\
& \left. + \left(\frac{\partial G_{xz}^0(\boldsymbol{x},\omega,r)}{\partial z} + \frac{\partial G_{zz}^0(\boldsymbol{x},\omega,r)}{\partial x} \right) \delta V_z^*(r,\omega,s) \right] \\
& + 2 \frac{\partial V_x^0(\boldsymbol{x},\omega,s)}{\partial x} \sum_r \left(\frac{\partial G_{xx}^0(\boldsymbol{x},\omega,r)}{\partial x} \delta V_x^*(r,\omega,s) \right.
\end{aligned}
$$

$$
\begin{aligned}
&+\frac{\partial G_{xz}^0(\boldsymbol{x},\omega,r)}{\partial x}\delta V_z^*(r,\omega,s)\Bigg)+2\frac{\partial V_z^0(\boldsymbol{x},\omega,s)}{\partial z}\\
&\times\sum_r\left(\frac{\partial G_{zx}^0(\boldsymbol{x},\omega,r)}{\partial z}\delta V_x^*(r,\omega,s)+\frac{\partial G_{zz}^0(\boldsymbol{x},\omega,r)}{\partial z}\delta V_z^*(r,\omega,s)\right)\Bigg\},
\end{aligned}
\tag{9.2.18}
$$

$$
[B_\lambda^{\mathrm{T}}]_{i,j}=\left(\cdots\ [B_\lambda^{\mathrm{T}}]_{i,j,i_r,j_r}\ \cdots\right)_{1\times 2N_xN_z},\tag{9.2.19}
$$

$$
\begin{aligned}
[B_\lambda^{\mathrm{T}}]_{i,j,i_r,j_r}=&-\left(\frac{\partial V_x^0(\boldsymbol{x},\omega,s)}{\partial x}+\frac{\partial V_z^0(\boldsymbol{x},\omega,s)}{\partial z}\right)\\
&\times\left(\frac{\partial G_{xx}^0(\boldsymbol{x},\omega,r)}{\partial x}+\frac{\partial G_{zx}^0(\boldsymbol{x},\omega,r)}{\partial z},\right.\\
&\left.\frac{\partial G_{xz}^0(\boldsymbol{x},\omega,r)}{\partial x}+\frac{\partial G_{zz}^0(\boldsymbol{x},\omega,r)}{\partial z}\right)_{1\times 2}.
\end{aligned}
\tag{9.2.20}
$$

$$
[B_\mu^{\mathrm{T}}]_{i,j}=\left(\cdots\ [B_\mu^{\mathrm{T}}]_{i,j,i_r,j_r}\ \cdots\right)_{1\times 2N_xN_z},\tag{9.2.21}
$$

$$
\begin{aligned}
[B_\mu^{\mathrm{T}}]_{i,j,i_r,j_r}=&-\left(\frac{\partial V_x^0(\boldsymbol{x},\omega,s)}{\partial z}+\frac{\partial V_z^0(\boldsymbol{x},\omega,s)}{\partial x}\right)\\
&\times\left(\frac{\partial G_{xx}^0(\boldsymbol{x},\omega,r)}{\partial z}+\frac{\partial G_{zx}^0(\boldsymbol{x},\omega,r)}{\partial x},\frac{\partial G_{xz}^0(\boldsymbol{x},\omega,r)}{\partial z}+\frac{\partial G_{zz}^0(\boldsymbol{x},\omega,x)}{\partial z}\right)_{1\times 2}\\
&+2\frac{\partial V_x^0(\boldsymbol{x},\omega,s)}{\partial x}\left(\frac{\partial G_{xx}^0(\boldsymbol{x},\omega,r)}{\partial x},\frac{\partial G_{xz}^0(\boldsymbol{x},\omega,r)}{\partial x}\right)_{1\times 2}\\
&+2\frac{\partial V_z^0(\boldsymbol{x},\omega,s)}{\partial z}\left(\frac{\partial G_{zx}^0(\boldsymbol{x},\omega,r)}{\partial z},\frac{\partial G_{zz}^0(\boldsymbol{x},\omega,r)}{\partial z}\right)_{1\times 2},
\end{aligned}
\tag{9.2.22}
$$

$$
\delta V=\left(\cdots\ [\delta V]_{i_r,j_r}\ \cdots\right)^{\mathrm{T}},\tag{9.2.23}
$$

$$
[\delta V]_{i_r,j_r}=[\delta V_x(r,\omega,s),\delta V_z(r,\omega,s)]_{1\times 2}.\tag{9.2.24}
$$

为进一步提高反演效率和精度, 取拟 Hessian 矩阵的对角线元素矩阵

$$
\widetilde{H}=\mathrm{diag}\left[\mathrm{Re}(B_{\boldsymbol{m}}^{\mathrm{T}}B_{\boldsymbol{m}})+\varepsilon I\right]
$$

作为梯度法的预条件子. 因此反演方法的迭代公式为

$$
\begin{aligned}
\boldsymbol{m}_{k+1} &= \boldsymbol{m}_k - \alpha_k \widetilde{H}^{-1}\nabla_{\boldsymbol{m}}E \\
&= \boldsymbol{m}_k - \alpha_k\left[\mathrm{diagRe}(B_{\boldsymbol{m}}^{\mathrm{T}}B_{\boldsymbol{m}}) + \varepsilon I\right]^{-1}\mathrm{Re}\left[B_{\boldsymbol{m}}^{\mathrm{T}}\delta V^*\right].
\end{aligned}
\tag{9.2.25}
$$

9.3 反演数值计算

9.3.1 正方形模型

如图 9.15 所示, 先考虑一个正方形模型. 模型上有两个速度异常体, 其中左上有一圆形高速异常体. 右下有一圆形低速异常体. 将内部正方形划分为 $N_x \times N_z$ 的网格, 其中 $N_x = 201$, $N_z = 201$, 网格间距 $h = 25\mathrm{m}$. 模型周围为 $20h = 500\mathrm{m}$ 厚的完全匹配吸收边界层. 在四个方向上靠近边界 500m 处设置四组炮点和接收点, 第一组炮点在靠近上边界处, 接收点在靠近下边界处, 第一个炮点位置为 $(x,z) = (500\mathrm{m}, 500\mathrm{m})$, 第一个接收点位置为 $(x,z) = (500\mathrm{m}, 4500\mathrm{m})$; 第二组炮点在靠近下边界处, 接收点在靠近上边界处, 炮点和接收点位置与第一组对调; 第三组炮点在靠近左边界处，接收点在靠近右边界处, 第一个炮点位置为 $(x,z) = (500\mathrm{m}, 500\mathrm{m})$, 第一个接收点位置为 $(x,z) = (4500\mathrm{m}, 500\mathrm{m})$; 第四组炮点在靠近右边界处, 接收点在靠近左边界处, 炮点和接收点位置与第三组对调. 每组炮点和接收点的个数均为 21 个, 间距均为 200m.

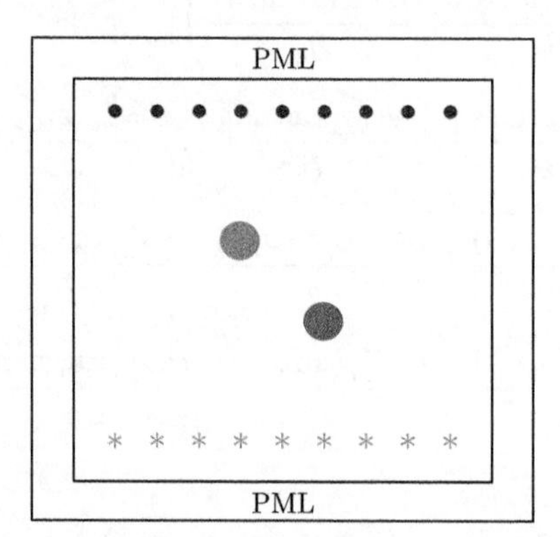

图 9.15 含有两个异常体的正方形模型示意图. 图中 • 表示炮点, * 表示接收点

震源函数为雷克子波, 表达式为

$$
f(t) = (1 - 2(\pi f_0 t)^2)e^{-(\pi f_0 t)^2}, \tag{9.3.1}
$$

其中中心频率 f_0 取为 7Hz. 反演过程中共用 20 个离散频率, 反演频率范围为 $1 \sim 20\mathrm{Hz}$, 间隔为 1Hz. 每个频率最大迭代步数为 12.

如图 9.16 所示. 反演真实模型泊松比为 0.25. 密度为 2000kg/m^3. 纵波速度 v_p 和横波速度 v_s 的背景速度分别为 3000m/s 和 1732m/s. 模型左上方有直径为 500m 的圆形高速异常体, 其 v_p 和 v_s 分别为 3400m/s 和 1963m/s. 模型右下方有直径为 500m 的圆形低速异常体, 其 v_p 和 v_s 分别为 2800m/s 和 1617m/s. 在模型中黄色竖线分别位于 $x = 2000$m 和 $x = 3000$m 处, 用于对反演结果和真实模型进行比较. 反演初始模型速度取常数, 为真实模型背景速度.

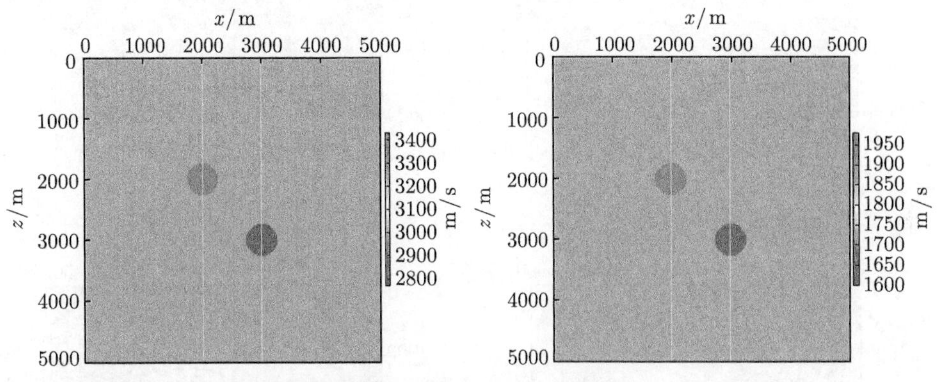

图 9.16 正方形模型的精确速度模型. 左: 纵波速度 v_p; 右: 横波速度 v_s

反演初始频率为 1Hz. 图 9.17 所示是频率为 1Hz 时拟 Hessian 矩阵的对角元素归一化矩阵 $\widetilde{H}$. 图 9.18 为第一步迭代后的目标函数的梯度 $\nabla_{\boldsymbol{m}}E$. 图 9.19 为第一步迭代时的扰动模型 $\widetilde{H}^{-1}\nabla_{\boldsymbol{m}}E$. 图 9.20 至 图 9.23 分别为 1Hz, 5Hz, 10Hz 和 20Hz 纵横速度逐级反演结果. 图 9.24 和图 9.25 分别为 20Hz 反演结果在 $x = 2000$m 和 $x = 3000$m 处与真实模型的比较.

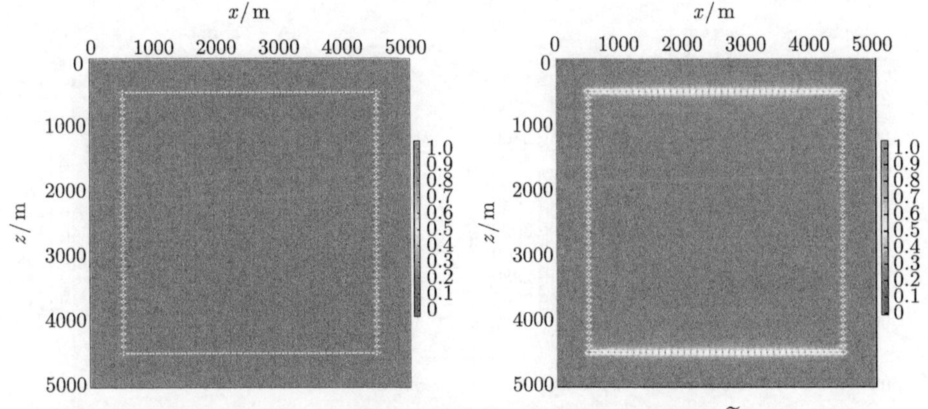

图 9.17 频率为 1Hz 时, 拟 Hessian 矩阵的对角元素归一化矩阵 $\widetilde{H}$. 左: λ; 右: μ

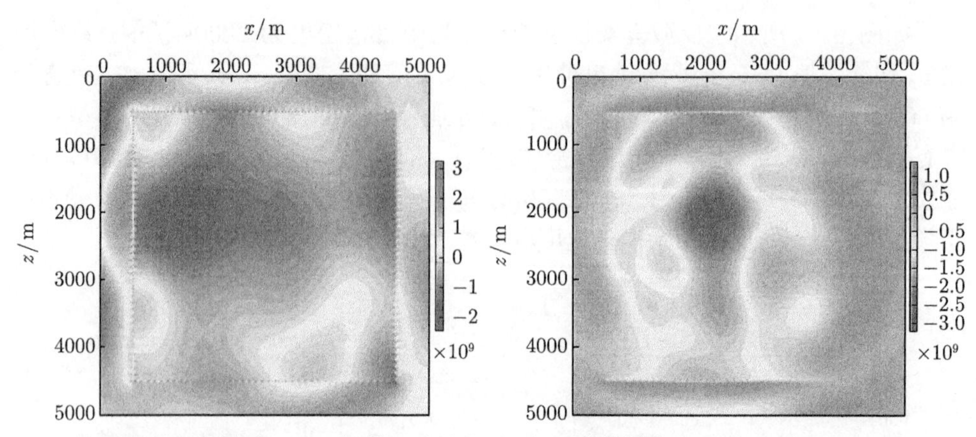

图 9.18　频率为 1Hz 时, 第一步迭代后目标函数的梯度 $\nabla_{\boldsymbol{m}}E$. 左: λ; 右: μ

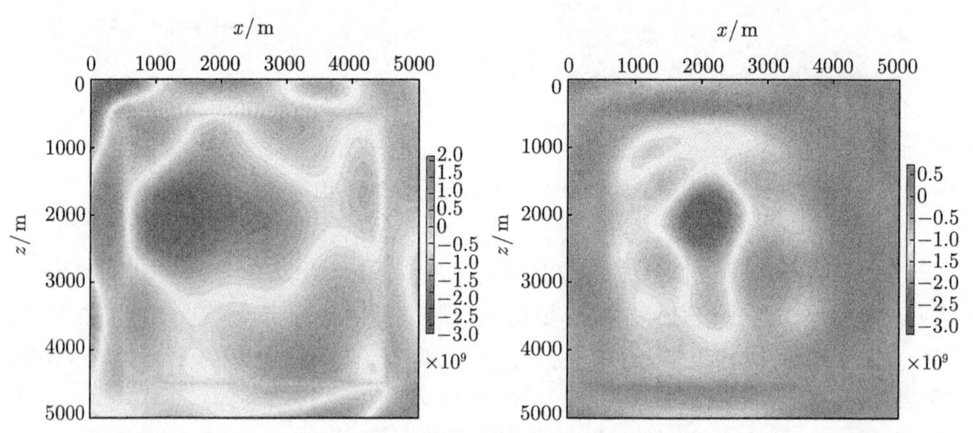

图 9.19　频率为 1Hz 时, 第一步迭代后的扰动模型 $\widetilde{H}^{-1}\nabla_{\boldsymbol{m}}E$. 左: λ; 右: μ(文后附彩图)

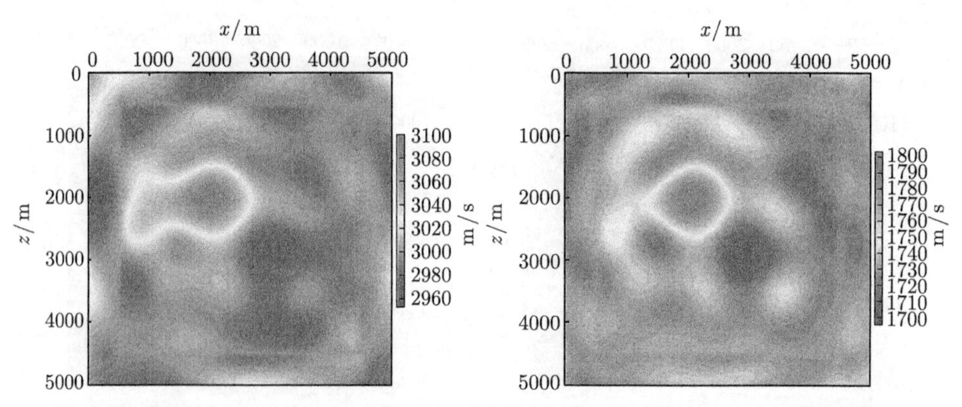

图 9.20　频率为 1Hz 时, 正方形模型的反演结果. 左: 纵波速度 v_p; 右: 横波速度 v_s

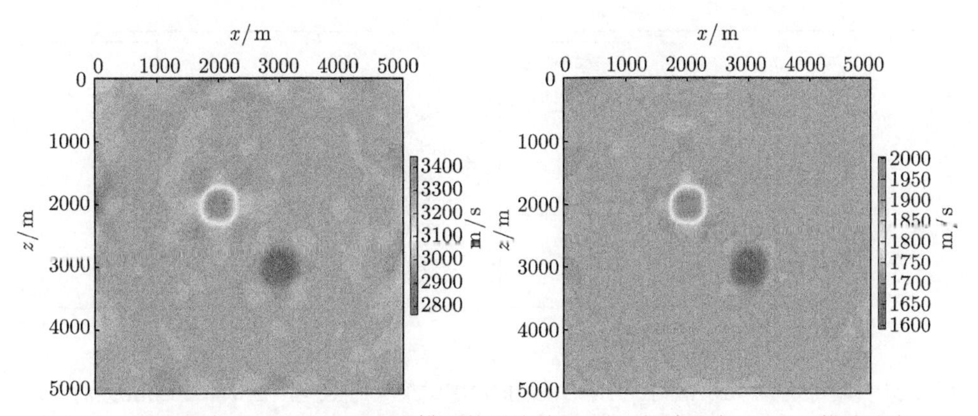

图 9.21 最高频率为 5Hz 时, 正方形模型的反演结果. 左: 纵波速度 v_p; 右: 横波速度 v_s

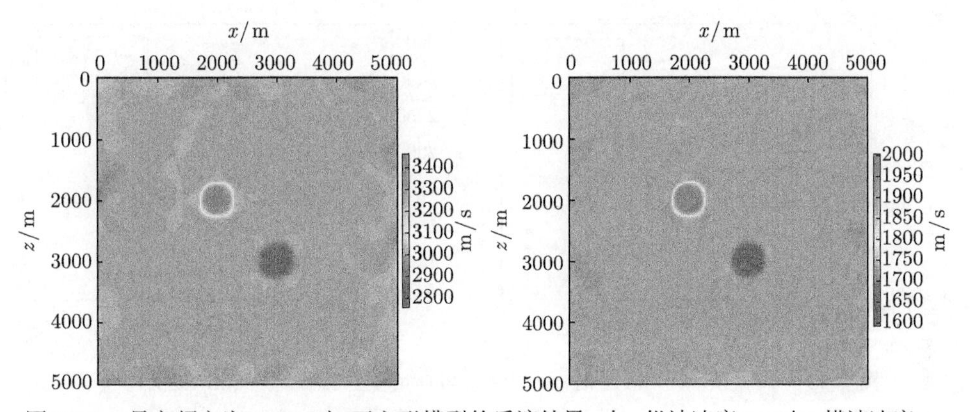

图 9.22 最高频率为 10Hz 时, 正方形模型的反演结果. 左: 纵波速度 v_p; 右: 横波速度 v_s

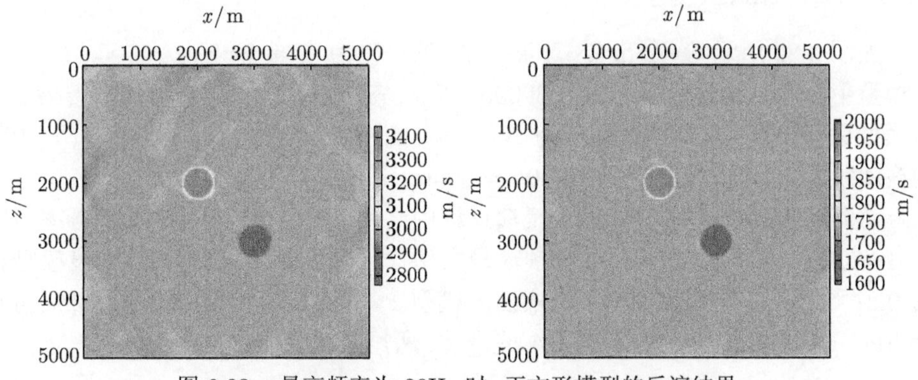

图 9.23 最高频率为 20Hz 时, 正方形模型的反演结果.
左: 纵波速度 v_p; 右: 横波速度 v_s(文后附彩图)

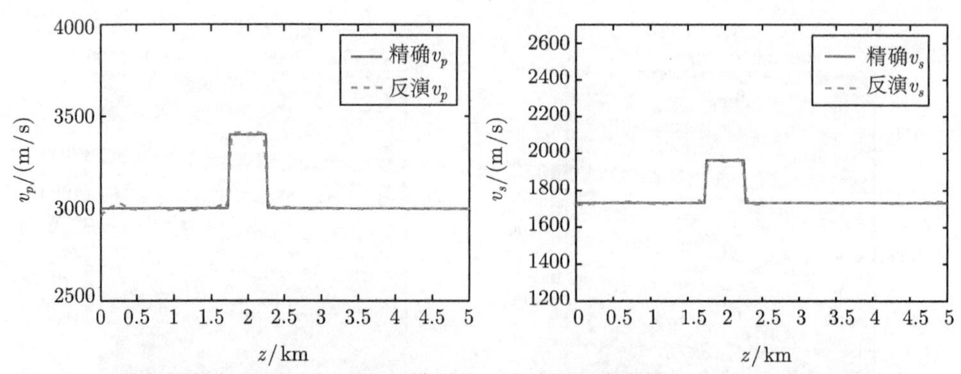

图 9.24　最高频率为 20Hz 时, 正方形模型的反演结果与真实模型在 $x = 2000$m 处的比较. 左: 纵波速度 v_p; 右: 横波速度 v_s

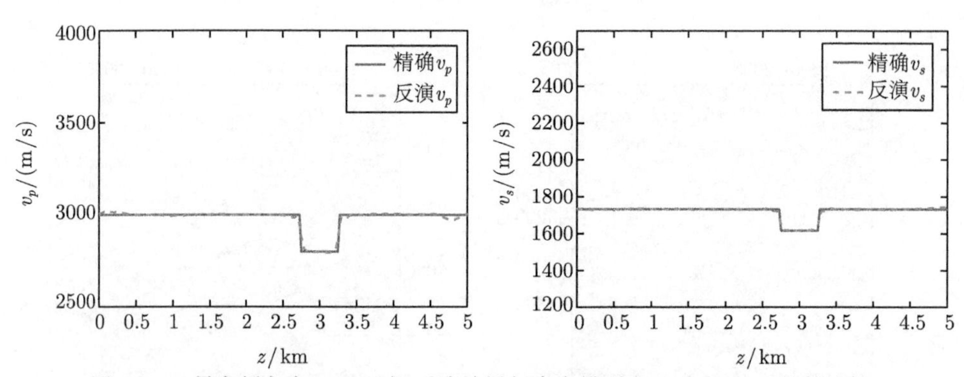

图 9.25　最高频率为 20Hz 时, 反演结果与真实模型在 $x = 3000$m 处的比较. 左: 纵波速度 v_p; 右: 横波速度 v_s

9.3.2　Overthrust 模型

如图 9.26 所示 Overthrust 速度模型, 泊松比为 0.25, 密度为 2000 kg/m^3. 真实模型中黄色竖线分别位于 $x = 6000$m 和 $x = 12000$m 处, 用于对反演结果和真实模型进行比较. 反演模型划分为 $N_x \times N_z$ 的网格, 其中 $N_x = 801$, $N_z = 187$, 网格间距 $h = 25$m. 模型周围为 $20h = 500$m 厚的完全匹配吸收边界层.

震源函数表达式为 (9.3.1). 反演过程中共用 20 个离散频率, 反演频率范围为 1~20Hz. 间隔为 1Hz. 每个频率最大迭代步数设置为 12. 初始速度模型如图 9.27 所示. 初始模型保留了真实速度模型 $z = 0 \sim 100$m 的低速层, 然后再对余下的 $z > 100$m 部分进行 Gauss 光滑化, 所用公式为

$$\boldsymbol{m}_0(x,z) = \frac{1}{2\pi r^2}\int_{-r}^{r}\int_{-r}^{r}\boldsymbol{m}(x-\tilde{x}, z-\tilde{z})$$

$$\times \exp\left(-\frac{(x-\tilde{x})^2+(z-\tilde{z})^2}{2r^2}\right) d\tilde{x}d\tilde{z}, \tag{9.3.2}$$

其中相关长度 $r = 400\text{m}$.

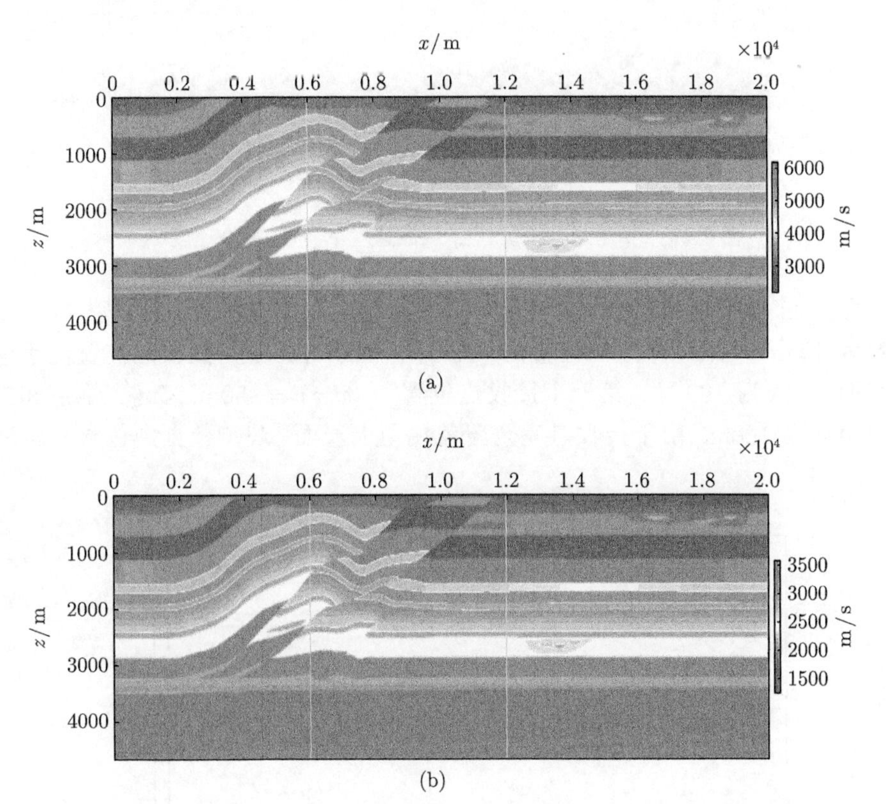

图 9.26 Overthrust 精确速度模型. (a) 纵波速度 v_p; (b) 横波速度 v_s

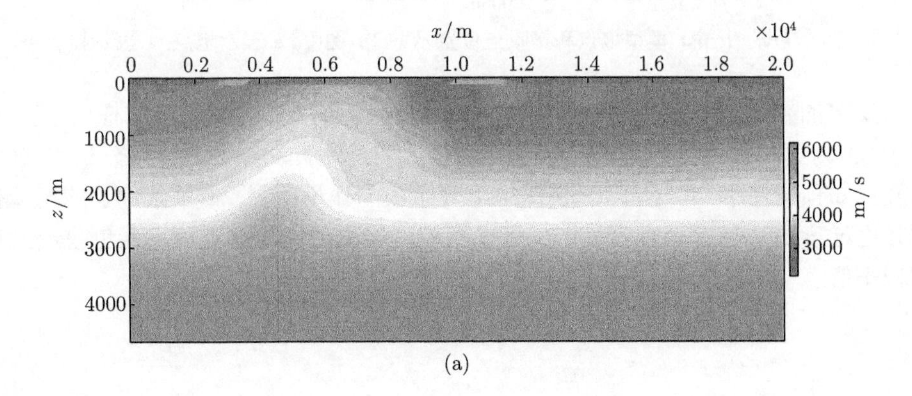

(a)

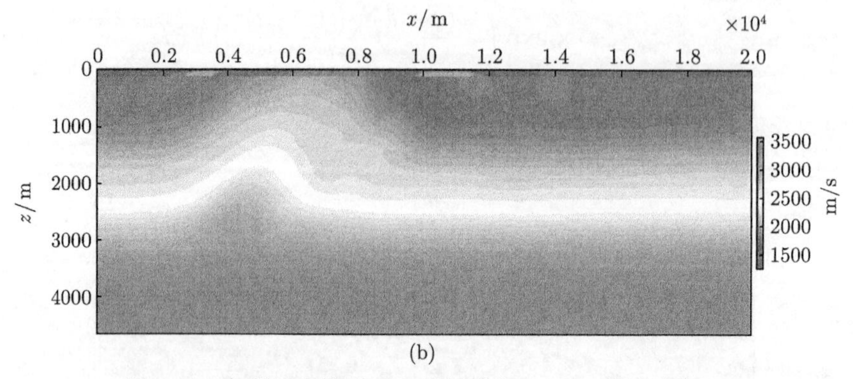

(b)

图 9.27 初始速度模型. (a) 纵波速度 v_p; (b) 横波速度 v_s

图 9.28 为炮点和接收点示意图. 模型上表面以下 25m 处有一组炮点. 炮点个数为 198 个. 第一个炮点位置为 $(x,z) = (100\text{m}, 25\text{m})$. 接收点位置位于模型上表面, 个数为 199 个. 第一个接收点位置为 $(x,z) = (50\text{m}, 25\text{m})$. 炮点和接收点间距均为 100m. 由于接收点完全覆盖模型上表面. 观测数据中包含长偏移距信息.

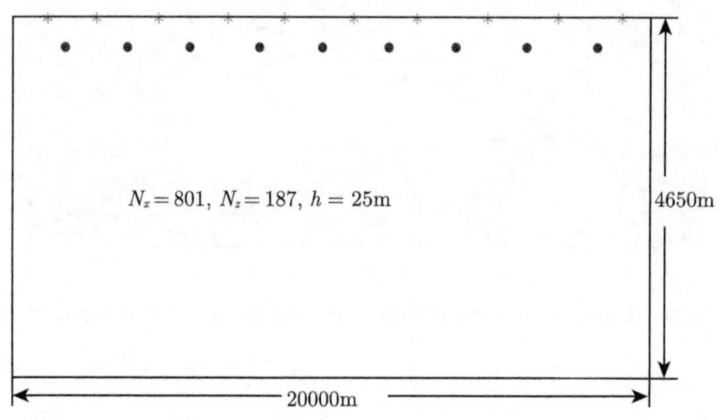

图 9.28 Overthrust 模型炮点和接收点位置示意图. 图中 • 表示炮点, * 表示接收点

反演的初始频率为 1Hz. 图 9.29 为第一步迭代时目标函数的梯度 $\nabla_{\boldsymbol{m}}E$. 图 9.30 为第一步迭代时的扰动模型 $\widetilde{H}^{-1}\nabla_{\boldsymbol{m}}E$. 通过对图 9.29 和图 9.30 进行比较可知预条件子 $\widetilde{H}$ 对于 Overthrust 复杂模型作用明显. 带预条件子的扰动模型较之梯度更加趋近于真实模型. 能提高模型反演的精度和速度. 避免收敛到局部极小值.

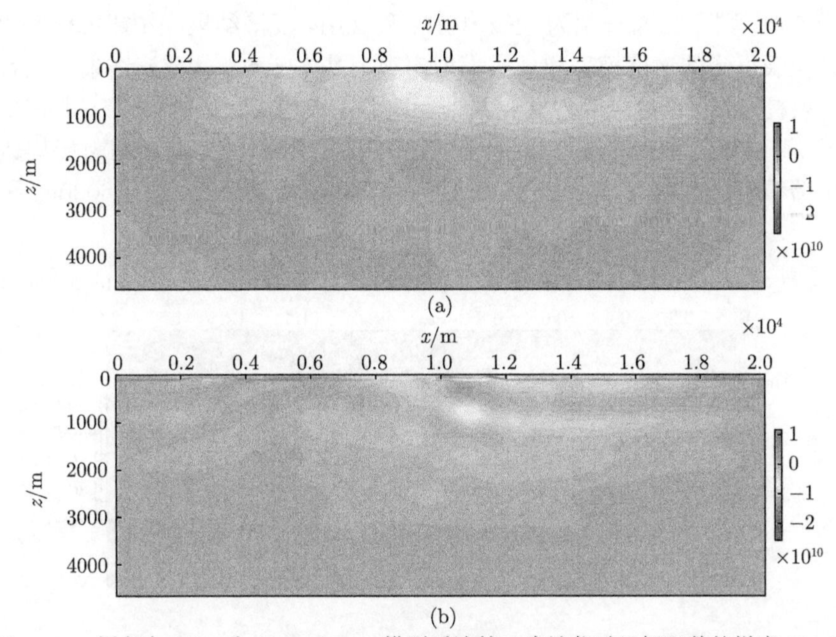

图 9.29 频率为 1Hz 时, Overthrust 模型反演第一步迭代时目标函数的梯度 $\nabla_{\boldsymbol{m}} E$. (a) 梯度 $\nabla_\lambda E$; (b) 梯度 $\nabla_\mu E$

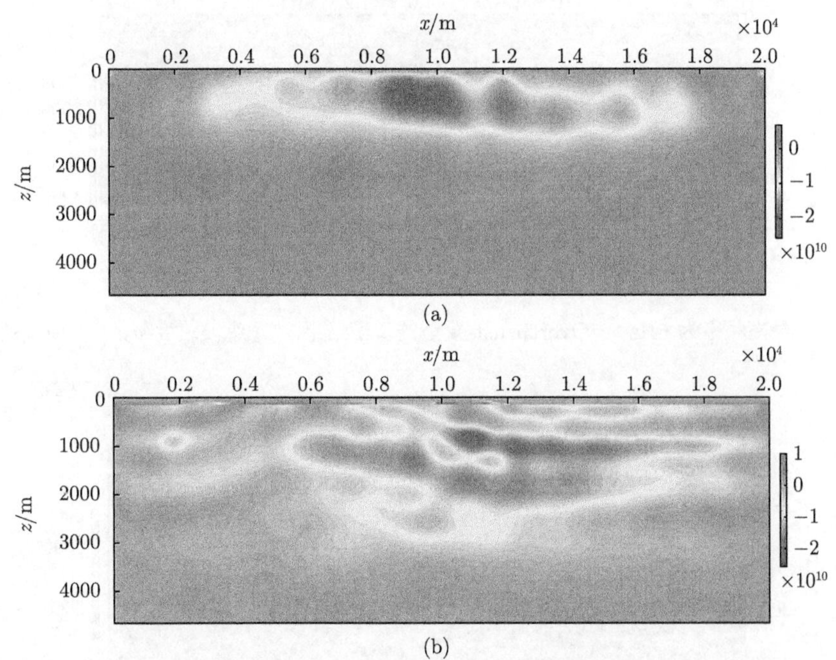

图 9.30 频率 1Hz 时, Overthrust 模型反演第一步迭代时的扰动 $\widetilde{H}^{-1}\nabla_{\boldsymbol{m}} E$. (a) $\widetilde{H}^{-1}\nabla_\lambda E$; (b) $\widetilde{H}^{-1}\nabla_\mu E$(文后附彩图)

图 9.31 至图 9.33 分别为 5Hz, 10Hz 和 20Hz 反演结果. 由图 9.31 可知. 通过低频反演得到的速度模型和真实模型宏观上基本一致. 从反演结果上能看到模型的主要构造信息. 这是因为低频数据反映的是模型大尺度的信息. 图 9.33 反演结果表明, 经过低频到高频逐步反演. 模型浅层几处低速介质层和断层均达到了较高反演精度. 图 9.34 和图 9.35 分别为 20Hz 反演结果在 $x = 6000\text{m}$ 和 $x =$

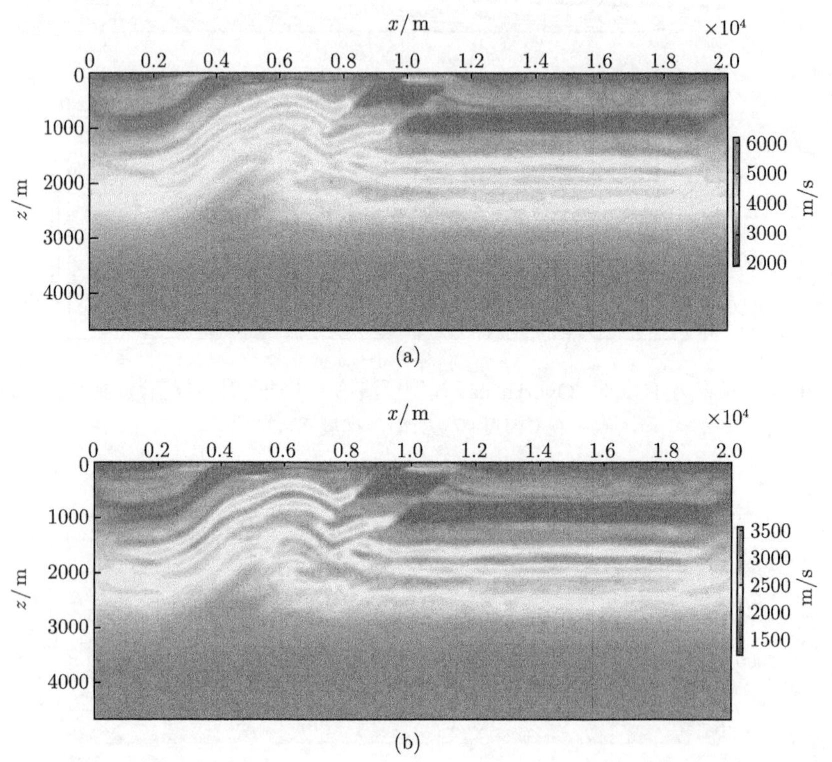

图 9.31 最高频率为 5Hz 时 Overthrust 模型的反演结果. (a) 纵波速度 v_p; (b) 横波速度 v_s

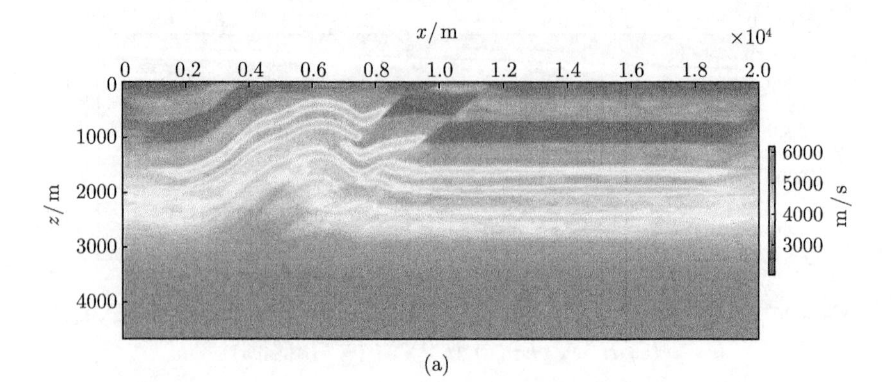

(a)

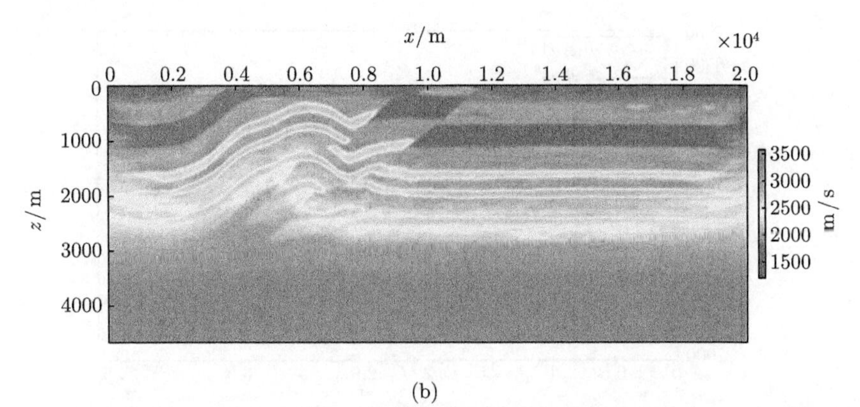

(b)

图 9.32 最高频率为 10Hz 时 Overthrust 模型的反演结果. (a) 纵波速度 v_p; (b) 横波速度 v_s

12000m 处与真实模型和初始模型的比较. 由图 9.34 和图 9.35 可知, 最终反演结果与真实模型吻合较好, 尤其是在浅层部分. 但是随着深度的增加, 精度会降低, 这是由于深层能量较弱以及从浅层到深层的误差累积.

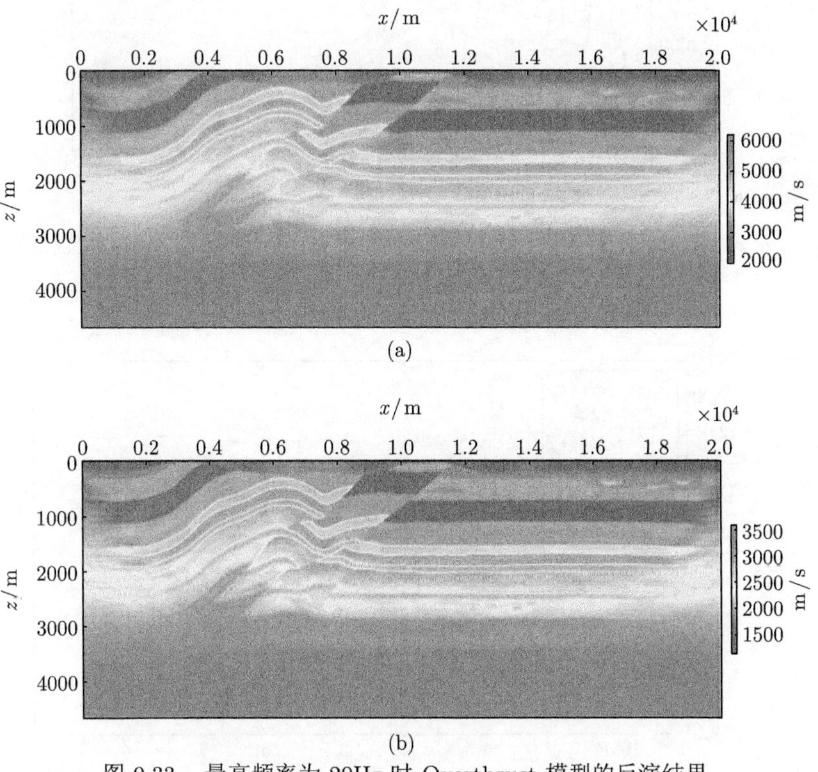

(b)

图 9.33 最高频率为 20Hz 时 Overthrust 模型的反演结果.
(a) 纵波速度 v_p; (b) 横波速度 v_s(文后附彩图)

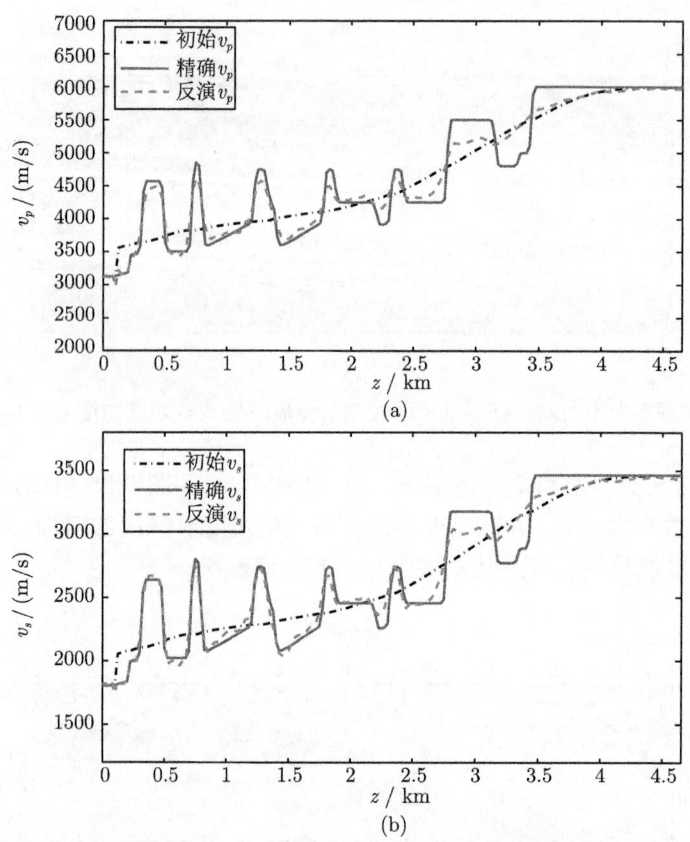

图 9.34 频率为 20Hz 时 Overthrust 模型在 $x = 6000\text{m}$ 处的反演结果与真实模型和初始模型的比较. (a) 纵波速度 v_p; (b) 横波速度 v_s

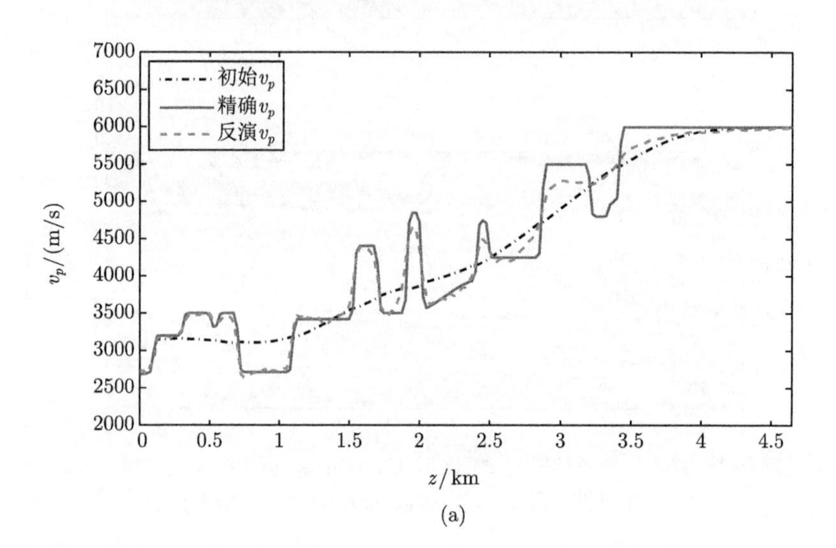

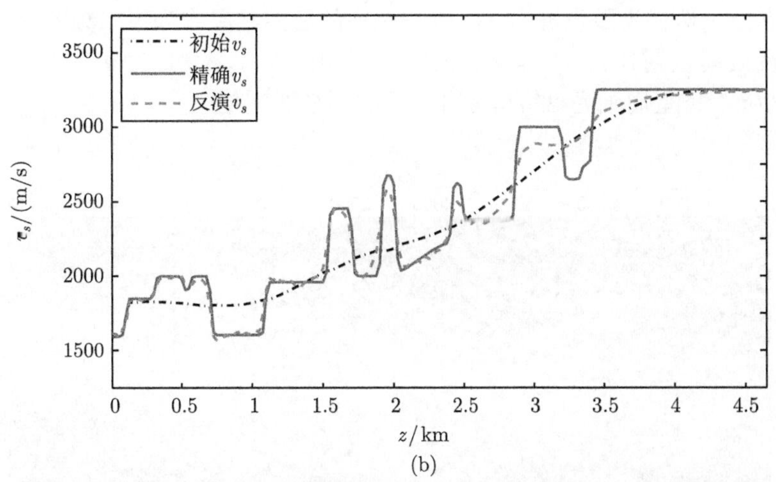

图 9.35　频率为 20Hz 时 Overthrust 模型在 $x = 12000$m 处的反演结果与精确模型和初始模型的比较. (a) 纵波速度 v_p; (b) 横波速度 v_s

9.3.3 Marmousi 模型

现对 Marmousi 模型进行反演. 观测方式如图 9.36 所示. 模型上表面以下 20m 处有一组炮点. 炮点个数为 229 个. 第一个炮点位置为 $(x, z) = (20\text{m}, 20\text{m})$. 接收点位置位于模型上表面. 个数为 230 个. 第一个接收点位置为 $(x, z) = (0, 0)$. 炮点和接收点间距均为 40m. 由于接收点完全覆盖模型上表面. 观测数据中包含长偏移距信息.

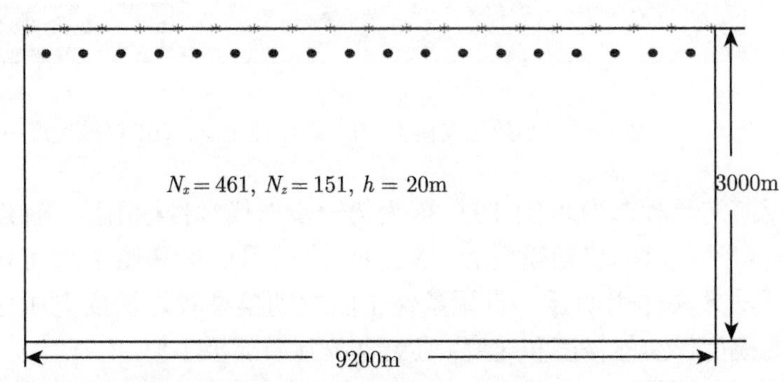

图 9.36　Marmousi 模型炮点和接收点位置示意图. • 表示炮点, * 表示接收点

Marmousi 模型的泊松比为 0.25. 密度为 2000 kg/m^3. 反演的初始速度模型如图 9.37 所示, 由对真实速度模型进行 Gauss 光滑化得到, 其中相关长度 $r =$ 400m. 反演过程中共用 20 个离散频率, 反演频率范围为 3 ~ 20Hz. 间隔为 0.5Hz.

每个频率最大迭代步数设置为 12, 上一频率的反演结果作为下一频率反演的初始模型. 反演模型划分为 $N_x \times N_z$ 的网格, 其中 $N_x = 461$. $N_z = 151$. 网格间距 $h = 20\text{m}$. 模型周围为 $25h = 500\text{m}$ 厚的完全匹配层.

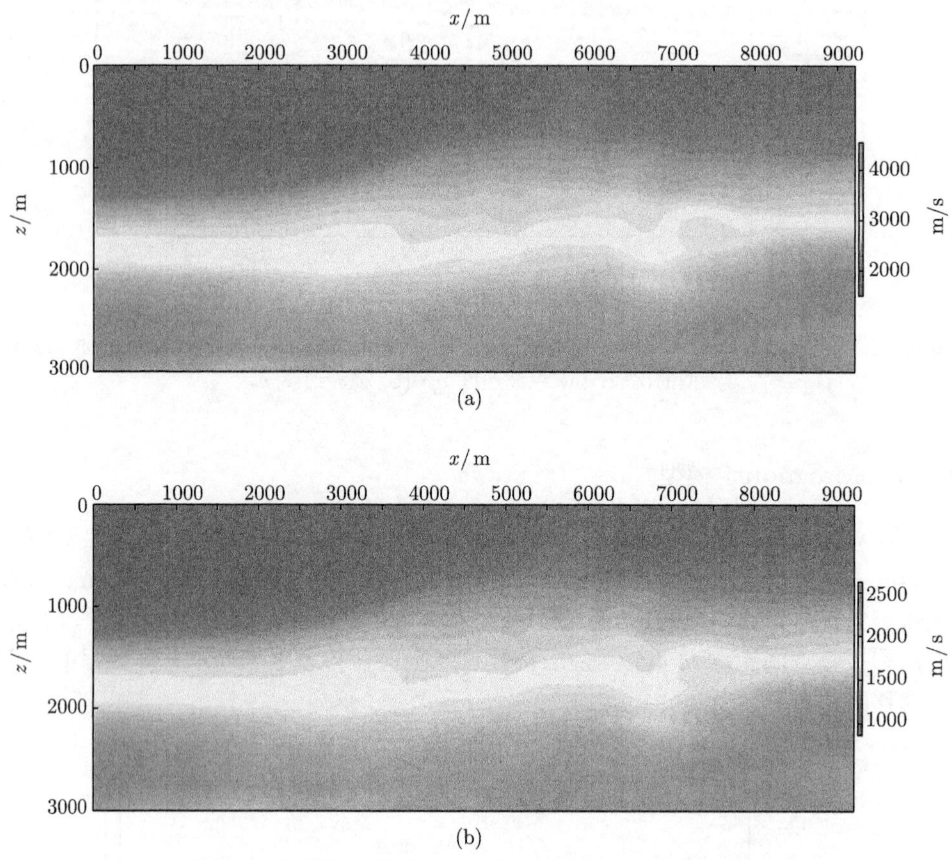

图 9.37 初始速度模型. (a) 纵波速度 v_p; (b) 横波速度 v_s

反演初始频率为 3Hz. 图 9.38 为第一步迭代时目标函数的梯度 $\nabla_{\boldsymbol{m}}E$. 图 9.39 为第一步迭代时的扰动模型 $\widetilde{H}^{-1}\nabla_{\boldsymbol{m}}E$. 比较图 9.38 和图 9.39 可知预条件子 $\widetilde{H}$ 对改善反演效果作用明显. 带预条件子的扰动模型较之梯度更加趋近于真实模型, 能提高模型反演的精度和速度, 避免收敛到局部极小值.

图 9.40 至图 9.42 分别为 5Hz, 15Hz 和 20Hz 反演结果. 由图可知. 最终反演结果与真实模型吻合较好. 尤其是在浅层部分. 但是随着深度的增加精度有所降低, 这是由于深层照明较弱以及从浅层到深层的误差累积.

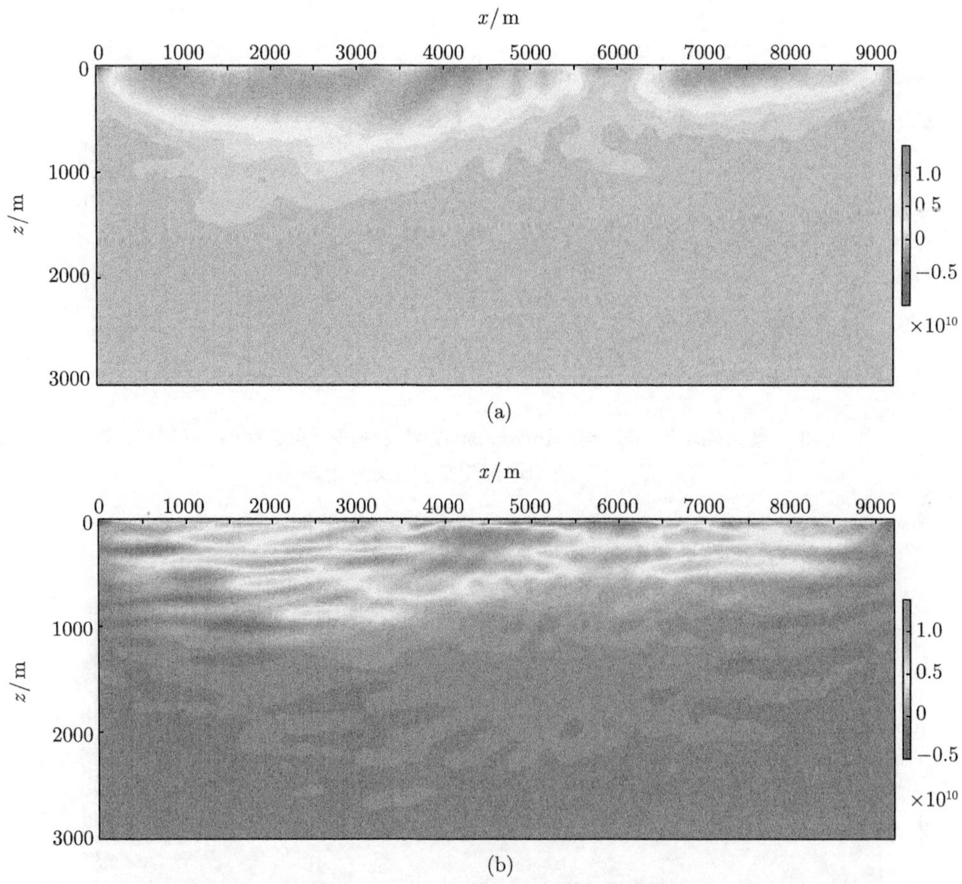

图 9.38 最高频率为 3Hz 时 Marmousi 模型反演第一步迭代时的目标函数梯度 $\nabla_{\boldsymbol{m}}E$. (a) 梯度 $\nabla_{\lambda}E$; (b) 梯度 $\nabla_{\mu}E$

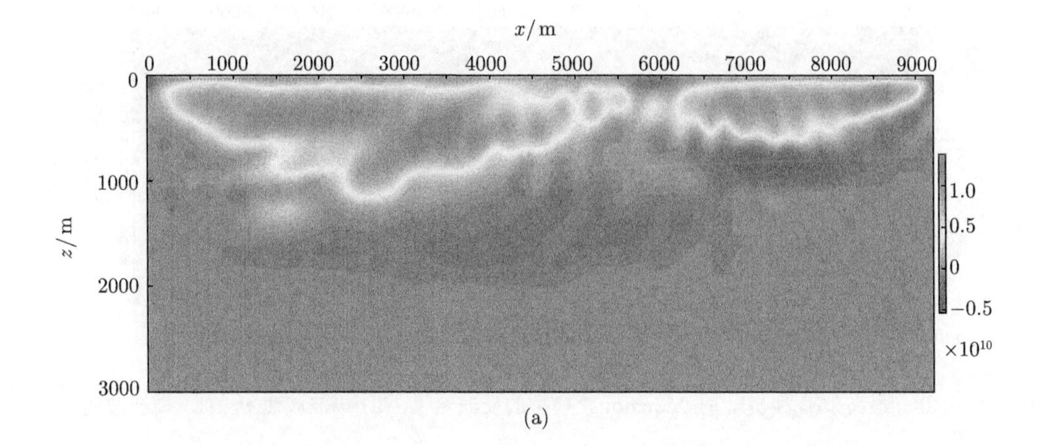

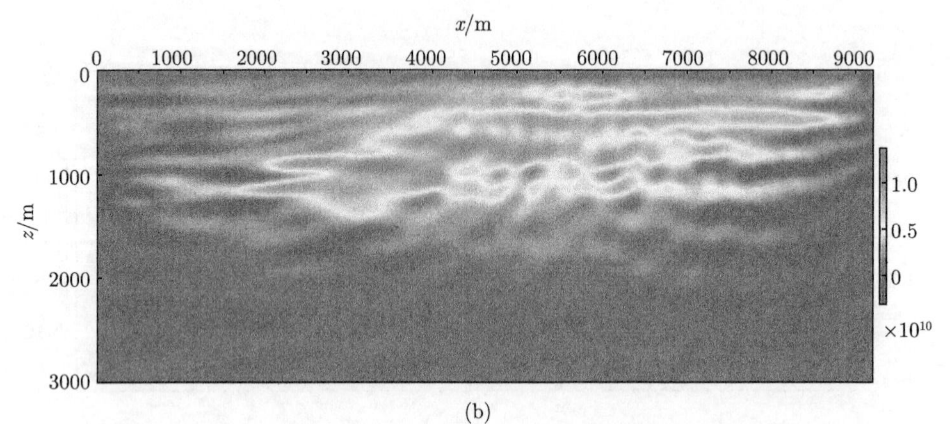

(b)

图 9.39　最高频率为 3Hz 时 Marmousi 模型反演第一步迭代的 $\widetilde{H}^{-1}\nabla_{\boldsymbol{m}}E$. (a) $\widetilde{H}^{-1}\nabla_{\lambda}E$; (b) $\widetilde{H}^{-1}\nabla_{\mu}E$(文后附彩图)

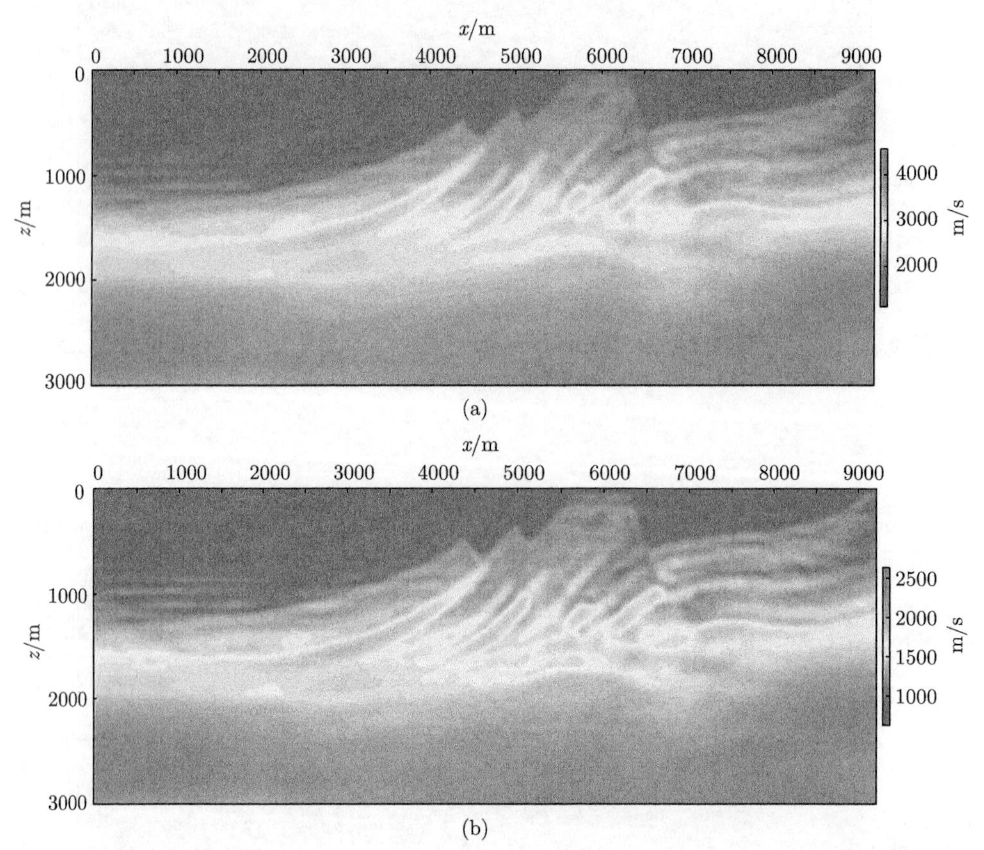

(b)

图 9.40　最高频率为 5Hz 时 Marmousi 模型的反演结果. (a) 纵波波速 v_p; (b) 横波波速 v_s

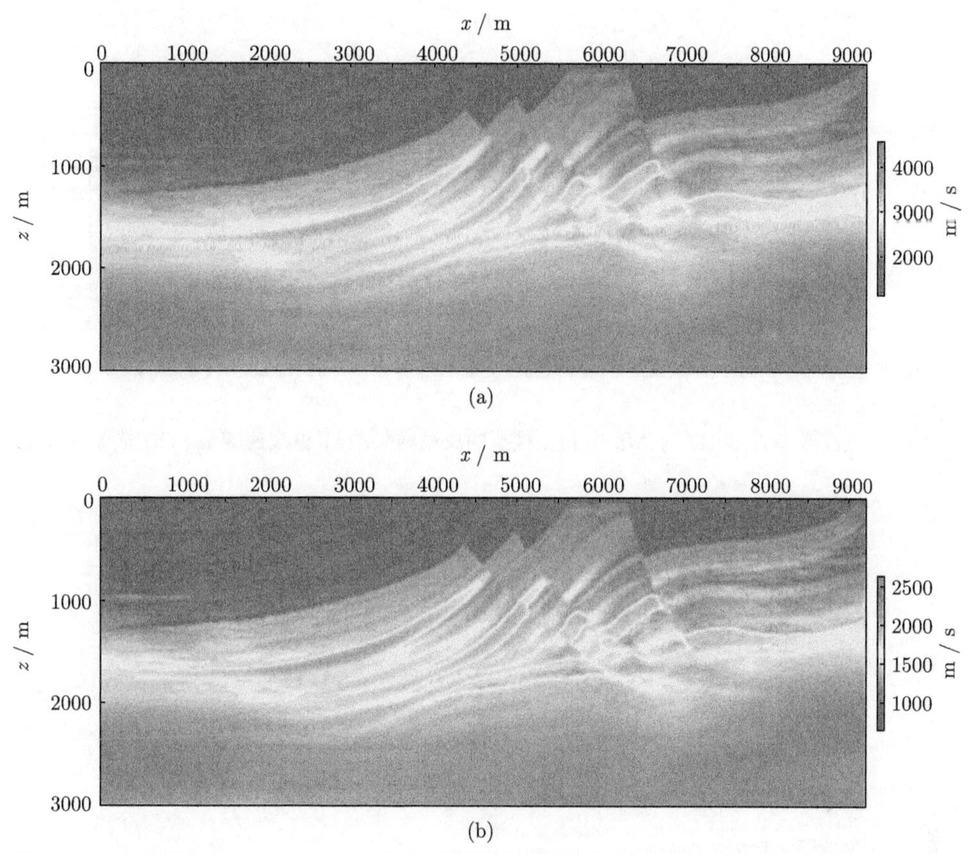

图 9.41 最高频率为 15Hz 时 Marmousi 模型的反演结果. (a) 纵波速度 v_p; (b) 横波速度 v_s

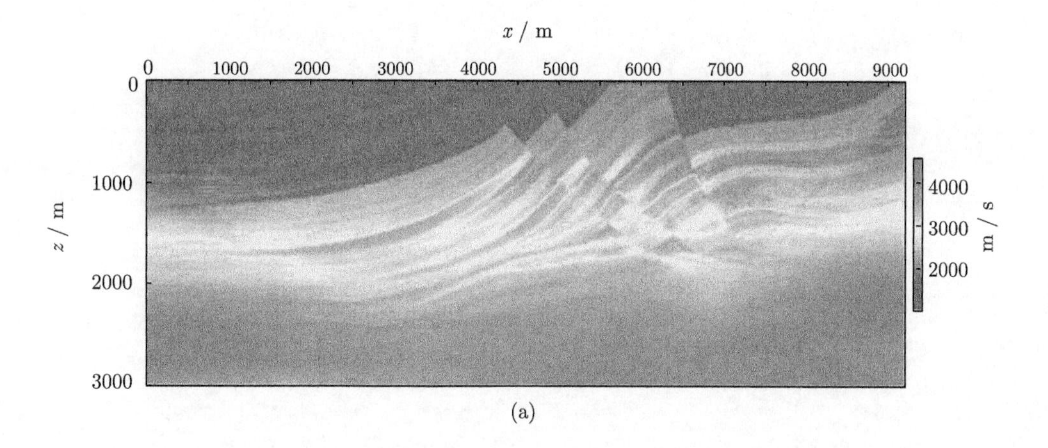

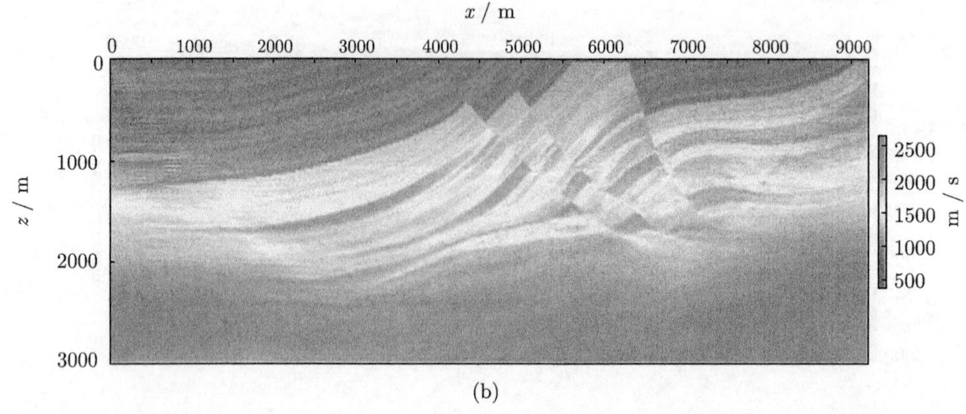

(b)

图 9.42　最高频率为 20Hz 时 Marmousi 模型的反演结果. (a) 纵波速度 v_p; (b) 横波速度 v_s

第 10 章　矩形元频率域弹性波全波形反演

本章阐述了基于有限元方法的频率域弹性波方程的全波形反演方法[173]. 首先详细阐述了频率域弹性波方程的有限元正演方法, 包括矩形单元上的有限元全离散格式、完全匹配层吸收边界条件以及有限元计算中震源的处理, 并进行了正演模拟数值计算. 其次, 推导了矩形单元的全波形反演公式及其离散格式, 也包括预条件最速下降法和正则化方法的结合应用. 最后, 对简单方块模型和 Overthrust 复杂构造模型进行了并行全波形反演计算.

10.1　引　　言

全波形反演是利用地表或井中观测到的波场来反演地球内部介质参数的方法, 具有精度高的优点. 全波形反演可在时间域中进行, 也可在频率域中进行. 时间域全波形反演始于 1984 年 Tarantola 对声波方程的完全非线性全波形反演[127], 其中反演目标函数的梯度通过波场残量的反传播方法求解, 该方法避免了直接通过模型参数扰动来计算 Fréchet 导数, 大大减少了计算量, 之后这种反传播方法在全波形反演中得到了广泛应用[85, 98, 114, 128, 170, 171]. 频率域全波形反演最早始于 1988 年对跨井数据的研究[101], 之后也得到了迅速发展和研究[103, 104, 124, 140, 173]. 时间域和频率域反演方法各有优缺点, 时间域方法不需对波场记录作 Fourier 变换, 计算量较小, 但不能对单个频率的数据进行反演; 频率域方法需对原始记录波场作 Fourier 变换, 计算量大, 但可对单个选定的离散频率进行反演. 全波形反演还可在 Laplace 域中进行[117], 或在频率域与 Laplace 域的混合域中进行[118, 119].

全波形反演总体上是一个极小化目标函数的优化迭代过程, 常用基于梯度类的优化方法来迭代求解[140], 基于随机方法的全局优化虽不需要计算目标函数的导数, 但由于随机搜索导致计算量巨大而受到很大限制. 全波形反演由于目标函数的非线性性和周期跳跃现象, 导致目标函数存在多极值, 是一个典型的不适定问题, 反演对初始模型有严重依赖性. 为了提高全波形反演对初值的稳健性, 常采用频率多尺度方法, 即从低频开始逐级反演. 由于对低频数据反演陷入局部极值导致不收敛的概率小, 从而可以估计出相对较好的初始模型, 然后再逐级提高频率进行反演, 这样改善了反演过程的稳健性, 最终反演收敛得到合理的解, 目前这种思想已得到广泛应用. 为了充分利用低频波场, 人们提出了 Laplace 域全波形反演[49] 方法以及波形包络 (envelop) 的全波形反演方法[148] 等方法.

10.2　有限元正演方法

正演方法有有限差分法 [70]、有限体积法 [155]、有限元方法 [152] 等, 现考虑有限元方法. 在频率域中, 二维弹性波在各向异性弹性介质中的传播可以用如下方程来描述

$$\omega^2\rho u+\frac{\partial}{\partial x}\Big[(\lambda+2\mu)\frac{\partial u}{\partial x}+\lambda\frac{\partial v}{\partial z}\Big]+\frac{\partial}{\partial z}\Big[\mu\Big(\frac{\partial u}{\partial z}+\frac{\partial v}{\partial x}\Big)\Big]=f, \tag{10.2.1}$$

$$\omega^2\rho v+\frac{\partial}{\partial z}\Big[(\lambda+2\mu)\frac{\partial v}{\partial z}+\lambda\frac{\partial u}{\partial x}\Big]+\frac{\partial}{\partial x}\Big[\mu\Big(\frac{\partial u}{\partial z}+\frac{\partial v}{\partial x}\Big)\Big]=g, \tag{10.2.2}$$

其中 x 为地面横向坐标, z 为深度纵向坐标, $u(x,z,\omega)$ 表示水平位移, $v(x,z,\omega)$ 表示垂直位移, $\lambda(x,z)$ 和 $\mu(x,z)$ 为 Lamé 参数, $\rho(x,z)$ 表示密度, ω 表示角频率, $f(x,z,\omega)$ 为水平震源分量, $g(x,z,\omega)$ 为垂直震源分量. 介质的纵波速度 v_p 和横波速度 v_s 可以由下式计算

$$v_p=\sqrt{\frac{\lambda+2\mu}{\rho}},\quad v_s=\sqrt{\frac{\mu}{\rho}}. \tag{10.2.3}$$

由格林公式, 方程 (10.2.1)~(10.2.2) 的变分形式是

$$\begin{aligned}&\int_\Omega \omega^2\rho uw dxdz-\int_\Omega\Big[(\lambda+2\mu)\frac{\partial u}{\partial x}+\lambda\frac{\partial v}{\partial z}\Big]\frac{\partial w}{\partial x}dxdz\\&-\int_\Omega\Big[\mu\Big(\frac{\partial u}{\partial z}+\frac{\partial v}{\partial x}\Big)\Big]\frac{\partial w}{\partial z}dxdz\\=&\int_\Omega fwdxdz-\int_{\partial\Omega}\Big[(\lambda+2\mu)\frac{\partial u}{\partial x}+\lambda\frac{\partial v}{\partial z}\Big]wn_1ds-\int_{\partial\Omega}\Big[\mu\Big(\frac{\partial u}{\partial z}+\frac{\partial v}{\partial x}\Big)\Big]wn_2ds,\end{aligned} \tag{10.2.4}$$

$$\begin{aligned}&\int_\Omega \omega^2\rho vw dxdz-\int_\Omega\Big[(\lambda+2\mu)\frac{\partial v}{\partial z}+\lambda\frac{\partial u}{\partial x}\Big]\frac{\partial w}{\partial z}dxdz\\&-\int_\Omega\Big[\mu\Big(\frac{\partial u}{\partial z}+\frac{\partial v}{\partial x}\Big)\Big]\frac{\partial w}{\partial x}dxdz\\=&\int_\Omega gwdxdz-\int_{\partial\Omega}\Big[(\lambda+2\mu)\frac{\partial v}{\partial z}+\lambda\frac{\partial u}{\partial x}\Big]wn_2ds-\int_{\partial\Omega}\Big[\mu\Big(\frac{\partial u}{\partial z}+\frac{\partial v}{\partial x}\Big)\Big]wn_1ds,\end{aligned} \tag{10.2.5}$$

其中 $\boldsymbol{n}=(n_1,n_2)$ 是计算区域 Ω 之边界 $\partial\Omega$ 的单位外法向, w 是测试函数.

10.2.1 矩形单元的有限元离散

将求解区域 Ω 用矩形元剖分, 设 $\Omega = \sum_{j=1}^{N_e} T_j$, 这里 N_e 为网格剖分的单元总数, T_j 为第 j 个矩形单元. 将波场 u 和 v 分别表示成

$$u = \sum_{i=1}^{N} u_i p_i, \quad v = \sum_{i=1}^{N} v_i p_i, \tag{10.2.6}$$

其中 p_i 是矩形元顶点的双线性基函数, 取 $w = p_k$, $k = 1, \cdots, N$, 其中 $N = N_x N_z$ 为网格点总数, N_x 和 N_x 分别表示 x 和 z 方向计算网格点数, 则 (10.2.4) 与 (10.2.5) 的离散格式为 $(k = 1, 2, \cdots, N)$:

$$\sum_{i=1}^{N} u_i \int_{\Omega} \left[\omega^2 \rho p_i p_k - (\lambda + 2\mu)\frac{\partial p_i}{\partial x}\frac{\partial p_k}{\partial x} - \mu \frac{\partial p_i}{\partial z}\frac{\partial p_k}{\partial z}\right] dxdz$$

$$- \sum_{i=1}^{N} v_i \int_{\Omega} \left[\lambda \frac{\partial p_i}{\partial z}\frac{\partial p_k}{\partial x} + \mu \frac{\partial p_i}{\partial x}\frac{\partial p_k}{\partial z}\right] dxdz = f_k, \tag{10.2.7}$$

$$- \sum_{i=1}^{N} u_i \int_{\Omega} \left[\mu \frac{\partial p_i}{\partial z}\frac{\partial p_k}{\partial x} + \lambda \frac{\partial p_i}{\partial x}\frac{\partial p_k}{\partial z}\right] dxdz$$

$$+ \sum_{i=1}^{N} v_i \int_{\Omega} \left[\omega^2 \rho p_i p_k - (\lambda + 2\mu)\frac{\partial p_i}{\partial z}\frac{\partial p_k}{\partial z} - \mu \frac{\partial p_i}{\partial x}\frac{\partial p_k}{\partial x}\right] dxdz = g_k. \tag{10.2.8}$$

矩形单元的积分运算均可以在标准单元上采用三阶精度的 Gauss 积分公式来计算. 可将上述离散方程 (10.2.7)~(10.2.8) 统一写成一个大规模的离散线性代数方程组.

10.2.2 吸收边界条件

由于计算区域有限, 波传播至区域边界会产生边界反射, 干扰有效波的信息, 因此需要考虑吸收边界条件. 最经典的吸收边界条件是傍轴吸收边界条件[13], 该方法也可应用于有限元方法波场模拟[152]. 傍轴吸收边界条件仅当入射波的方向垂直或近似垂直计算区域边界时吸收效果较好. 1994 年 Berenger 针对电磁波传播提出了完全匹配层 (PML) 吸收边界条件[4], 并在理论上证明了完全匹配层方法可以完全吸收各个方向和各种频率的电磁波而不产生反射. 之后, 完全匹配层边界条件在地震波场模拟中得到了广泛应用, 例如见文献 [74, 75], 此外还有精确的吸收边界条件[45,153] 等. 我们应用基于分裂形式的 PML 方法[74], 可得带 PML 吸

收边界条件的频率域弹性波方程为

$$\omega^2\rho u+\frac{1}{s_x}\frac{\partial}{\partial x}\left[(\lambda+2\mu)\frac{1}{s_x}\frac{\partial u}{\partial x}+\lambda\frac{1}{s_z}\frac{\partial v}{\partial z}\right]+\frac{1}{s_z}\frac{\partial}{\partial z}\left[\mu\frac{1}{s_x}\frac{\partial v}{\partial x}+\mu\frac{1}{s_z}\frac{\partial u}{\partial z}\right]=f, \tag{10.2.9}$$

$$\omega^2\rho v+\frac{1}{s_z}\frac{\partial}{\partial z}\left[(\lambda+2\mu)\frac{1}{s_z}\frac{\partial v}{\partial z}+\lambda\frac{1}{s_x}\frac{\partial u}{\partial x}\right]+\frac{1}{s_x}\frac{\partial}{\partial x}\left[\mu\frac{1}{s_z}\frac{\partial u}{\partial z}+\mu\frac{1}{s_x}\frac{\partial v}{\partial x}\right]=g, \tag{10.2.10}$$

其中 $s_x(x)$, $s_z(z)$ 分别为

$$s_x(x)=\frac{\mathrm{i}\omega+d_x(x)}{\mathrm{i}\omega},\quad s_z(z)=\frac{\mathrm{i}\omega+d_z(z)}{\mathrm{i}\omega}, \tag{10.2.11}$$

其中 $d_x(x)$ 和 $d_z(z)$ 为

$$d_x(x)=\log\left(\frac{1}{C}\right)\frac{3v_p}{2\delta_x}\frac{x^2}{\delta_x},\quad d_z(z)=\log\left(\frac{1}{C}\right)\frac{3v_p}{2\delta_z}\frac{z^2}{\delta_z}, \tag{10.2.12}$$

其中 δ_x 和 δ_z 分别为 x 和 z 方向 PML 层厚度, 常数 C 为 10^{-4}, 变量 x, z 分别是计算单元到计算区域边界的横向与纵向距离. 类似地, 将方程 (10.2.9) 与 (10.2.10) 两端乘以测试函数 w, 在整个区域 Ω 上积分, 再利用格林公式可得

$$\begin{aligned}\int_\Omega\omega^2\rho uw dxdz&-\int_\Omega\left[(\lambda+2\mu)\frac{1}{s_x}\frac{\partial u}{\partial x}+\lambda\frac{1}{s_z}\frac{\partial v}{\partial z}\right]\frac{\partial}{\partial x}\left[\frac{w}{s_x}\right]dxdz\\&-\int_\Omega\left[\mu\Big(\frac{1}{s_z}\frac{\partial u}{\partial z}+\frac{1}{s_x}\frac{\partial v}{\partial x}\Big)\right]\frac{\partial}{\partial z}\left[\frac{w}{s_z}\right]dxdz=\int_\Omega fwdxdz,\end{aligned} \tag{10.2.13}$$

$$\begin{aligned}\int_\Omega\omega^2\rho vw dxdz&-\int_\Omega\left[(\lambda+2\mu)\frac{1}{s_z}\frac{\partial v}{\partial z}+\lambda\frac{1}{s_x}\frac{\partial u}{\partial x}\right]\frac{\partial}{\partial z}\left[\frac{w}{s_z}\right]dxdz\\&-\int_\Omega\left[\mu\Big(\frac{1}{s_z}\frac{\partial u}{\partial z}+\frac{1}{s_x}\frac{\partial v}{\partial x}\Big)\right]\frac{\partial}{\partial x}\left[\frac{w}{s_x}\right]dxdz=\int_\Omega gwdxdz,\end{aligned} \tag{10.2.14}$$

其中

$$\frac{\partial}{\partial x}\left[\frac{w}{s_x}\right]=\frac{\partial w}{\partial x}\frac{1}{s_x}-\frac{1}{s_x^2}\frac{d_x'(x)}{\mathrm{i}\omega}w, \tag{10.2.15}$$

$$\frac{\partial}{\partial z}\left[\frac{w}{s_z}\right]=\frac{\partial w}{\partial z}\frac{1}{s_z}-\frac{1}{s_z^2}\frac{d_z'(z)}{\mathrm{i}\omega}w. \tag{10.2.16}$$

利用 (10.2.6), 可得到 (10.2.13)~(10.2.14) 的离散形式, 写成复系数的代数方程组形式

$$\boldsymbol{Su} = \boldsymbol{f}, \quad S = \begin{pmatrix} S^{1,1} & S^{1,2} \\ S^{2,1} & S^{2,2} \end{pmatrix}_{2N\times 2N},$$
$$S^{1,1}, S^{1,2}, S^{2,1}, S^{2,2} \in \mathbb{C}^{N\times N}, \tag{10.2.17}$$

其中

$$S^{1,1}_{i,k} = \int_\Omega \left[\omega^2 \rho p_i p_k - \frac{(\lambda+2\mu)}{s_x^2}\frac{\partial p_i}{\partial x}\frac{\partial p_k}{\partial x} - \frac{\mu}{s_z^2}\frac{\partial p_i}{\partial z}\frac{\partial p_k}{\partial z} + \frac{(\lambda+2\mu)}{s_x^3}\frac{d_x'(x)}{\mathrm{i}\omega}\frac{\partial p_i}{\partial x}p_k + \frac{\mu}{s_z^3}\frac{d_z'(z)}{\mathrm{i}\omega}\frac{\partial p_i}{\partial z}p_k\right] dxdz, \tag{10.2.18}$$

$$S^{1,2}_{i,k} = -\int_\Omega \left[\frac{\lambda}{s_x s_z}\frac{\partial p_i}{\partial z}\frac{\partial p_k}{\partial x} + \frac{\mu}{s_x s_z}\frac{\partial p_i}{\partial x}\frac{\partial p_k}{\partial z} - \frac{\lambda}{s_x^2 s_z}\frac{d_x'(x)}{\mathrm{i}\omega}\frac{\partial p_i}{\partial z}p_k - \frac{\mu}{s_x s_z^2}\frac{d_z'(z)}{\mathrm{i}\omega}\frac{\partial p_i}{\partial x}p_k\right] dxdz, \tag{10.2.19}$$

$$S^{2,1}_{i,k} = -\int_\Omega \left[\frac{\mu}{s_x s_z}\frac{\partial p_i}{\partial z}\frac{\partial p_k}{\partial x} + \frac{\lambda}{s_x s_z}\frac{\partial p_i}{\partial x}\frac{\partial p_k}{\partial z} - \frac{\mu}{s_x^2 s_z}\frac{d_x'(x)}{\mathrm{i}\omega}\frac{\partial p_i}{\partial z}p_k - \frac{\lambda}{s_x s_z^2}\frac{d_z'(z)}{\mathrm{i}\omega}\frac{\partial p_i}{\partial x}p_k\right] dxdz, \tag{10.2.20}$$

$$S^{2,2}_{i,k} = \int_\Omega \left[\omega^2 \rho p_i p_k - \frac{(\lambda+2\mu)}{s_z^2}\frac{\partial p_i}{\partial z}\frac{\partial p_k}{\partial z} - \frac{\mu}{s_x^2}\frac{\partial p_i}{\partial x}\frac{\partial p_k}{\partial x} + \frac{\mu}{s_x^3}\frac{d_x'(x)}{\mathrm{i}\omega}\frac{\partial p_i}{\partial x}p_k + \frac{(\lambda+2\mu)}{s_z^3}\frac{d_z'(z)}{\mathrm{i}\omega}\frac{\partial p_i}{\partial z}p_k\right] dxdz. \tag{10.2.21}$$

10.2.3 有限元震源处理

在频率域模拟中, 震源函数给定, 通常是点源函数, 可以表示为

$$s(x,z,t) = r(t)\delta(x-x_0)\delta(z-z_0), \tag{10.2.22}$$

其中 (x_0, z_0) 是点源中心, $r(t)$ 是关于时间的子波函数, 常用的是雷克子波. 在有限差分方法中, 通常直接将点源的中心放在网格点上, 但在有限元计算中, 这样简

单处理会引起较大频散误差, 为此我们将 (10.2.22) 中的 δ 函数用光滑的 Gauss 函数代替逼近

$$f(x,z) = Ae^{-\left(\frac{(x-x_0)^2}{2\sigma_x^2}+\frac{(z-z_0)^2}{2\sigma_z^2}\right)}, \tag{10.2.23}$$

其中 A 是 Gauss 震源函数的振幅, σ_x 和 σ_z 分别控制 x 和 z 方向的衰减程度. Gauss 震源函数具有很好的光滑性, 这样关于震源的积分, 例如对 (10.2.13) 右端的积分为

$$\int_\Omega f(x,z)w_k dxdz = \int_\Omega Ae^{-\left(\frac{(x-x_0)^2}{2\sigma_x^2}+\frac{(z-z_0)^2}{2\sigma_z^2}\right)} w_k dxdz. \tag{10.2.24}$$

该量即为有限元离散得到的代数方程组 $Su = f$ 中右端向量 f 的第 k 个分量, 该积分仍统一利用 Gauss 数值积分计算.

对频率域弹性波全波形反演而言, 如何快速准确地求解大稀疏代数方程组直接影响到算法的整体效率. 求解线性方程组主要有直接法和迭代法两大类. 迭代法能保持线性方程组稀疏性, 具有存储空间小, 程序简单等优点. 直接法是通过将系数矩阵因式分解来完成大规模线性方程组的求解, 具有精度高、算法稳定等优点, 适用于大规模的方程组的求解.

10.2.4 正演数值计算

根据前面所推导的公式, 下面对一个均匀模型和一个国际标准的 Overthrust 模型进行正演计算.

1. 均匀模型

该模型是一个速度均匀的正方形模型, 计算区域 $\Omega = [0, 4975\text{m}]^2$, 其中 $N_x = N_z = 200$, 空间步长 25m. 在计算区域周围设置完全匹配层吸收边界, 厚度为 500m, 背景速度 $v_p = 3000\text{m/s}$, $v_s = 1732\text{m/s}$. 震源放置在模型的中心, 振幅 $A = 10^{10}$, $\sigma_x = \sigma_z = 4$. 图 10.1 和图 10.2 分别是频率为 5Hz 和 10Hz 时的波场水平分量 u 和垂直分量 v 的图形 (实部), 从图中可以看到, 均没有边界反射的产生, 虚部结果类似, 为节省篇幅, 省略相应虚部的图形.

2. Overthrust 模型

如图 10.3 所示精确 Overthrust 速度模型, 是一个具有较复杂构造模型的国际标准模型. 内部计算区域 $\Omega = [0,2000\text{m}]\times[0,4650\text{m}]$, 将区域剖分成 $N_x \times N_z$ 的矩形网格, 其中 $N_x = 801$, $N_z = 187$, 空间步长为 25m, 计算区域周围为完全匹配层吸收边界, 厚度为 500m. 在 $(x_0, z_0) = (8000\text{m}, 40\text{m})$ 处放置 Gauss 震源的中心, 振幅 $A = 10^{10}$, $\sigma_x = \sigma_z = 4$. 图 10.4 是频率为 5Hz 时波场 u 和 v 的波形图 (实部). 由图可知, 在计算区域边界处波形有较好的吸收效果. 其他频率的正演结果类似, 略.

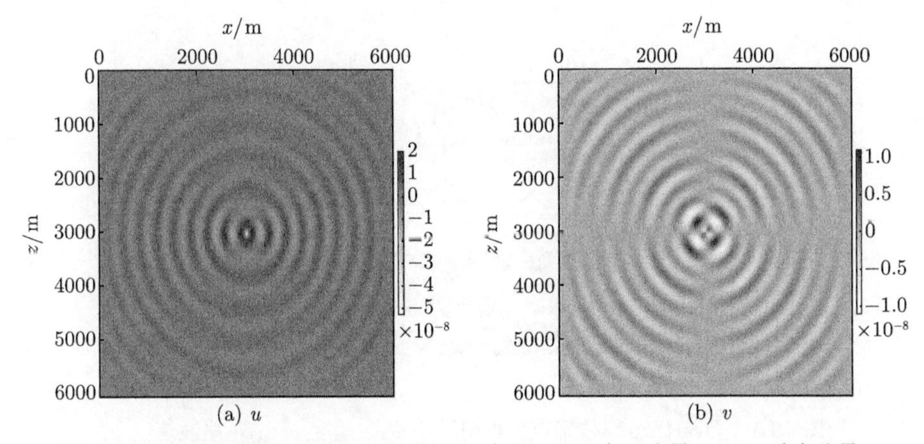

(a) u (b) v

图 10.1 均匀模型频率为 5Hz 时的波场 (实部). (a) 水平分量 u; (b) 垂直分量 v

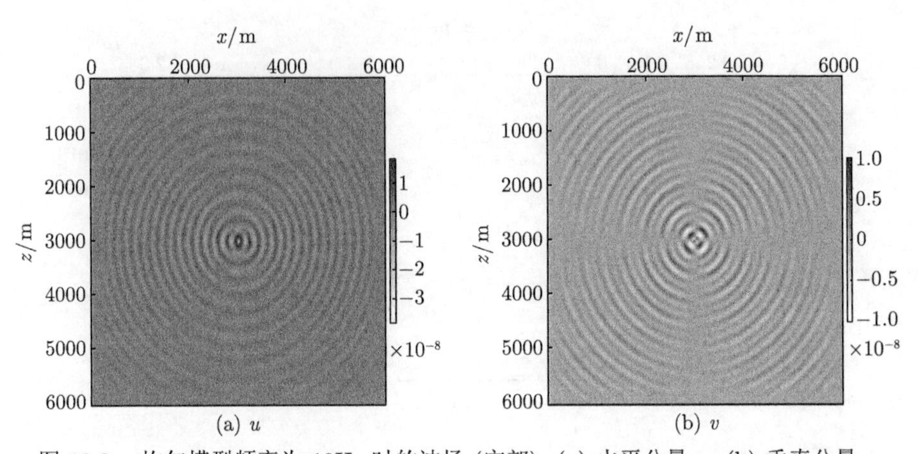

(a) u (b) v

图 10.2 均匀模型频率为 10Hz 时的波场 (实部). (a) 水平分量 u; (b) 垂直分量 v

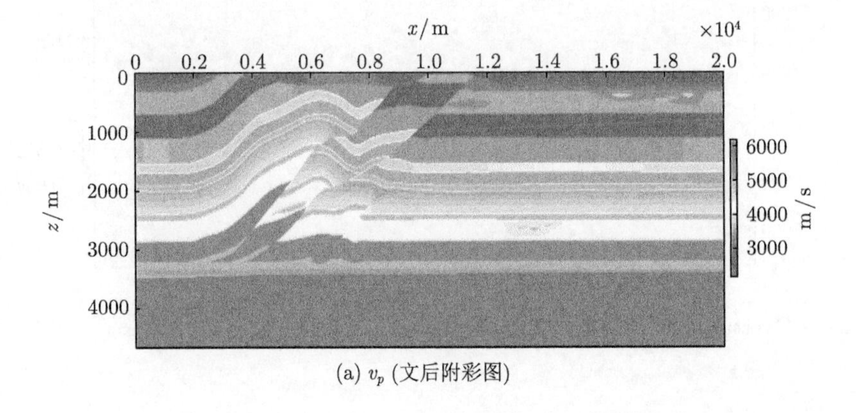

(a) v_p (文后附彩图)

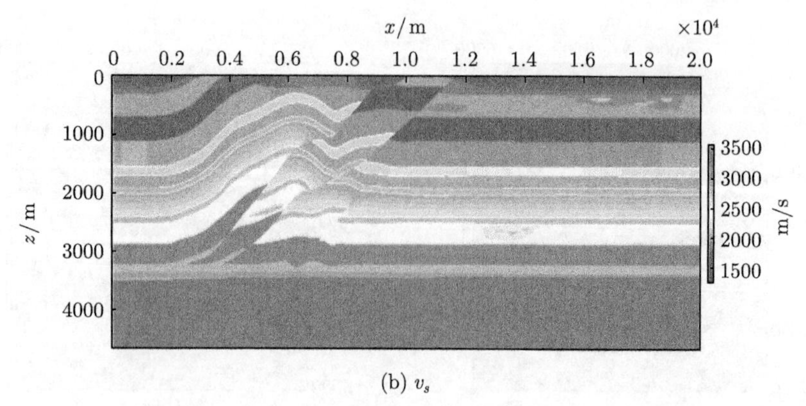

(b) v_s

图 10.3　Overthrust 精确速度模型. (a) 纵波速度 v_p; (b) 横波速度 v_s

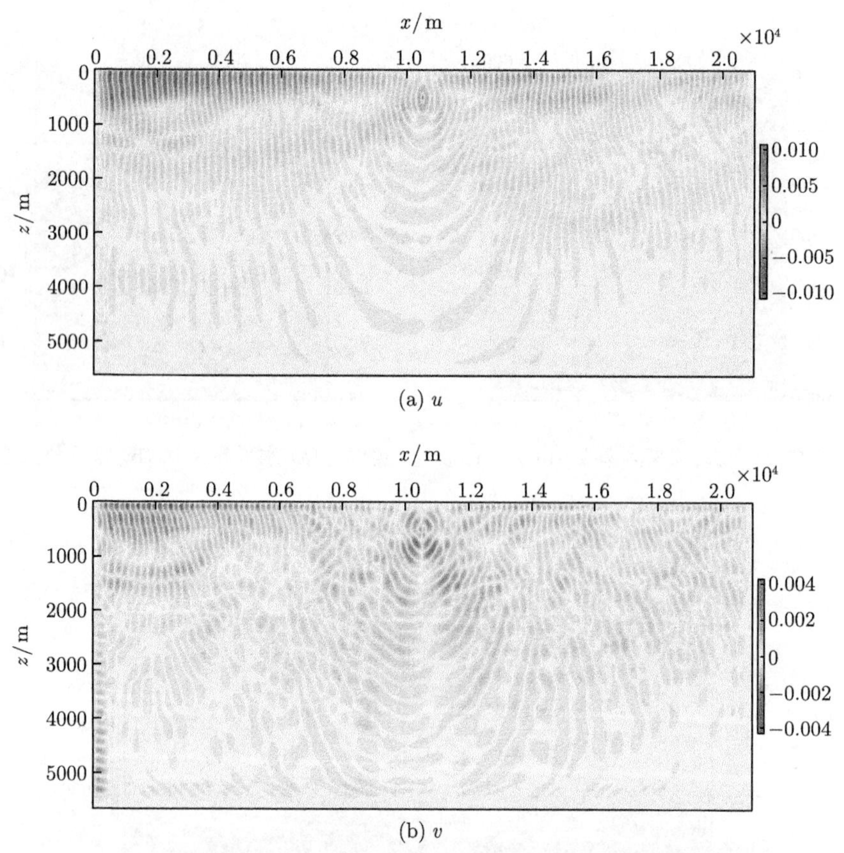

(b) v

图 10.4　Overthrust 模型频率为 5Hz 的波场 (实部) 图形. (a) 水平分量 u; (b) 垂直分量 v

10.3 全波形反演

10.3.1 反演方法

由正演部分的描述可知, 有限元离散后形成如下的线性代数方程组

$$S(\boldsymbol{p})\boldsymbol{u} = \boldsymbol{f}, \tag{10.3.1}$$

其中 $S(\boldsymbol{p})$ 表示矩阵 S 与所反演的参数 $\boldsymbol{p}$ 有关, 这里 $\boldsymbol{p}$ 表示是 Lamé 参数 $\lambda(x,z)$ 和 $\mu(x,z)$. 由于在地震属性分析中速度参数更重要更直接被使用, 我们假定反演中密度已知, 由 (10.2.3) 可计算出纵波速度 v_p 和横波速度 v_s. 全波形反演是一个极小化模拟数据与观测数据之间残量的优化迭代过程, 总体上对给定的初始参数模型 $\boldsymbol{p}_0$, 利用数值优化迭代方法, 使其逐渐逼近真实的介质参数 $\boldsymbol{p}$. 假设在地表或地表附近的接收器处有 N_r 个观测数据 $\boldsymbol{d}$, 定义 $\delta\boldsymbol{d}$ 为接收点上的观测数据与由初始模型得到的模拟数据之间的残差向量, 即

$$\delta d_i = u_i - d_i, \quad i = 1,2,3,\cdots,N_r, \tag{10.3.2}$$

其中 δd_i, u_i 和 d_i 分别量表示第 i 个接收点上的残差数据、模拟数据和观测数据的分量. 以残差向量的 l_2 范数的平方作为全波形反演的目标函数, 同时添加对角频率 ω 的逐级反演策略, 则考虑极小化如下目标函数

$$\min E(\boldsymbol{p}) = \frac{1}{2}\sum_{\omega}^{N_\omega}\sum_{s=1}^{N_s} \delta\boldsymbol{d}^{\mathrm{T}}\delta\boldsymbol{d}^*, \tag{10.3.3}$$

其中上标 T 表示向量的转置, $*$ 表示复共轭. 全波形反演优化问题的一般迭代式为

$$\boldsymbol{p}_{k+1} = \boldsymbol{p}_k + \alpha_k\Delta\boldsymbol{p}_k, \quad k = 0,1,2,\cdots, \tag{10.3.4}$$

其中 k 表示迭代步数, $\Delta\boldsymbol{p}_k$ 表示搜索方向, α_k 表示迭代步长. 对于梯度类算法, 重点计算是目标函数对模型参数的一阶导数 (梯度) 与二阶导数 (Hessian 矩阵). 将 (10.3.3) 两端对参数 $\boldsymbol{p}$ 求导可得目标函数的梯度. 由于 (10.3.3) 是有限项求和, 我们可以暂时忽略对率 ω 的求和, 得到

$$\nabla_{\boldsymbol{p}}E = \mathrm{Re}(J^{\mathrm{T}}\delta\boldsymbol{d}^*), \tag{10.3.5}$$

其中 Re 表示取实部, J 为 Fréchet 导数矩阵, 其矩阵元素为

$$J_{ij} = \frac{\partial u_i}{\partial p_j}, \quad i = 1,2,\cdots,N_r; \quad j = 1,2,\cdots,m, \tag{10.3.6}$$

其中 m 经数值离散后要反演的参数个数 $2N_xN_z$, 即 (10.3.5) 中向量 $\nabla_{\boldsymbol{p}}E$ 的维数.

为进一步显示推导的梯度向量, 我们对 $N_r \times m$ 矩阵 J 补充定义在所有网格节点而不仅仅在接收点上波场对参数的导数, 即定义新的 Fréchet 导数矩阵 $\hat{J}$ 为

$$\hat{J}_{ij} = \frac{\partial u_i}{\partial p_j}, \quad i = 1, 2, \cdots, l; \quad j = 1, 2, \cdots, m. \tag{10.3.7}$$

从而得到新的与 (10.3.5) 等价的梯度方程

$$\nabla_{\boldsymbol{p}}E = \mathrm{Re}(\hat{J}^{\mathrm{T}}\delta\hat{\boldsymbol{d}}^*). \tag{10.3.8}$$

此时 $\delta\hat{\boldsymbol{d}}$ 为在原来长度为 N_r 的数据残差向量后添加 $(l - N_r)$ 个零得到的新的长度为 l 的残差向量. 将 (10.3.8) 展开成如下显式表达式

$$\begin{aligned}
\begin{pmatrix} \dfrac{\partial E}{\partial p_1} \\ \dfrac{\partial E}{\partial p_2} \\ \vdots \\ \dfrac{\partial E}{\partial p_m} \end{pmatrix}
&= \mathrm{Re}\left\{ \begin{pmatrix}
\dfrac{\partial u_1}{\partial p_1} \cdots \dfrac{\partial u_n}{\partial p_1} & \dfrac{\partial u_{n+1}}{\partial p_1} \cdots \dfrac{\partial u_l}{\partial p_1} \\
\dfrac{\partial u_1}{\partial p_2} \cdots \dfrac{\partial u_n}{\partial p_2} & \dfrac{\partial u_{n+1}}{\partial p_2} \cdots \dfrac{\partial u_l}{\partial p_2} \\
\vdots \quad \ddots \quad \vdots & \vdots \quad \ddots \quad \vdots \\
\dfrac{\partial u_1}{\partial p_m} \cdots \dfrac{\partial u_n}{\partial p_m} & \dfrac{\partial u_{n+1}}{\partial p_m} \cdots \dfrac{\partial u_l}{\partial p_m}
\end{pmatrix}
\begin{pmatrix} \delta d_1^* \\ \vdots \\ \delta d_n^* \\ 0 \\ \vdots \\ 0 \end{pmatrix} \right\} \\
&= \mathrm{Re}\left\{ \begin{pmatrix} \dfrac{\partial \boldsymbol{u}^{\mathrm{T}}}{\partial p_1} \\ \dfrac{\partial \boldsymbol{u}^{\mathrm{T}}}{\partial p_2} \\ \vdots \\ \dfrac{\partial \boldsymbol{u}^{\mathrm{T}}}{\partial p_m} \end{pmatrix}
\begin{pmatrix} \delta d_1^* \\ \vdots \\ \delta d_n^* \\ 0 \\ \vdots \\ 0 \end{pmatrix} \right\}.
\end{aligned} \tag{10.3.9}$$

对正演方程 (10.3.1) 两端关于 p_i 求导, 得

$$S\frac{\partial \boldsymbol{u}}{\partial p_i} = -\frac{\partial S}{\partial p_i}\boldsymbol{u}, \quad \frac{\partial \boldsymbol{u}}{\partial p_i} = -S^{-1}\frac{\partial S}{\partial p_i}\boldsymbol{u}. \tag{10.3.10}$$

从而可以推出

$$\nabla_{\boldsymbol{p}}E = \sum_{\omega}^{N_\omega}\sum_{s=1}^{N_s} -\mathrm{Re}\left\{\boldsymbol{u}^{\mathrm{T}}\frac{\partial S^{\mathrm{T}}}{\partial \boldsymbol{p}}S^{-1}\delta\boldsymbol{d}^*\right\}, \tag{10.3.11}$$

由互易原理知 $S^{-\mathrm{T}}=S^{-1}$. 在梯度表达式 (10.3.11) 中, 主要涉及 $\boldsymbol{u}$, $\dfrac{\partial S}{\partial \boldsymbol{p}}$ 和 $S^{-1}\delta\boldsymbol{d}^*$ 的计算, 下面分别给出如下说明:

(1) $\boldsymbol{u}$ 是由震源激发的正演波场, 在反演过程中, 对当前参数 $\boldsymbol{p}$, 需要计算当前参数 $\boldsymbol{p}$ 的正演波场.

(2) $\dfrac{\partial S}{\partial \boldsymbol{p}}$ 代表刚度矩阵对反演参数的导数, 但反演只关心计算区域内 (非完全匹配层区域) 的参数值. 为适应介质的 Lamé 参数在一个单元上的空间变化, 我们仍利用双线性基函数插值将单元 T_k 上的 $\lambda_k(x,z)$ 和 $\mu_k(x,z)$ 线性表示成

$$\lambda_k(x,z)=\sum_{i=1}^{4}\lambda_i p_i(x,z),\quad \mu_k(x,z)=\sum_{i=1}^{4}\mu_i p_i(x,z). \tag{10.3.12}$$

因此再结合变分方程 (10.2.7)~(10.2.8) 可知在任意矩形单元 T_e 上, $\dfrac{\partial S^e}{\partial \lambda_k}$ 为

$$\frac{\partial S^e}{\partial \lambda_k}=\begin{pmatrix}\displaystyle\int_{T_e}-\phi_k\frac{\partial \phi_i}{\partial x}\frac{\partial \phi_j}{\partial x}dxdz-\int_{T_e}\phi_k\frac{\partial \phi_i}{\partial z}\frac{\partial \phi_j}{\partial x}dxdz\\ \displaystyle\int_{T_e}-\phi_k\frac{\partial \phi_i}{\partial x}\frac{\partial \phi_j}{\partial z}dxdz-\int_{T_e}\phi_k\frac{\partial \phi_i}{\partial z}\frac{\partial \phi_j}{\partial z}dxdz\end{pmatrix}^{\mathrm{T}} \tag{10.3.13}$$

以及 $\dfrac{\partial S^e}{\partial \mu_k}$ 为

$$\frac{\partial S^e}{\partial \mu_k}=\begin{pmatrix}\displaystyle\int_{T_e}\left(-2\phi_k\frac{\partial \phi_i}{\partial x}\frac{\partial \phi_j}{\partial x}-\phi_k\frac{\partial \phi_i}{\partial z}\frac{\partial \phi_j}{\partial z}\right)dxdz-\int_{T_e}\phi_k\frac{\partial \phi_i}{\partial x}\frac{\partial \phi_j}{\partial z}dxdz\\ \displaystyle\int_{T_e}-\phi_k\frac{\partial \phi_i}{\partial z}\frac{\partial \phi_j}{\partial x}dxdz-\int_{T_e}\left(\phi_k\frac{\partial \phi_i}{\partial x}\frac{\partial \phi_j}{\partial x}+2\phi_k\frac{\partial \phi_i}{\partial z}\frac{\partial \phi_j}{\partial z}\right)dxdz\end{pmatrix}^{\mathrm{T}}. \tag{10.3.14}$$

对于双线性矩形单元, 积分值只取决于矩形单元的长与宽, 一旦网格确定, 上述积分只需计算一次即可重复使用. 由有限元方法的局部性, $\dfrac{\partial S}{\partial p_i}$ 只在 i 周围节点上的值非零, 其余全为零.

(3) 计算中将 $S^{-1}\delta\boldsymbol{d}^*$ 视为接收点上残差数据的反传播波场, 这样通过求解代数方程组的方法避开矩阵逆的运算. 通过如上分析可知, 对一个炮点梯度的计算需要求解两次正演问题. 其中入射波场需要求解以 N_s 个震源为右端项的代数方程组, 而反传播波场模拟需要求解 N_r 个接收点位置处的残差数据为右端项的代数方程组. 这样每次梯度计算只需要求解 N_s+N_r 个右端项的线性方程组, 避免了直接求解 Fréchet 导数矩阵 $\hat{J}$.

10.3.2　预条件最速下降法

迭代法求解最小二乘问题 (10.3.3), 收敛快慢与目标函数等值面的椭圆度密切相关, 当等值面偏离圆形时, 按照梯度方向搜索将偏离最小值点, 从而减慢优化过程的速度. 为加快最速下降法的收敛速度, 通常在搜索方向 $-\nabla_{\boldsymbol{p}}E$ 前乘预条件子 P, 则第 k 次迭代的预条件最速下降法搜索方向 (记为 $\delta\boldsymbol{p}_k$) 为

$$\delta\boldsymbol{p}_k = -P\nabla_{\boldsymbol{p}}E. \tag{10.3.15}$$

但预条件子的计算量不应超过梯度的计算量. 类似地, 预条件 Newton 法的搜索方向

$$\delta\boldsymbol{p}_k = -PH^{-1}\nabla_{\boldsymbol{p}}E, \tag{10.3.16}$$

其中 H 为 $m\times m$ 的 Hessian 矩阵, 其元素为 $(i,j=1,\cdots,m)$:

$$\begin{aligned} H_{ij} &= \frac{\partial^2 E(\boldsymbol{p})}{\partial p_i \partial p_j} \\ &= \mathrm{Re}\left\{\left(\frac{\partial u_1}{\partial p_i}\ \frac{\partial u_2}{\partial p_i}\ \cdots\ \frac{\partial u_n}{\partial p_i}\right)\begin{pmatrix}\dfrac{\partial u_1^*}{\partial p_j}\\ \dfrac{\partial u_1^*}{\partial p_j}\\ \vdots \\ \dfrac{\partial u_n^*}{\partial p_j}\end{pmatrix} + \left(\frac{\partial^2 u_1}{\partial p_i \partial p_j}\ \cdots\ \frac{\partial^2 u_n}{\partial p_i \partial p_j}\right)\begin{pmatrix}\delta d_1^*\\ \delta d_2^*\\ \vdots\\ \delta d_n^*\end{pmatrix}\right\}, \end{aligned} \tag{10.3.17}$$

或将其写成

$$H = H_a + H_r, \tag{10.3.18}$$

其中 H_a 为近似 Hessian 矩阵

$$H_a = \mathrm{Re}\{J^{\mathrm{T}}J^*\}, \tag{10.3.19}$$

而 H_r 为高阶导数信息矩阵

$$H_r = \mathrm{Re}\left\{\left(\frac{\partial J}{\partial \boldsymbol{p}}\right)^{\mathrm{T}}(\delta d_1^*, \delta d_2^*, \cdots, \delta d_n^*)\right\}. \tag{10.3.20}$$

因 H_r 计算复杂, Tarantola[128] 指出, 当目标函数值相对较小或问题接近拟线性时, 该项可忽略不计. 当初始点靠近目标函数的极小值点时, 虽然 Newton 法具有

较快的收敛速度, 但反演计算中通常不使用 Newton 法, 因为无论是 Hessian 矩阵 H 的逆还是近似 Hessian 矩阵 H_a 的逆的计算量都是非常大的. Shin 等[120] 在全波形反演计算中提出了仅依赖正演波场 u 及有显式表达式的矩阵 $\dfrac{\partial S}{\partial \boldsymbol{p}}$ 的预条件子, 并称之为拟 Hessian 矩阵 $\widetilde{H}$. $\widetilde{H}$ 的构造是通过近似衍射波场 $\dfrac{\partial S}{\partial \boldsymbol{p}}$ 得到的, 由 (10.3.1) 对 $\boldsymbol{p}$ 求导数, 可得

$$S\frac{\partial \boldsymbol{u}}{\partial \boldsymbol{p}} = -\frac{\partial S}{\partial \boldsymbol{p}}\boldsymbol{u}. \tag{10.3.21}$$

从而, 拟 Hessian 矩阵为

$$\widetilde{H} = \left(\frac{\partial S}{\partial \boldsymbol{p}}\boldsymbol{u}\right)^{\mathrm{T}}\left(\frac{\partial S}{\partial \boldsymbol{p}}\boldsymbol{u}\right)^{*}. \tag{10.3.22}$$

实际我们需要拟 Hessian 矩阵的逆, 为此我们仅考虑由 $\widetilde{H}$ 中元素构成的对角矩阵的逆作为预条件子 P:

$$P = \mathrm{diag}\left(\frac{1}{\widetilde{H}_{ii}+\varepsilon}\right), \quad i = 1, 2, \cdots, m, \tag{10.3.23}$$

其中 $\varepsilon > 0$. 至此, 我们可根据上述预条件子的构造给出求解问题 (10.3.3) 的预条件最速下降算法, 其中线搜索采用 Wolfe 算法 (算法 5.8.2). 此外, 根据所求的梯度, 也可应用非线性共轭梯度算法.

10.3.3 正则化方法

带正则化项的全波形反演极小化如下目标函数

$$\min_{\boldsymbol{p}} E(\boldsymbol{p}) = \min\left\{E(\boldsymbol{p}) + \alpha\|R\boldsymbol{p}\|^2\right\}, \tag{10.3.24}$$

其中 α 为正则化参数, 在全波形反演计算中, 我们通过目标函数值的数量级来近似估计正则化参数值. R 为正则化算子, 如果 $R = I$, 将得到最小范数解, 如果 $R = \nabla$ 或 $R = \nabla^2$, 得到的解将具有某种光滑性. 这里的正则化方法主要针对于矩形元有限元框架. 假设参数 $\boldsymbol{p}$ 的离散网格为 $N_x \times N_z$, 则 Tikhonov 正则化项为

$$\|R\boldsymbol{p}\|_2^2 = \frac{1}{2}\|\nabla \boldsymbol{p}\|_2^2 = \frac{1}{2}\sum_{i=1}^{N_x}\sum_{j=1}^{N_z}|\nabla p_{i,j}|^2$$

$$= \frac{1}{2}\sum_{i=1}^{N_x}\sum_{j=1}^{N_z}\left[\left(D_x p_{i,j}\right)^2 + \left(D_z p_{i,j}\right)^2\right], \tag{10.3.25}$$

其中 D_x, D_z 分别为 x 方向和 z 方向一阶离散的导数算子, 对矩形网格, 常取为向前差分

$$D_x p_{i,j} = \frac{p_{i+1,j} - p_{i,j}}{h_x}, \quad D_z p_{i,j} = \frac{p_{i,j+1} - p_{i,j}}{h_z}, \tag{10.3.26}$$

其中 h_x 和 h_z 分别代表 x 和 z 方向的空间网格步长. 将 (10.3.26) 代入 (10.3.25), 得

$$\|R\boldsymbol{p}\|_2^2 = \frac{1}{2}\sum_{i=1}^{N_x}\sum_{j=1}^{N_z}\left[\left(\frac{p_{i+1,j} - p_{i,j}}{h_x}\right)^2 + \left(\frac{p_{i,j+1} - p_{i,j}}{h_z}\right)^2\right]. \tag{10.3.27}$$

为更新模型参数 $\boldsymbol{p}$, 需要计算正则化项 $\|R\boldsymbol{p}\|_2^2$ 关于 $p_{i,j}$ 的梯度, 即 $\dfrac{\partial\|R\boldsymbol{p}\|_2^2}{\partial p_{i,j}}$, 由参数 $p_{i,j}$ 的局部性质, 式 (10.3.27) 中仅有少数几项与之相关, 该导数为

$$g(p_{i,j}) = \frac{\partial\|R\boldsymbol{p}\|_2^2}{\partial p_{ij}} = D_{xx} p_{i,j} + D_{zz} p_{i,j}, \tag{10.3.28}$$

其中 D_{xx} 和 D_{zz} 分别为 x 和 z 方向的二阶中心差分算子.

Tikhonov 正则化方法假设系数具有连续性或一阶光滑性, 当所反演的系数间断时, 采用全变差 (TV) 正则化方法能更好恢复间断模型的边界. TV 正则化方法是极小化如下目标函数

$$\min_{\boldsymbol{p}} E(\boldsymbol{p}) = \left\{E(\boldsymbol{p}) + \alpha\|\boldsymbol{p}\|_{\mathrm{TV}}\right\}. \tag{10.3.29}$$

TV 正则化项的离散近似为

$$\|\boldsymbol{p}\|_{\mathrm{TV}} = \sum_{i=1}^{N_x}\sum_{j=1}^{N_z}|\nabla p_{ij}| = \sum_{i=1}^{N_x}\sum_{j=1}^{N_z}\sqrt{\left(D_x p_{i,j}\right)^2 + \left(D_z p_{i,j}\right)^2}, \tag{10.3.30}$$

如图 10.5 所示, 以参数 p_{22} 为例, 给出 $g(p_{22})$ 的离散计算公式. 注意式 (10.3.29) 中仅有少数几项与 p_{22} 相关, 将 $\|\boldsymbol{p}\|_{\mathrm{TV}}$ 中与 p_{22} 相关项的和记为 $\Omega(p_{22})$, 则

$$\Omega(p_{22}) = \sqrt{\left(\frac{p_{22} - p_{12}}{h_x}\right)^2 + \left(\frac{p_{13} - p_{12}}{h_z}\right)^2} + \sqrt{\left(\frac{p_{32} - p_{22}}{h_x}\right)^2 + \left(\frac{p_{23} - p_{22}}{h_z}\right)^2}$$

$$+\sqrt{\left(\frac{p_{31}-p_{21}}{h_x}\right)^2+\left(\frac{p_{22}-p_{21}}{h_z}\right)^2}, \tag{10.3.31}$$

从而

$$\begin{aligned} g(p_{22}) := \frac{\partial\Omega(p_{22})}{p_{22}} = & \left[\left(\frac{p_{22}-p_{12}}{h_x}\right)^2+\left(\frac{p_{13}-p_{12}}{h_z}\right)^2+\epsilon\right]^{-\frac{1}{2}}\cdot\frac{(p_{22}-p_{12})}{h_x^2} \\ & +\left[\left(\frac{p_{32}-p_{22}}{h_x}\right)^2+\left(\frac{p_{23}-p_{22}}{h_z}\right)^2+\epsilon\right]^{-\frac{1}{2}}\cdot\left[\frac{(p_{22}-p_{32})}{h_x^2}+\frac{(p_{22}-p_{23})}{h_z^2}\right] \\ & +\left[\left(\frac{p_{31}-p_{21}}{h_x}\right)^2+\left(\frac{p_{22}-p_{21}}{h_z}\right)^2+\epsilon\right]^{-\frac{1}{2}}\cdot\frac{(p_{22}-p_{21})}{h_z^2}. \end{aligned} \tag{10.3.32}$$

其他节点参数求导的计算公式类似, 其中 $\epsilon > 0$ 是为了保证数值稳定而引进的小正常数.

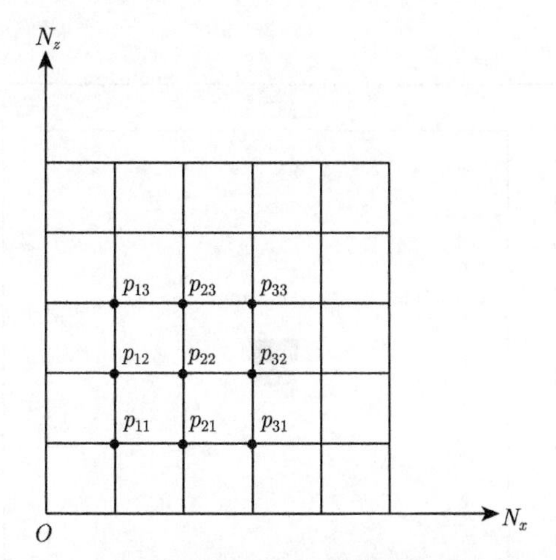

图 10.5 用于 TV 正则化计算的矩形网格示意图

10.4 反演数值计算

10.4.1 方块模型

精确速度模型如图 10.6 所示, 密度为 2000 kg/m^3, 背景速度 v_p 和 v_s 分别为 3000m/s 和 1732m/s, 模型中央有边长为 500m 的正方形高速异常体, 异常体速度 v_p 和 v_s 分别为 3400m/s 和 1963m/s. 计算中将模型剖分成 $N_x \times N_z$ 的网格, 其中 $N_x = 200$, $N_z = 200$, 网格间距 25m, 模型周围为 500m 厚的完全匹配层吸收边界. 完全匹配层中的介质参数可取模型边界处的值, 不作反演. 数据的观测系统如图 10.7 所示, 其中 ⋆ 表示接收点, • 表示炮点.

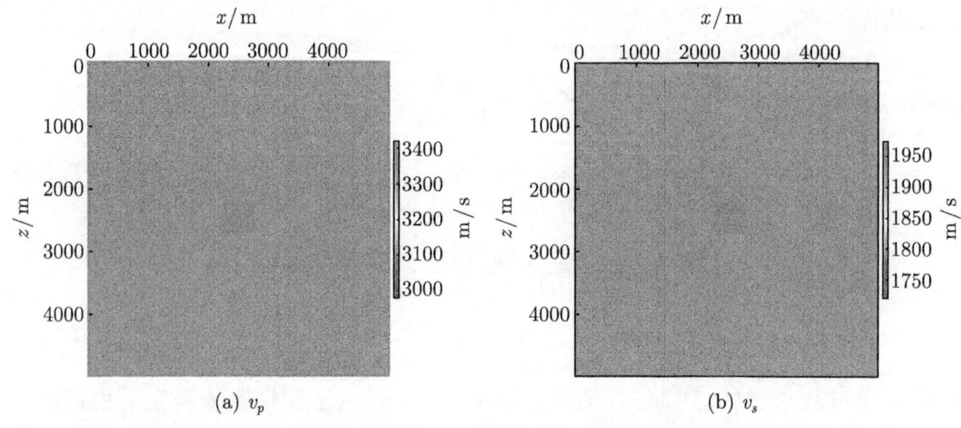

图 10.6 真实速度模型. (a) 纵波速度 v_p; (b) 横波速度 v_s

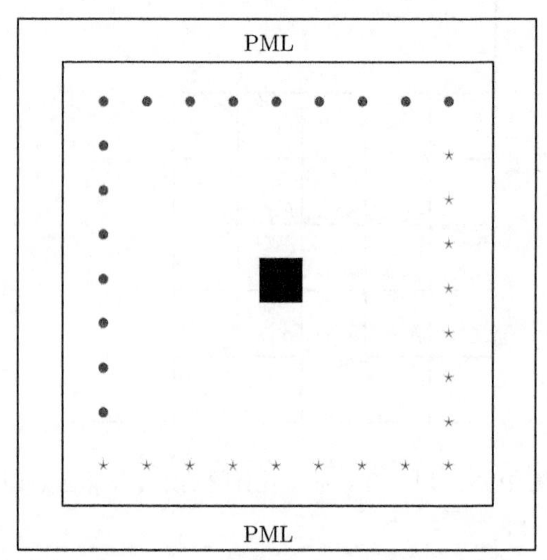

图 10.7 观测系统示意图, ⋆ 表示接收点, • 表示炮点, 模型外是 PML 吸收层

在四个方向上靠近边界 500m 处设置四组炮点和接收点, 第一组炮点在靠近上边界处, 接收点在靠近下边界处, 第一个炮点位置为 $(x, z) = (500\text{m}, 500\text{m})$, 第一个接收点位置为 $(x, z) = (500\text{m}, 4500\text{m})$; 第二组炮点和接收点位置与第一组对调; 第三组炮点在靠近左边界处, 接收点在靠近右边界处, 第一个炮点位置为 $(x, z) = (500\text{m}, 500\text{m})$, 第一个接收点位置为 $(x, z) = (4500\text{m}, 500\text{m})$; 第四

组炮点和接收点位置与第三组对调. 每组炮点和接收点的个数均为 21 个, 间距均为 200m.

反演过程中共用 18 个离散频率, 频率范围为 3 ~20Hz, 间隔为 1Hz, 每个频率最大迭代步数为 12, 基于频率域逐级反演策略进行反演. 在反演计算中, 初始速度模型 $v_p = 3000\text{m/s}$, $v_s = 1732\text{m/s}$. 在数值优化中, 采用预条件最速下降法进行迭代计算. 图 10.8 是最高频率为 20IIz 纵波和横波速度反演结果. 为节省篇幅, 省略其他中间频率的反演结果. 图 10.9 是 $x = 2500\text{m}$ 处反演结果与真实模型的比较. 由图 10.9 可知模型中央的小正方形异常体已经被非常精确地反演出. 图 10.10 是三个频率即 5Hz, 10Hz 和 20Hz 的目标函数收敛曲线, 其中各目标函数值 f 已被初始频率的目标函数值 f_0 归一化.

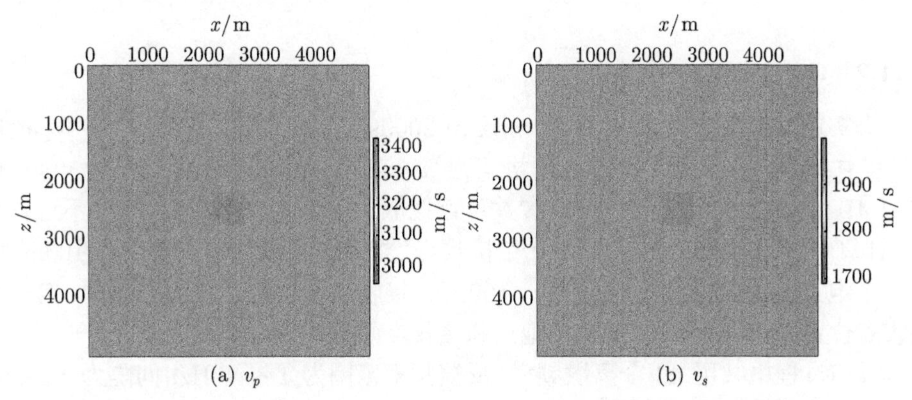

图 10.8 最高频率为 20Hz 时的反演结果. (a) 纵波速度 v_p; (b) 横波速度 v_s

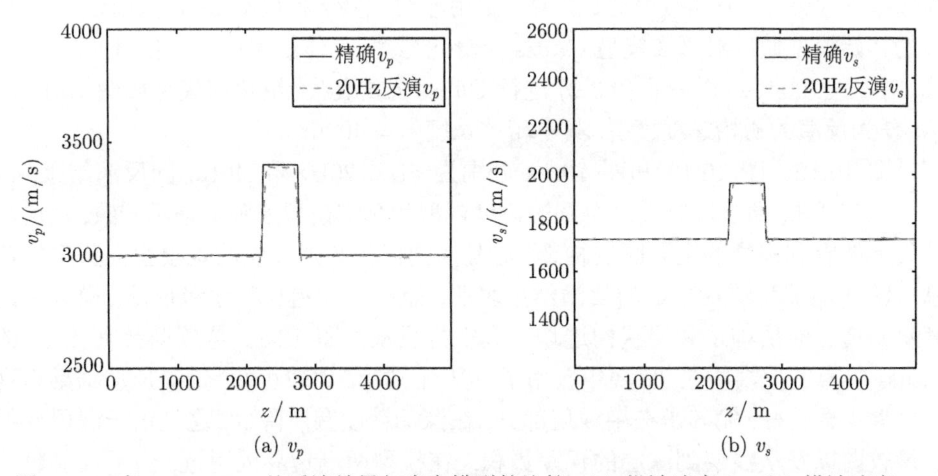

图 10.9 在 x =2500m 处反演结果与真实模型的比较. (a) 纵波速度 v_p; (b) 横波速度 v_s

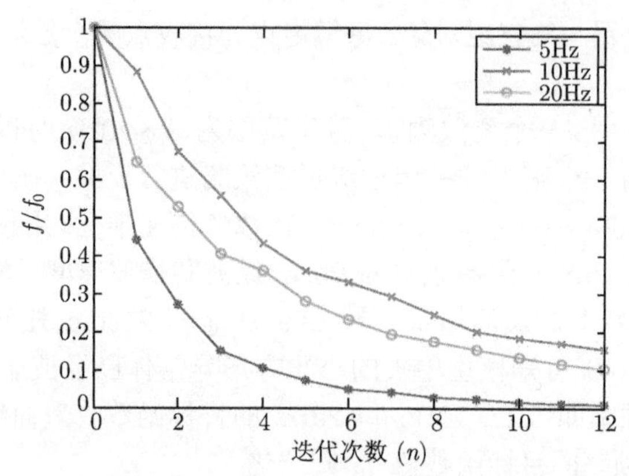

图 10.10 三个不同频率即 5Hz, 10Hz 和 20Hz 的目标函数的收敛曲线

10.4.2 Overthrust 模型

真实速度模型如图 10.3 所示, 密度为 2000kg/m^3, 模型划分为 $N_x \times N_z$ 的网格, 其中 $N_x = 801$, $N_z = 187$, 网格间距 $h = 25$m, 模型周围为 $20h = 500$m 厚的 PML 吸收边界层. PML 中的参数可近似取成模型边界处的参数值, 不进行反演. 计算中共选取 198 个炮点, 199 个接收点. 炮点在模型的上表面以下 100m 处, 第一个炮点位置为 $(x, z) = (100\text{m}, 100\text{m})$. 接收点位置位于模型上表面, 第一个接收点位置为 $(x, z) = (50\text{m}, 0)$, 炮点和接收点间距均为 100m.

反演过程中共用 40 个离散频率, 反演频率范围为 $1 \sim 40$Hz, 间隔为 1Hz, 反演中采用逐级反演策略, 在 $1 \sim 20$Hz 频率范围内每个频率最大迭代步数为 25, 在 $20 \sim 40$Hz 频率范围内每个频率最大迭代步数为 20, 这主要考虑节省计算量, 较高频率处收敛慢, 适当减少迭代次数. 采用非线性共轭梯度算法进行迭代优化. 反演的初始模型通过对真实模型 Gauss 光滑化得到, 具体是保留 $z = [0, 100\text{m}]$ 的部分, 对 $z > 100$m 部分基于 (9.3.2) 进行 Gauss 光滑化, 光滑化的模型如图 10.11 所示, 作为反演的初始速度模型, 其中相关长度 $r = 400$m.

图 10.12、图 10.13 和图 10.14 分别为 5Hz, 20Hz 和 40Hz 的反演结果, 由图 10.12 可知, 通过低频反演得到的速度模型和真实模型宏观上基本一致, 从反演结果上能看到模型的主要断层构造, 这是因为低频数据反映的是模型大尺度的信息. 图 10.13 和图 10.14 的反演结果表明, 经过低频到高频逐级反演, 模型中的背斜构造、断层构造和层状构造均得到很好反演. 图 10.15 是数据带有 10% 的 Gauss 噪声的反演结果, 反演中应用了 TV 正则化. 比较可知, 最终反演结果与真实模型吻合较好, 尤其是在中浅层部分, 在深部精度有所降低, 这是由于深层反射能量较弱以及从浅层到深层的误差累积. 在模型两端边界处附近, 由于反射数据信息的不足, 成像反演的精度略低于模型内部.

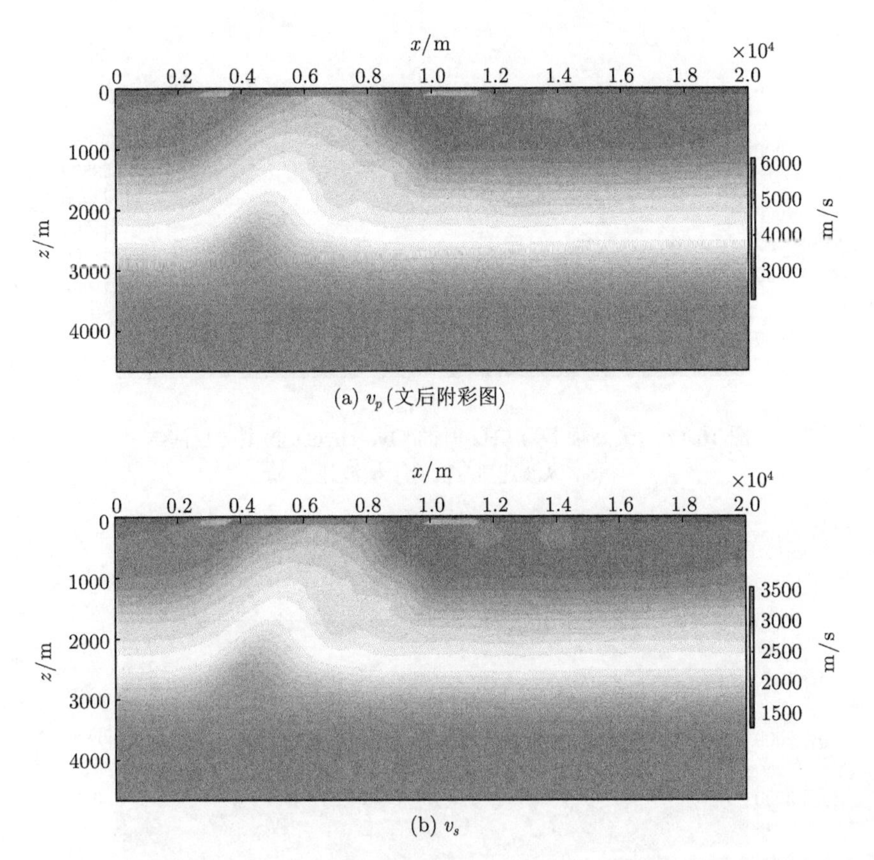

(a) v_p (文后附彩图)

(b) v_s

图 10.11 用于 Overthrust 模型反演的初始速度模型. (a) 纵波速度 v_p; (b) 横波速度 v_s

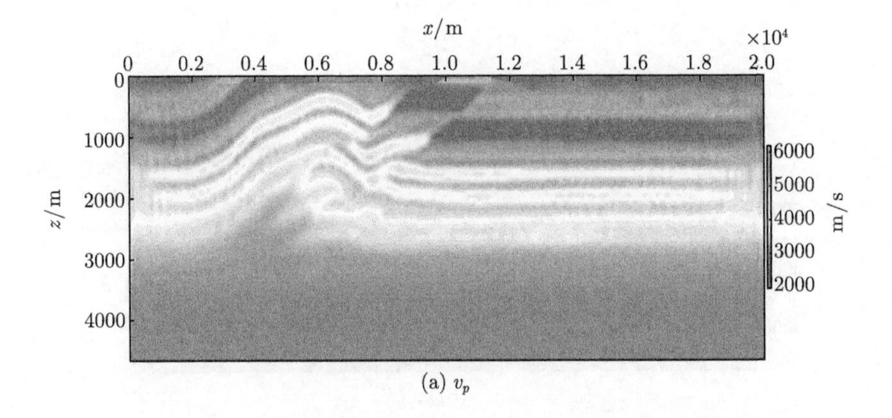

(a) v_p

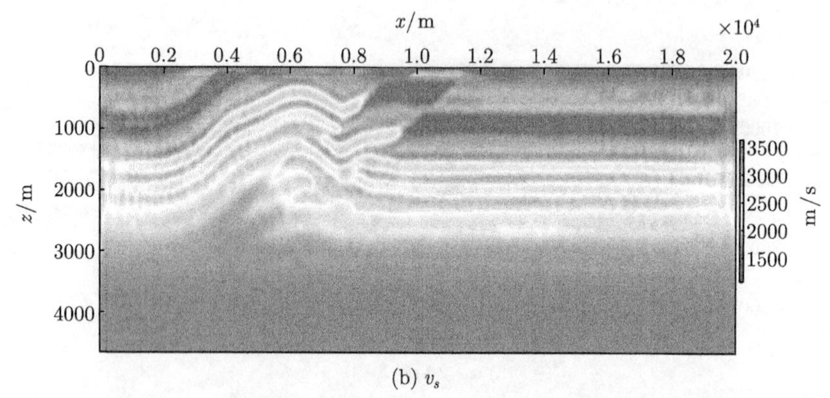

(b) v_s

图 10.12　最高频率为 5Hz 时的 Overthrust 模型的反演结果.
(a) 纵波速度 v_p; (b) 横波速度 v_s

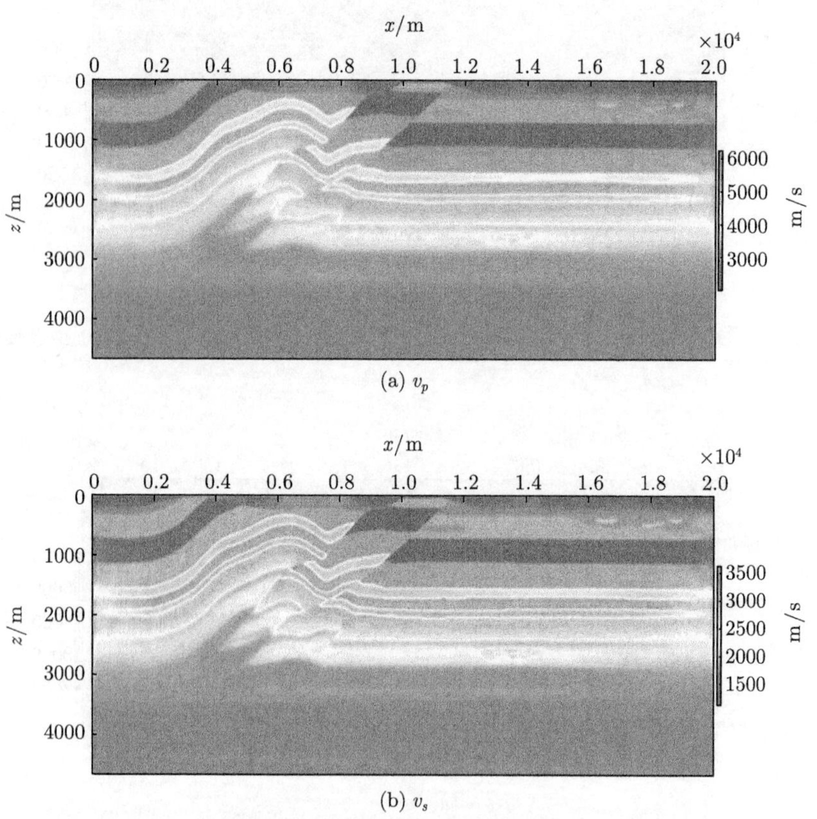

图 10.13　最高频率为 20Hz 时的 Overthrust 模型的反演结果.
(a) 纵波速度 v_p; (b) 横波速度 v_s

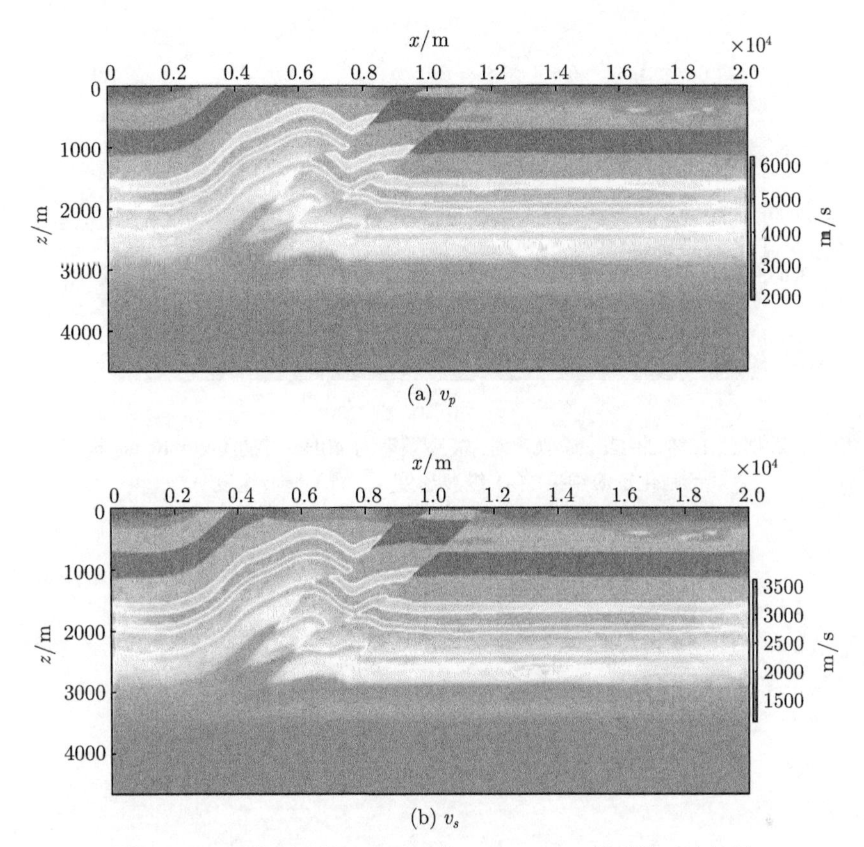

(a) v_p

(b) v_s

图 10.14 最高频率为 40Hz 时的 Overthrust 模型的反演结果. (a) 纵波速度 v_p; (b) 横波速度 v_s

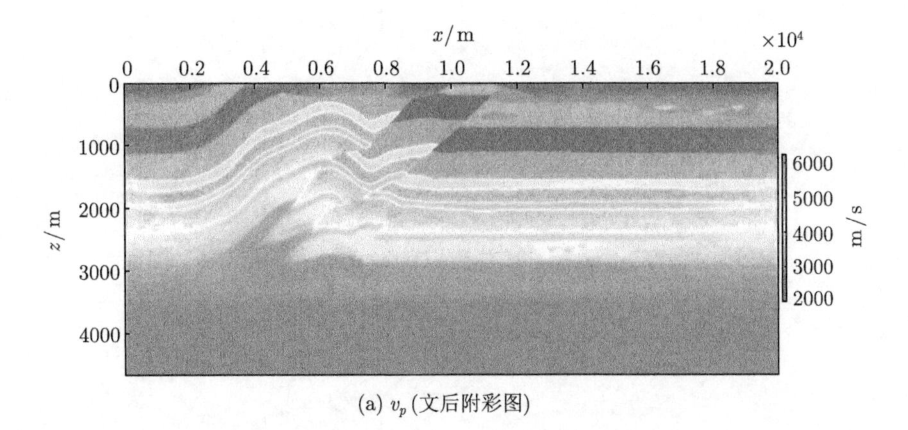

(a) v_p (文后附彩图)

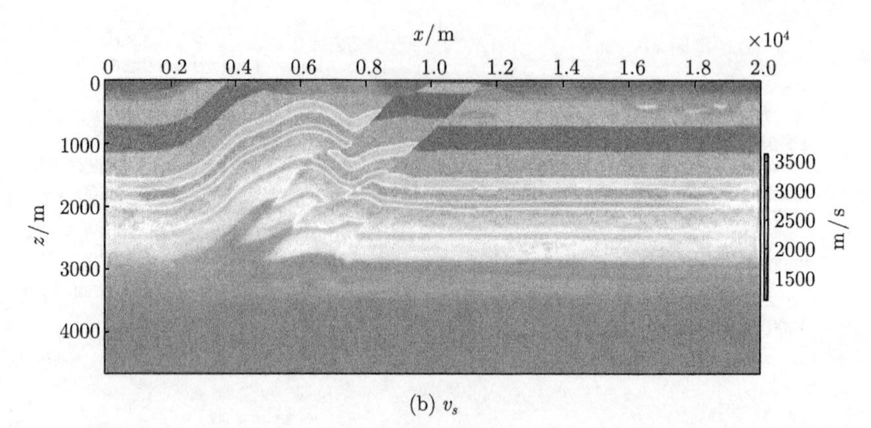

(b) v_s

图 10.15　数据含 10% 的 Gauss 噪声时, 最高频率为 40Hz 时的 Overthrust 模型的 TV 正则化反演结果. (a) 纵波速度 v_p; (b) 横波速度 v_s

第 11 章　三角形元频率域弹性波全波形反演

有限元方法在求解复杂区域非均匀介质模型时网格剖分灵活，比有限差分法更有优势. 除了用矩形元外，有限元方法经常还用三角形元，即用三角形网格对计算区域剖分后再用有限元方法计算. 由于实际中地表起伏较大，观测面不一定水平，因三角形剖分对不规则边界有很好的适应性. 本章考虑考虑三角形网格上的波场模拟和全波形反演.

11.1　三角形元的有限元离散

精确高效的正演模拟方法是全波形反演的基础，实际地质模型边界通常比较复杂，为了更好适应复杂边界问题，我们给出基于线性三角形元的频率域弹性波方程正演模拟的离散格式. 二维频率域弹性波的变分方程形式如下

$$\begin{aligned}&\int_\Omega \omega^2 \rho u w dxdz - \int_\Omega \left[(\lambda+2\mu)\frac{\partial u}{\partial x} + \lambda\frac{\partial v}{\partial z}\right]\frac{\partial w}{\partial x}dxdz\\&-\int_\Omega \left[\mu\left(\frac{\partial u}{\partial z}+\frac{\partial v}{\partial x}\right)\right]\frac{\partial w}{\partial z}dxdz\\&=\int_\Omega f w dxdz - \int_{\partial\Omega}\left[(\lambda+2\mu)\frac{\partial u}{\partial x}+\lambda\frac{\partial v}{\partial z}\right]wn_1ds - \int_{\partial\Omega}\left[\mu\left(\frac{\partial u}{\partial z}+\frac{\partial v}{\partial x}\right)\right]wn_2ds,\end{aligned} \tag{11.1.1}$$

$$\begin{aligned}&\int_\Omega \omega^2 \rho v w dxdz - \int_\Omega \left[(\lambda+2\mu)\frac{\partial v}{\partial z} + \lambda\frac{\partial u}{\partial x}\right]\frac{\partial w}{\partial z}dxdz\\&-\int_\Omega \left[\mu\left(\frac{\partial u}{\partial z}+\frac{\partial v}{\partial x}\right)\right]\frac{\partial w}{\partial x}dxdz\\&=\int_\Omega g w dxdz - \int_{\partial\Omega}\left[(\lambda+2\mu)\frac{\partial v}{\partial z}+\lambda\frac{\partial u}{\partial x}\right]wn_2ds - \int_{\partial\Omega}\left[\mu\left(\frac{\partial u}{\partial z}+\frac{\partial v}{\partial x}\right)\right]wn_1ds.\end{aligned} \tag{11.1.2}$$

其中 $\boldsymbol{n} = (n_1, n_2)$ 为 $\partial\Omega$ 的单位外法向量. 将计算区域剖分成三角形网格，在每个单元选取线性三角形元作为基函数，图 11.1(a) 为任意的一个三角形单元 T，图 11.1(b) 是参考坐标系 (ξ, η) 下的标准参考单元.

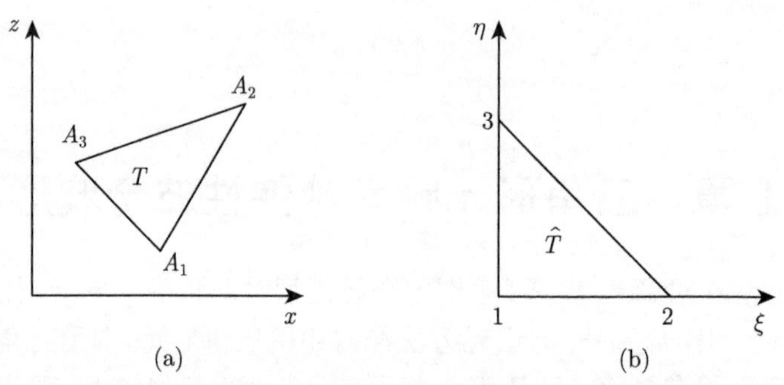

图 11.1　(a) 一般三角形单元 T; (b) 标准参考单元 $\hat{T}$

对给定三角形 T, 设顶点坐标分别为 $A_1(x_1, z_1)$, $A_2(x_2, z_2)$, $A_3(x_3, z_3)$, 构造线性插值函数 $f(x,z) = ax + bz + c$ 满足 $f(A_i) = \alpha_i$. 为构造 $f(x,z)$, 我们可以先构造一次函数 $\phi_i(x,z), i = 1,2,3$ 满足

$$\phi_i(A_j) = \delta_{ij} = \begin{cases} 1, & i = j, \\ 0, & i \neq j, \end{cases} \quad 1 \leqslant i, j \leqslant 3.$$

当 i, j, k 满足逆时针轮换关系时, 记

$$\xi_i = x_j - x_k, \quad \eta_i = z_j - z_k, \quad \omega_i = x_j z_k - x_k z_j, \tag{11.1.3}$$

$$|T| = \frac{1}{2}\det(T) = \frac{1}{2}\left(\omega_1 + \omega_2 + \omega_3\right), \tag{11.1.4}$$

$$\phi_i(x,z) = \frac{1}{2|T|}\left(\eta_i x - \xi_i z + \omega_i\right), \quad i = 1,2,3. \tag{11.1.5}$$

因此插值函数 $f(x,y)$ 可表示成

$$f(x,z) = \sum_{i=1}^{3} \alpha_i \phi_i(x,z), \tag{11.1.6}$$

称 $\phi_i(x,z)$, $i = 1,2,3$ 为三角形 T 上三个顶点的一次插值基函数. 由 (11.1.6) 可得

$$x = \sum_{i=1}^{3} x_i \phi_i, \quad z = \sum_{i=1}^{3} z_i \phi_i. \tag{11.1.7}$$

式 (11.1.5) 与 (11.1.7) 建立了 (x,z) 与 (ξ,η) 的一一对应关系, 且 (11.1.5) 将 (x,z) 平面中的一般三角形 T 变成了 (ξ,η) 平面中的标准参考单元 $\hat{T}$, 如图 11.1(b) 所示.

以三角形顶点的值作为求解问题的自由度, 下面将上述插值函数 $f(x,z)$ 应用到变分问题 (11.1.1)~(11.1.2) 中. 基于方程 (11.1.1)~(11.1.2) 进行正演模拟, 假设密度 ρ 不随位置改变, 而 Lamé 参数 λ 及 μ 与位置有关. 数值计算时得到的 λ, μ 是网格节点上的值, 为提高 Gauss 数值积分的精度, 我们利用上述插值方法得到它们在单元 T_j 上的线性函数, 记为 $\lambda_j(x,z)$ 和 $\mu_j(x,z)$:

$$\begin{cases} \lambda_j(x,z) = \sum_{i=1}^{3} \lambda_i \phi_i(x,z), \\ \mu_j(x,z) = \sum_{i=1}^{3} \mu_i \phi_i(x,z). \end{cases} \tag{11.1.8}$$

设

$$u = \sum_{i=1}^{N} u_i \phi_i, \quad v = \sum_{i=1}^{N} v_i \phi_i. \tag{11.1.9}$$

取 $w = \phi_k, k = 1, \cdots, N$, 其中 N 表示计算网格的节点数, 则变分方程 (11.1.1)~(11.1.2) 将变成如下数值格式

$$\begin{aligned} &\sum_{i=1}^{N} u_i \int_\Omega \left[\omega^2 \rho \phi_i \phi_k - (\lambda + 2\mu) \frac{\partial \phi_i}{\partial x} \frac{\partial \phi_k}{\partial x} - \mu \frac{\partial \phi_i}{\partial z} \frac{\partial \phi_k}{\partial z}\right] dxdz \\ &- \sum_{i=1}^{N} v_i \int_\Omega \left[\lambda \frac{\partial \phi_i}{\partial z} \frac{\partial \phi_k}{\partial x} + \mu \frac{\partial \phi_i}{\partial x} \frac{\partial \phi_k}{\partial z}\right] dxdz = f_k, \end{aligned} \tag{11.1.10}$$

$$\begin{aligned} &- \sum_{i=1}^{N} u_i \int_\Omega \left[\mu \frac{\partial \phi_i}{\partial z} \frac{\partial \phi_k}{\partial x} + \lambda \frac{\partial \phi_i}{\partial x} \frac{\partial \phi_k}{\partial z}\right] dxdz \\ &+ \sum_{i=1}^{N} v_i \int_\Omega \left[\omega^2 \rho \phi_i \phi_k - (\lambda + 2\mu) \frac{\partial \phi_i}{\partial z} \frac{\partial \phi_k}{\partial z} - \mu \frac{\partial \phi_i}{\partial x} \frac{\partial \phi_k}{\partial x}\right] dxdz = g_k. \end{aligned} \tag{11.1.11}$$

令

$$S = \begin{pmatrix} S^{1,1} & S^{1,2} \\ S^{2,1} & S^{2,2} \end{pmatrix}_{2N \times 2N}, \quad S^{1,1}, S^{1,2}, S^{2,1}, S^{2,2} \in \mathbb{R}^{N \times N}, \tag{11.1.12}$$

$$S_{i,k}^{1,1} = \int_\Omega \left[\omega^2 \rho \phi_i \phi_k - (\lambda + 2\mu) \frac{\partial \phi_i}{\partial x} \frac{\partial \phi_k}{\partial x} - \mu \frac{\partial \phi_i}{\partial z} \frac{\partial \phi_k}{\partial z}\right] dxdz, \tag{11.1.13}$$

$$S_{i,k}^{1,2} = -\int_{\Omega}\left[\lambda\frac{\partial\phi_i}{\partial z}\frac{\partial\phi_k}{\partial x} + \mu\frac{\partial\phi_i}{\partial x}\frac{\partial\phi_k}{\partial z}\right]dxdz, \tag{11.1.14}$$

$$S_{i,k}^{2,1} = -\int_{\Omega}\left[\mu\frac{\partial\phi_i}{\partial z}\frac{\partial\phi_k}{\partial x} + \lambda\frac{\partial\phi_i}{\partial x}\frac{\partial\phi_k}{\partial z}\right]dxdz, \tag{11.1.15}$$

$$S_{i,k}^{2,2} = \int_{\Omega}\left[\omega^2\rho\phi_i\phi_k - (\lambda+2\mu)\frac{\partial\phi_i}{\partial z}\frac{\partial\phi_k}{\partial z} - \mu\frac{\partial\phi_i}{\partial x}\frac{\partial\phi_k}{\partial x}\right]dxdz, \tag{11.1.16}$$

其中 $i,k=1,2,\cdots,N$.

将方程 (11.1.10)~(11.1.11) 在整个计算网格上形成的大型稀疏线性方程组写成 $S\boldsymbol{u}=\boldsymbol{f}$, 其中 S 为

$$\begin{pmatrix} S^{1,1} & S^{1,2} \\ S^{2,1} & S^{2,2} \end{pmatrix}\begin{pmatrix} u \\ v \end{pmatrix} = \begin{pmatrix} f \\ g \end{pmatrix}. \tag{11.1.17}$$

矩阵 S 称为阻抗矩阵, $\boldsymbol{f}=(f,g)^{\mathrm{T}}$ 为已知震源函数, $\boldsymbol{u}=(u,v)^{\mathrm{T}}$ 为待求解的未知波场. 将完全匹配层吸收边界条件应用到弹性波方程, 可得到形式相同的代数方程组, 推导过程略, 仅在此给出代数方程组的形式 $\widetilde{S}\boldsymbol{u}=\boldsymbol{f}$:

$$\widetilde{S} = \begin{pmatrix} \widetilde{S}^{1,1} & \widetilde{S}^{1,2} \\ \widetilde{S}^{2,1} & \widetilde{S}^{2,2} \end{pmatrix}_{2N\times 2N}, \quad \widetilde{S}^{1,1}, \widetilde{S}^{1,2}, \widetilde{S}^{2,1}, \widetilde{S}^{2,2} \in \mathbb{C}^{N\times N}, \tag{11.1.18}$$

其中 $(i,k=1,2,\cdots,N)$

$$\begin{aligned}\widetilde{S}_{i,k}^{1,1} = \int_{\Omega}\Big[&\omega^2\rho\phi_i\phi_k - \frac{(\lambda+2\mu)}{s_x^2}\frac{\partial\phi_i}{\partial x}\frac{\partial\phi_k}{\partial x} - \frac{\mu}{s_z^2}\frac{\partial\phi_i}{\partial z}\frac{\partial\phi_k}{\partial z} \\ &+ \frac{(\lambda+2\mu)}{s_x^3}\frac{d_x'(x)}{\mathrm{i}\omega}\frac{\partial\phi_i}{\partial x}\phi_k + \frac{\mu}{s_z^3}\frac{d_z'(z)}{\mathrm{i}\omega}\frac{\partial\phi_i}{\partial z}\phi_k\Big]dxdz,\end{aligned} \tag{11.1.19}$$

$$\begin{aligned}\widetilde{S}_{i,k}^{1,2} = -\int_{\Omega}\Big[&\frac{\lambda}{s_x s_z}\frac{\partial\phi_i}{\partial z}\frac{\partial\phi_k}{\partial x} + \frac{\mu}{s_x s_z}\frac{\partial\phi_i}{\partial x}\frac{\partial\phi_k}{\partial z} \\ &- \frac{\lambda}{s_x^2 s_z}\frac{d_x'(x)}{\mathrm{i}\omega}\frac{\partial\phi_i}{\partial z}\phi_k - \frac{\mu}{s_x s_z^2}\frac{d_z'(z)}{\mathrm{i}\omega}\frac{\partial\phi_i}{\partial x}\phi_k\Big]dxdz,\end{aligned} \tag{11.1.20}$$

$$\begin{aligned}\widetilde{S}_{i,k}^{2,1} = -\int_{\Omega}\Big[&\frac{\mu}{s_x s_z}\frac{\partial\phi_i}{\partial z}\frac{\partial\phi_k}{\partial x} + \frac{\lambda}{s_x s_z}\frac{\partial\phi_i}{\partial x}\frac{\partial\phi_k}{\partial z} \\ &- \frac{\mu}{s_x^2 s_z}\frac{d_x'(x)}{\mathrm{i}\omega}\frac{\partial\phi_i}{\partial z}\phi_k - \frac{\lambda}{s_x s_z^2}\frac{d_z'(z)}{\mathrm{i}\omega}\frac{\partial\phi_i}{\partial x}\phi_k\Big]dxdz,\end{aligned} \tag{11.1.21}$$

$$\widetilde{S}_{i,k}^{2,2} = \int_{\Omega} \Big[\omega^2 \rho \phi_i \phi_k - \frac{(\lambda+2\mu)}{s_z^2} \frac{\partial \phi_i}{\partial z} \frac{\partial \phi_k}{\partial z} - \frac{\mu}{s_x^2} \frac{\partial \phi_i}{\partial x} \frac{\partial \phi_k}{\partial x} + \frac{\mu}{s_x^3} \frac{d_x'(x)}{\mathrm{i}\omega} \frac{\partial \phi_i}{\partial x} \phi_k + \frac{(\lambda+2\mu)}{s_z^3} \frac{d_z'(z)}{\mathrm{i}\omega} \frac{\partial \phi_i}{\partial z} \phi_k \Big] dxdz, \tag{11.1.22}$$

其中 $s_x, s_z, d_x(x), d_z(z)$ 的定义由 (10.2.11)~(10.2.12) 给出.

阻抗矩阵 $\widetilde{S}$ 中元素的表达式中涉及三角形单元上的积分运算, 我们采用 Gauss 数值积分的方法. 下面简单给出三角形单元的 Gauss 数值积分公式.

假设 T 是任意三角形区域, 顶点坐标分别为 $A_1(x_1, z_1)$, $A_2(x_2, z_2)$, $A_3(x_3, z_3)$, 计算

$$I = \iint_T F(x, z) dxdz. \tag{11.1.23}$$

令

$$\begin{cases} N_1(\xi, \eta) = 1 - \xi - \eta, \\ N_2(\xi, \eta) = \xi, \\ N_3(\xi, \eta) = \eta, \end{cases} \tag{11.1.24}$$

则通过下面的变换就可建立物理单元的坐标系 (x, z) 与标准参考单元的参考坐标系 (ξ, η) 之间的一一对应关系

$$x = P(\xi, \eta) = x_1 N_1(\xi, \eta) + x_2 N_2(\xi, \eta) + x_3 N_3(\xi, \eta),$$

$$z = Q(\xi, \eta) = z_1 N_1(\xi, \eta) + z_2 N_2(\xi, \eta) + z_3 N_3(\xi, \eta).$$

进而有

$$I = \iint_T F(x, z) dxdz = \iint_{\hat{T}} F(P(\xi, \eta), Q(\xi, \eta)) |J(\xi, \eta)| d\xi d\eta, \tag{11.1.25}$$

其中 $J(\xi, \eta)$ 为 Jacobi 行列式

$$J(\xi, \eta) = \left| \frac{\partial(x, z)}{\partial(\xi, \eta)} \right| = \begin{vmatrix} \dfrac{\partial x}{\partial \xi} & \dfrac{\partial z}{\partial \xi} \\ \dfrac{\partial x}{\partial \eta} & \dfrac{\partial z}{\partial \eta} \end{vmatrix}. \tag{11.1.26}$$

在标准参考单元 $\hat{T}$ 上的 Guass 数值积分由下面公式得到

$$\iint_{\hat{T}} g(\xi, \eta) d\xi d\eta = \frac{1}{2} \sum_{i=1}^{N_g} w_i g(\xi_i, \eta_i), \tag{11.1.27}$$

其中 N_g 为所用的 Gauss 节点数, w_i 为权系数, 这里采用具有二阶精度的 Gauss 积分公式, 其中权系数为

$$w_1 = w_2 = w_3 = \frac{1}{3},$$

求积节点为

$$(\xi_1, \eta_1) = \left(0, \frac{1}{2}\right), \quad (\xi_2, \eta_2) = \left(\frac{1}{2}, 0\right), \quad (\xi_3, \eta_3) = \left(\frac{1}{2}, \frac{1}{2}\right).$$

11.2 正演数值计算

本节利用线性三角形元对二维频率域弹性波方程进行有限元求解, 同时验证完全匹配层吸收边界条件的有效性.

11.2.1 模型一

模型及网格剖分如图 11.2 所示, 计算区域左侧、下侧和右侧的完全匹配层厚度为 500m, 上侧完全匹配层厚度从 500m 逐步过渡到 1000m, 整个区域上网格的顶点数为 27023, 单元数为 53386, 震源中心位于 (3000m, −200m) 处. 图 11.3 分别为频率为 5Hz 与 10Hz 的正演波场的水平分量 u, 图 11.4 分别为频率为 5Hz 与 10Hz 的正演波场的垂直分量 v.

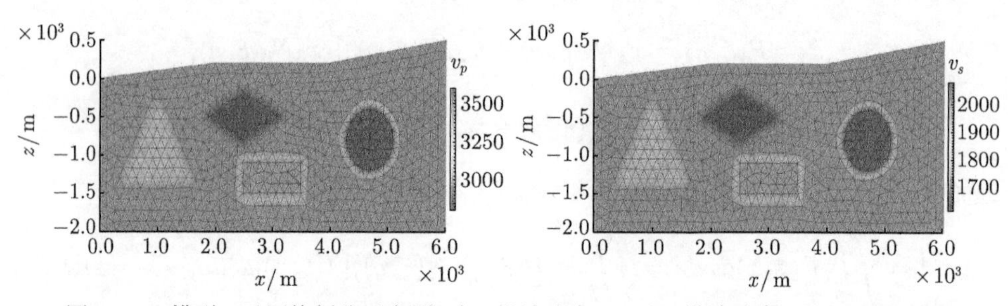

图 11.2　模型一及网格剖分示意图. 左: 纵波速度 v_p; 右: 横波速度 v_s(文后附彩图)

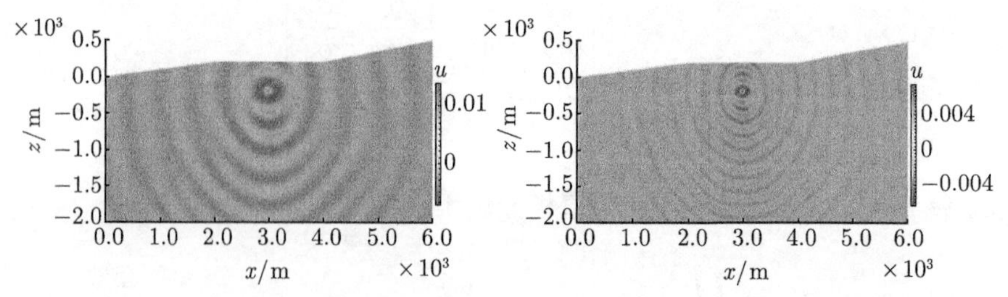

图 11.3　模型一不同频率正演波场的水平分量 u. 左: 5Hz; 右: 10Hz

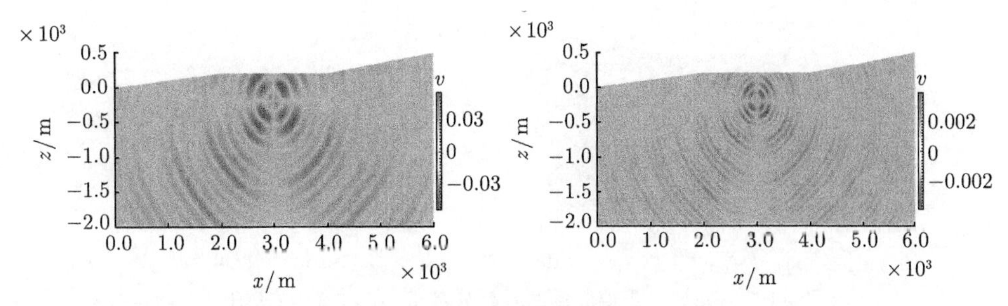

图 11.4 模型一不同频率的正演波场的垂直分量 v. 左: 5Hz; 右: 10Hz

11.2.2 模型二

模型二及其网格剖分如图 11.5 所示, 该模型除了含有速度异常体外, 还含有陡倾角的断层. 计算区域左侧、下侧和右侧的完全匹配层厚度均为 500m, 上侧完全匹配层厚度从 500m 逐步过渡到 1000m, 整个区域上网格的顶点数为 24427, 单元数为 48234, 震源中心位于 (3000m, −200m) 处, 图 11.6 是频率为 5Hz 与 10Hz 的正演波场的水平分量 u, 图 11.7 是频率为 5Hz 与 10Hz 的正演波场的垂直分量 v.

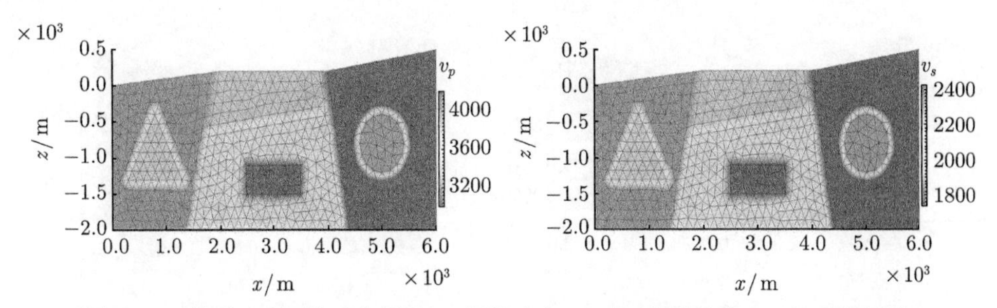

图 11.5 模型二及网格示意图. 左: 纵波速度 v_p; 右: 横波速度 v_s(文后附彩图)

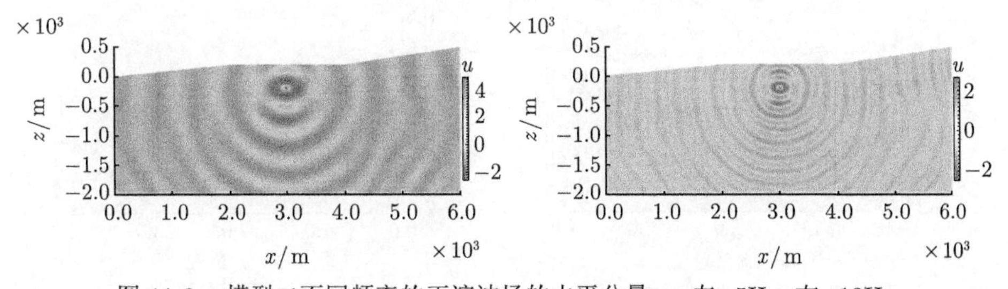

图 11.6 模型二不同频率的正演波场的水平分量 u. 左: 5Hz; 右: 10Hz

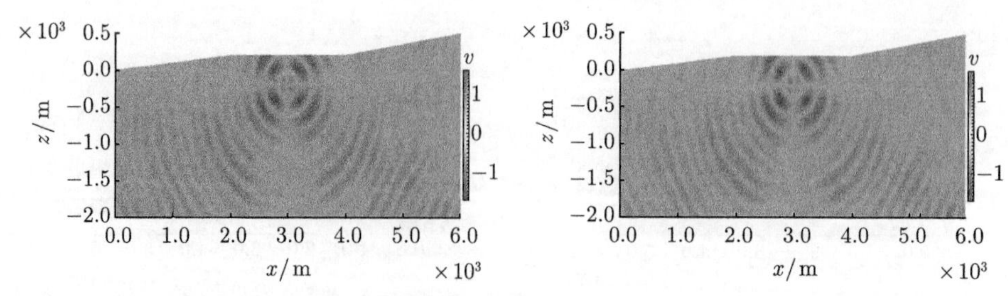

图 11.7 模型二正演波场的垂直分量 v. 左: 5Hz; 右: 10Hz

11.2.3 模型三

该模型是一个分层模型, 模型及网格剖分如图 11.8 所示, 计算区域共分为五个速度互异的层, 波速大小从上到下一次递增, 左侧、下侧和右侧的完全匹配层的厚度为 500m, 上侧完全匹配层的厚度从 500m 逐渐过渡到 1000m, 整个区域上网格的顶点数为 25768, 单元数为 50924, 震源中心位于 $S_1 = (600\text{m}, -400\text{m})$ 和 $S_2 = (2000\text{m}, -800\text{m})$ 两处, 图 11.9 为频率为 10Hz 在炮点 S_1 处的水平分量波场 u 的实部和虚部, 图 11.10 为频率为 10Hz 在炮点 S_2 处的垂直分量波场 v 的实部和虚部.

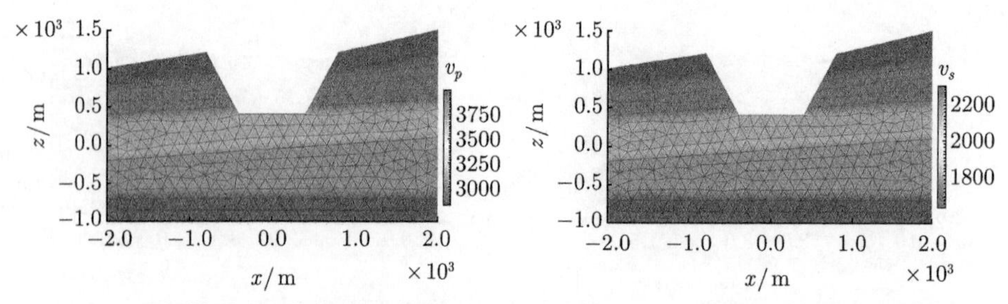

图 11.8 分层模型及网格剖分示意图. 左: 纵波速度 v_p; 右: 横波速度 v_s(文后附彩图)

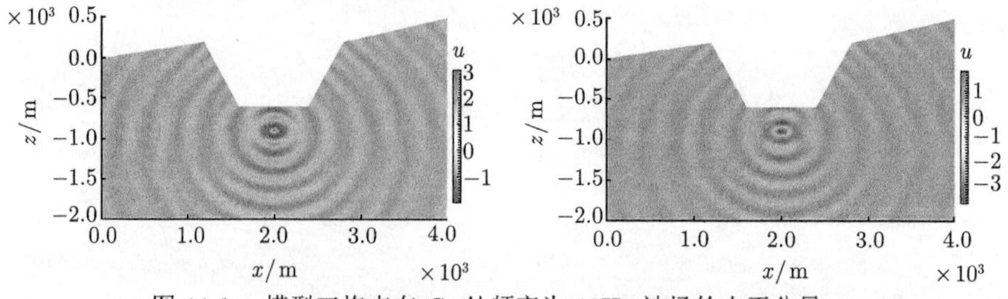

图 11.9 模型三炮点在 S_1 处频率为 10Hz 波场的水平分量 u.
左: u 分量实部; 右: u 分量虚部

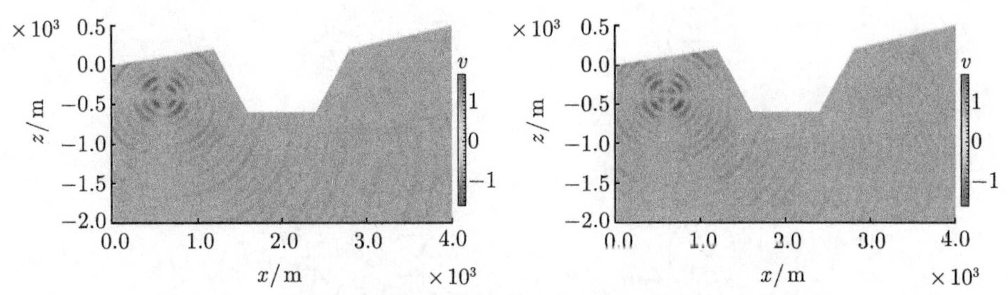

图 11.10 模型三炮点在 S_2 处频率为 10Hz 波场的垂直分量 v.
左: v 分量实部; 右: v 分量虚部

11.3 基于三角形元的全波形反演

同基于矩形单元的全波形反演一样, 为应用迭代公式 (10.3.4), 需要计算目标函数的梯度. 对频率域弹性波方程 (9.1.14)~(9.1.15) 添加完全匹配层吸收边界条件, 计算区域为 $\Omega=\sum\limits_{i=1}^{N_e}T_i$, 利用三角形元离散可得如下的线性代数方程组

$$S(\boldsymbol{p})\,\boldsymbol{u}=\boldsymbol{f}, \tag{11.3.1}$$

其中 S 代表阻抗矩阵, 与介质参数 $\boldsymbol{p}$、网格尺寸、频率等因素相关, $\boldsymbol{u}$ 为频率域弹性波场, $\boldsymbol{f}$ 代表震源. 以残差向量 $\delta\boldsymbol{d}=\boldsymbol{u}-\boldsymbol{d}^{\mathrm{obs}}$ 的 l_2 范数作为全波形算法的目标函数, 同时添加对角频率 ω 的逐级反演策略, 则有

$$\min_{\boldsymbol{p}} E(\boldsymbol{p})=\frac{1}{2}\sum_{\omega}\sum_{s}\delta\boldsymbol{d}^{\mathrm{T}}\delta\boldsymbol{d}^{*}. \tag{11.3.2}$$

本节基于非线性共轭梯度方法来求解极小化问题. 目标函数 E 的梯度为

$$\nabla_{\boldsymbol{p}}E=\sum_{\omega}\sum_{s}-\mathrm{Re}\left\{\boldsymbol{u}^{\mathrm{T}}\frac{\partial S^{\mathrm{T}}}{\partial\boldsymbol{p}}S^{-1}\delta\boldsymbol{d}^{*}\right\}, \tag{11.3.3}$$

其中 T 表示转置, $*$ 表示共轭. 由互易原理知 $S^{-\mathrm{T}}=S^{-1}$.

在梯度表达式 (11.3.3) 中, $\dfrac{\partial S}{\partial\boldsymbol{p}}$ 代表刚度矩阵对参数的导数, 由于反演只关心计算区域内的参数值, 因此对三角形元, 由 (11.1.13)~(11.1.16) 可得到 $\dfrac{\partial S}{\partial\lambda}$:

$$\left(\frac{\partial S}{\partial\lambda}\right)_{i,j}=-\sum_{k\in\{j:\phi_i,\phi_j\in T_k\}}\frac{\eta_i\eta_j}{4T_k}, \tag{11.3.4}$$

$$\left(\frac{\partial S}{\partial \lambda}\right)_{i,j+N} = -\sum_{k\in\{j:\phi_i,\phi_j\in T_k\}} \frac{\xi_i\eta_j}{4T_k}, \tag{11.3.5}$$

$$\left(\frac{\partial S}{\partial \lambda}\right)_{i+N,j} = -\sum_{k\in\{j:\phi_i,\phi_j\in T_k\}} \frac{\eta_i\xi_j}{4T_k}, \tag{11.3.6}$$

$$\left(\frac{\partial S}{\partial \lambda}\right)_{i+N,j+N} = -\sum_{k\in\{j:\phi_i,\phi_j\in T_k\}} \frac{\xi_i\xi_j}{4T_k}, \tag{11.3.7}$$

其中 $i,j=1,2,\cdots,N$; T_k 为第 k 个三角形的面积, N 为整个区域上三角形单元的顶点数, ξ_i,η_j 由 (11.1.3) 给出.

同理由 (11.1.13)~(11.1.16) 可得 $\dfrac{\partial S}{\partial \mu}$:

$$\left(\frac{\partial S}{\partial \mu}\right)_{i,j} = -\sum_{k\in\{j:\phi_i,\phi_j\in T_k\}} \left(\frac{\eta_i\eta_j}{2T_k}+\frac{\xi_i\xi_j}{4T_k}\right), \tag{11.3.8}$$

$$\left(\frac{\partial S}{\partial \mu}\right)_{i,j+N} = -\sum_{k\in\{j:\phi_i,\phi_j\in T_k\}} \frac{\eta_i\xi_j}{4T_k}, \tag{11.3.9}$$

$$\left(\frac{\partial S}{\partial \mu}\right)_{i+N,j} = -\sum_{k\in\{j:\phi_i,\phi_j\in T_k\}} \frac{\xi_i\eta_j}{4T_k}, \tag{11.3.10}$$

$$\left(\frac{\partial S}{\partial \mu}\right)_{i+N,j+N} = -\sum_{k\in\{j:\phi_i,\phi_j\in T_k\}} \left(\frac{\eta_i\eta_j}{4T_k}+\frac{\xi_i\xi_j}{2T_k}\right). \tag{11.3.11}$$

由上述矩阵元素表达式可知, 积分只与各三角形单元面积和顶点坐标有关, 一旦网格确定, 上述积分只需计算一次即可重复使用. 由有限元方法的局部性, 阻抗矩阵 S 对参数 $\boldsymbol{p}$ 的导数矩阵中仅在该参数周围顶点的位置处元素非零, 其他均为零.

11.4 反演数值计算

下面我们基于非线性共轭梯度法对不同模型进行全波形反演的数值计算.

11.4.1 算例一

如图 11.11 所示, 是非规则区域模型观测设置示意图. 在模型上表面以下 100m 处有一组炮点, 炮点个数为 71 个, x 方向上第一个炮点位置为 $(x,z)=(0,-100\text{m})$. 接收点位置位于模型上表面, 个数为 76 个, x 方向上第一个接收点位

置为 $(x,z)=(0,0)$, 炮点和接收点的 x 方向的间距均为 80m. 由于接收点完全覆盖模型上表面, 观测数据中包含长偏移距信息.

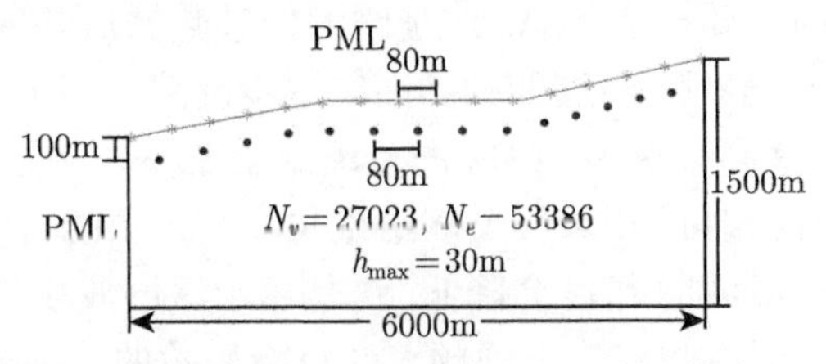

图 11.11 算例一炮点和接收点位置示意图. • 表示炮点, * 表示接收点

在计算中, 将模型划分为不规则三角形网格, 其中顶点数为 27023, 单元数为 53386. 网格尺寸 $h_{\max}=\max\limits_{h\in T}h=30$m, 计算区域内包含四个速度异常体, 分别为菱形低速体, 矩形、三角形和圆形高速体. 模型周围为完全匹配吸收层, 计算区域左侧、下侧和右侧的完全匹配层厚度为 500m, 上侧完全匹配层厚度从 500m 逐渐过渡到 1000m.

精确的速度模型如图 11.12 所示, 其中密度为 2000kg/m^3. 初始模型由精确速度模型基于 (9.3.2) 进行 Gauss 光滑化得到, 光滑化后得到如图 11.13 所示, 该结果作为反演的初始速度模型, 其中相关长度 $r=600$m. 在反演中采用 40 个离散频率, 反演频率范围为 1~40Hz, 间隔为 1Hz, 每个频率最大迭代步数为 20 步.

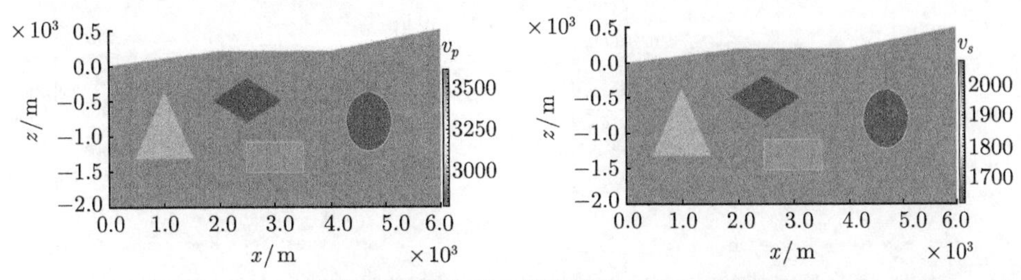

图 11.12 精确速度模型. 左: 纵波速度 v_p; 右: 横波速度 v_s

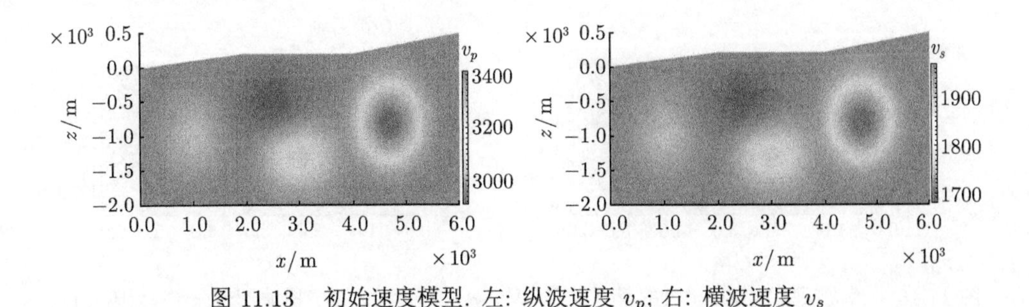

图 11.13 初始速度模型. 左: 纵波速度 v_p; 右: 横波速度 v_s

图 11.14、图 11.15 和图 11.16 分别为 5Hz, 20Hz 和 40Hz 反演结果. 由图 11.14 可知, 通过低频反演得到的速度模型和真实模型宏观上基本一致, 从反演结果上能看到模型的主要构造信息, 这是因为低频数据反映的是模型大尺度的信息. 图 11.16 反演结果表明, 经过低频到高频逐步反演, 反演已经收敛到较高的反演精度. 图 11.17 是最高频率为 40Hz 的反演结果在 $x = 2600\text{m}$ 附近与真实模型和初始模型的比较, 比较可知, 最终反演结果与真实模型吻合较好, 尤其是在浅层部分, 但是随着深度的增加, 精度会降低, 这是由于深层波场能量较弱以及从浅层到深层的误差累积. 图 11.18 为不同频率的目标函数的收敛曲线, 图中表明低频时目标函数收敛更快, 每个频率的开始几个迭代步, 目标函数收敛很快, 随后逐渐变得平缓, 表明非线性共轭梯度法具有较快的收敛速度.

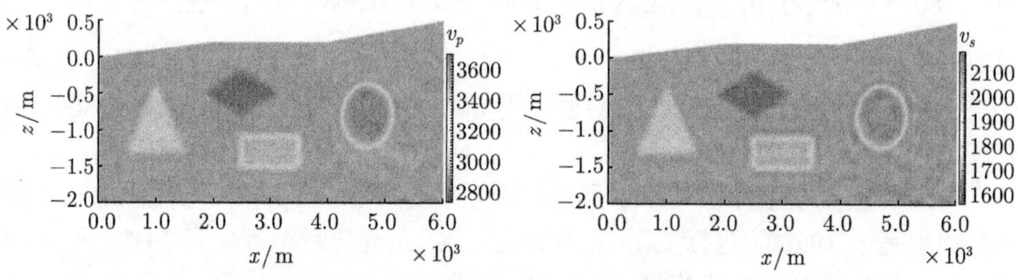

图 11.14 最高频率为 5Hz 时的反演结果. 左: 纵波速度 v_p; 右: 横波速度 v_s

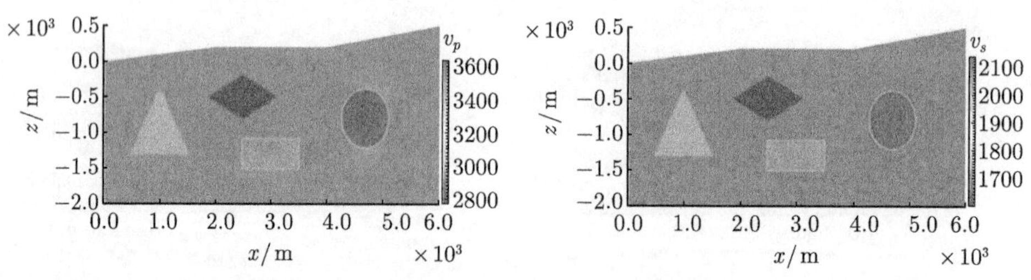

图 11.15 最高频率为 20Hz 时的反演结果. 左: 纵波速度 v_p; 右: 横波速度 v_s

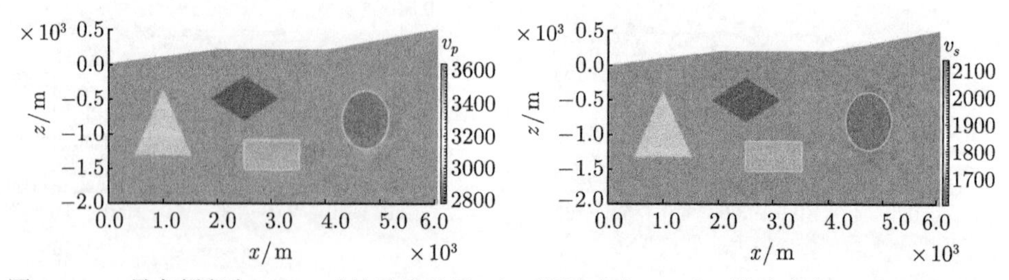

图 11.16 最高频率为 40Hz 时的反演结果. 左: 纵波速度 v_p; 右: 横波速度 v_s(文后附彩图)

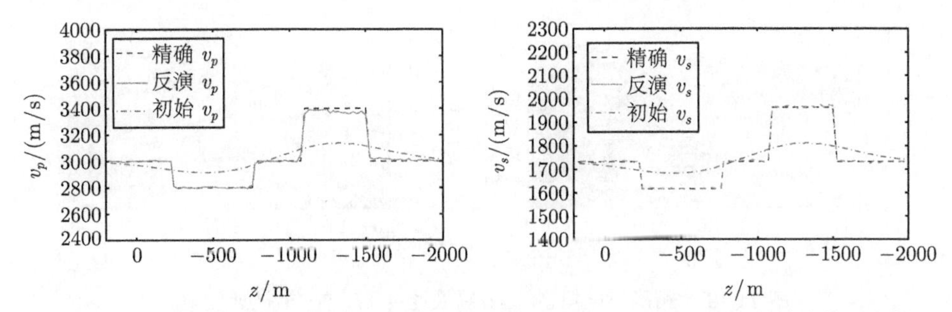

图 11.17 最高频率为 40Hz 时, 算例一的反演结果在 $x = 2600\mathrm{m}$ 处与精确模型比较

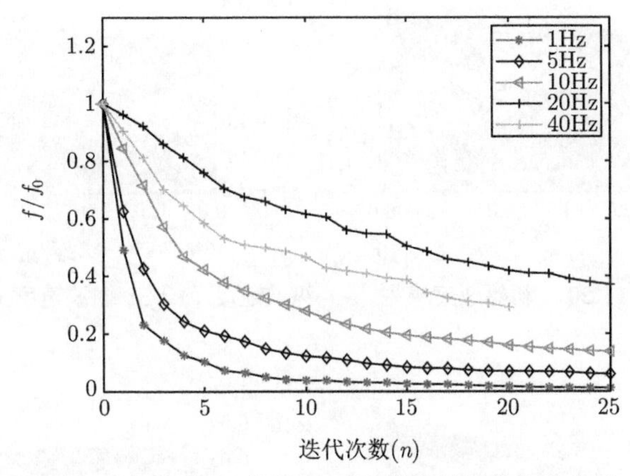

图 11.18 算例一不同频率反演的目标函数收敛曲线

11.4.2 算例二

本算例计算区域的边界形状与算例一相同, 因此炮点与接收点的数目与位置与算例一设置相同. 精确的速度模型如图 11.19 所示, 计算区域为 $x \in (0, 6\mathrm{km})$, z 方向上表面为不规则区域. 整个区域剖分的顶点数为 24427 个, 单元为 48234 个, 计算区域的四周为完全匹配吸收边界层, 左、右、下三侧的完全匹配层的厚度均为 500m, 上侧完全匹配层厚度从 500m 逐渐过渡到 1000m.

在反演中, 共选取 40 个离散频率, 间隔为 1Hz, 每个频率最大迭代步数为 30 步. 初始速度为采用算例一中的 Gauss 光滑化方法得到, 光滑半径为 600m, 如图 11.20 所示. 图 11.21 至图 11.25 分别是最高频率为 5Hz, 10Hz, 20Hz, 30Hz 和 40Hz 的反演结果. 可以看到, 随着反演频率的逐级提高, 反演结果渐渐收敛到精确模型, 最终具有很高的反演精度. 图 11.26 最终反演结果与精确模型在 $x = 3000\mathrm{m}$ 处的比较结果, 可以看到, 尽管初始模型与精确模型有较大的差别, 但最后均能很好收敛到精确模型.

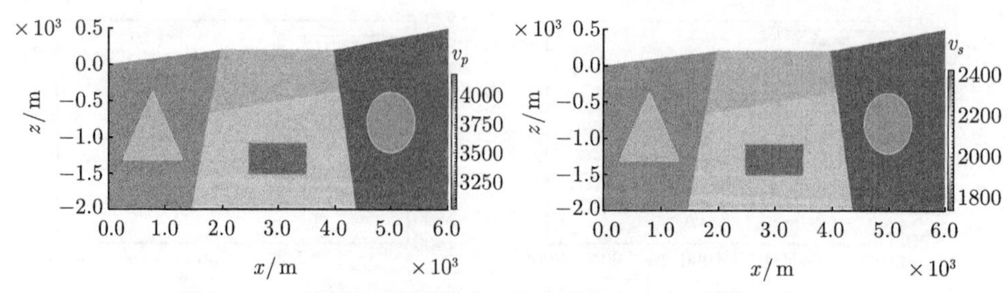

图 11.19 精确速度模型. 左: 纵波速度 v_p; 右: 横波速度 v_s

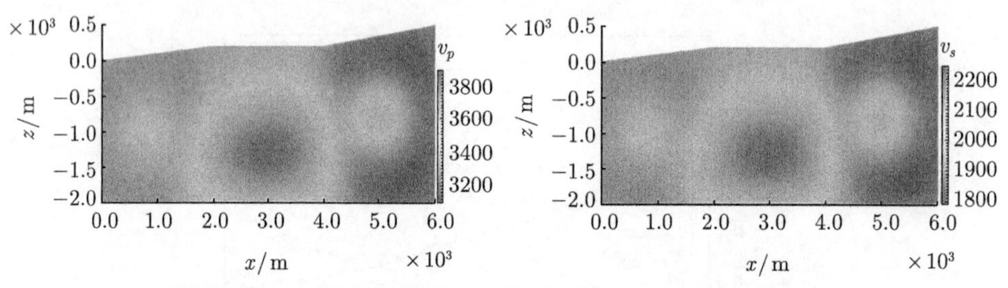

图 11.20 初始速度模型. 左: 纵波速度 v_p; 右: 横波速度 v_s

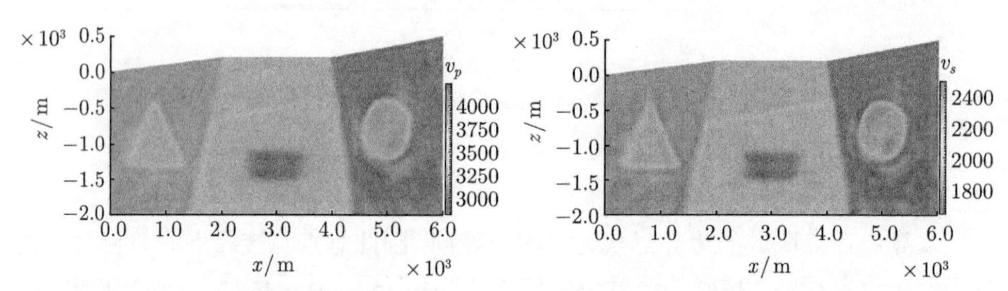

图 11.21 最高频率为 5Hz 时的反演结果. 左: 纵波速度 v_p; 右: 横波速度 v_s

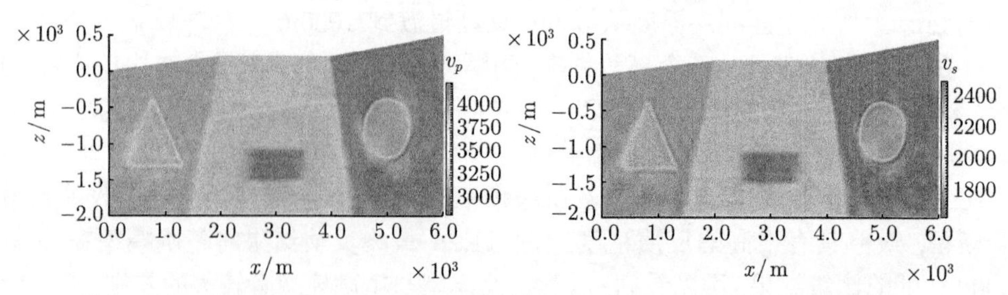

图 11.22 最高频率为 10Hz 时的反演结果. 左: 纵波速度 v_p; 右: 横波速度 v_s

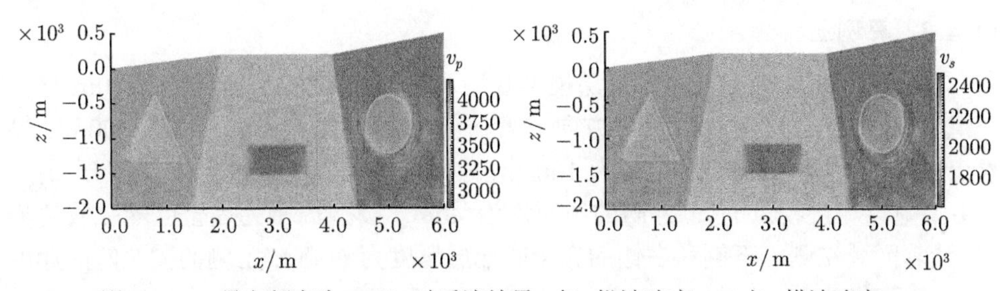

图 11.23 最高频率为 20Hz 时反演结果. 左: 纵波速度 v_p; 右: 横波速度 v_s

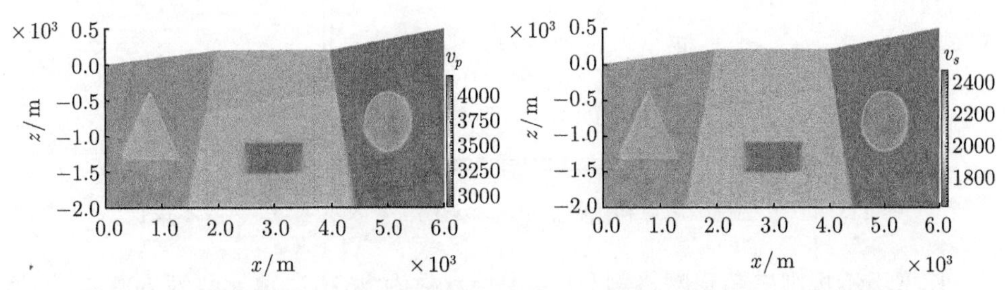

图 11.24 最高频率为 30Hz 时的反演结果. 左: 纵波速度 v_p; 右: 横波速度 v_s

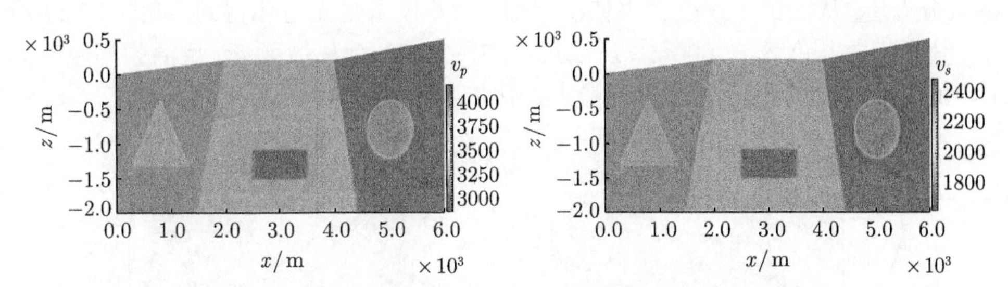

图 11.25 最高频率为 40Hz 时的反演结果. 左: 纵波速度 v_p; 右: 横波速度 v_s(文后附彩图)

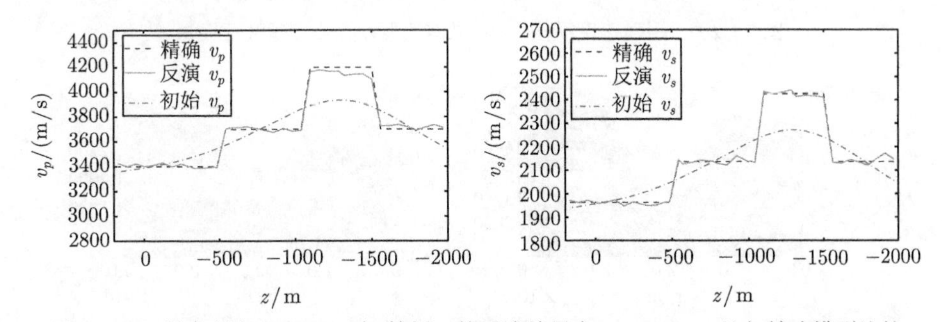

图 11.26 最高频率为 40Hz 时, 算例二的反演结果在 x =3000m 处与精确模型比较

11.4.3　算例三

图 11.27 是非规则区域的分层模型观测示意图. 模型上表面以下 100m 处有一组炮点, 炮点个数为 100 个, x 方向上第一个炮点位置为 $(x,z)=(0,-100\text{m})$. 接收点位置位于模型上表面, 个数为 100 个, x 方向上第一个接收点位置为 $(x,z)=(0,0)$, 炮点和接收点的 x 方向的间距均为 40m. 模型周围为完全匹配吸收边界层, 计算区域左侧、下侧和右侧的完全匹配层厚度为 500m, 上侧的完全匹配厚度从 500m 逐渐过渡到 1000m.

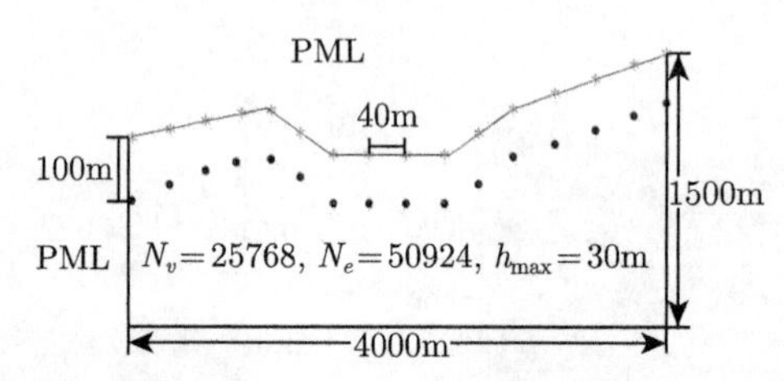

图 11.27　分层模型炮点和接收点位置示意图. • 表示炮点, $*$ 表示接收点

模型用不规则三角形网格剖分, 其中顶点数为 25768, 单元数为 50924. 网格尺寸 $h_{\max}=\max\limits_{h\subset T}h=30\text{m}$. 精确速度模型如图 11.28 所示, 密度为 2000kg/m^3. 模型共分五层, 从上到下速度大小依次递增. 初始模型是光滑化得到, 如图 11.29 所示, 其中相关长度 $r=600\text{m}$. 反演过程中共用 40 个离散频率, 反演频率范围为 1~40Hz, 间隔为 1Hz , 每个频率最大迭代步数为 30 步.

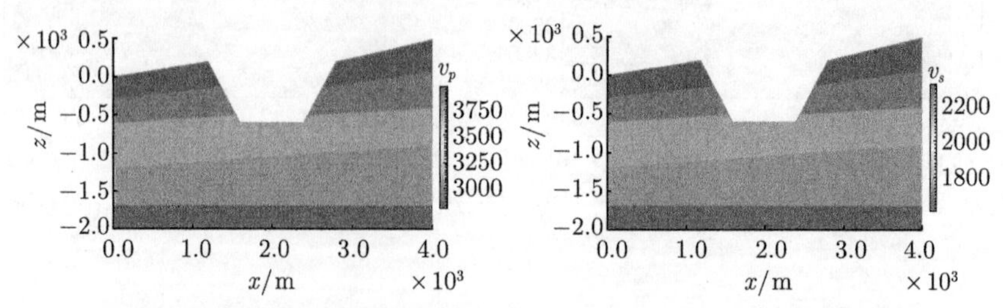

图 11.28　精确速度模型. 左: 纵波速度 v_p; 右: 横波速度 v_s

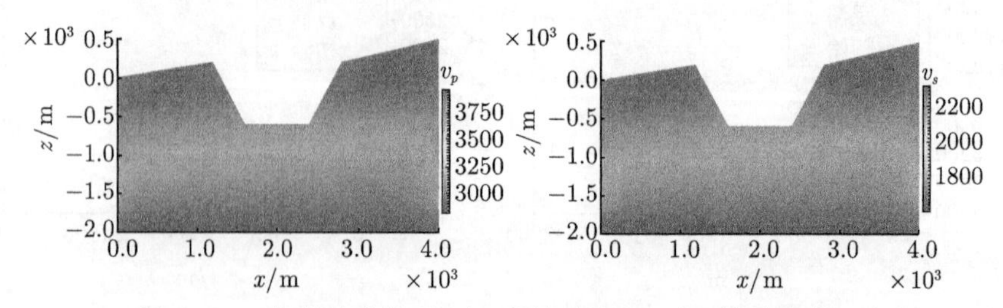

图 11.29　初始速度模型. 左: 纵波速度 v_p; 右: 横波速度 v_s

图 11.30 至图 11.32 分别为 5Hz, 20Hz 和 40Hz 的全波形反演结果. 由图 11.30 可知, 通过低频反演得到的速度模型和真实模型宏观上基本一致, 从反演结果上能看到模型的主要构造信息, 这是因为低频数据反映的是模型大尺度的信息. 图 11.32 反演结果表明, 经过低频到高频逐步反演, 反演迭代逐步收敛, 最后收敛到很高的反演精度. 图 11.33 与图 11.34 分别为 40Hz 反演结果在 $x = 2000$m 和 $x = 3400$m 附近与真实模型和初始模型的比较, 从图中可知, 最终反演结果与真实模型在浅层区域吻合较好, 随着深度的增加, 反演精度略有降低.

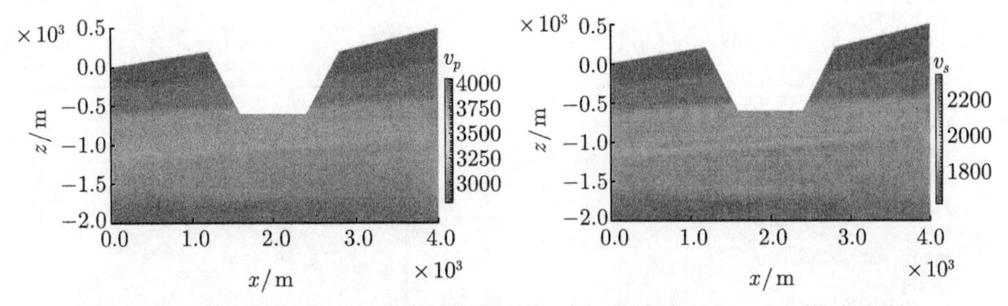

图 11.30 最高频率为 5Hz 时的反演结果. 左: 纵波速度 v_p; 右: 横波速度 v_s

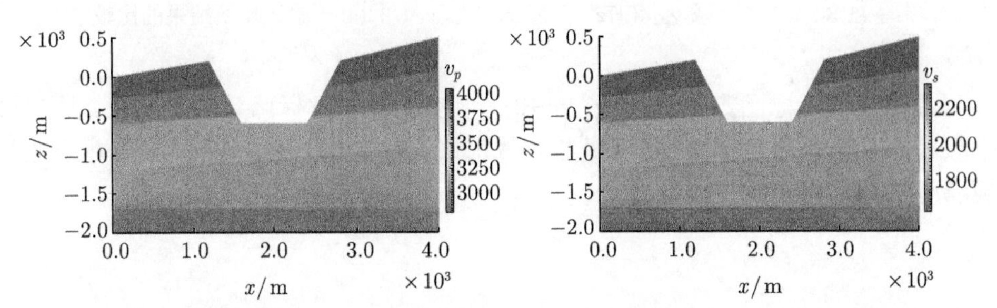

图 11.31 最高频率为 20Hz 时的反演结果. 左: 纵波速度 v_p; 右: 横波速度 v_s

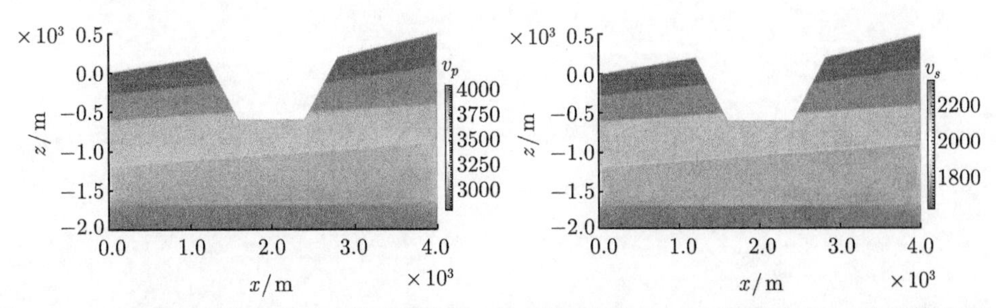

图 11.32 最高频率为 40Hz 时的反演结果. 左: 纵波速度 v_p; 右: 横波速度 v_s(文后附彩图)

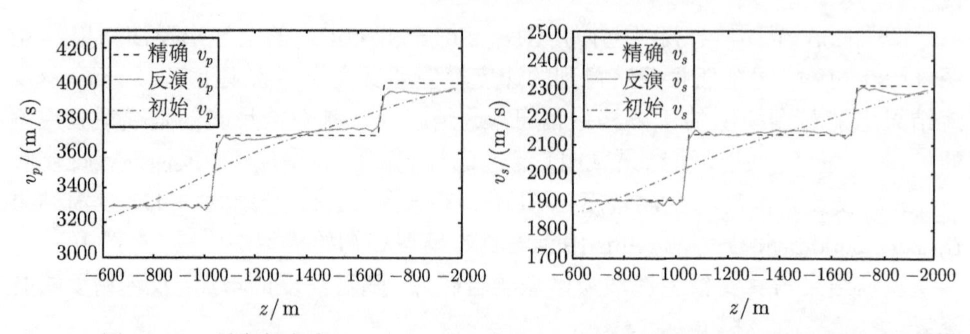

图 11.33 最高频率为 40Hz 时, 算例三在 $x = 2000\text{m}$ 附近反演结果的比较

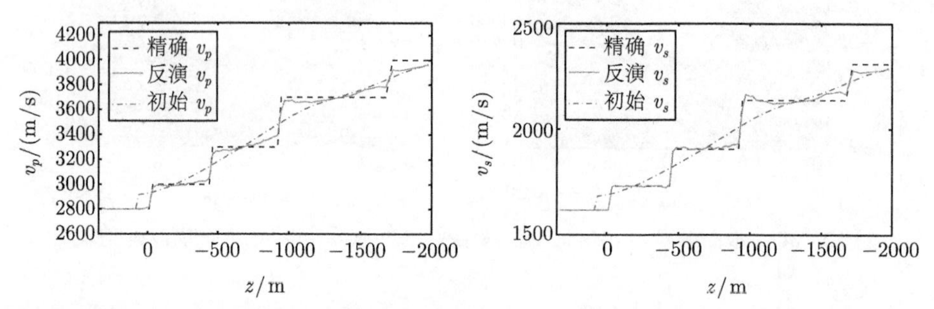

图 11.34 最高频率为 40Hz 时, 算例三在 $x = 3400\text{m}$ 附近反演结果的比较

通过分析目标函数收敛曲线, 可知低频信息能使目标函数收敛更快, 且在每个频率的开始几个迭代步, 目标函数收敛很快, 随后逐渐变得平缓, 表明非线性共轭梯度法具有较快的收敛速度.

第 12 章　时间域弹性波全波形反演

本章考虑时间域弹性波方程的全波形反演, 反演弹性介质中的密度和 Lamé 参数, 进行三个参数的同时反演. 首先给出弹性介质中弹性动力学正问题解的格林函数表示, 然后给出弹性介质的 Fréchet 导数表示, 并用伴随方法推导二维弹性波方程的目标函数的梯度计算格式, 最后对国际标准模型进行大规模全波形反演数值计算.

12.1　弹性动力学正问题解的格林函数表示

求解一般弹性介质中的弹性动力学正问题. 记 $\boldsymbol{x}=(x_1,x_2,x_3)$ 是三维空间位置, 不失一般性, 采用直角坐标系. 计算区域 V 的表面为 S, 体积为 V. 非均匀弹性介质的密度为 $\rho(\boldsymbol{x})$, 弹性参数为 $c_{ijkl}(\boldsymbol{x})$. 已知面力为 $T_i(\boldsymbol{x},t)$, 体力为 $f_i(\boldsymbol{x},t)$. 假如考虑的是一个自由表面, 则面力恒为零. 函数 $T_i\ (\boldsymbol{x},t)$ 可以用来描述一个表面人工源, $f_i(\boldsymbol{x},t)$ 可以用来表示任何深度的人工或自然源. 假定在时刻 t_0 之前, $T_i(\boldsymbol{x},t)$ 和 $f_i(\boldsymbol{x},t)$ 恒为零. 弹性动力学正演问题就是源 $f_i(\boldsymbol{x},t)$ 和 (或) $T_i(\boldsymbol{x},t)$ 给定, 介质内部的参数 $\rho(\boldsymbol{x})$ 和 $c_{ijkl}(\boldsymbol{x})$ 给定, 来求解波场记录.

假如 $u_i(\boldsymbol{x},t)$ 表示点 $\boldsymbol{x}$ 处时刻 t 时的位移的第 i 个分量, 则应变为

$$\varepsilon_{ij}(\boldsymbol{x},t)=\frac{1}{2}\Big(\frac{\partial u_i(\boldsymbol{x},t)}{\partial x_j}+\frac{\partial u_j(\boldsymbol{x},t)}{\partial x_i}\Big),\tag{12.1.1}$$

用 $\sigma_{ij}(\boldsymbol{x},t)$ 为应力张量, 在 $\boldsymbol{x}$ 点处的表面应力可表示为

$$T_i(\boldsymbol{x},t)=\sigma_{ij}(\boldsymbol{x},t)n_j(\boldsymbol{x}),\tag{12.1.2}$$

其中 $n_j(\boldsymbol{x})$ 表示任意面的过 $\boldsymbol{x}$ 点处的单位法向. 由连续介质动力学的基本定理, 可知位移 $u_i(\boldsymbol{x},t)$ 满足方程

$$\rho(\boldsymbol{x})\frac{\partial^2 u_i(\boldsymbol{x},t)}{\partial t^2}=\frac{\partial\sigma_{ij}(\boldsymbol{x},t)}{\partial x_j}+f_i(\boldsymbol{x},t).\tag{12.1.3}$$

考虑线性弹性介质, 即应力应变满足如下关系 (采用哑指标求和约定)

$$\sigma_{ij}(\boldsymbol{x},t)=c_{ijkl}(\boldsymbol{x})\varepsilon_{kl}(\boldsymbol{x},t).\tag{12.1.4}$$

弹性参数张量有基本的对称性

$$c_{ijkl} = c_{jikl} = c_{ijlk} = c_{jilk}. \tag{12.1.5}$$

在各向同性介质的情况下, c_{ijkl} 简化为

$$c_{ijkl} = \lambda\delta_{ij}\delta_{kl} + \mu\big(\delta_{ik}\delta_{jl} + \delta_{il}\delta_{jk}\big), \tag{12.1.6}$$

其中 $\lambda(\boldsymbol{x})$ 和 $\mu(\boldsymbol{x})$ 是 Lamé 系数, δ_{ij} 是 Kronecker 符号, 定义为

$$\delta_{ij} = \begin{cases} 0, & i \neq j, \\ 1, & i = j. \end{cases} \tag{12.1.7}$$

易知, 采用哑指标求和约定, 有 $a_i b_i = \delta_{ij} a_i b_j$ 及 $\delta_{ik}\delta_{kj} = \delta_{ij}$.

由 (12.1.1)~(12.1.4), 可以得到介质中任意位置的位移满足方程

$$\begin{cases} \rho(\boldsymbol{x})\dfrac{\partial^2 u_i(\boldsymbol{x},t)}{\partial t^2} - \dfrac{\partial}{\partial x_j}\Big[c_{ijkl}(\boldsymbol{x})\varepsilon_{kl}(\boldsymbol{x},t)\Big] = f_i(\boldsymbol{x},t), \quad \boldsymbol{x} \in V, \\ c_{ijkl}(\boldsymbol{x})\varepsilon_{kl}(\boldsymbol{x},t)n_j(\boldsymbol{x}) = T_i(\boldsymbol{x},t), \quad \boldsymbol{x} \in S, \\ u_i(\boldsymbol{x},t) = 0, \quad t < t_0, \\ \dfrac{\partial u_i(\boldsymbol{x},t)}{\partial t} = 0, \quad t < t_0, \end{cases} \tag{12.1.8}$$

引进 $(\boldsymbol{x},t)$ 处位移的第 i 个分量的格林函数 $G_i^j(\boldsymbol{x},t;\boldsymbol{x}',t')$, 其中脉冲源位于 $(\boldsymbol{x}',t')$, 方向是第 j 个方向. 该格林函数满足齐次初始和边界条件

$$\begin{cases} \rho(\boldsymbol{x})\dfrac{\partial^2 G_i^m(\boldsymbol{x},t;\boldsymbol{x}',t')}{\partial t^2} - \dfrac{\partial}{\partial x_j}\Big[c_{ijkl}(\boldsymbol{x})\widetilde{G}_{kl}^m(\boldsymbol{x},t;\boldsymbol{x}',t')\Big] \\ \qquad = \delta_i^m\delta(\boldsymbol{x}-\boldsymbol{x}')\delta(t-t'), \quad \boldsymbol{x} \in V, \\ c_{ijkl}(\boldsymbol{x})\widetilde{G}_{kl}^m(\boldsymbol{x},t;\boldsymbol{x}',t')n_j(\boldsymbol{x}) = 0, \quad \boldsymbol{x} \in S, \\ G_i^m(\boldsymbol{x},t;\boldsymbol{x}',t') = 0, \quad t < t', \\ \dfrac{\partial G_i^m(\boldsymbol{x},t;\boldsymbol{x}',t')}{\partial t} = 0, \quad t < t'. \end{cases} \tag{12.1.9}$$

其中

$$\widetilde{G}_{kl}^{m}(\boldsymbol{x},t;\boldsymbol{x}',t') = \frac{1}{2}\Big(\frac{\partial G_k^m}{\partial x_l}(\boldsymbol{x},t;\boldsymbol{x}',t') + \frac{\partial G_l^m}{\partial x_k}(\boldsymbol{x},t;\boldsymbol{x}',t')\Big). \tag{12.1.10}$$

显然, $\widetilde{G}_{kl}^{m}(\boldsymbol{x},t;\boldsymbol{x}',t')$ 表示在 $(\boldsymbol{x},t)$ 处无穷小应变的第 (k,l) 的分量, 其中单位源在 $(\boldsymbol{x}',t')$ 处, 单位源的方向在 m 的方向. 关于格林函数有下面三个重要性质:

(a)

$$G_i^j(\boldsymbol{x},t;\boldsymbol{x}',t') = G_i^j(\boldsymbol{x},t-t';\boldsymbol{x}',0). \tag{12.1.11}$$

(b) 满足互易定律, 即

$$G_i^j(\boldsymbol{x},t;\boldsymbol{x}',t') = G_j^i(\boldsymbol{x}',t;\boldsymbol{x},t'). \tag{12.1.12}$$

(c) 方程 (12.1.8) 的解满足积分表示

$$\begin{aligned} u_i(\boldsymbol{x},t) = &\int_V dV(\boldsymbol{x}') \int dt' G_i^j(\boldsymbol{x},t;\boldsymbol{x}',t') f_j(\boldsymbol{x}',t') \\ &+ \int_S ds(\boldsymbol{x}') \int dt' G_i^j(\boldsymbol{x},t;\boldsymbol{x}',t') T_j(\boldsymbol{x}',t'). \end{aligned} \tag{12.1.13}$$

由 (12.1.11), 可将 (12.1.13) 写成

$$\begin{aligned} u_i(\boldsymbol{x},t) = &\int_V dV(\boldsymbol{x}') G_i^j(\boldsymbol{x},t;\boldsymbol{x}',0) * f_j(\boldsymbol{x}',t) \\ &+ \int_S ds(\boldsymbol{x}') G_i^j(\boldsymbol{x},t;\boldsymbol{x}',0) * T_j(\boldsymbol{x}',t), \end{aligned} \tag{12.1.14}$$

其中符号 $*$ 表示时间褶积

$$f(t) * g(t) = \int dt' f(t-t') g(t') = \int dt' g(t-t') f(t') = g(t) * f(t). \tag{12.1.15}$$

记 $\boldsymbol{x}_R$ 表示一般的观测点 (下指标 R 表示检波点). 用 $u_i(\boldsymbol{x}_R,t)$ 表示点 $\boldsymbol{x}_R$ 处的位移, 由 (12.1.14), 有

$$\begin{aligned} u_i(\boldsymbol{x}_R,t) = &\int_V dV(\boldsymbol{x}') G_i^j(\boldsymbol{x}_R,t;\boldsymbol{x}',0) * f_j(\boldsymbol{x}',t) \\ &+ \int_S ds(\boldsymbol{x}') G_i^j(\boldsymbol{x}_R,t;\boldsymbol{x}',0) * T_j(\boldsymbol{x}',t). \end{aligned} \tag{12.1.16}$$

在点 $\boldsymbol{x}'$ 处的格林函数 $G_i^j(\boldsymbol{x},t;\boldsymbol{x}',0)$ 可以由数值方法得到. 当模型 $\rho(\boldsymbol{x})$ 和 $c_{ijkl}(\boldsymbol{x})$ 已知时, 对给定的源函数 $f_i(\boldsymbol{x},t)$ 和 $T_i(\boldsymbol{x},t)$, 正问题可用 (12.1.16) 求解.

设 $v_i(\boldsymbol{x}_R,t)$ 表示地震仪和记录系统在 $\boldsymbol{x}_R$ 点处的输出. 通常, v_i 是电压, 大致与 $\boldsymbol{x}_R$ 处质点速度成正比. 更精确地说, 可以假定地震仪和记录系统是线性的, 因此 $v_i(\boldsymbol{x}_R,t)$ 和 $u_i(\boldsymbol{x}_R,t)$ 之间的关系可以写成

$$v_i(\boldsymbol{x}_R,t)=u_i(\boldsymbol{x}_R,t)*R(t), \tag{12.1.17}$$

其中 $R(t)$ 是系统的转换函数 (或脉冲响应), 当地震仪和记录系统被指定, 函数 $R(t)$ 就完全已知.

12.2 Fréchet 导数

对非均匀弹性各向同性模型, 弹性介质参数用密度 $\rho(\boldsymbol{x})$ 以及 Lamé 常数 $\lambda(\boldsymbol{x})$ 和 $\mu(\boldsymbol{x})$ 表示. 仍用 $u_i(\boldsymbol{x}_R,t)$ 表示点 $\boldsymbol{x}_R$ 处计算的位移, 外力源的体密度为 $f_i(\boldsymbol{x},t)$, 面力为 $T_i(\boldsymbol{x},t)$, $\boldsymbol{x}\in S$. 作弹性参数的任意扰动

$$\begin{cases}\rho(\boldsymbol{x})\to\rho(\boldsymbol{x})+\delta\rho(\boldsymbol{x}),\\ \lambda(\boldsymbol{x})\to\lambda(\boldsymbol{x})+\delta\lambda(\boldsymbol{x}),\\ \mu(\boldsymbol{x})\to\mu(\boldsymbol{x})+\delta\mu(\boldsymbol{x}),\end{cases}$$

由此产生位移场的一个扰动

$$u_i(\boldsymbol{x},t)\to u_i(\boldsymbol{x},t)+\delta u_i(\boldsymbol{x},t).$$

一般地, 位移 u 关于 ρ,λ,μ 的 Fréchet 导数是线性算子, δu 定义为

$$\delta u=\frac{\partial u}{\partial\rho}\delta\rho+\frac{\partial u}{\partial\lambda}\delta\lambda+\frac{\partial u}{\partial\mu}\delta\mu+O(\delta\rho,\delta\lambda,\delta\mu)^2.$$

因此, 在 $\boldsymbol{x}_R$ 处的扰动量为

$$\begin{aligned}\delta u_i(\boldsymbol{x}_R,t)=&\int_V dV(\boldsymbol{x})\frac{\partial u_i(\boldsymbol{x}_R,t)}{\partial\rho(\boldsymbol{x})}\delta\rho(\boldsymbol{x})+\int_V dV(\boldsymbol{x})\frac{\partial u_i(\boldsymbol{x}_R,t)}{\partial\lambda(\boldsymbol{x})}\delta\lambda(\boldsymbol{x})\\&+\int_V dV(\boldsymbol{x})\frac{\partial u_i(\boldsymbol{x}_R,t)}{\partial\mu(\boldsymbol{x})}\delta\mu(\boldsymbol{x})+O_i(\delta\rho,\delta\lambda,\delta\mu)^2.\end{aligned} \tag{12.2.1}$$

为方便讨论, 对各向同性弹性介质定义

$$\delta c_{ijkl}:=\delta\lambda\delta_{ij}\delta_{kl}+\delta\mu(\delta_{il}\delta_{jk}+\delta_{ik}\delta_{jl}). \tag{12.2.2}$$

由弹性动力学方程 (12.1.8), 有

$$
\begin{cases}
(\rho+\delta\rho)(\boldsymbol{x})\left(\dfrac{\partial^2 u_i}{\partial t^2}+\delta\dfrac{\partial^2 u_i}{\partial t^2}\right)(\boldsymbol{x},t) \\
\quad -\dfrac{\partial}{\partial x_j}\Big[(c_{ijkl}+\delta c_{ijkl})(\boldsymbol{x})(\varepsilon_{kl}+\delta\varepsilon_{kl})(\boldsymbol{x},t)\Big]=f_i(\boldsymbol{x},t), \quad \boldsymbol{x}\in V, \\
\big(c_{ijkl}+\delta c_{ijkl}\big)(\boldsymbol{x})\big(\varepsilon_{kl}+\delta\varepsilon_{kl}\big)(\boldsymbol{x},t)n_j(\boldsymbol{x})=T_i(\boldsymbol{x},t), \quad x\in S, \\
(u_i+\delta u_i)(\boldsymbol{x},t)=0, \quad t<t_0, \\
\left(\dfrac{\partial u_i}{\partial t}+\delta\dfrac{\partial u_i}{\partial t}\right)(\boldsymbol{x},t)=0, \quad t<t_0.
\end{cases}
\tag{12.2.3}
$$

进一步化简, 可得

$$
\begin{cases}
\rho(\boldsymbol{x})\dfrac{\partial^2\delta u_i}{\partial t^2}(\boldsymbol{x},t)-\dfrac{\partial}{\partial x_j}\Big[c_{ijkl}(\boldsymbol{x})\delta\varepsilon_{kl}(\boldsymbol{x},t)\Big]=\widetilde{f}_i(\boldsymbol{x},t), \quad \boldsymbol{x}\in V, \\
c_{ijkl}(\boldsymbol{x})\delta\varepsilon_{kl}(\boldsymbol{x},t)n_j(\boldsymbol{x})=\widetilde{T}_i(\boldsymbol{x},t), \quad \boldsymbol{x}\in S, \\
\delta u_i(\boldsymbol{x},t)=0, \quad t<t_0, \\
\dfrac{\partial\delta u_i}{\partial t}(\boldsymbol{x},t)=0, \quad t<t_0,
\end{cases}
\tag{12.2.4}
$$

其中

$$
\begin{aligned}
\widetilde{f}_i(\boldsymbol{x},t)=&-\delta\rho(\boldsymbol{x})\frac{\partial^2 u_i}{\partial t^2}(\boldsymbol{x},t)+\frac{\partial}{\partial x_j}\Big[\delta c_{ijkl}(\boldsymbol{x})\varepsilon_{kl}(\boldsymbol{x},t)\Big] \\
&+O_i(\delta\rho,\delta c)^2,
\end{aligned}
\tag{12.2.5}
$$

$$
\widetilde{T}_i(\boldsymbol{x},t)=-\delta c_{ijkl}(\boldsymbol{x})\varepsilon_{kl}(\boldsymbol{x},t)n_j(\boldsymbol{x})+O_i(\delta\rho,\delta c)^2, \quad \boldsymbol{x}\in S. \tag{12.2.6}
$$

方程 (12.2.4) 的物理意义是: 由于 $\delta\rho(\boldsymbol{x})$ 和 $\delta c_{ijkl}(\boldsymbol{x})$ 的扰动, 在未扰动介质中产生的扰动场 $\delta u_i(\boldsymbol{x},t)$ 由“二次体源” $\widetilde{f}_i(\boldsymbol{x},t)$ 和“二次面源” $\widetilde{T}_i(\boldsymbol{x},t)$ 产生. 忽略 (12.2.4) 中的 $O_i(\delta\rho,\delta c)^2$ 就相应于 Born 近似.

我们用未扰动介质的格林函数来求解 (12.2.4) 的解, 可以表示为

$$
\begin{aligned}
\delta u_i(\boldsymbol{x}_R,t)=&\int_V dV(\boldsymbol{x})G_i^j(\boldsymbol{x}_R,t;\boldsymbol{x},0)*\widetilde{f}_j(\boldsymbol{x},t) \\
&+\int_S ds(\boldsymbol{x})G_i^j(\boldsymbol{x}_R,t;\boldsymbol{x},0)*\widetilde{T}_j(\boldsymbol{x},t).
\end{aligned}
\tag{12.2.7}
$$

在一阶近似意义下, 进一步作计算. 将 (12.2.5) 和 (12.2.6) 代入 (12.2.7), 得

$$\begin{aligned}\delta u_i(\boldsymbol{x}_R,t)=&\int_V dV(\boldsymbol{x})G_i^j(\boldsymbol{x}_R,t;\boldsymbol{x},0)\\&*\Big\{-\frac{\partial^2 u_j}{\partial t^2}(\boldsymbol{x},t)\delta\rho(\boldsymbol{x})+\frac{\partial}{\partial x_k}\big[\delta c_{jklm}(\boldsymbol{x})\varepsilon_{lm}(\boldsymbol{x},t)\big]\Big\}\\&+\int_S ds(\boldsymbol{x})G_i^j(\boldsymbol{x}_R,t;\boldsymbol{x},0)*\Big\{-n_k(\boldsymbol{x})\delta c_{jklm}(\boldsymbol{x})\varepsilon_{lm}(\boldsymbol{x},t)\Big\}.\end{aligned}\tag{12.2.8}$$

由于

$$\begin{aligned}&G_i^j(\boldsymbol{x}_R,t;\boldsymbol{x},0)*\frac{\partial}{\partial x_k}\big[\delta c_{jklm}(\boldsymbol{x})\varepsilon_{lm}(\boldsymbol{x},t)\big]\\=&-\Big[\frac{\partial G_i^j}{\partial x_k}(\boldsymbol{x}_R,t;\boldsymbol{x},0)*\varepsilon_{lm}(\boldsymbol{x},t)\Big]\delta c_{jklm}(\boldsymbol{x})\\&+\frac{\partial}{\partial x_k}\Big[G_i^j(\boldsymbol{x}_R,t;\boldsymbol{x},0)*\varepsilon_{lm}(\boldsymbol{x},t)\delta c_{jklm}(\boldsymbol{x})\Big],\end{aligned}\tag{12.2.9}$$

再利用散度定理

$$\int_V dV(\boldsymbol{x})\frac{\partial Q(\boldsymbol{x})}{\partial x_k}=\int_S ds(\boldsymbol{x})n_k(\boldsymbol{x})Q(\boldsymbol{x}),\tag{12.2.10}$$

以及

$$f(t)*\frac{\partial g(t)}{\partial t}=\frac{\partial f(t)}{\partial t}*g(t),\tag{12.2.11}$$

可以得到

$$\begin{aligned}\delta u_i(\boldsymbol{x}_R,t)=&-\int_V dV(\boldsymbol{x})\frac{\partial G_i^j}{\partial t}(\boldsymbol{x}_R,t;\boldsymbol{x},0)*\frac{\partial u_j(\boldsymbol{x},t)}{\partial t}\delta\rho(\boldsymbol{x})\\&-\int_V dV(\boldsymbol{x})\frac{\partial G_i^j}{\partial x_k}(\boldsymbol{x}_R,t;\boldsymbol{x},0)*\varepsilon_{lm}(\boldsymbol{x},t)\delta c_{jklm}(\boldsymbol{x}).\end{aligned}\tag{12.2.12}$$

利用互易定理, 并将 (12.2.2) 代入可得

$$\begin{aligned}\delta u_i(\boldsymbol{x}_R,t)=&-\int_V dV(\boldsymbol{x})\frac{\partial G_i^j}{\partial t}(\boldsymbol{x},t;\boldsymbol{x}_R,0)*\frac{\partial u_j(\boldsymbol{x},t)}{\partial t}\delta\rho(\boldsymbol{x})\\&-\int_V dV(\boldsymbol{x})\frac{\partial G_i^j}{\partial x_k}(\boldsymbol{x},t;\boldsymbol{x}_R,0)*\varepsilon_{lm}(\boldsymbol{x},t)\delta\lambda(\boldsymbol{x})\delta_{jk}\delta_{lm}\end{aligned}$$

$$-\int_V dV(\boldsymbol{x})\frac{\partial G_i^j}{\partial x_k}(\boldsymbol{x},t;\boldsymbol{x}_R,0)*\varepsilon_{lm}(\boldsymbol{x},t)\delta\mu(\boldsymbol{x})[\delta_{jl}\delta_{km}+\delta_{jm}\delta_{kl}]. \tag{12.2.13}$$

与 (12.2.1) 比较, 可以得到

$$\frac{\partial u_i(\boldsymbol{x}_R,t)}{\partial\rho(\boldsymbol{x})}=-\frac{\partial G_i^j}{\partial t}(\boldsymbol{x},t;\boldsymbol{x}_R,0)*\frac{\partial u_j(\boldsymbol{x},t)}{\partial t}, \tag{12.2.14}$$

$$\frac{\partial u_i(\boldsymbol{x}_R,t)}{\partial\lambda(\boldsymbol{x})}=-\frac{\partial G_i^j}{\partial x_k}(\boldsymbol{x},t;\boldsymbol{x}_R,0)*\varepsilon_{lm}(\boldsymbol{x},t)\delta_{jk}\delta_{lm}, \tag{12.2.15}$$

$$\frac{\partial u_i(\boldsymbol{x}_R,t)}{\partial\mu(\boldsymbol{x})}=-\frac{\partial G_i^j}{\partial x_k}(\boldsymbol{x},t;\boldsymbol{x}_R,0)*\varepsilon_{lm}(\boldsymbol{x},t)[\delta_{jl}\delta_{km}+\delta_{jm}\delta_{kl}]. \tag{12.2.16}$$

12.3 伴随法求解梯度

考虑有源的二维弹性波方程

$$\rho\frac{\partial^2 u}{\partial t^2}-\frac{\partial}{\partial x}\left[\lambda\left(\frac{\partial u}{\partial x}+\frac{\partial v}{\partial z}\right)+2\mu\frac{\partial u}{\partial x}\right]-\frac{\partial}{\partial z}\left[\mu\left(\frac{\partial u}{\partial z}+\frac{\partial v}{\partial x}\right)\right]=f\delta(\boldsymbol{x}-\boldsymbol{x}_s), \tag{12.3.1}$$

$$\rho\frac{\partial^2 v}{\partial t^2}-\frac{\partial}{\partial z}\left[\lambda\left(\frac{\partial u}{\partial x}+\frac{\partial v}{\partial z}\right)+2\mu\frac{\partial v}{\partial z}\right]-\frac{\partial}{\partial x}\left[\mu\left(\frac{\partial u}{\partial z}+\frac{\partial v}{\partial x}\right)\right]=g\delta(\boldsymbol{x}-\boldsymbol{x}_s). \tag{12.3.2}$$

其中 f 和 g 分别是 x 和 z 方向的力源, $\boldsymbol{x}_s$ 表示源的位置, u 和 v 分别是 x 和 z 方向的波场.

为讨论方便, 我们将该正问题记为算子形式

$$\mathcal{A}\begin{pmatrix}u\\v\end{pmatrix}=\begin{pmatrix}f\\g\end{pmatrix}\cdot\delta(\boldsymbol{x}-\boldsymbol{x}_s). \tag{12.3.3}$$

记残差函数为

$$\chi(\rho,\lambda,\mu)=\sum_{\text{shot}}\int_T\int_\Omega\frac{1}{2}\left([u-u_{\text{obs}}]^2+[v-v_{\text{obs}}]^2\right)\delta(\boldsymbol{x}-\boldsymbol{x}_r)dxdzdt. \tag{12.3.4}$$

我们需要寻找由 (12.3.1)~(12.3.3) 定义的算子 $\mathcal{A}$ 的共轭算子 $\mathcal{A}^*$, 即对于任意的 $\phi,\varphi,u,v\in L^2(0,T;H_0^1(\Omega))$ 满足关系式

$$\int_T\int_\Omega\left[\mathcal{A}\begin{pmatrix}u\\v\end{pmatrix}\right]^{\mathrm{T}}\begin{pmatrix}\phi\\\varphi\end{pmatrix}dxdzdt=\int_T\int_\Omega\left[\mathcal{A}^*\begin{pmatrix}\phi\\\varphi\end{pmatrix}\right]^{\mathrm{T}}\begin{pmatrix}u\\v\end{pmatrix}dxdzdt. \tag{12.3.5}$$

对于弹性波方程, 我们有引理:

引理 12.3.1 对任意 $\phi, \varphi, u, v \in L^2(0,T;H_0^1(\Omega))$, 且满足时间上的边界条件

$$\phi\Big|_{t=T}=0,\quad \frac{\partial\phi}{\partial t}\Big|_{t=T}=0;\quad \varphi\Big|_{t=T}=0,\quad \frac{\partial\varphi}{\partial t}\Big|_{t=T}=0;$$

$$u\Big|_{t=0}=0,\quad \frac{\partial u}{\partial t}\Big|_{t=0}=0;\quad v\Big|_{t=0}=0,\quad \frac{\partial v}{\partial t}\Big|_{t=0}=0;$$

算子 $\mathcal{A}$ 定义如 (12.3.1)~(12.3.3), 则算子 $\mathcal{A}$ 自共轭, 即满足

$$\int_T\int_\Omega\left[\mathcal{A}\begin{pmatrix}u\\v\end{pmatrix}\right]^{\mathrm{T}}\begin{pmatrix}\phi\\\varphi\end{pmatrix}dxdzdt=\int_T\int_\Omega\left[\mathcal{A}\begin{pmatrix}\phi\\\varphi\end{pmatrix}\right]^{\mathrm{T}}\begin{pmatrix}u\\v\end{pmatrix}dxdzdt. \tag{12.3.6}$$

证明 根据定义 (12.3.1)~(12.3.3) 把算子写开, 我们有

$$\begin{aligned}&\int_T\int_\Omega\left[\mathcal{A}\begin{pmatrix}u\\v\end{pmatrix}\right]^{\mathrm{T}}\cdot\begin{pmatrix}\phi\\\varphi\end{pmatrix}dxdzdt\\&=\int_T\int_\Omega\Big(\rho\frac{\partial^2u}{\partial t^2}\phi+\rho\frac{\partial^2v}{\partial t^2}\varphi\Big)dxdzdt\\&-\int_T\int_\Omega\Big(\frac{\partial}{\partial x}\Big[\lambda\Big(\frac{\partial u}{\partial x}+\frac{\partial v}{\partial z}\Big)+2\mu\frac{\partial u}{\partial x}\Big]\phi+\frac{\partial}{\partial z}\Big[\mu\Big(\frac{\partial u}{\partial z}+\frac{\partial v}{\partial x}\Big)\Big]\phi\\&+\frac{\partial}{\partial z}\Big[\lambda\Big(\frac{\partial u}{\partial x}+\frac{\partial v}{\partial z}\Big)+2\mu\frac{\partial v}{\partial z}\Big]\varphi+\frac{\partial}{\partial x}\Big[\mu\Big(\frac{\partial u}{\partial z}+\frac{\partial v}{\partial x}\Big)\Big]\varphi\Big)dxdzdt,\end{aligned} \tag{12.3.7}$$

记

$$E_1=\int_T\int_\Omega\Big(\rho\frac{\partial^2u}{\partial t^2}\phi+\rho\frac{\partial^2v}{\partial t^2}\varphi\Big)dxdzdt, \tag{12.3.8}$$

$$\begin{aligned}E_2=&\int_T\int_\Omega\Big(\frac{\partial}{\partial x}\Big[\lambda\Big(\frac{\partial u}{\partial x}+\frac{\partial v}{\partial z}\Big)+2\mu\frac{\partial u}{\partial x}\Big]\phi+\frac{\partial}{\partial z}\Big[\mu\Big(\frac{\partial u}{\partial z}+\frac{\partial v}{\partial x}\Big)\Big]\phi\\&+\frac{\partial}{\partial z}\Big[\lambda\Big(\frac{\partial u}{\partial x}+\frac{\partial v}{\partial z}\Big)+2\mu\frac{\partial v}{\partial z}\Big]\varphi+\frac{\partial}{\partial x}\Big[\mu\Big(\frac{\partial u}{\partial z}+\frac{\partial v}{\partial x}\Big)\Big]\varphi\Big)dxdzdt.\end{aligned} \tag{12.3.9}$$

对时间应用格林公式及边界条件, 由 (12.3.8) 得

$$E_1=\int_\Omega dxdz\int_T\left(\rho\frac{\partial^2u}{\partial t^2}\phi+\rho\frac{\partial^2v}{\partial t^2}\varphi\right)dt$$

$$
\begin{aligned}
&= \int_\Omega \rho dxdz \Big(\frac{\partial u}{\partial t}\phi\Big|_0^T - \int_T \frac{\partial u}{\partial t}\frac{\partial \phi}{\partial t}dt + \frac{\partial v}{\partial t}\varphi\Big|_0^T - \int_T \frac{\partial v}{\partial t}\frac{\partial \varphi}{\partial t}dt \Big) \\
&= \int_\Omega \rho dxdz \Big(\frac{\partial u}{\partial t}\phi\Big|_0^T - u\frac{\partial \phi}{\partial t}\Big|_0^T + \int_T u\frac{\partial^2 \phi}{\partial t^2}dt + \frac{\partial v}{\partial t}\varphi\Big|_0^T - v\frac{\partial \varphi}{\partial t}\Big|_0^T + \int_T v\frac{\partial^2 \varphi}{\partial t^2}dt \Big) \\
&= \int_\Omega \rho dxdz \int_T \left(u\frac{\partial^2 \phi}{\partial t^2} + v\frac{\partial^2 \varphi}{\partial t^2} \right) dt.
\end{aligned}
\tag{12.3.10}
$$

对空间应用格林公式及空间齐次边界条件, 由 (12.3.9) 得

$$
\begin{aligned}
E_2 = &\int_T dt \int_\Omega \Big(\frac{\partial}{\partial x}\Big[\lambda\Big(\frac{\partial \phi}{\partial x} + \frac{\partial \varphi}{\partial z}\Big) + 2\mu\frac{\partial \phi}{\partial x}\Big]u + \frac{\partial}{\partial z}\Big[\mu\Big(\frac{\partial \phi}{\partial z} + \frac{\partial \varphi}{\partial x}\Big)\Big]u \\
&+ \frac{\partial}{\partial z}\Big[\lambda\Big(\frac{\partial \phi}{\partial x} + \frac{\partial \varphi}{\partial z}\Big) + 2\mu\frac{\partial \varphi}{\partial z}\Big]v + \frac{\partial}{\partial x}\Big[\mu\Big(\frac{\partial \phi}{\partial z} + \frac{\partial \varphi}{\partial x}\Big)\Big]v \Big) dxdz,
\end{aligned}
\tag{12.3.11}
$$

另一方面, 按照算子的定义, 所求证的等式 (12.3.6) 的右端可以展开为

$$
\begin{aligned}
&\int_T \int_\Omega \left[\mathcal{A}\begin{pmatrix} \phi \\ \varphi \end{pmatrix} \right]^{\mathrm{T}} \cdot \begin{pmatrix} u \\ v \end{pmatrix} dxdzdt \\
= &\int_T \int_\Omega \Big\{ \rho\frac{\partial^2 \phi}{\partial t^2} - \frac{\partial}{\partial x}\Big[\lambda\Big(\frac{\partial \phi}{\partial x} + \frac{\partial \varphi}{\partial z}\Big) + 2\mu\frac{\partial \phi}{\partial x}\Big] - \frac{\partial}{\partial z}\Big[\mu\Big(\frac{\partial \phi}{\partial z} + \frac{\partial \varphi}{\partial x}\Big)\Big] \Big\} udxdzdt \\
+ &\int_T \int_\Omega \Big\{ \rho\frac{\partial^2 \varphi}{\partial t^2} - \frac{\partial}{\partial z}\Big[\lambda\Big(\frac{\partial \phi}{\partial x} + \frac{\partial \varphi}{\partial z}\Big) + 2\mu\frac{\partial \varphi}{\partial z}\Big] - \frac{\partial}{\partial x}\Big[\mu\Big(\frac{\partial \phi}{\partial z} + \frac{\partial \varphi}{\partial x}\Big)\Big] \Big\} vdxdzdt.
\end{aligned}
\tag{12.3.12}
$$

将 (12.3.8)~(12.3.11) 代入 (12.3.7) 并与 (12.3.12) 对比, 即有结论

$$
\int_T \int_\Omega \left[\mathcal{A}\begin{pmatrix} u \\ v \end{pmatrix} \right]^{\mathrm{T}} \cdot \begin{pmatrix} \phi \\ \varphi \end{pmatrix} dxdzdt = \int_T \int_\Omega \left[\mathcal{A}\begin{pmatrix} \phi \\ \varphi \end{pmatrix} \right]^{\mathrm{T}} \cdot \begin{pmatrix} u \\ v \end{pmatrix} dxdzdt. \tag{12.3.13}
$$

□

再考虑目标函数 (12.3.4), 我们对其进行泛函变分

$$
\begin{aligned}
\delta\chi(\rho, \lambda, \mu) &= \chi(\rho + \delta\rho, \lambda + \delta\lambda, \mu + \delta\mu) - \chi(\rho, \lambda, \mu) \\
&= \sum_{\text{shot}} \int_T \int_\Omega \left[\delta\frac{1}{2}[u - u_{\text{obs}}]^2 \delta(\boldsymbol{x} - \boldsymbol{x}_r) + \delta\frac{1}{2}[v - v_{\text{obs}}]^2 \delta(\boldsymbol{x} - \boldsymbol{x}_r) \right] dxdzdt \\
&= \sum_{\text{shot}} \int_T \int_\Omega \Big[(u - u_{\text{obs}})\delta(\boldsymbol{x} - \boldsymbol{x}_r)\delta u + (v - v_{\text{obs}})\delta(\boldsymbol{x} - \boldsymbol{x}_r) \Big] \delta v dxdzdt
\end{aligned}
$$

$$= \sum_{\text{shot}} \int_T \int_\Omega \begin{pmatrix} (u - u_{\text{obs}})\delta(\boldsymbol{x} - \boldsymbol{x}_r) \\ (v - v_{\text{obs}})\delta(\boldsymbol{x} - \boldsymbol{x}_r) \end{pmatrix}^{\mathrm{T}} \begin{pmatrix} \delta u \\ \delta v \end{pmatrix} dxdzdt, \tag{12.3.14}$$

其中

$$\begin{cases} \delta u = u(\rho + \delta\rho, \lambda + \delta\lambda, \mu + \delta\mu) - u(\rho, \lambda, \mu), \\ \delta v = v(\rho + \delta\rho, \lambda + \delta\lambda, \mu + \delta\mu) - v(\rho, \lambda, \mu), \end{cases} \tag{12.3.15}$$

且满足

$$\mathcal{A}(\rho + \delta\rho, \lambda + \delta\lambda, \mu + \delta\mu) \begin{pmatrix} u(\rho + \delta\rho, \lambda + \delta\lambda, \mu + \delta\mu) \\ v(\rho + \delta\rho, \lambda + \delta\lambda, \mu + \delta\mu) \end{pmatrix} = \begin{pmatrix} f \cdot \delta(\boldsymbol{x} - \boldsymbol{x}_s) \\ g \cdot \delta(\boldsymbol{x} - \boldsymbol{x}_s) \end{pmatrix}, \tag{12.3.16}$$

$$\mathcal{A}(\rho, \lambda, \mu) \begin{pmatrix} u(\rho, \lambda, \mu) \\ v(\rho, \lambda, \mu) \end{pmatrix} = \begin{pmatrix} f\delta(\boldsymbol{x} - \boldsymbol{x}_s) \\ g\delta(\boldsymbol{x} - \boldsymbol{x}_s) \end{pmatrix}. \tag{12.3.17}$$

并注意到

$$\begin{gathered} u(\rho + \delta\rho, \lambda + \delta\lambda, \mu + \delta\mu), u(\rho, \lambda, \mu) \in L^2(0, T; H_0^1(\Omega)), \\ v(\rho + \delta\rho, \lambda + \delta\lambda, \mu + \delta\mu), v(\rho, \lambda, \mu) \in L^2(0, T; H_0^1(\Omega)), \end{gathered}$$

且满足初值条件

$$u(\rho, \lambda, \mu)\big|_{t=0} = \frac{\partial u(\rho, \lambda, \mu)}{\partial t}\bigg|_{t=0} = 0, \tag{12.3.18}$$

$$u(\rho + \delta\rho, \lambda + \delta\lambda, \mu + \delta\mu)\big|_{t=0} = \frac{\partial u(\rho + \delta\rho, \lambda + \delta\lambda, \mu + \delta\mu)}{\partial t}\bigg|_{t=0} = 0, \tag{12.3.19}$$

$$v(\rho, \lambda, \mu)\big|_{t=0} = \frac{\partial v(\rho, \lambda, \mu)}{\partial t}\bigg|_{t=0} = 0, \tag{12.3.20}$$

$$v(\rho + \delta\rho, \lambda + \delta\lambda, \mu + \delta\mu)\big|_{t=0} = \frac{\partial v(\rho + \delta\rho, \lambda + \delta\lambda, \mu + \delta\mu)}{\partial t}\bigg|_{t=0} = 0, \tag{12.3.21}$$

再由 (12.3.15) 得到 $\delta u, \delta v \in L^2(0, T; H_0^1(\Omega))$, 且

$$\delta u\big|_{t=0} = 0, \quad \frac{\partial \delta u}{\partial t}\bigg|_{t=0} = 0, \quad \delta v\big|_{t=0} = 0, \quad \frac{\partial \delta v}{\partial t}\bigg|_{t=0} = 0. \tag{12.3.22}$$

定理 12.3.1 算子 $\mathcal{A}$ 定义如 (12.3.1)~(12.3.3), 若 ϕ,φ 是以终值问题的解

$$\mathcal{A}\begin{pmatrix}\phi\\ \varphi\end{pmatrix}=\begin{pmatrix}(u-u_{\text{obs}})\delta(\boldsymbol{x}-\boldsymbol{x}_r)\\ (v-v_{\text{obs}})\delta(\boldsymbol{x}-\boldsymbol{x}_r)\end{pmatrix}, \tag{12.3.23}$$

$$\psi\big|_{t=T}=0,\quad \frac{\partial\phi}{\partial t}\Big|_{t=T}=0, \tag{12.3.24}$$

$$\varphi\big|_{t=T}=0,\quad \frac{\partial\varphi}{\partial t}\Big|_{t=T}=0. \tag{12.3.25}$$

并假设区域 Ω 足够大, 则目标函数 (12.3.4) 的梯度可表示为

$$\frac{\partial\chi}{\partial\rho}=-\sum_{\text{shot}}\int_T\int_\Omega\Big(\phi\frac{\partial^2u}{\partial t^2}+\varphi\frac{\partial^2v}{\partial t^2}\Big)dxdzdt, \tag{12.3.26}$$

$$\frac{\partial\chi}{\partial\lambda}=-\sum_{\text{shot}}\int_T\int_\Omega\Big(\frac{\partial\phi}{\partial x}+\frac{\partial\varphi}{\partial z}\Big)\Big(\frac{\partial u}{\partial x}+\frac{\partial v}{\partial z}\Big)dxdzdt, \tag{12.3.27}$$

$$\frac{\partial\chi}{\partial\mu}=-\sum_{\text{shot}}\int_T\int_\Omega\Big[2\Big(\frac{\partial\phi}{\partial x}\frac{\partial u}{\partial x}+\frac{\partial\varphi}{\partial z}\frac{\partial v}{\partial z}\Big)+\Big(\frac{\partial\phi}{\partial z}+\frac{\partial\varphi}{\partial x}\Big)\Big(\frac{\partial u}{\partial z}+\frac{\partial v}{\partial x}\Big)\Big]dxdzdt. \tag{12.3.28}$$

证明 由式 (12.3.14) 及定理条件 ϕ,φ 的定义知

$$\begin{aligned}\delta\chi(\rho,\lambda,\mu)&=\sum_{\text{shot}}\int_T\int_\Omega\begin{pmatrix}(u-u_{\text{obs}})\delta(\boldsymbol{x}-\boldsymbol{x}_r)\\ (v-v_{\text{obs}})\delta(\boldsymbol{x}-\boldsymbol{x}_r)\end{pmatrix}^{\mathrm{T}}\begin{pmatrix}\delta u\\ \delta v\end{pmatrix}dxdzdt\\ &=\sum_{\text{shot}}\int_T\int_\Omega\left[\mathcal{A}\begin{pmatrix}\phi\\ \varphi\end{pmatrix}\right]^{\mathrm{T}}\begin{pmatrix}\delta u\\ \delta v\end{pmatrix}dxdzdt,\end{aligned} \tag{12.3.29}$$

由边界条件及引理 12.3.1, 可以得到

$$\delta\chi(\rho,\lambda,\mu)=\sum_{\text{shot}}\int_T\int_\Omega\left[\mathcal{A}\begin{pmatrix}\delta u\\ \delta v\end{pmatrix}\right]^{\mathrm{T}}\begin{pmatrix}\phi\\ \varphi\end{pmatrix}dxdzdt. \tag{12.3.30}$$

由前可知

$$u(\rho+\delta\rho,\lambda+\delta\lambda,\mu+\delta\mu),\quad v(\rho+\delta\rho,\lambda+\delta\lambda,\mu+\delta\mu)$$

满足方程 (12.3.16)， $u(\rho,\lambda,\mu),v(\rho,\lambda,\mu)$ 满足方程 (12.3.17), 将 (12.3.16) 减去 (12.3.16), 并根据算子 $\mathcal{A}$ 的定义, 有

$$\begin{aligned}&\rho\frac{\partial^2\delta u}{\partial t^2}-\frac{\partial}{\partial x}\Big[\lambda\Big(\frac{\partial\delta u}{\partial x}+\frac{\partial\delta v}{\partial z}\Big)+2\mu\frac{\partial\delta u}{\partial x}\Big]-\frac{\partial}{\partial z}\Big[\mu\Big(\frac{\partial\delta u}{\partial z}+\frac{\partial\delta v}{\partial x}\Big)\Big]\\=&-\delta\rho\frac{\partial^2(u+\delta u)}{\partial t^2}+\frac{\partial}{\partial x}\Big[\delta\lambda\Big(\frac{\partial(u+\delta u)}{\partial x}+\frac{\partial(v+\delta v)}{\partial z}\Big)+2\delta\mu\frac{\partial(u+\delta u)}{\partial x}\Big]\\&+\frac{\partial}{\partial z}\Big[\delta\mu\Big(\frac{\partial(u+\delta u)}{\partial z}+\frac{\partial(v+\delta v)}{\partial x}\Big)\Big],\end{aligned}\tag{12.3.31}$$

$$\begin{aligned}&\rho\frac{\partial^2\delta v}{\partial t^2}-\frac{\partial}{\partial z}\Big[\lambda\Big(\frac{\partial\delta u}{\partial x}+\frac{\partial\delta v}{\partial z}\Big)+2\mu\frac{\partial\delta v}{\partial z}\Big]-\frac{\partial}{\partial x}\Big[\mu\Big(\frac{\partial\delta u}{\partial z}+\frac{\partial\delta v}{\partial x}\Big)\Big]\\=&-\delta\rho\frac{\partial^2(v+\delta v)}{\partial t^2}+\frac{\partial}{\partial z}\Big[\delta\lambda\Big(\frac{\partial(u+\delta u)}{\partial x}+\frac{\partial(v+\delta v)}{\partial z}\Big)+2\delta\mu\frac{\partial(v+\delta v)}{\partial z}\Big]\\&+\frac{\partial}{\partial x}\Big[\delta\mu\Big(\frac{\partial(u+\delta u)}{\partial z}+\frac{\partial(v+\delta v)}{\partial x}\Big)\Big],\end{aligned}\tag{12.3.32}$$

将 (12.3.31)~(12.3.32) 代入到 (12.3.30), 可以得到

$$\begin{aligned}\delta\chi(\rho,\lambda,\mu)=\sum_{\text{shot}}\int_T\int_\Omega\Big\{&-\Big(\delta\rho\frac{\partial^2(u+\delta u)}{\partial t^2}\phi+\delta\rho\frac{\partial^2(v+\delta v)}{\partial t^2}\varphi\Big)\\&+\frac{\partial}{\partial x}\Big[\delta\lambda\Big(\frac{\partial(u+\delta u)}{\partial x}+\frac{\partial(v+\delta v)}{\partial z}\Big)+2\delta\mu\frac{\partial(u+\delta u)}{\partial x}\Big]\phi\\&+\frac{\partial}{\partial z}\Big[\delta\mu\Big(\frac{\partial(u+\delta u)}{\partial z}+\frac{\partial(v+\delta v)}{\partial x}\Big)\Big]\phi\\&+\frac{\partial}{\partial z}\Big[\delta\lambda\Big(\frac{\partial(u+\delta u)}{\partial x}+\frac{\partial(v+\delta v)}{\partial z}\Big)+2\delta\mu\frac{\partial(v+\delta v)}{\partial z}\Big]\varphi\\&+\frac{\partial}{\partial x}\Big[\delta\mu\Big(\frac{\partial(u+\delta u)}{\partial z}+\frac{\partial(v+\delta v)}{\partial x}\Big)\Big]\varphi\Big\}dxdzdt,\end{aligned}\tag{12.3.33}$$

对上式空间项应用格林公式及边界条件, 推导可得

$$\begin{aligned}\delta\chi(\rho,\lambda,\mu)=\sum_{\text{shot}}\int_T\int_\Omega\Big\{&-\Big(\frac{\partial^2(u+\delta u)}{\partial t^2}\phi+\frac{\partial^2(v+\delta v)}{\partial t^2}\varphi\Big)\delta\rho\\&-\Big(\frac{\partial\phi}{\partial x}+\frac{\partial\varphi}{\partial z}\Big)\Big(\frac{\partial(u+\delta u)}{\partial x}+\frac{\partial(v+\delta v)}{\partial z}\Big)\delta\lambda\\&-\Big[2\Big(\frac{\partial\phi}{\partial x}\frac{\partial(u+\delta u)}{\partial x}+\frac{\partial\varphi}{\partial z}\frac{\partial(v+\delta v)}{\partial z}\Big)\end{aligned}$$

$$+\Big(\frac{\partial\phi}{\partial z}+\frac{\partial\varphi}{\partial x}\Big)\Big(\frac{\partial(u+\delta u)}{\partial z}+\frac{\partial(v+\delta v)}{\partial x}\Big)\Big]\delta\mu\Big\}dxdzdt,\tag{12.3.34}$$

再令 $\delta\rho,\ \delta\lambda,\ \delta\mu\to 0$, 即可得到结论

$$\frac{\partial\chi}{\partial\rho}=-\sum_{\text{shot}}\int_T\int_\Omega\Big(\phi\frac{\partial^2 u}{\partial t^2}+\varphi\frac{\partial^2 v}{\partial t^2}\Big)dxdzdt,\tag{12.3.35}$$

$$\frac{\partial\chi}{\partial\lambda}=-\sum_{\text{shot}}\int_T\int_\Omega\Big(\frac{\partial\phi}{\partial x}+\frac{\partial\varphi}{\partial z}\Big)\Big(\frac{\partial u}{\partial x}+\frac{\partial v}{\partial z}\Big)dxdzdt,\tag{12.3.36}$$

$$\begin{aligned}\frac{\partial\chi}{\partial\mu}=&-\sum_{\text{shot}}\int_T\int_\Omega\Big[2\Big(\frac{\partial\phi}{\partial x}\frac{\partial u}{\partial x}+\frac{\partial\varphi}{\partial z}\frac{\partial v}{\partial z}\Big)\\&+\Big(\frac{\partial\phi}{\partial z}+\frac{\partial\varphi}{\partial x}\Big)\Big(\frac{\partial u}{\partial z}+\frac{\partial v}{\partial x}\Big)\Big]dxdzdt.\end{aligned}\tag{12.3.37}$$

□

12.4 梯度离散格式

基于经典的二阶差分格式, 我们可以得到梯度的计算格式

$$\begin{aligned}\frac{\partial\chi(\rho,\lambda,\mu)}{\partial\rho_{i,j}}=&-\sum_{n=1}^{N_t-1}\frac{1}{\Delta t^2}\Big\{(u_{i,j}^{n+1}-2u_{i,j}^n+u_{i,j}^{n-1})\phi_{i,j}^{n+1}\\&+(v_{i,j}^{n+1}-2v_{i,j}^n+v_{i,j}^{n-1})\varphi_{i,j}^{n+1}\Big\},\end{aligned}\tag{12.4.1}$$

$$\begin{aligned}\frac{\partial\chi(\rho,\lambda,\mu)}{\partial\lambda_{i,j}}=&-\sum_{n=1}^{N_t-1}\Big\{\frac{1}{2h_x^2}\Big[(u_{i+1,j}^n-u_{i,j}^n)(\phi_{i+1,j}^{n+1}-\phi_{i,j}^{n+1})\\&+(u_{i,j}^n-u_{i-1,j}^n)(\phi_{i,j}^{n+1}-\phi_{i-1,j}^{n+1})\Big]\\&+\frac{1}{2h_z^2}\Big[(v_{i,j+1}^n-v_{i,j}^n)(\varphi_{i,j+1}^{n+1}-\varphi_{i,j}^{n+1})\\&+(v_{i,j}^n-v_{i,j-1}^n)(\varphi_{i,j}^{n+1}-\varphi_{i,j-1}^{n+1})\Big]\\&+\frac{1}{4h_xh_z}\Big[(v_{i,j+1}^n-v_{i,j-1}^n)(\phi_{i+1,j}^{n+1}-\phi_{i-1,j}^{n+1})\end{aligned}$$

$$+ (u_{i+1,j}^n - u_{i-1,j}^n)(\varphi_{i,j+1}^{n+1} - \varphi_{i,j-1}^{n+1})\Big]\Big\}, \tag{12.4.2}$$

其中 N_t 是时间点数, 这里可以看到

$$\frac{1}{2h_x^2}\Big\{(u_{i+1,j}^n - u_{i,j}^n)(\phi_{i+1,j}^{n+1} - \phi_{i,j}^{n+1}) + (u_{i,j}^n - u_{i-1,j}^n)(\phi_{i,j}^{n+1} - \phi_{i-1,j}^{n+1})\Big\}$$

$$\approx \frac{\partial u_{i,j}^n}{\partial x}\frac{\partial \phi_{i,j}^{n+1}}{\partial x}, \tag{12.4.3}$$

$$\frac{1}{2h_z^2}\Big\{(v_{i,j+1}^n - v_{i,j}^n)(\varphi_{i,j+1}^{n+1} - \varphi_{i,j}^{n+1}) + (v_{i,j}^n - v_{i,j-1}^n)(\varphi_{i,j}^{n+1} - \varphi_{i,j-1}^{n+1})\Big\}$$

$$\approx \frac{\partial v_{i,j}^n}{\partial z}\frac{\partial \varphi_{i,j}^{n+1}}{\partial z}, \tag{12.4.4}$$

$$\frac{1}{4h_xh_z}\Big\{(v_{i,j+1}^n - v_{i,j-1}^n)(\phi_{i+1,j}^{n+1} - \phi_{i-1,j}^{n+1}) + (u_{i+1,j}^n - u_{i-1,j}^n)(\varphi_{i,j+1}^{n+1} - \varphi_{i,j-1}^{n+1})\Big\}$$

$$\approx \frac{\partial u_{i,j}^n}{\partial x}\frac{\partial \varphi_{i,j}^{n+1}}{\partial z} + \frac{\partial v_{i,j}^n}{\partial z}\frac{\partial \phi_{i,j}^{n+1}}{\partial x}, \tag{12.4.5}$$

则可以知道 (12.4.2) 是 (12.3.27) 的数值近似.

$$\begin{aligned}
\frac{\partial \chi(\rho,\lambda,\mu)}{\partial \mu_{i,j}} = &- \sum_{n=1}^{N_t-1}\Big\{\frac{1}{h_x^2}\Big[(u_{i+1,j}^n - u_{i,j}^n)(\phi_{i+1,j}^{n+1} - \phi_{i,j}^{n+1}) \\
&+ (u_{i,j}^n - u_{i-1,j}^n)(\phi_{i,j}^{n+1} - \phi_{i-1,j}^{n+1})\Big] \\
&+ \frac{1}{h_z^2}\Big[(v_{i,j+1}^n - v_{i,j}^n)(\varphi_{i,j+1}^{n+1} - \varphi_{i,j}^{n+1}) + (v_{i,j}^n - v_{i,j-1}^n)(\varphi_{i,j}^{n+1} - \varphi_{i,j-1}^{n+1})\Big] \\
&+ \frac{1}{2h_x^2}\Big[(v_{i+1,j}^n - v_{i,j}^n)(\varphi_{i+1,j}^{n+1} - \varphi_{i,j}^{n+1}) + (v_{i,j}^n - v_{i-1,j}^n)(\varphi_{i,j}^{n+1} - \varphi_{i-1,j}^{n+1})\Big] \\
&+ \frac{1}{2h_z^2}\Big[(u_{i,j+1}^n - u_{i,j}^n)(\phi_{i,j+1}^{n+1} - \phi_{i,j}^{n+1}) + (u_{i,j}^n - u_{i,j-1}^n)(\phi_{i,j}^{n+1} - \phi_{i,j-1}^{n+1})\Big] \\
&+ \frac{1}{4h_xh_z}\Big[(u_{i,j+1}^n - u_{i,j-1}^n)(\varphi_{i+1,j}^{n+1} - \varphi_{i-1,j}^{n+1}) \\
&+ (v_{i+1,j}^n - v_{i-1,j}^n)(\phi_{i,j+1}^{n+1} - \phi_{i,j-1}^{n+1})\Big]\Big\},
\end{aligned} \tag{12.4.6}$$

这里可以看到

$$\frac{1}{h_x^2}\Big\{(u_{i+1,j}^n - u_{i,j}^n)(\phi_{i+1,j}^{n+1} - \phi_{i,j}^{n+1}) + (u_{i,j}^n - u_{i-1,j}^n)(\phi_{i,j}^{n+1} - \phi_{i-1,j}^{n+1})\Big\}$$

$$\approx 2\frac{\partial u_{i,j}^{n}}{\partial x}\frac{\partial \phi_{i,j}^{n+1}}{\partial x}, \tag{12.4.7}$$

$$\frac{1}{h_z^2}\Big\{(v_{i,j+1}^{n}-v_{i,j}^{n})(\varphi_{i,j+1}^{n+1}-\varphi_{i,j}^{n+1})+(v_{i,j}^{n}-v_{i,j-1}^{n})(\varphi_{i,j}^{n+1}-\varphi_{i,j-1}^{n+1})\Big\}$$

$$\approx 2\frac{\partial v_{i,j}^{n}}{\partial z}\frac{\partial \varphi_{i,j}^{n+1}}{\partial z}, \tag{12.4.8}$$

$$\frac{1}{2h_x^2}\Big\{(v_{i+1,j}^{n}-v_{i,j}^{n})(\varphi_{i+1,j}^{n+1}-\varphi_{i,j}^{n+1})+(v_{i,j}^{n}-v_{i-1,j}^{n})(\varphi_{i,j}^{n+1}-\varphi_{i-1,j}^{n+1})\Big\}$$

$$\approx \frac{\partial v_{i,j}^{n}}{\partial x}\frac{\partial \varphi_{i,j}^{n+1}}{\partial x}, \tag{12.4.9}$$

$$\frac{1}{2h_z^2}\Big\{(u_{i,j+1}^{n}-u_{i,j}^{n})(\phi_{i,j+1}^{n+1}-\phi_{i,j}^{n+1})+(u_{i,j}^{n}-u_{i,j-1}^{n})(\phi_{i,j}^{n+1}-\phi_{i,j-1}^{n+1})\Big\}$$

$$\approx \frac{\partial u_{i,j}^{n}}{\partial z}\frac{\partial \phi_{i,j}^{n+1}}{\partial z}, \tag{12.4.10}$$

$$\frac{1}{4h_xh_z}\Big\{(u_{i,j+1}^{n}-u_{i,j-1}^{n})(\varphi_{i+1,j}^{n+1}-\varphi_{i-1,j}^{n+1})+(v_{i+1,j}^{n}-v_{i-1,j}^{n})(\phi_{i,j+1}^{n+1}-\phi_{i,j-1}^{n+1})\Big\}$$

$$\approx \frac{\partial v_{i,j}^{n}}{\partial x}\frac{\partial \phi_{i,j}^{n+1}}{\partial z}+\frac{\partial u_{i,j}^{n}}{\partial z}\frac{\partial \varphi_{i,j}^{n+1}}{\partial x}, \tag{12.4.11}$$

则可以知道 (12.4.6) 是 (12.3.28) 的数值近似.

12.5 Marmousi 模型反演

图 12.1是精确的 Marmousi 模型, 利用了原 Marmousi 模型的构造. 图 12.1(a) 是密度模型, 图 12.1(b) 和图 12.1(c) 分别为纵波和横波速度模型.

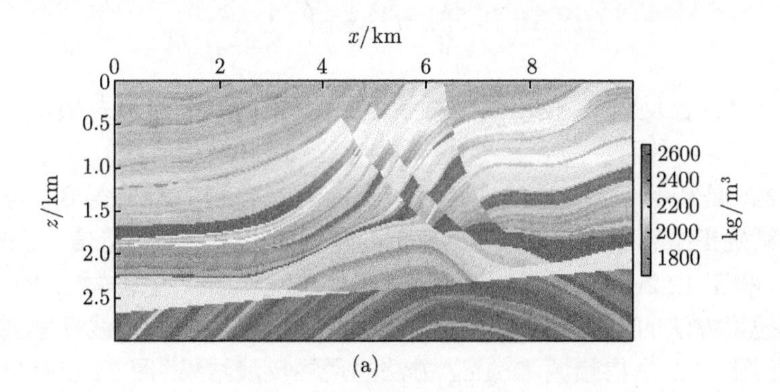

(a)

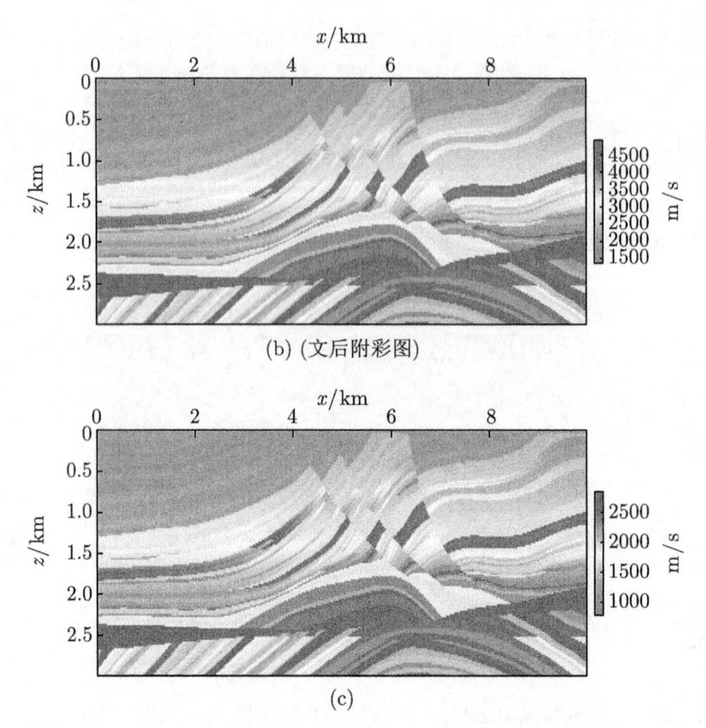

(b) (文后附彩图)

(c)

图 12.1　Marmousi 模型. (a) 密度; (b) 纵波速度; (c) 横波速度

在计算中将模型划分为 $N_x \times N_z$ 的网格, 其中 $N_x = 500$, $N_z = 150$, 网格间距 $h = 20\text{m}$. 模型的 x 方向和 z 方向的长度分别为 10 km 和 3.48km. 在模型周围, 设置 500m 厚的完全匹配层. 在交错网格法的正演模拟中, 时间采样为 2ms. 模型上表面以下设置 100 个炮点, 炮间距离为 80m. 在水层与岩石层的交界处, 设置 400 个接收点, 接收点间距为 20m. 震源是中心频率 f_0 为 7Hz 的雷克子波[108], 其时间函数表达式为

$$f(t) = \left(1 - \frac{1}{2}\omega^2 t^2\right)\exp\left(-\frac{1}{4}\omega^2 t^2\right), \tag{12.5.1}$$

其中 $\omega = 2\pi f_0$. 在反演中, 使用四个频率范围, 其最高频率分别为 2Hz, 5Hz, 10Hz, 20Hz.

图 12.2 是初始模型, 通过在深度方向上对原模型光滑化得到, 可以看到初始模型与精确模型有很大差异, 已经完全没有精确模型中的构造信息. 图 12.2(a), 图 12.2(b) 和图 12.2(c) 分别是初始密度、纵波速度和横波速度模型. 图 12.3 是 L-BFGS 线搜索方法的最终反演结果, 图 12.4 是 Gauss-Newton 线搜索方法的最终反演结果, 图 12.5 是信赖域 Dogleg 方法的最终反演结果, 图 12.6 是信赖域二维

子空间方法的最终反演结果. 与图 12.1 比较可知, 这四种方法除了在模型两侧外, 对精确模型均有很好的成像结果. 在模型两侧, 由于数据不足导致成像结果有较大模糊, 属正常现象.

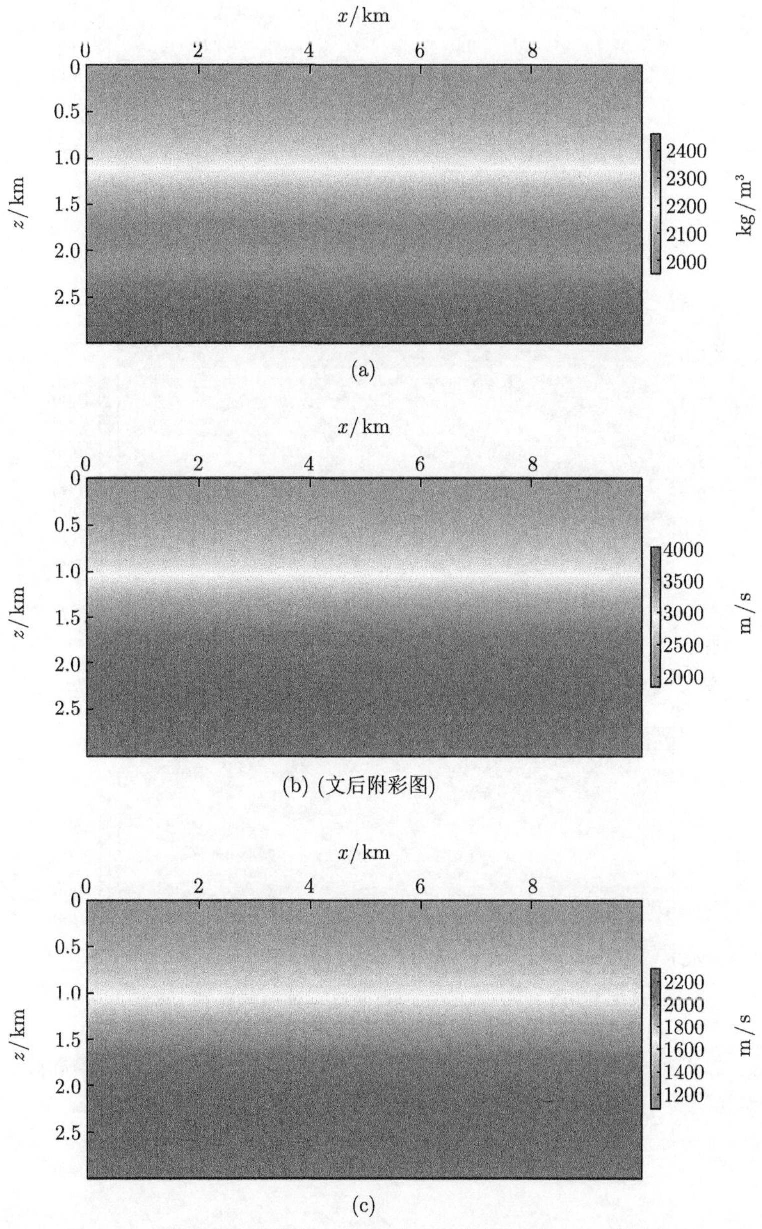

图 12.2 反演初始模型. (a) 密度; (b) 纵波速度; (c) 横波速度

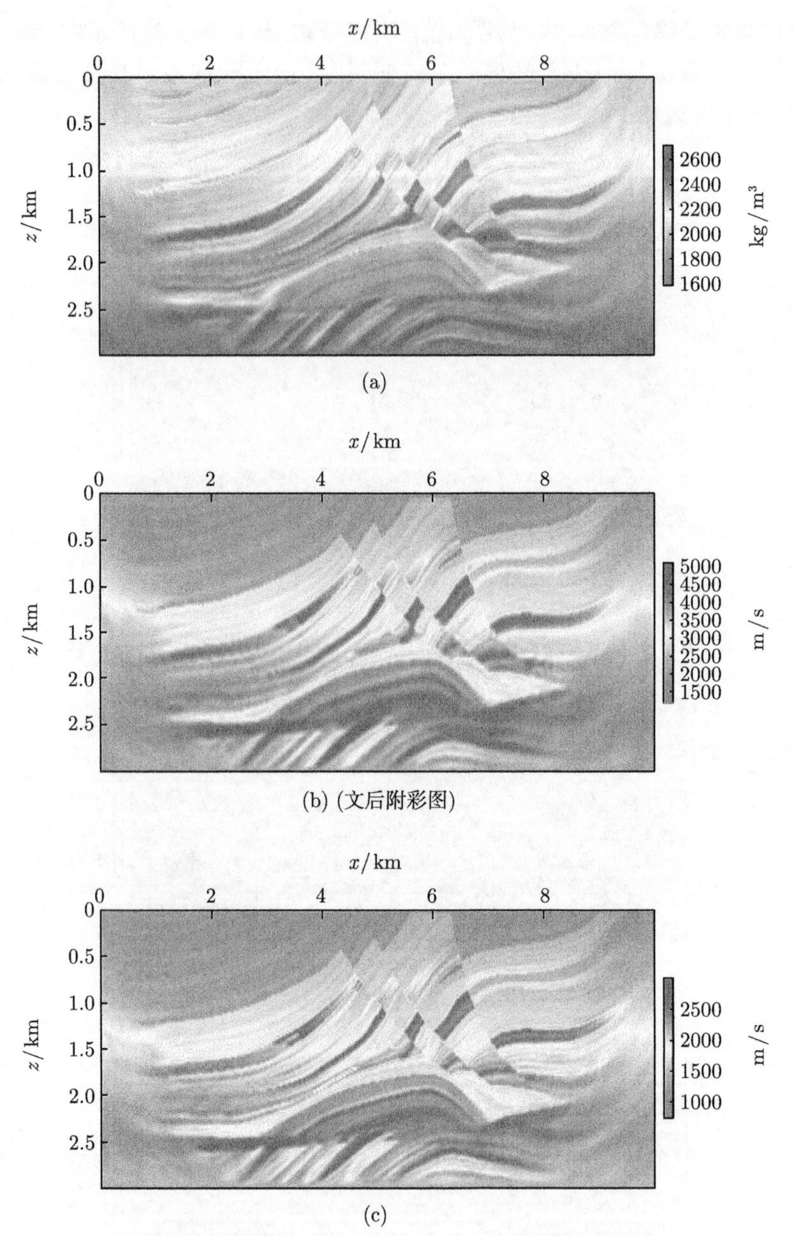

图 12.3　L-BFGS 线搜索方法反演得到的 Marmousi 模型的反演结果, 最高截频 20Hz.
(a) 密度; (b) 纵波速度; (c) 横波速度

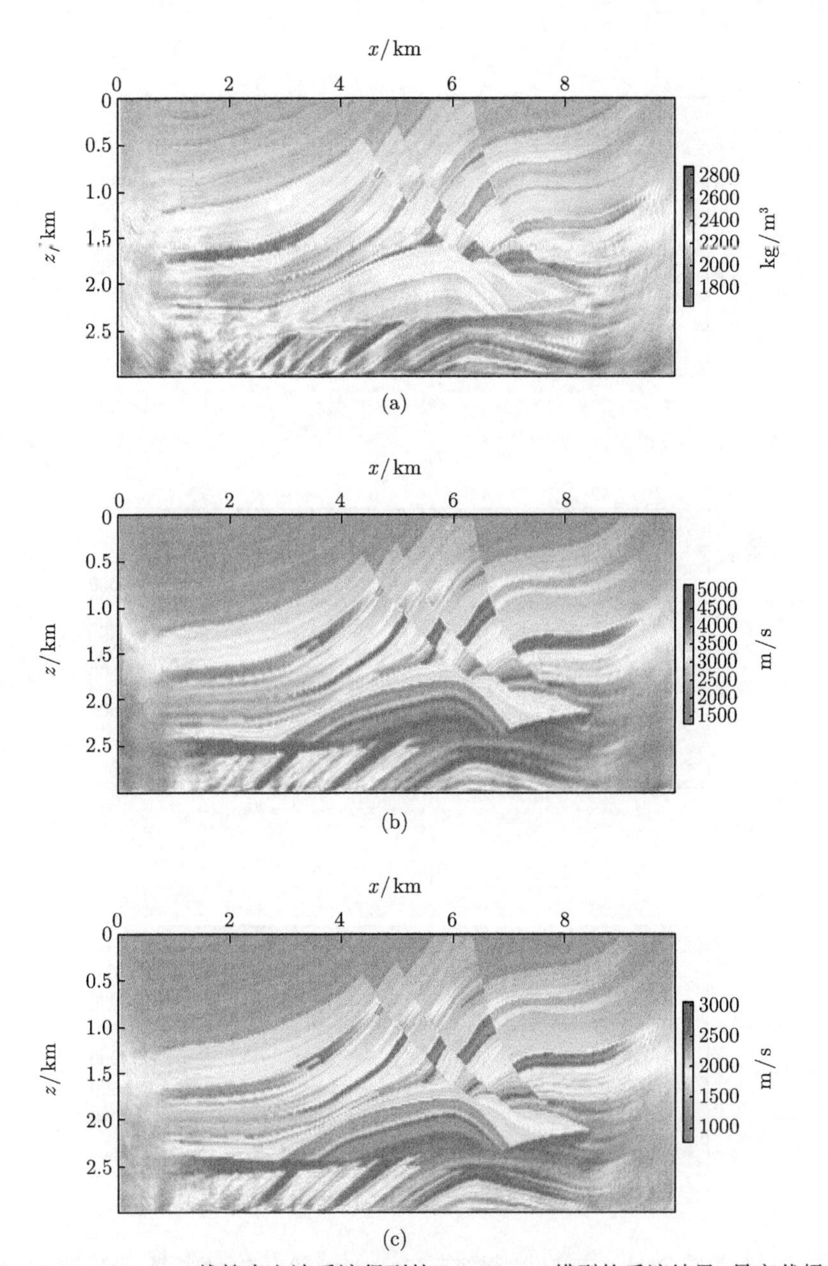

图 12.4　Gauss-Newton 线搜索方法反演得到的 Marmousi 模型的反演结果, 最高截频 20Hz. (a) 密度; (b) 纵波速度; (c) 横波速度

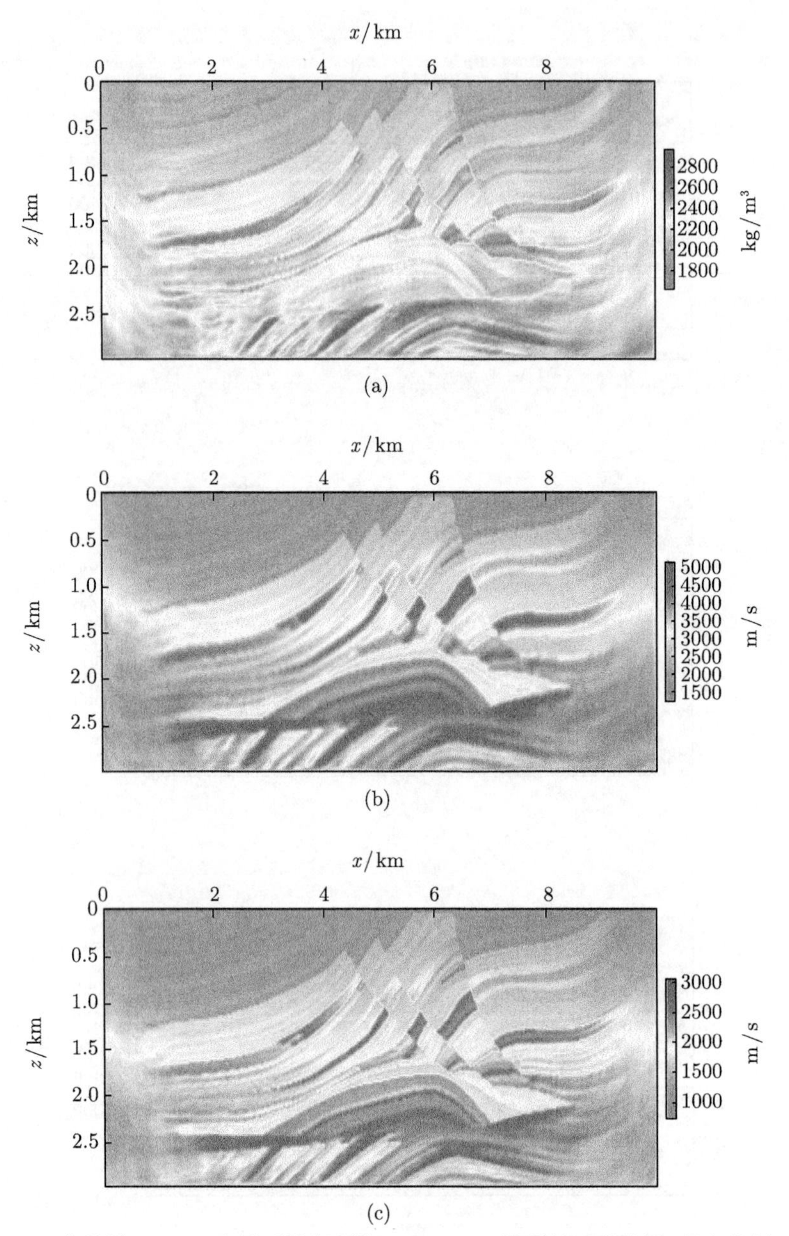

图 12.5 信赖域 Dogleg 方法反演得到的 Marmousi 模型的反演结果, 最高截频 20Hz. (a) 密度; (b) 纵波速度; (c) 横波速度

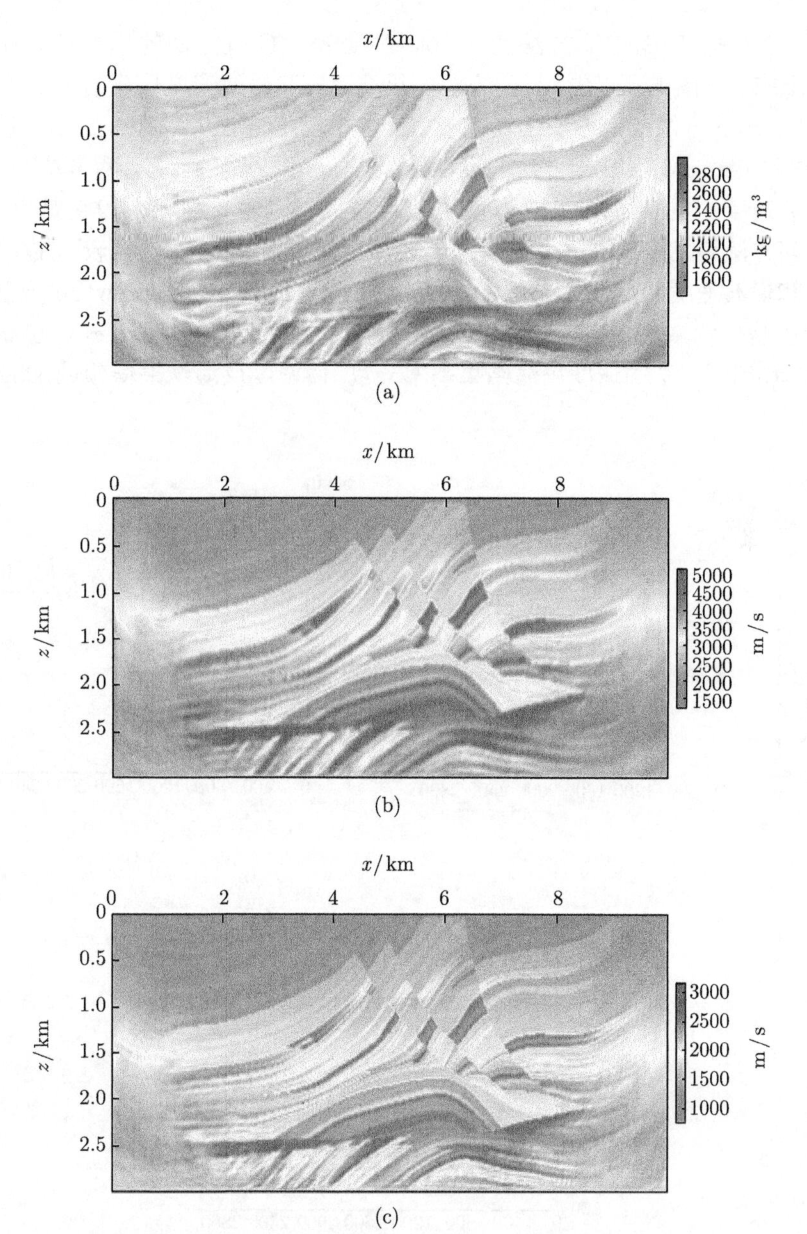

图 12.6 信赖域二维子空间方法反演得到的 Marmousi 模型的反演结果, 最高截频 20Hz. (a) 密度; (b) 纵波速度; (c) 横波速度

图 12.7 是 L-BFGS 方法和 Gauss-Newton (GN) 方法的反演结果在 $x=5\text{km}$ 的比较, 从图中可以看到, 两方法的纵波速度和横波速度反演的结果相当, 但 Gauss-Newton 方法的密度反演结果要好于 L-BFGS 方法. 图 12.8 是信赖域 Dogleg 方法和 Gauss-Newton 方法的反演结果在 $x=5\text{km}$ 的比较, 两方法的纵波速度和横波速度的反演结果非常接近, 密度反演效果大体一致. 图 12.9 是信赖域二维子空间方法和 Gauss-Newton 方法的反演结果在 $x=5\text{km}$ 的比较, 两方法的纵波速度和横波速度的反演结果基本一致, 密度反演结果 Gauss-Newton 方法略好. 图 12.10 是信赖域 Dogleg 方法和二维子空间方法的反演结果在 $x=5\text{km}$ 的比较, 可以看到两方法的速度反演结果基本一致, 而密度反演结果信赖域 Dogleg 方法略好.

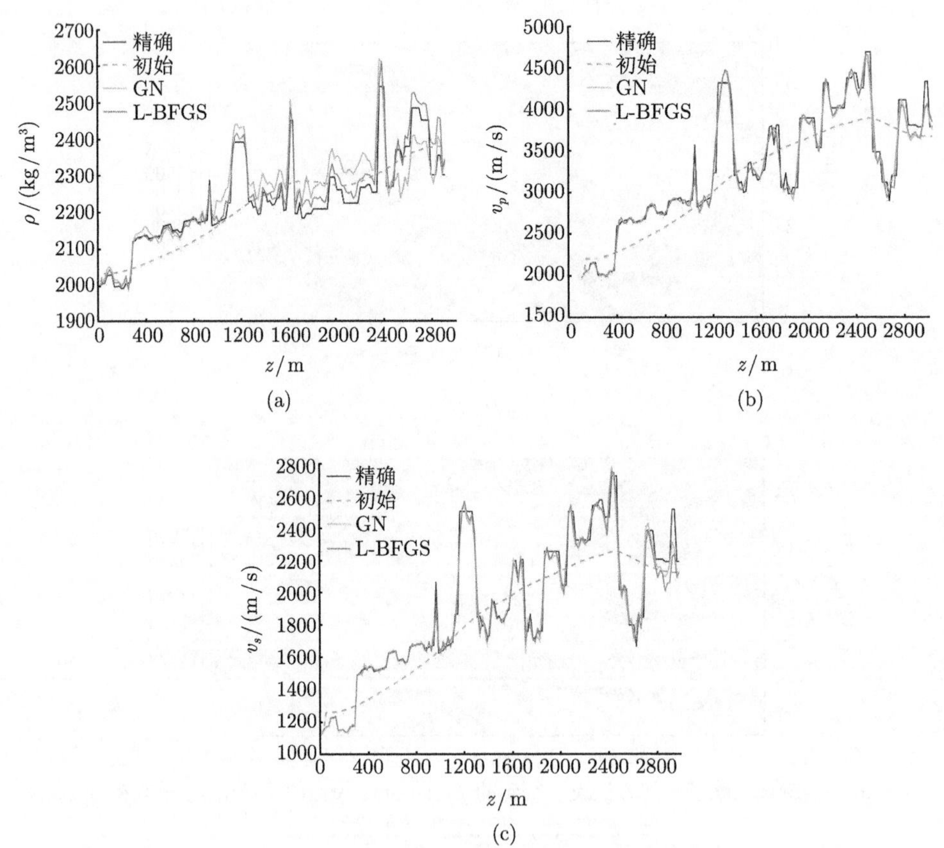

图 12.7　L-BFGS 方法和 Gauss-Newton 方法的反演结果在 $x=5\text{km}$ 的比较.
(a) 密度; (b) 纵波速度; (c) 横波速度 (文后附彩图)

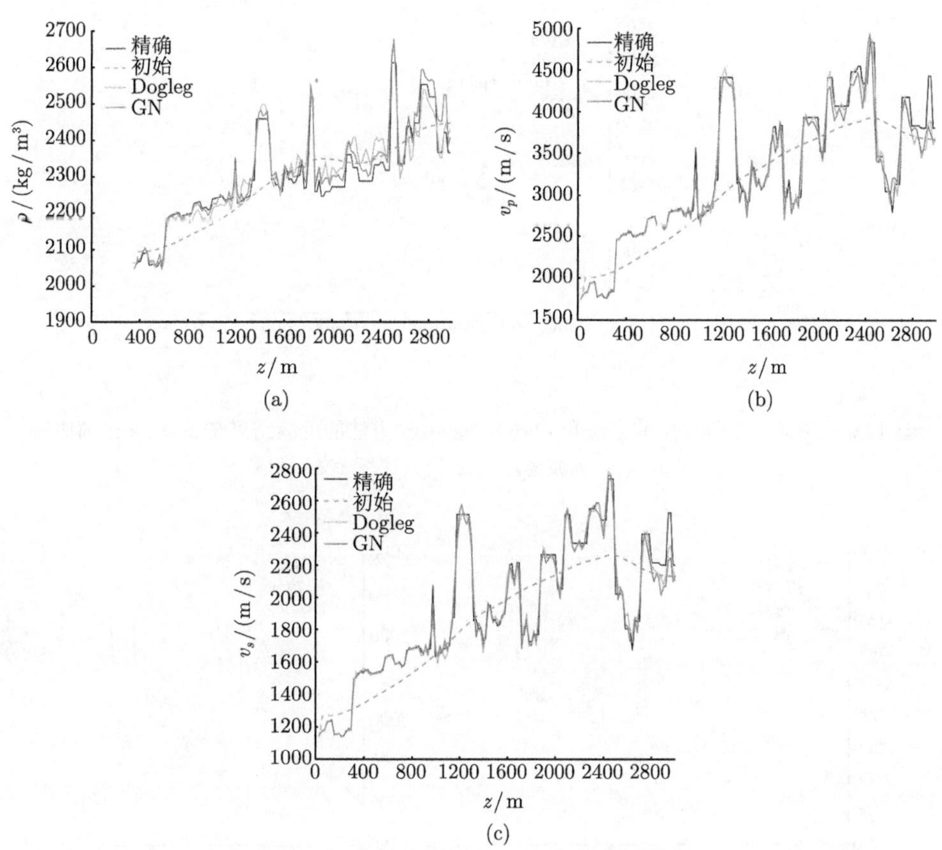

图 12.8 Dogleg 方法和 Gauss-Newton 方法的反演结果在 $x = 5\mathrm{km}$ 的比较.
(a) 密度; (b) 纵波速度; (c) 横波速度 (文后附彩图)

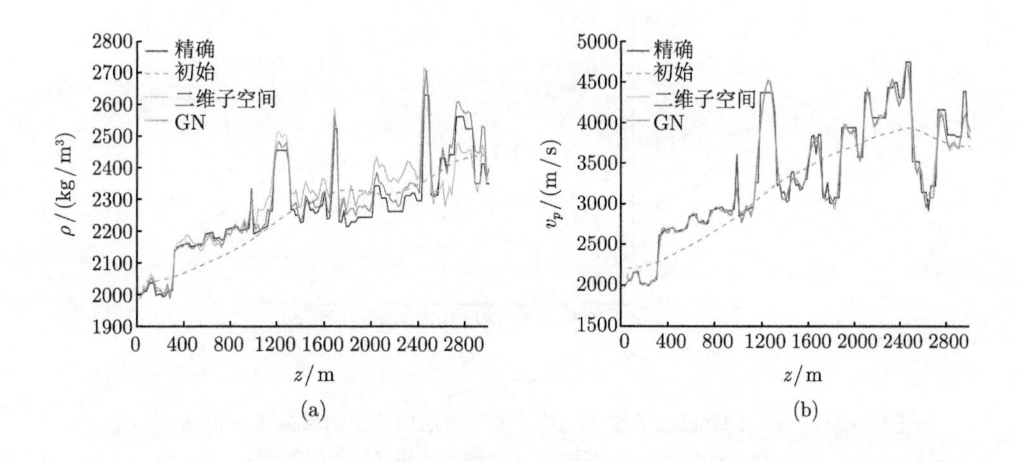

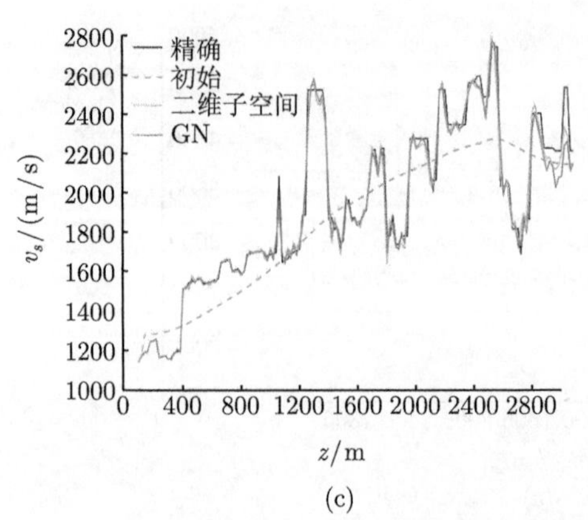

(c)

图 12.9　信赖域二维子空间方法和 Gauss-Newton 方法的反演结果在 $x = 5\mathrm{km}$ 的比较. (a) 密度; (b) 纵波速度; (c) 横波速度 (文后附彩图)

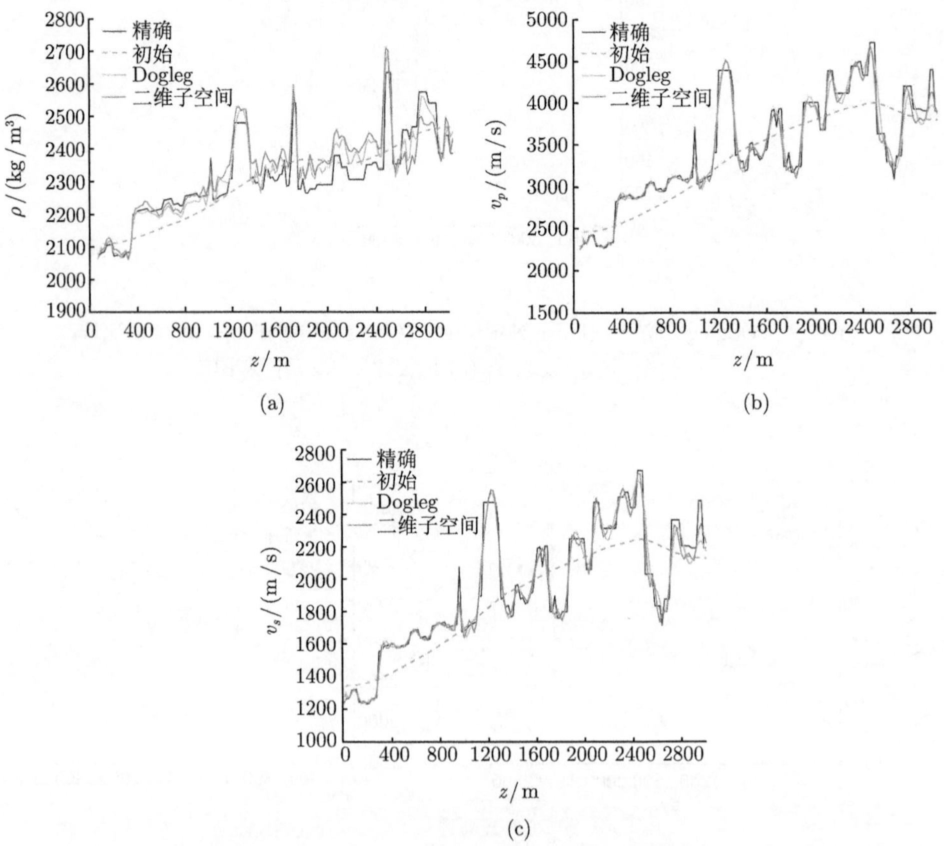

图 12.10　信赖域 Dogleg 方法和二维子空间方法的反演结果在 $x = 5\mathrm{km}$ 的比较. (a) 密度; (b) 纵波速度; (c) 横波速度 (文后附彩图)

12.6 波阻抗或波速反演

地震波阻抗反演是储层预测的有效手段之一, 波阻抗与含油气储层有很好的对应性, 是描述岩性的重要参数之一, 波阻抗反演对油气藏的勘探开发具有重要意义. 本节基于地震记录的褶积模型推导了波阻抗反演的广义线性反演公式, 并对实际地震资料进行了速度反演计算, 取得了很好的效果.

12.6.1 反演方法

地震响应可以用如下的线性褶积模型来描述

$$s(t)=w(t)*R(t), \tag{12.6.1}$$

其中 $s(t)$ 为地震响应, $w(t)$ 为子波, $R(t)$ 为反射系列. 第 i 层反射序列的离散值可以表示为

$$R_i=\frac{z_i-z_{i-1}}{z_i+z_{i-1}}, \tag{12.6.2}$$

其中 z_i 是第 i 层的波阻抗. 因此 (12.6.1) 的离散形式为

$$s_i=\sum_{j=1}^{J+1}\frac{z_{i-j}-z_{i-j-1}}{z_{i-j}+z_{i-j-1}}w_j, \quad i=1,\cdots,N, \tag{12.6.3}$$

其中 N 为所反演的波阻抗的层数, J 表示子波长度. 对 (12.6.3) 在 $\bar{s}_i$ 作线性近似, 可得到

$$\begin{aligned}s_i-\bar{s}_i=&\frac{2\bar{z}_{i-1}w_1}{(\bar{z}_i+\bar{z}_{i-1})^2}(z_i-\bar{z}_i)+\sum_{j=1}^{J}\left[\frac{2\bar{z}_{i-j-1}w_{j+1}}{(\bar{z}_{i-j}+\bar{z}_{i-j-1})^2}-\frac{2\bar{z}_{i-j+1}w_j}{(\bar{z}_{i-j+1}+\bar{z}_{i-j})^2}\right]\\&\times(z_{i-j}-\bar{z}_{i-j})-2\frac{\bar{z}_{i-J}w_{J+1}}{(\bar{z}_{i-j+1}+\bar{z}_{i-j})^2}(z_{i-j-1}-\bar{z}_{i-j-1}), \quad i=1\cdots,N.\end{aligned} \tag{12.6.4}$$

将 (12.6.4) 改写成如形式

$$\boldsymbol{F}\boldsymbol{z}=\boldsymbol{s}, \tag{12.6.5}$$

其中

$$\boldsymbol{s}=\Big((s_1-\bar{s}_1),(s_2-\bar{s}_2),\cdots,(s_N-\bar{s}_N)\Big)^{\mathrm{T}},$$

$$\boldsymbol{z} = \Big((z_1 - \bar{z}_1), (z_2 - \bar{z}_2), \cdots, (z_N - \bar{z}_N)\Big)^{\mathrm{T}},$$

$F: \boldsymbol{m} \to \boldsymbol{d}$ 是模型参数空间 $\boldsymbol{m}$ 到数据空间 $\boldsymbol{d}$ 的线性化算子, 其离散矩阵表示为

$$F = \begin{pmatrix} \dfrac{2\bar{z}_0 w_1}{(\bar{z}_1+\bar{z}_0)^2} & 0 & \cdots & \cdots & \cdots & \cdots \\ \dfrac{2\bar{z}_0 w_2}{(\bar{z}_1+\bar{z}_0)^2} - \dfrac{2\bar{z}_2 w_1}{(\bar{z}_2+\bar{z}_1)^2} & \dfrac{2\bar{z}_1 w_1}{(\bar{z}_2+\bar{z}_1)^2} & 0 & \cdots & \cdots & \cdots \\ \cdots & \cdots & \cdots & \cdots & \cdots & \cdots \\ -\dfrac{2\bar{z}_1 w_{J+1}}{(\bar{z}_1+\bar{z}_0)^2} & \dfrac{2\bar{z}_0 w_{J+1}}{(\bar{z}_1+\bar{z}_0)^2} - \dfrac{2\bar{z}_2 w_J}{(\bar{z}_2+\bar{z}_1)^2} & \cdots & \dfrac{2\bar{z}_J w_1}{(\bar{z}_{J+1}+\bar{z}_J)^2} & 0 & \cdots \\ 0 & \cdots & \cdots & \cdots & \cdots & \cdots \end{pmatrix},$$

记 $\|\cdot\|_{\boldsymbol{d}}$ 为数据空间中的范数, $\|\cdot\|_{\boldsymbol{m}}$ 为模型空间中的范数, 现极小化如下目标函数 $\chi(\boldsymbol{z})$:

$$\begin{aligned} \chi(\boldsymbol{z}) &= \frac{1}{2}\Big(\big\|F\boldsymbol{z} - \boldsymbol{s}_{\mathrm{obs}}\big\|_{\boldsymbol{d}}^2 + \big\|\boldsymbol{z} - \boldsymbol{z}_0\big\|_{\boldsymbol{m}}^2\Big) \\ &= \frac{1}{2}\Big((F\boldsymbol{z} - \boldsymbol{s}_{\mathrm{obs}})^{\mathrm{T}} C_n^{-1}(F\boldsymbol{z} - \boldsymbol{s}_{\mathrm{obs}}) + (\boldsymbol{z} - \boldsymbol{z}_0)^{\mathrm{T}} C_m^{-1}(\boldsymbol{z} - \boldsymbol{z}_0)\Big), \end{aligned} \tag{12.6.6}$$

其中 $\boldsymbol{s}_{\mathrm{obs}}$ 实际地震记录, $\boldsymbol{z}_0$ 为先验波阻抗信息, C_n 为噪声协方差矩阵, C_m 为模型协方差矩阵. 模型协方差矩阵的离散矩阵表示为

$$C_m = \begin{pmatrix} \mathrm{var}(\bar{z}_1) & \mathrm{cov}(\bar{z}_1, \bar{z}_2) & \cdots & \mathrm{cov}(\bar{z}_1, \bar{z}_N) \\ \mathrm{cov}(\bar{z}_2, \bar{z}_1) & \mathrm{var}(\bar{z}_2) & \cdots & \mathrm{cov}(\bar{z}_2, \bar{z}_N) \\ \vdots & \vdots & & \vdots \\ \mathrm{cov}(\bar{z}_N, \bar{z}_1) & \mathrm{cov}(\bar{z}_n, \bar{z}_2) & \cdots & \mathrm{var}(\bar{z}_N) \end{pmatrix}, \tag{12.6.7}$$

其中 $\mathrm{var}(\bar{z}_i)$ 为 $\bar{z}_i$ 的方差, $\mathrm{cov}(\bar{z}_i, \bar{z}_j)$ 为 $\bar{z}_i$, $\bar{z}_j$ 的协方差. 当噪声从记录中提取后, 噪声协方差矩阵 C_n 也可以类似计算.

式 (12.6.6) 的广义线性反演解为

$$\begin{aligned} \boldsymbol{z} &= \boldsymbol{z}_0 + (F^{\mathrm{T}} C_n^{-1} F + C_m^{-1}) F^{\mathrm{T}} C_n^{-1}(\boldsymbol{s}_{\mathrm{obs}} - F\boldsymbol{z}_0) \\ &= \boldsymbol{z}_0 + (F^{\mathrm{T}} F + C_n C_m^{-1})^{-1} F^{\mathrm{T}}(\boldsymbol{s}_{\mathrm{obs}} - F\boldsymbol{z}_0) \end{aligned} \tag{12.6.8}$$

如果密度已知, 由波阻抗反演结果 $\boldsymbol{z}$ 就可以得到速度反演结果.

12.6.2 实例应用

图 12.11 是国内某油田的一条实际地震剖面, 时间采样 4ms, 共有 268 道, 道间距 20m. 图 12.12 是该实际地震资料的速度反演结果, 可以看出反演的分辨率很高, 经与实际测井等资料相比, 该结果与实际情况相吻合, 有非常高的反演精度. 图 12.13 是国内另一油田的实际地震资料的速度反演结果, 经验证结果与实际情况非常符合, 反演结果有很好的精度.

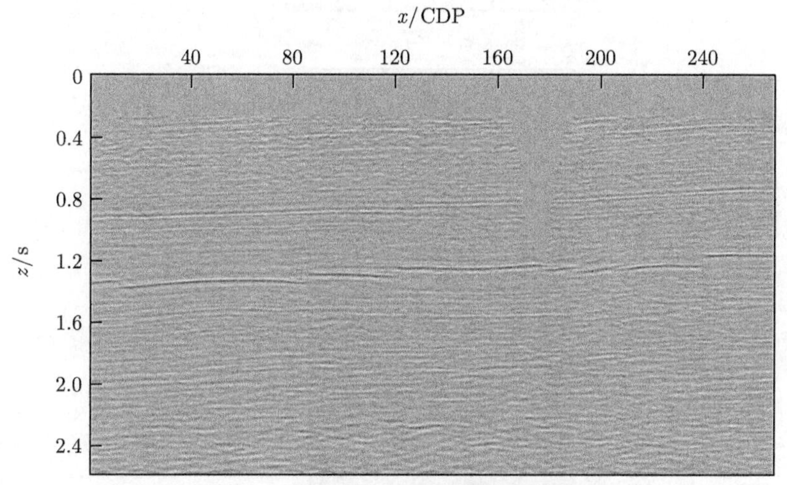

图 12.11 一条实际地震剖面

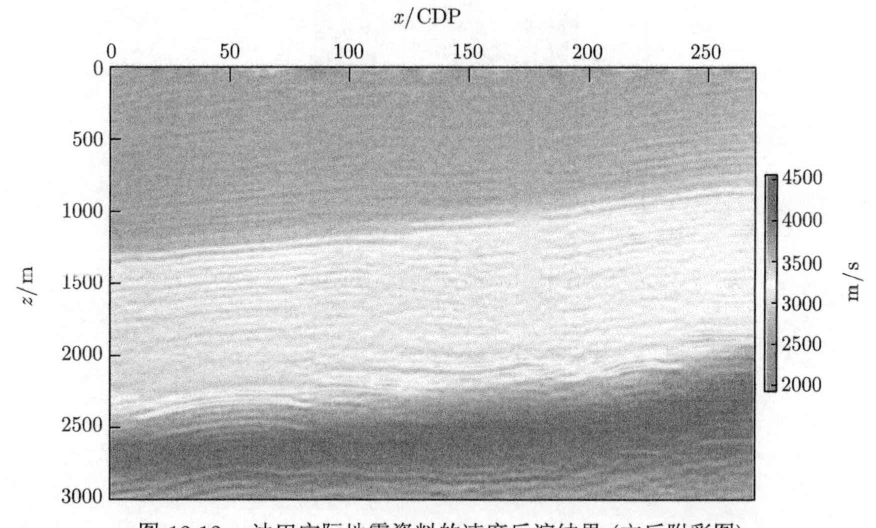

图 12.12 油田实际地震资料的速度反演结果 (文后附彩图)

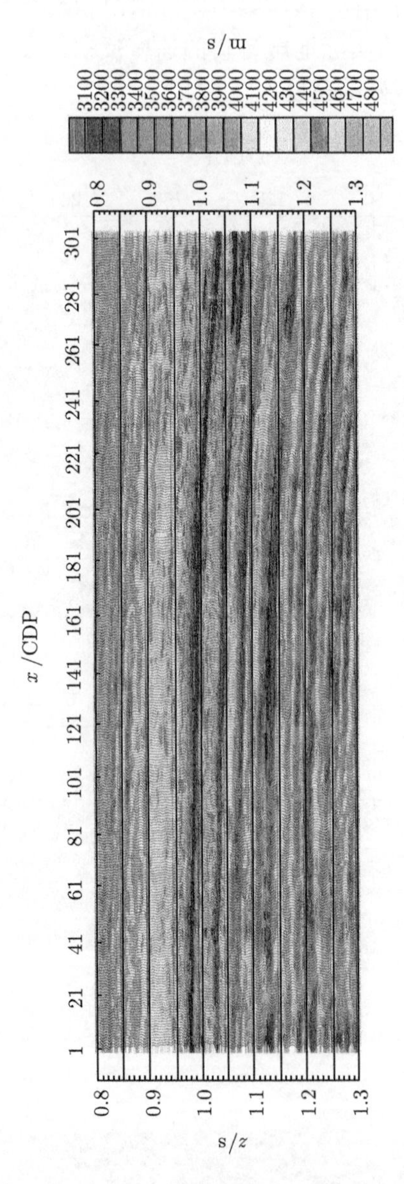

图 12.13　实际地震资料的速度反演结果（文后附彩图）

参考文献

[1] Acar R, Vogel C. Analysis of bounded variation penalty methods for ill-posed problems. Inverse Problems, 1994, 10(6): 1217-1229.

[2] Aghamiry H S, Gholami A, Operto S. ADMM-based multi-parameter wavefield reconstruction inversion in VTI acoustic media with TV regularization. Geophys. J. Int., 2019, 219(2): 1316-1333.

[3] Armijo A. Minimization of functions having Lipschitz continuous first partial derivatives. Pac. J. Math., 1966, 16(1): 1-3.

[4] Berenger J P. A perfectly matched layer for the absorbing of electromagnetic waves. J. Comput. Phys., 1994, 114(2): 185-200.

[5] Beylkin G. On the representation of operators in bases of compactly supported wavelet. SIAM J Numer Anal., 1992, 29(6): 1716-1740.

[6] Beylkin G, Keiser J M. On the adaptive numerical solution of nonlinear partial differential equations in wavelet bases. J. Comput. Phys., 1997, 132(2): 233-259.

[7] Bialy H. Iterative Behandlung linearer Funktionalgleichungen. Arch. Rat. Mech. Anal., 1959, 4: 166-176.

[8] Backus G, Gilbert F. The resolving power of gross earth data. Geophys. J. R. Astron. Soc., 1968, 16: 169-205.

[9] Broyden C G. The convergence of a class of double-rank minimization algorithms: 2. The new algorithm. IMA J. Applied Mathematics, 1970, 6(3): 222-231.

[10] Bunks C, Saleck F M, Zaleski S, Chavent G. Multiscale seismic waveform inversion. Geophysics, 1995, 60(5): 1457-1473.

[11] Byrd R H, Schnabel R B, Shultz G A. Approximate solution of the trust region problem by minimization over two-dimensional subspaces. Mathematical Programming, 1988, 40: 247-263.

[12] Chui C. Wavelets: A Tutorial in Theory and Applications. Boston: Academic Press, 1992.

[13] Clayton R, Engquist B. Absorbing boundary conditions for acoustic and elastic wave equations. Bulletin of the Seismological Society of America, 1977, 67(6): 1529-1540.

[14] Clayton R W, Engquist B. Absorbing boundary conditions for wave equation migration. Geophysics, 1980, 45(5): 895-904.

[15] Collino F, Tsogka C. Application of the perfectly matched absorbing layer model to the linear elastodynamic problem in anisotropic heterogeneous media. Geophysics, 2001, 66(1): 294-307.

[16] Craven P, Wahba G. Smoothing noisy data with spline functions-estimating the correct degree of smoothing by the method of generalized cross-validation. Numerische Mathematik, 1979, 31(4): 377-403.

[17] Dahmen W. Wavelet and multiscale methods for operator equations. Acta Numerica. 1997, 6: 55-228.

[18] Dai Y H, Yuan Y. A nonlinear conjugate gradient method with a strong global convergence property. SIAM Journal on Optimization, 1999, 10(1): 177-182.

[19] Daubechies I. Orthonormal bases of compactly supported wavelets. Commun Pure Appl. Math., 1988, 41: 909-996.

[20] Daubechies I. Ten Lectures on Wavelet. Society for Industrial and Applied Mathematics, 1992.

[21] Davidon W C. Variable metric method for minimization. SIAM Journal on Optimization, 1991, 1(1): 1-17.

[22] Deimling K. Nonlinear Functional Analysis. Berling: Springer, 1980.

[23] Dembo R S, Steihaug T. Truncated Newton algorithms for large-scale unconstrained optimization. Math Programming, 1983, 26(2): 190-212.

[24] Egger H, Neubauer A. Preconditioning Landweber iteration in Hilbert scales. Numerische Mathematik, 2005, 101(4): 643-662.

[25] Engl H W, Gfrerer H. A posteriori parameter choice for general regularization methods for solving linear ill-posed problems. Appl. Num. Math., 1988, 4: 395-417.

[26] Engl H W, Gfrerer H. Using the L-curve for determining optimal regularization parameters. Numer. Math., 1994, 69: 25-31.

[27] Engl H W. Discrepancy principles for Tikhonov regularization of ill-posed problems leading to optimal convergence rates. Journal of Optimization Theory and Applications, 1987, 52(2): 209-215.

[28] Engl H W, Hanke M, Neubauer A. Regularization of Inverse Problems. Dordrecht: Kluwer, 1996.

[29] Engquist B, Majda A. Absorbing boundary conditions for the numerical simulation of waves. Math. Comput., 1977, 31(139): 629-651.

[30] Engquist E, Froese B D. Application of the Wasserstein metric to seismic signals. Commun. Math. Sci., 2014, 12(5): 979-988.

[31] Epanomeritakis I, Akcelik V, Ghattas O, et al. A Newton-CG method for large-scale three-dimensional elastic full waveform seismic inversion. Inverse Problems, 2008, 24(3): 1-26.

[32] Fletcher R, Reeves C M. Function minimization by conjugate gradients. Computer Journal, 1964, 7(2): 149-154.

[33] Fletcher R, Powell M J D. A rapidly convergent descent method for minimization. The Computer Journal, 1963, 6(2): 163-168.

[34] Fletcher R. A new approach to variable metric algorithms. The Computer Journal, 1970, 13(3): 317-322.

[35] Fridman V. A method of successive approximations for Fredholm integral equations of the first kind (in Russian). Uspeki Mat. Nauk., 1956, 11: 233-234.

[36] Fröhlich J, Schneider K. An adaptive wavelet-vaguelette algorithm for the solution of PDEs. J. Comput. Phys., 1997, 130(2): 174-190.

[37] Gfrerer H. An a posteriori parameter choice for ordinary and iterated Tikhonov regularization of ill-posed problems leading to optimal convergence rates. Mathematics of Computation, 1987, 49(180): 507-522.

[38] Gill P E, Leonard M W. Reduced-Hessian quasi-Newton methods for unconstrained optimization. SIAM Journal on Optimization, 2001, 12(1): 209-237.

[39] Gilyazov S F. Regularizing conjugate-direction methods. Computational Mathematics and Mathematical Physics, 1995, 35(4): 385-394.

[40] Giusti E. Minimal Surfaces and Functions of Bounded Variation. Boston: Birkhäuser Boston, 1984.

[41] Goldstein A A. On steepest descent. J. SIAM. Control, 1965, 3(1): 147-151.

[42] Goldfarb D. A family of variable-metric methods derived by variational means. Mathematics of Computation, 1970, 24(109): 23-26.

[43] Golub G H, Heath M, Wahba G. Generalized cross-validation as a method for choosing a good ridge parameter. Technometrics, 1979, 21(2): 215-223.

[44] Gould N I M, Lucidi S, Roma M, Toint P L. Solving the trust-region subproblem using the Lanczos method. SIAM J. Optim., 1999, 9(2): 504-525.

[45] Grote M J, Keller J B. Exact nonreflecting boundary conditions for the time dependent wave equation. SIAM J. Appl. Math., 1995, 55(2): 280-297.

[46] Grote M J, Keller J B. Exact nonreflecting boundary condition for elastic waves. SIAM J. Appl. Math., 2000, 60(3): 803-819.

[47] Guitton A. Blocky regularization schemes for full-waveform inversion. Geophys. Prospect., 2012, 60(5): 870-884.

[48] Ha T, Shin C. Laplace-domain full-waveform inversion of seismic data lacking low-frequency information. Geophysics, 2012, 75(5): R196-206.

[49] Ha W, Chung W, Park E, Shin C. 2-D acoustic Laplace-domain waveform inversion of Marine field data. Geophys. J. Int., 2012, 190(1): 421-428.

[50] Hackbusch W. Multigrid methods and application. Berlin: Springer-Verlag, 1991.

[51] Hämarik U, Kangro U, Palm R, Raus T, Tautenhahn U. Monotonicity of error of regularized solution and its use for parameter choice. Inverse Problems in Science and Engineering, 2014, 22(1): 10-30.

[52] Hämarik U. On comparison of accuracy of approximate solutions of operator equations with noisy data. AIP Conf. Proc., 1783, 2015: 480042-1-480042-4.

[53] Hanke M. Accelerated Landweber iterations for the solution of ill-posed equations. Numerische Mathematik, 1991, 60(3): 341-373.

[54] Hanke M. The minimal error conjugate-gradient method is a regularization method. Proceedings of the American Mathematical Society, 1995, 123(11): 3487-3497.

[55] Hanke M. Conjugate Gradient Type Methods for Ill-posed Problems. Longman Scientific and Technical. Harlow, England: Wiley, 1995.

[56] Hanke M, Neubauer A, Scherzer O. A convergence analysis of the Landweber iteration for nonlinear ill-posed problems. Numerische Mathematik, 1995, 72(1): 21-37.

[57] Hanke M, Groetsch C W. Nonstationary iterated Tikhonov regularization. J. Optim. Theory Appl., 1998, 98(1): 37-53.

[58] Hansen P C. Discrete Inverse Problems: Insight and Algorithms. Philadelphia: SIAM, 2010.

[59] Hansen P C. Analysis of discrete ill-posed problems by means of the L-curve. SIAM Review, 1992, 34(4): 561-580.

[60] Hansen P C, O'Leary D P. The use of the L-curve in the regularization of discrete ill-posed problems. SIAM J. Sci. Comput., 1993, 14(6): 1487-1503.

[61] Hestenes M R, Steifel E. Method of conjugate gradients for solving linear systems. Standards, 1952, 49(6): 409-436.

[62] Hong T K, Kennett B L N. On a wavelet-based method for the numerical simulation of wave propagation. J. Comput. Phys., 2002, 183(2): 577-622.

[63] Harris F J. On the use of window's for harmonic analysis with the discrete Fourier transform. Proc. IEEE, 1978, 66(1): 51-83.

[64] Hastings F D, Schneider J B, Broschat S L. Application of the perfectly matched layer (PML) absorbing boundary condition to elastic wave propagation. J. Acoust. Soc. Am., 1996, 100(5): 3061-3069.

[65] Hustedt B, Operto S, Virieux J. Mixed-grid and staggered-grid finite difference methods for frequency domain acoustic wave modelling. Geophy. J. Int., 2004, 157(3): 1269-1296.

[66] Landweber L. An iteration formula for Fredholm integral equations of the first kind. Am. J. Math., 1951, 73(3): 615-624.

[67] Lions L J, Magenes E. Non-homogeneous Boundary Value Problems and Application, vol. 1. New York: Springer-Verlag, 1972.

[68] Jeong W, Lee H Y, Min D J. Full waveform inversion strategy for density in the frequency domain. Geophys. J. Int., 2012, 188(2): 1221-1242.

[69] Jin Q N. Applications of the modified discrepancy principle to Tikhonov regularization of nonlinear ill-posed problems. SIAM Journal on Numerical Analysis, 1999, 36(2): 475-490.

[70] Jo C H, Shin C S, Suh J H. An optimal 9-point, finite-difference, frequency-space, 2-D scalar wave extrapolator. Geophysics, 1996, 61(2): 529-537.

[71] Kaltenbacher B, Neubauer A, Scherzer O. Iterative Regularization Methods for Nonlinear Ill-posed Problems. Berilin: Wakter de Gruyter, 2000.

[72] King J T. Multilevel algorithms for ill-posed problems. Numerische Mathematik, 1992, 61(1): 311-334.

[73] Kirch A. An Introduction to the Mathematical Theory of Inverse Problems. New York: Springer-Verlag, 1996.

[74] Komatitsch D, Tromp J. A perfectly matched layer absorbing boundary condition for the second-order seismic wave equations. Geophys. J. Int., 2003, 154(1): 146-153.

[75] Komatitsch D. An unsplit convolutional perfectly matched layer improved at grazing incidence for the seismic wave equation. Geophysics, 2007, 72(4): 157-167.

[76] Lin Y, Huang L. Acoustic- and elastic-waveform inversion using a modified total-variation regularization scheme. Geophys. J. Int., 2015, 200(1): 489-502.

[77] Liu D C, Nocedal J. On the limited memory BFGS method for large scale optimization. Mathematical Programming, 1989, 45: 503-528.

[78] Lu S, Pereverzev S V. Regularization Theory for Ill-posed Problems. Selected Topics, vol. 58 of Inverse and Ill-posed Problems Series. Berlin/Boston: Walter De Gruyter, 2013.

[79] Mallat S. Multiresolution approximations and wavelet orthogonal bases of $L_2(R)$. Trans. Amer. Math. Soc., 1989, 315: 69-88.

[80] Marti J T. An algorithm for computing minimum norm solutions of Fredholm integral equations of the first kind. SIAM Journal on Numerical Analysis, 1978, 15(6): 1071-1076.

[81] Martin G S, Wiley R, Marfurt K J. Marmousi2: An elastic upgrade for Marmousi. The Leading Edge, 2006, 25: 156-166.

[82] Mathé P, Pereverze S V. Geometry of linear ill-posed problems in variable Hilbert scales. Inverse Problems, 2003, 19(3): 789-803.

[83] Métivier L, Brossier R, Mérigot Q, Oudet E, Virieux J. Measuring the misfit between seismograms using an optimal transport distance: Application to full waveform inversion. Geophys. J. Int., 2016, 205(1): 345-377.

[84] Métivier L, Brossier R, Operto S, Virieux J. Full waveform inversion and the truncated Newton method. SIAM Review, 2017, 59(1): 153-195.

[85] Mora P. Nonlinear two-dimensional elastic inversion of multioffset seismic data. Geophysics, 1987, 52(9): 1211-1228.

[86] Moré J J, Thuente D J. Line search algorithms with guaranteed sufficient decrease. ACM Transactions on Mathematical Software, 1994, 20(3): 286-307.

[87] Morozov V A. On the solution of functional equations by the method of regularization. Soviet Math. Doklady, 1966, 7: 414-417.

[88] Nemirovskii A S. The regularization properties of the adjoint gradient method in ill-posed problems. USSR Comput. Math. and Math. Phys., 1986, 26(2): 7-16.

[89] Neubauer A. On Landweber iteration for nonlinear ill-posed problems in Hilbert scales. Numerische Mathematik, 2000, 85(2): 309-328.

[90] Nocedal J, Wright S T. Numerical Optimization. New York: Springer Science Business Media Inc., 2006.

[91] Nocedal J. Updating quasi-Newton matrices with limited storage. Mathematics of Computation, 1980, 35(151): 773-782.

[92] Nocedal J, Yuan Y. Analysis of a self-scaling quasi-Newton method. Mathematical Programming, 1993, 61: 19-37.

[93] Oren S S, Luenberger D G. Self-scaling variable metric (SSVM) algorithms, Part I: Criteria and sufficient conditions for scaling a class of algorithms. Management Science, 1974, 20(5): 845-862.

[94] Oren S S. Self-scaling variable metric (SSVM) algorithms, Part II: implementation and experiments. Management Science, 1974, 20(5): 863-874.

[95] Plato R. On the discrepancy principle for iterative and parametric methods to solve linear ill-posed equations. Numerische Mathematik, 1996, 75(1): 99-120.

[96] Plato R. The method of conjugate residuals for solving the Galerkin equations associated with symmetric positive semidefinite ill-posed problems. SIAM Journal on Numerical Analysis, 1998, 35(4): 1621-1645.

[97] Plato R. The conjugate gradient method for linear ill-posed problems with operator perturbations. Numerical Algorithms, 1999, 20(1): 1-22.

[98] Plessix R E. A review of the adjoint-state method for computing the gradient of a functional with geophysical applications. Geophys. J. Int., 2006, 167(167): 495-503.

[99] Polak B T. The conjugate gradient method in extremum problems. USSR Computational Mathematics Mathematical Physics, 1969, 9(4): 94-112.

[100] Polak E, Rebiére E. Note sur la convergence de méthodes de directions conjugees. Revue Francaise Dinformatique Et De Recherche Opérationnelle, 1969, 3(16): 35-43.

[101] Pratt R G, Worthington M H. The application of diffraction tomography to crosshole data. Geophysics, 1988, 53(10): 1284-1294.

[102] Pratt R G, Worthington M H. Inverse theory applied to multi-source cross-hole tomography, Part 1: Acoustic wave equation method. Geophysical Prospecting, 1990, 38(3): 287-310.

[103] Pratt R G, Shin C, Hicks G J. Gauss-Newton and full Newton methods in frequency-space seismic waveform inversion. Geophys. J. Int., 1998, 133(2): 341-362.

[104] Pratt R G. Seismic waveform inversion in the frequency domain, Part I: Theory and verification in a physical scale model. Geophysics, 1999, 64(3): 888-901.

[105] Qian S, Weiss J. Wavelets and the numerical solution of partial differential equations. J. Comput. Phys., 1993, 106(1): 155-175.

[106] Ramlau R. A modified Landweber method for inverse problems. Numerical Functional Analysis and Optimization, 1999, 20(1-2): 79-98.

[107] Reichel L, Shyshkov A. Cascadic multilevel methods for ill-posed problems. Journal of Computational and Applied Mathematics, 2010, 233(5): 1314-1325.

[108] Ricker N. The form and laws of propagation of seismic wavelets. Geophysics, 1953, 18(1): 10-40.

[109] Rudin L, Osher S, Fatemi E. Nonlinear total variation based noise removal algorithms. Physica D., 1992, 60(1). 259-268.

[110] Saenger E H, Gold N, Shapiro A. Modeling the propagation of elastic waves using a modified finite-difference grid. Wave Motion, 2000, 31(1): 77-92.

[111] Schock E. Semi-iterative methods for the approximate solution of ill-posed problems. Nemer. Math., 1987, 50: 261-271.

[112] Shanno D F. Conditioning of quasi-Newton methods for function minimization. Mathematics of Computation, 1970, 24(111): 647.

[113] Shanno D F, Phua K H. Matrix conditioning and nonlinear optimization. Mathematical Programming, 1978, 14: 149-160.

[114] Sheen D H, Tuncay K, Baag C E, Ortoleva P J. Time domain Gauss-Newton seismic waveform inversion in elastic media. Geophys. J. Int., 2006, 167(3): 1373-1384.

[115] Sherman J, Morrison W J. Adjustment of an inverse matrix corresponding to a change in one element of a given matrix. The Annals of Mathematical Statistics, 1950, 21(1): 124-127.

[116] Shi C S, Sohn H. A frequency-space 2-D scalar wave extrapolator using extended 25-point finite-difference operator. Geophysics, 1998, 63(1): 289-296.

[117] Shin C, Cha Y H. Waveform inversion in the Laplace domain. Geophy. J. Int., 2008, 173(3): 922-931.

[118] Shin C, Ha W. A comparison between the behavior of objective functions for waveform inversion in the frequency and Laplace domains. Geophysics, 2008, 73(5): VE119-VE133.

[119] Shin C, Cha Y H. Waveform inversion in the Laplace-Fourier domain. Geophys. J. Int., 2009, 177(3): 1067-1079.

[120] Shin C, Yoon K, Marfurt K J, Park K, Yang D, Lim H Y, Chung S, Shin S. Efficient calculation of a partial-derivative wavefield using reciprocity for seismic imaging and inversion. Geophysics, 2001, 66(6): 1865-1863.

[121] Shultz G A, Schnabel R B, Byrd R H. A family of trust-region-based algorithms for unconstrained minimization with strong global convergence properties. SIAM Journal on Numerical Analysis, 1985, 22(1): 47-67.

[122] Smith W D. A nonreflecting plane boundary for wave propagation problems. J. Comput. Phys., 1974, 15(4): 492-503.

[123] Song Z M, Williamson P R, Pratt R G. Frequency-domain acoustic-wave modeling and inversion of crosshole data, Part I: 2.5-D modelling method. Geophysics, 1995, 60(3): 784-795.

[124] Song Z M, Williamson P R, Pratt R G. Frequency-domain acoustic-wave modeling and inversion of crosshole data, Part II: Inversion method, synthetic experiments and real-data results. Geophysics, 1995, 60(3): 796-809.

[125] Scherzer O. Convergence criteria of iterative methods based on Landweber iteration for solving nonlinear problems. Journal of Mathematical Analysis and Applications, 1995, 194(3): 911-933.

[126] Schock E. Parameter choice by discrepancy principles for the approximate solution of ill-posed problems. Integral Equations and Operator Theory, 1984, 7(6): 895-898.

[127] Tarantola A. Inversion of seismic reflection data in the acoustic approximation. Geophysics, 1984, 49(8): 1259-1266.

[128] Tarantola A. A strategy for nonlinear elastic inversion of seismic reflection data. Geophysics, 1986, 51(10): 1893-1903.

[129] Tarantola A. Inverse Problem Theory: Methods for Data Fitting and Parameter Estimation. Amsterdam, New York: Elsevier Science Publishers, 1987.

[130] Tautenhahn U. On a general regularization scheme for nonlinear ill-posed problems. Inverse Problems, 1997, 13(5): 1427-1437.

[131] Tautenhahn U. Optimality for ill-posed problems under general source conditions. Numer. Funct. Anal. Optimiz., 1998, 19(3-4): 377-398.

[132] Tautenhahn U, Hämarik U. The use of monotonicity for choosing the regularization parameter in ill-posed problems. Inverse Problems, 1999, 15(6): 1487-1505.

[133] Thomas J W. Numerical Partial Differential Equations: Finite Difference Methods. New York: Springer-Verlag Inc., 1995.

[134] Tikhonov A N. Solution of incorrectly formulated problems and the regularization method. Doklady Akademii Nauk SSSR, 1963, 151: 501-504.

[135] Tikhonov A N. Regularization of incorrectly posed problems. Doklady Akademii Nauk SSSR, 1963, 153: 49-52.

[136] Tikhonov A N, Arsenin V Y. Solutions of Ill-posed Problems. New York: Wiley, 1977.

[137] Tikhonov A N, Glasko V B. On the approximate solution of Fredholm integral equations of the first kind. USSR Comput. Math. Math. Phys., 1964, 4: 564-571.

[138] Vainikko G M. The discrepancy principle for a class of regularization methods. USSR Comput. Math. Math. Phys., 1982, 22: 1-19.

[139] Versteeg R. The Marmousi experience: Velocity model determination on a synthetic complex data set. The Leading Edge, 1994, 13(9): 927-936.

[140] Virieux J, Operto S. An overview of full-waveform inversion in exploration geophysics. Geophysics, 2009, 74(6): WCC127-WCC152.

[141] Vogel C R. Computational Methods for Inverse Problems. Philadelphia: SIAM, 2002. (英文影印版, 北京: 清华大学出版社, 2011)

[142] Vogel C, Oman M. Iterative methods for total variation denoising. SIAM J. Sci. Comput., 1996, 17(1): 227-238.

[143] Vogel C R. Non-convergence of the L-curve regularization parameters selection method. Inverse Problems, 1996, 12: 535-547.

[144] Vogel C R. Computational Methods for Inverse Problems. Philadelphia: SIAM, 2002.

[145] Wahba G. Practical approximate solutions of linear operator equations when the data are noisy. SIAM J. Numer. Anal., 1977, 14(4): 651-667.

[146] Wolfe P. Convergence conditions for ascent methods. SIAM Review, 1969, 11(2): 226-235.

[147] Wolfe P. Convergence conditions for ascent methods II: Some corrections. SIAM Review, 2006, 13(2): 226-235.

[148] Wu R S, Luo J, Wu B. Seismic envelop inversion and modulation signal model. Geophysics, 2014, 79(3): WA13-WA24.

[149] Yang P, Brossier R, Métivier L, Virieux J, Zhou W. A time-domain preconditioned truncated Newton approach to viso-acoustic multiparameter full waveform inversion. SIAM J. Sci. Comput., 2018, 40(4): B1101-B1130.

[150] Zhang W, Dai Y. Finite-difference solution of the Helmholtz equation based on two domain decomposition algorithms. Journal of Applied Mathematics and Physics, 2013, 1: 18-24.

[151] Zhang W, Luo J. Full-waveform velocity inversion based on the acoustic wave equation. American J. Compu. Math., 2013, 3: 13-20.

[152] Zhang W, Chung E, Wang C. Stability for imposing absorbing boundary condition in the finite element simulation of acoustic wave propagation. J. Comput. Math., 2014, 32(1): 1-20.

[153] Zhang W, Tong L, Chung E. Exact nonreflecting boundary conditions for three dimensional poroelastic wave equations. Commun. Math. Sci., 2014, 12(1): 61-98.

[154] Zhang W, Zhuang Y. Parallel full-waveform inversion in the frequency domain by the Gauss-Newton method. AIP Conference Proceedings, 2016, 1738: 480129-1-4.

[155] Zhang W, Zhuang Y, Chung E. A new spectral finite volume method for elastic wave modelling on unstructured mesh. Geophys. J. Int., 2016, 206: 292-307.

[156] Zhang W. Acoustic wave based time-domain full waveform inversion and its application. 2017 International Conference on Electric, Control, Automation and Mechanical Engineering (ISBN: 978-1-60595-523-0), 2017: 523-527.

[157] Zhang W, Joardar A K. Acoustic based crosshole full waveform slowness inversion in the time domain. J. Applied Mathematics and Physics, 2018, 6: 1086-1110.

[158] Zhang W. Elastic full waveform inversion on unstructured meshes by the element method. Phys. Scr., 2019, 96: 115002 (16pp).

[159] Zhang W. Acoustic multi-parameter full waveform inversion based on the wavelet method. Inverse Problems in Science and Engineering, 2021, 29(2): 220-247.

[160] Zheng H, Zhang W. A mixed regularization method for ill-posed problems. Numer. Math. Theor. Meth. Appl., 2019, 12(1): 212-232.

[161] 戴彧虹. 非线性共轭梯度法. 上海: 上海科学技术出版社, 2000.

[162] 刘继军. 不适定问题的正则化方法及其应用. 北京: 科学出版社, 2005.

[163] 马昌凤. 最优化方法及其 Matlab 程序设计. 北京: 科学出版社, 2010.

[164] 王彦飞. 反问题的计算方法及其应用. 北京: 高等教育出版社, 2007.

[165] 肖庭延, 于慎根, 王彦飞. 反问题的数值解法. 北京: 科学出版社, 2003.

[166] 杨文采. 地球物理反演的理论与方法. 北京: 地质出版社, 1997.

[167] 袁亚湘. 非线性优化计算方法. 北京: 科学出版社, 2008.

[168] 袁亚湘, 孙文瑜. 最优化理论与方法. 北京: 科学出版社, 2005.

[169] Bleistein N, Cohen J K, Stockwell J W. 多维地震成像、偏移和反演中的数学. 张文生, 译. 北京: 科学出版社, 2004.

[170] 张文生. 微分方程数值解: 有限差分理论方法与数值计算. 北京: 科学出版社, 2015.

[171] 张文生, 罗嘉, 滕吉文. 频率多尺度全波形速度反演. 地球物理学报, 2015, 58(1): 216-228.

[172] 张文生, 罗嘉. 时间域两网格全波形反演. 数值计算与计算机应用, 2016, 37(1): 25-40.

[173] 张文生, 庄源. 频率域声波方程全波形反演. 数值计算与计算机应用, 2017, 38(3): 167-196.

[174] 张文生, 张丽娜. 基于有限元方法的频率域弹性波全波形反演. 数值计算与计算机应用, 2020, 41(4): 315-336.

索　引

彩　　图

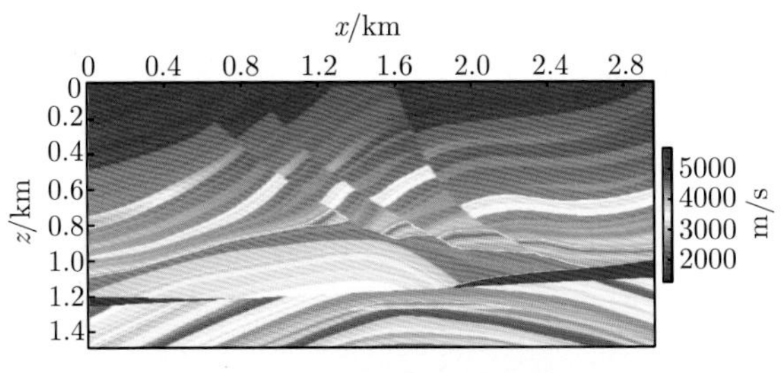

图 6.5　Marmousi 速度模型

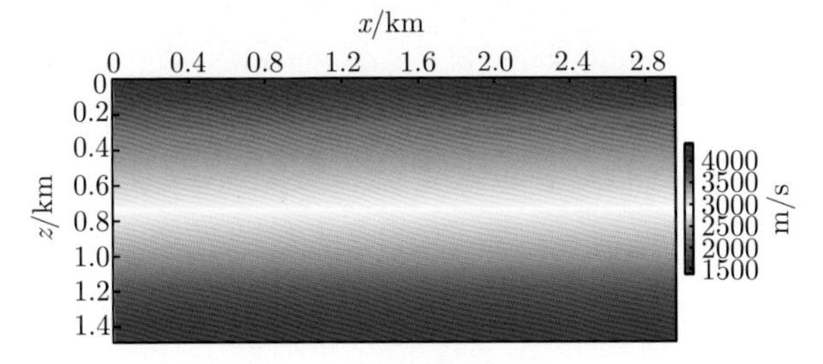

图 6.6　初始速度模型

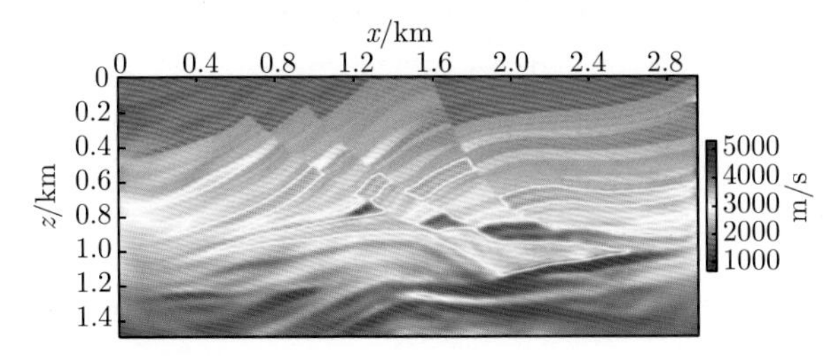

图 6.14　最高频率为 60Hz 时, L-BFGS 方法迭代 50 次的反演结果

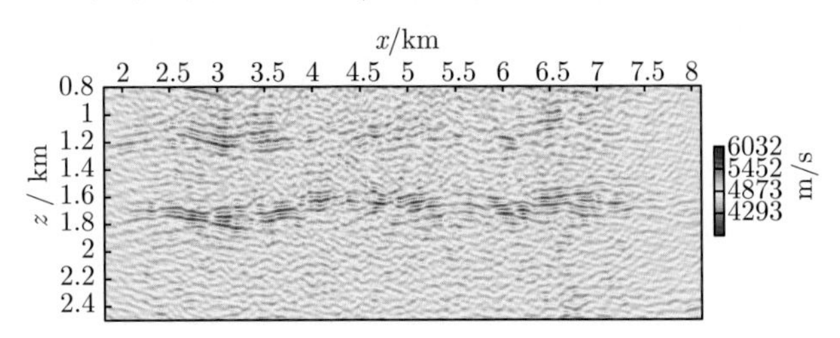

图 6.23　实际资料全波形反演结果

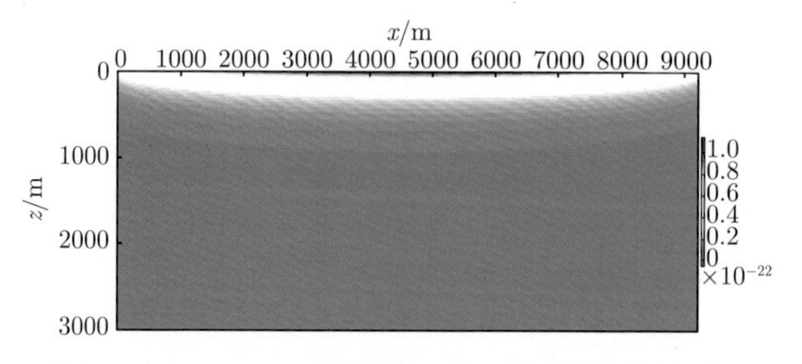

图 7.19 Marmousi 模型拟 Hessian 矩阵的对角矩阵

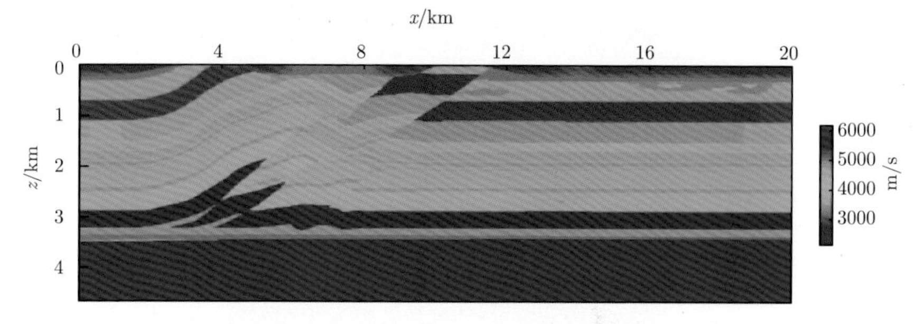

图 7.29 Overthrust 速度模型

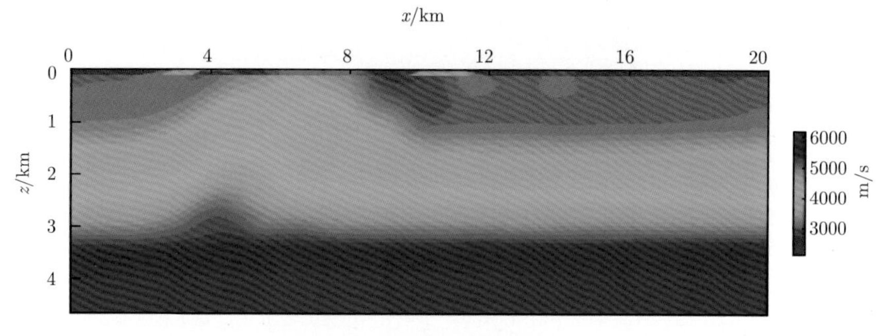

图 7.30 反演初始模型

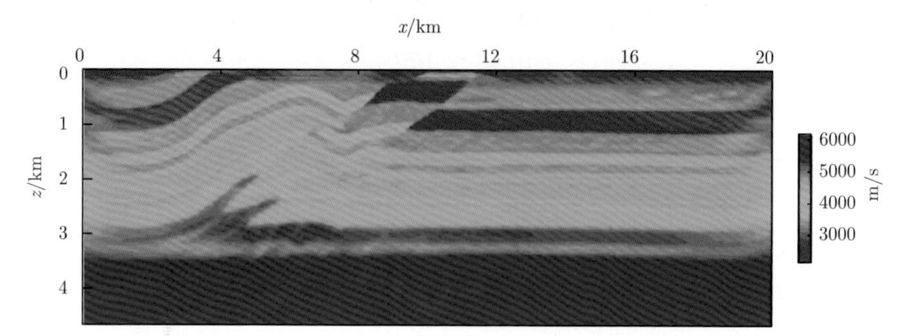

图 7.33 Overthrust 模型用 7 个频率的反演结果

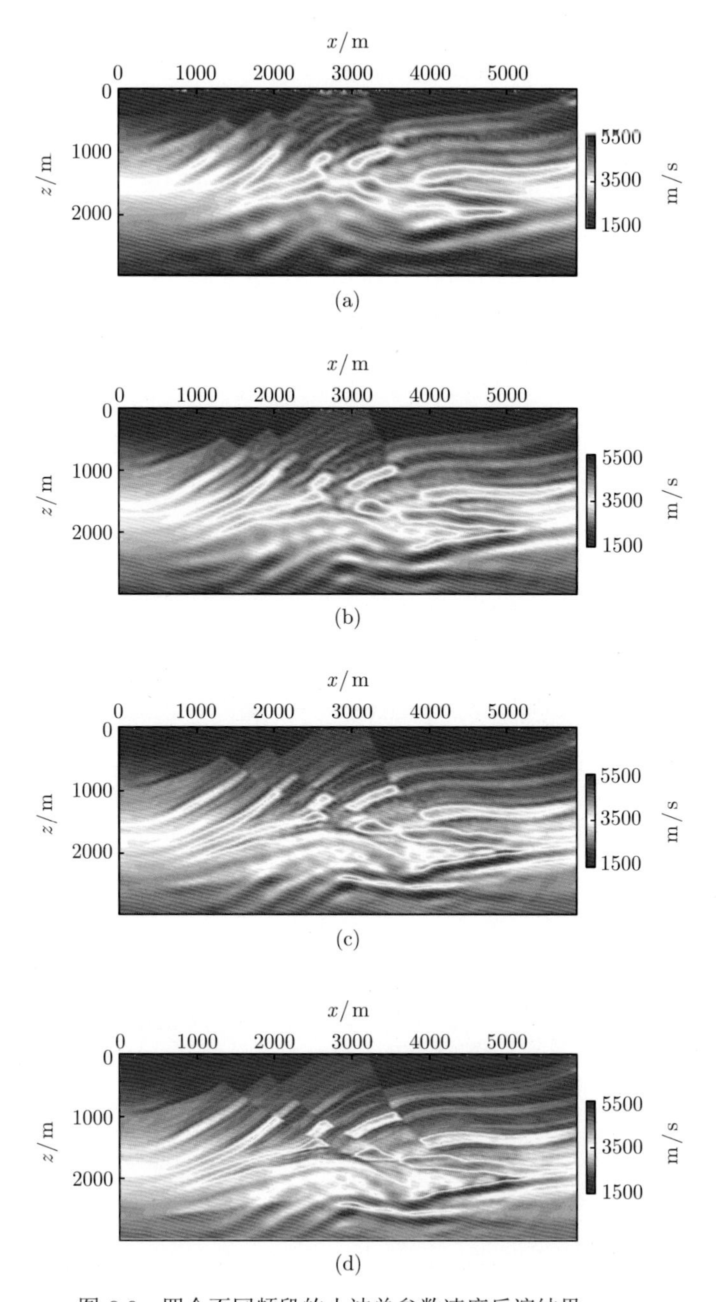

图 8.9　四个不同频段的小波单参数速度反演结果.

(a) $0 \sim 2.5$Hz; (b) $0 \sim 5$Hz; (c) $0 \sim 15$Hz; (d) 全频段数据

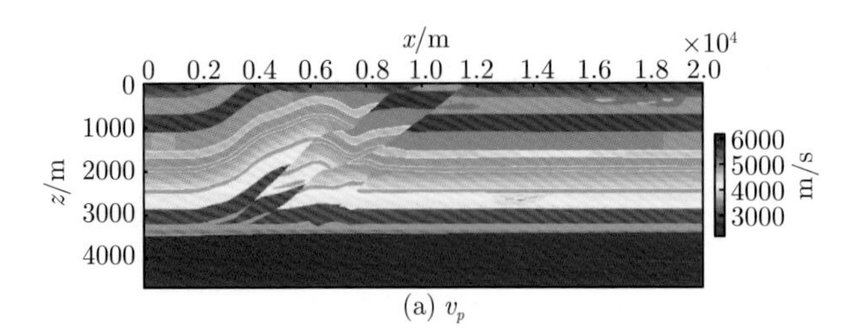

图 9.5 Overthrust 速度模型. (a) 纵波速度 v_p

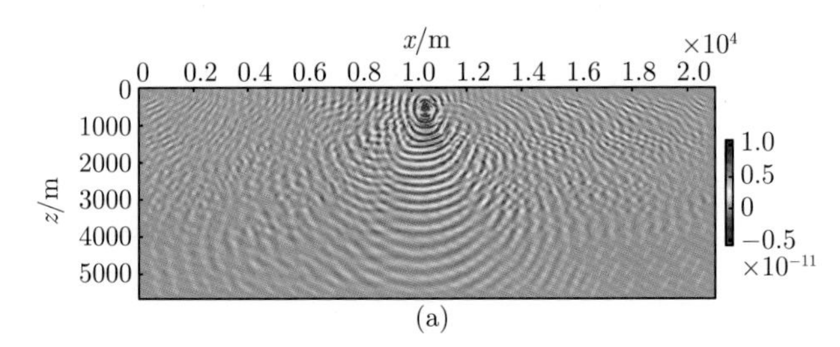

图 9.8 频率为 10Hz 时, Overthrust 模型的水平分量波场 u. (a) u 分量实部

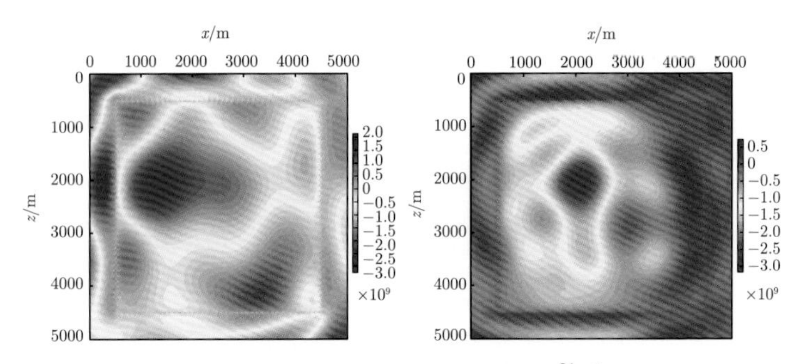

图 9.19 频率为 1Hz 时, 第一步迭代后的扰动模型 $\widetilde{H}^{-1}\nabla_{\boldsymbol{m}}E$. 左: λ; 右: μ

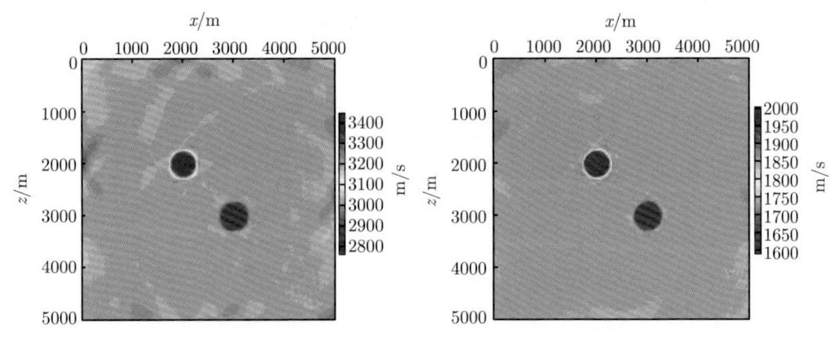

图 9.23 最高频率为 20Hz 时, 正方形模型的反演结果.

左: 纵波速度 v_p; 右: 横波速度 v_s

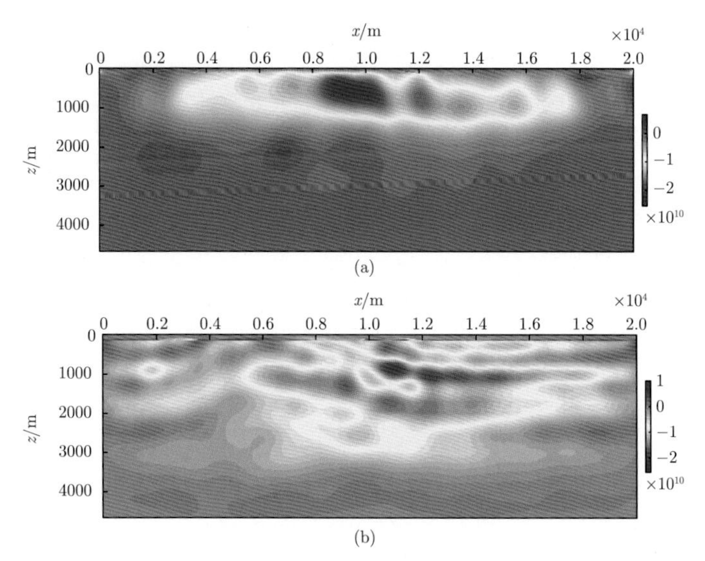

图 9.30　频率 1Hz 时, Overthrust 模型反演第一步迭代时的扰动 $\widetilde{H}^{-1}\nabla_{\boldsymbol{m}}E$. (a) $\widetilde{H}^{-1}\nabla_{\lambda}E$; (b) $\widetilde{H}^{-1}\nabla_{\mu}E$

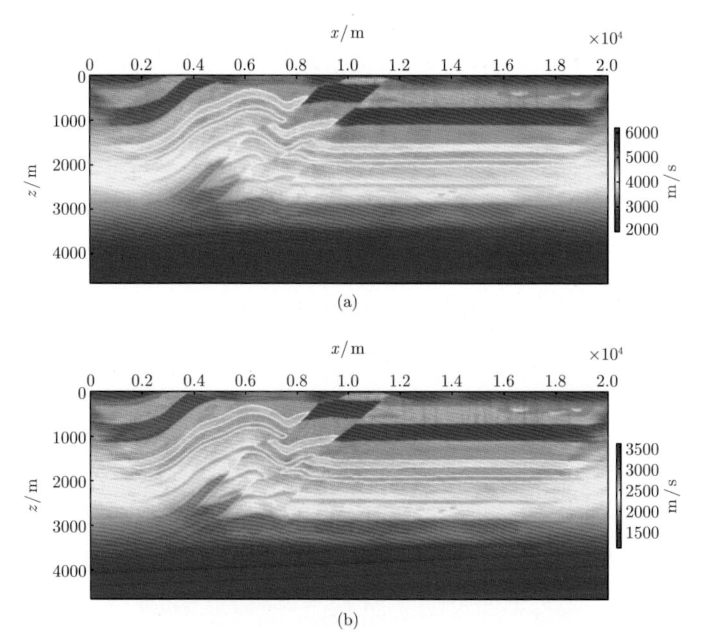

图 9.33　最高频率为 20Hz 时 Overthrust 模型的反演结果. (a) 纵波速度 v_p; (b) 横波速度 v_s

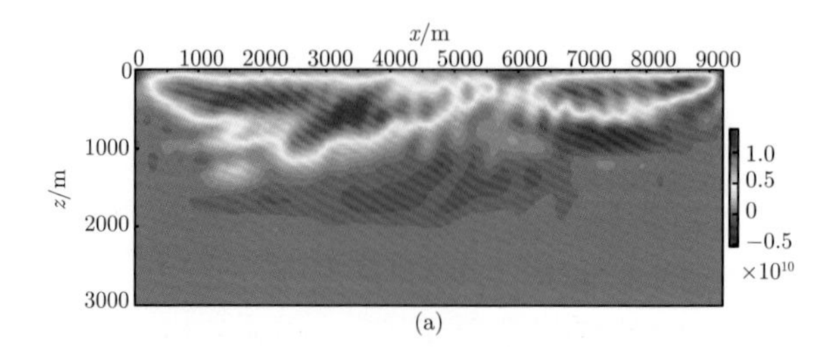

(a)

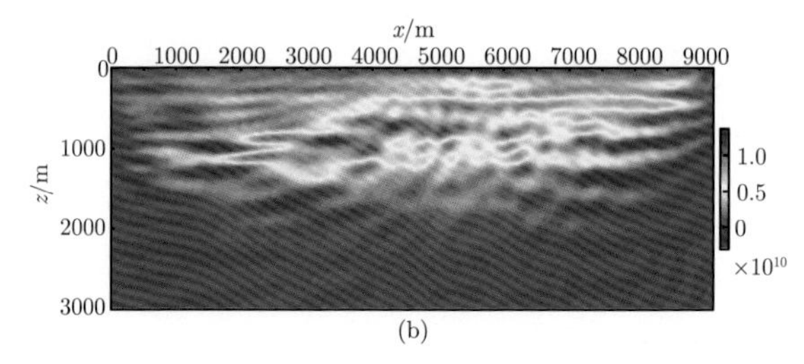

(b)

图 9.39 最高频率为 3Hz 时 Marmousi 模型反演第一步迭代的 $\widetilde{H}^{-1}\nabla_{\boldsymbol{m}}E$. (a) $\widetilde{H}^{-1}\nabla_{\lambda}E$; (b) $\widetilde{H}^{-1}\nabla_{\mu}E$

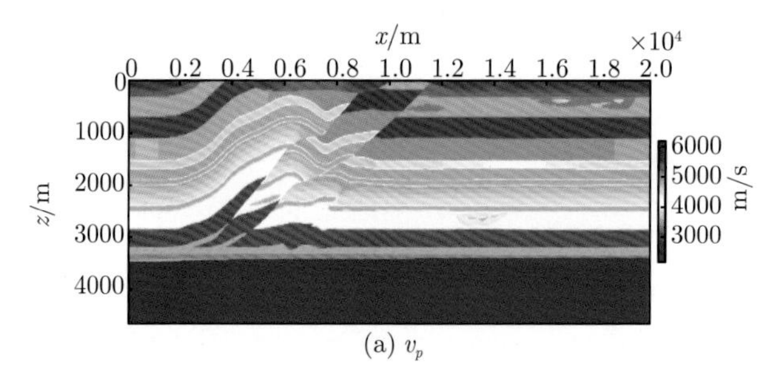

(a) v_p

图 10.3 Overthrust 精确速度模型. (a) 纵波速度 v_p

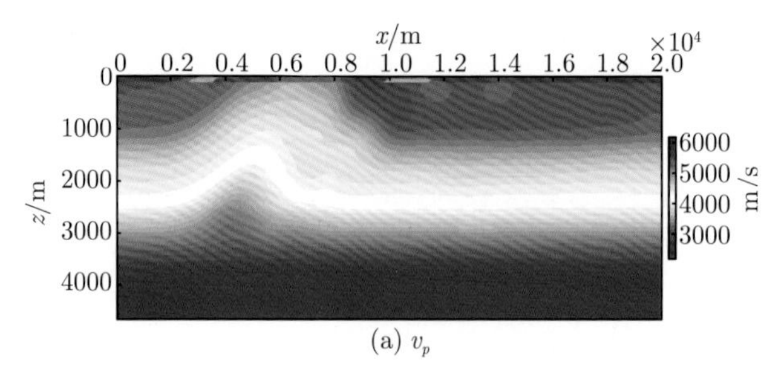

(a) v_p

图 10.11 用于 Overthrust 模型反演的初始速度模型. (a) 纵波速度 v_p

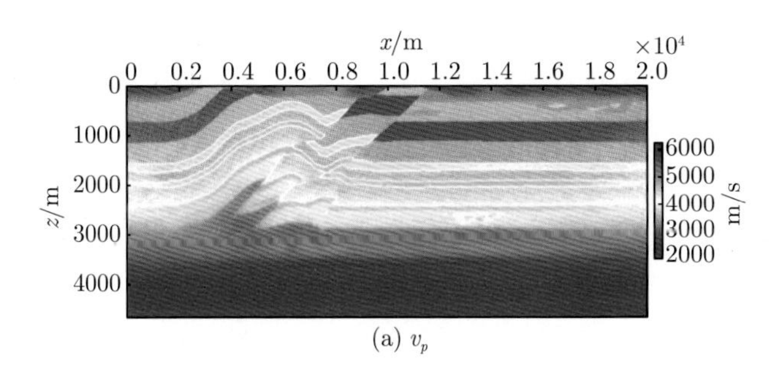

(a) v_p

图 10.15 数据含 10% 的 Gauss 噪声时, 最高频率为 40Hz 时的 Overthrust 模型的 TV 正则化反演结果. (a) 纵波速度 v_p

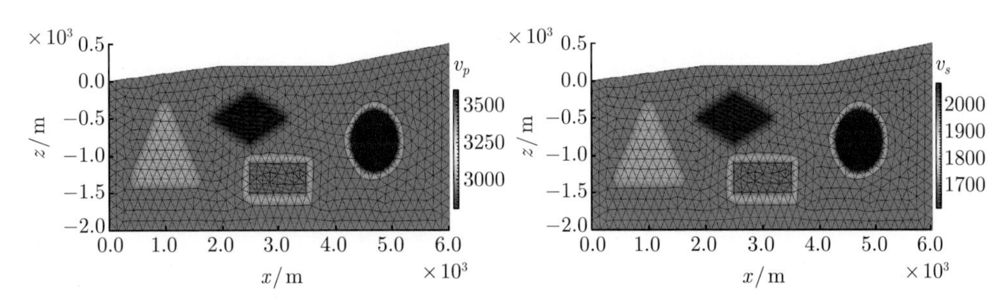

图 11.2 模型一及网格剖分示意图. 左: 纵波速度 v_p; 右: 横波速度 v_s

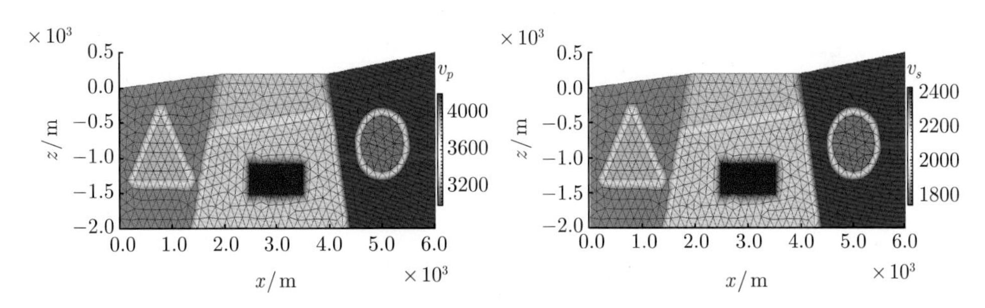

图 11.5 模型二及网格示意图. 左: 纵波速度 v_p; 右: 横波速度 v_s

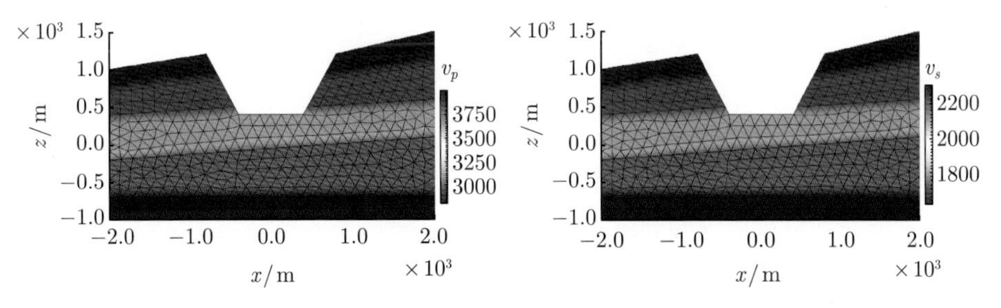

图 11.8 分层模型及网格剖分示意图. 左: 纵波速度 v_p; 右: 横波速度 v_s

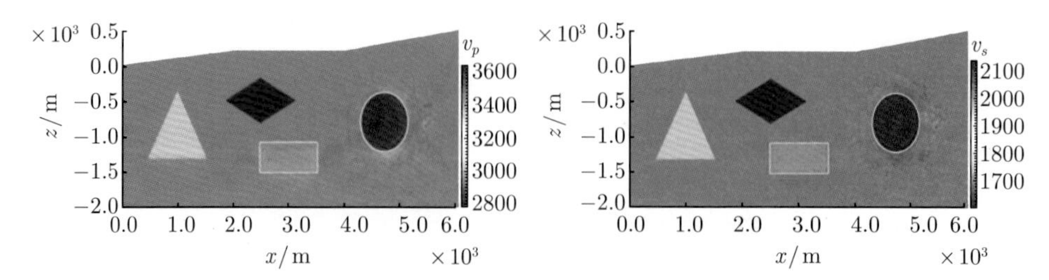

图 11.16 最高频率为 40Hz 时的反演结果. 左: 纵波速度 v_p; 右: 横波速度 v_s

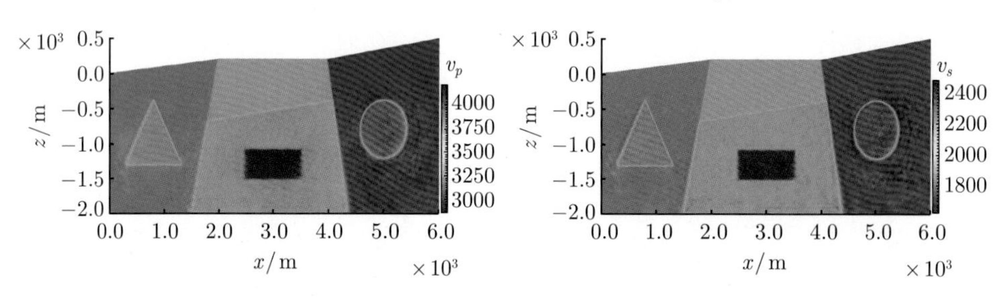

图 11.25 最高频率为 40Hz 时的反演结果. 左: 纵波速度 v_p; 右: 横波速度 v_s

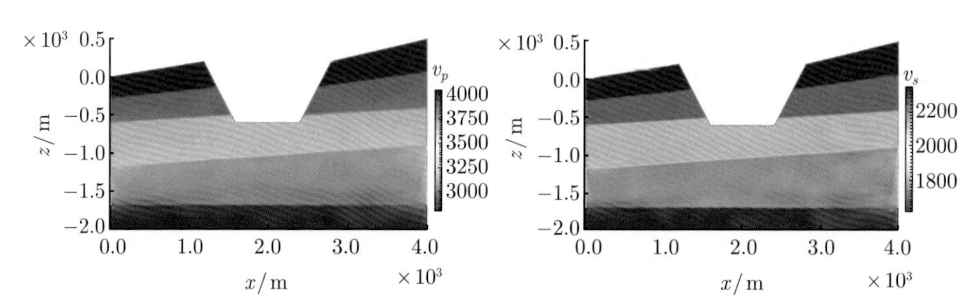

图 11.32 最高频率为 40Hz 时的反演结果. 左: 纵波速度 v_p; 右: 横波速度 v_s

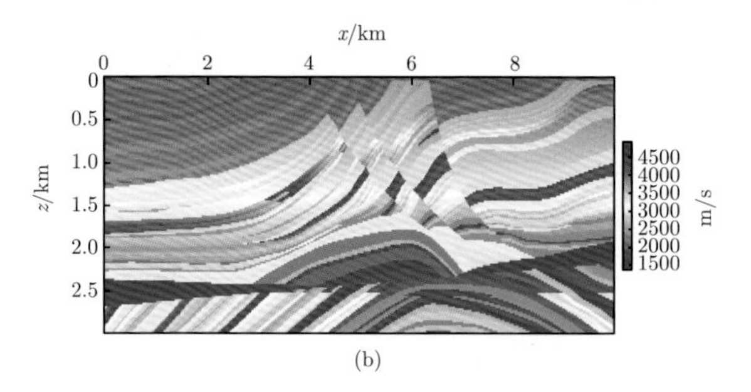

图 12.1 Marmousi 模型. (b) 纵波速度

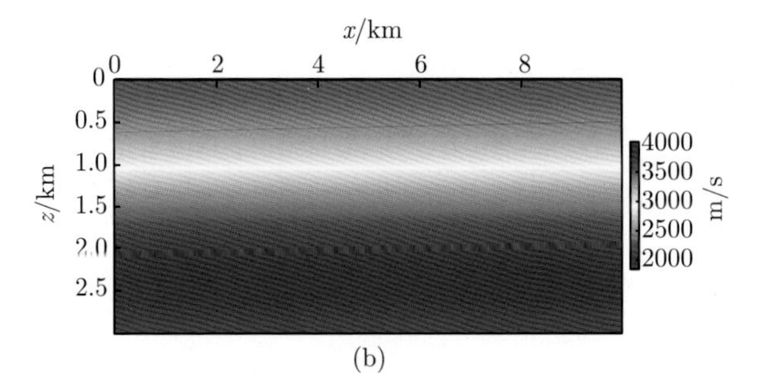

(b)

图 12.2　反演初始模型. (b) 纵波速度

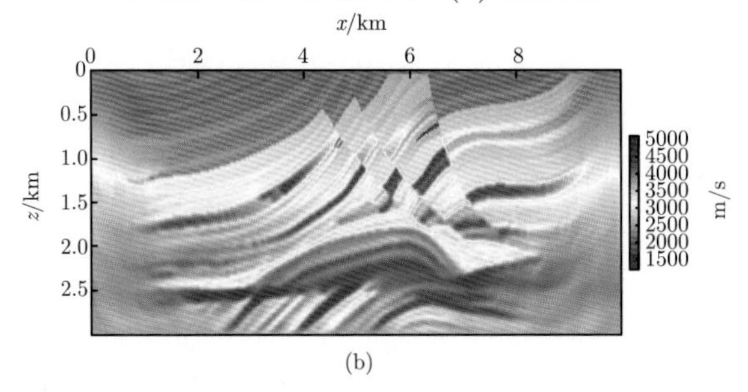

(b)

图 12.3　L-BFGS 线搜索方法反演得到的 Marmousi 模型的反演结果, 最高截频 20Hz. (b) 纵波速度

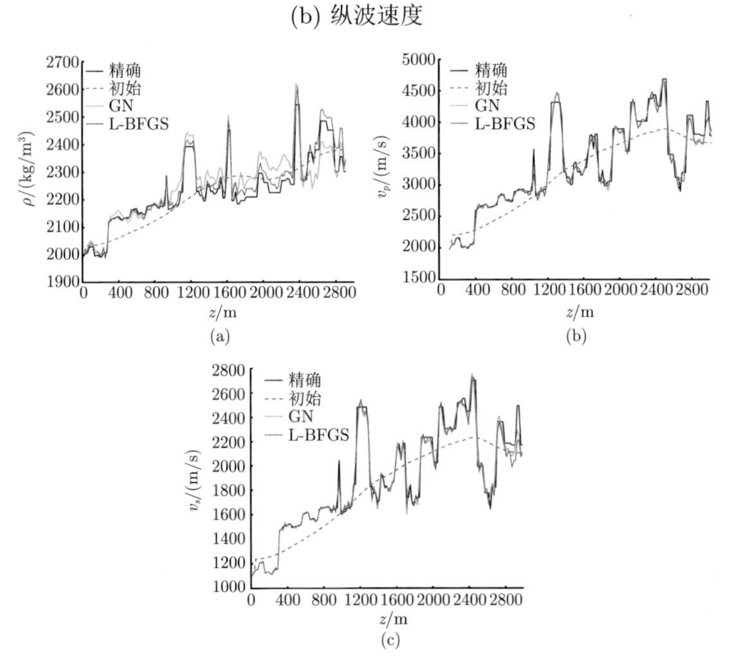

图 12.7　L-BFGS 方法和 Gauss-Newton 方法的反演结果在 $x = 5\text{km}$ 的比较. (a) 密度; (b) 纵波速度; (c) 横波速度

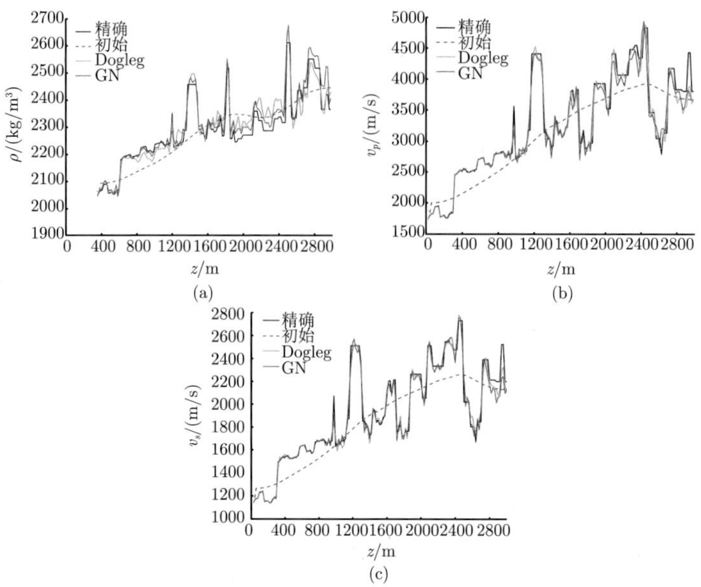

图 12.8 Dogleg 方法和 Gauss-Newton 方法的反演结果在 $x = 5\mathrm{km}$ 的比较. (a) 密度; (b) 纵波速度; (c) 横波速度

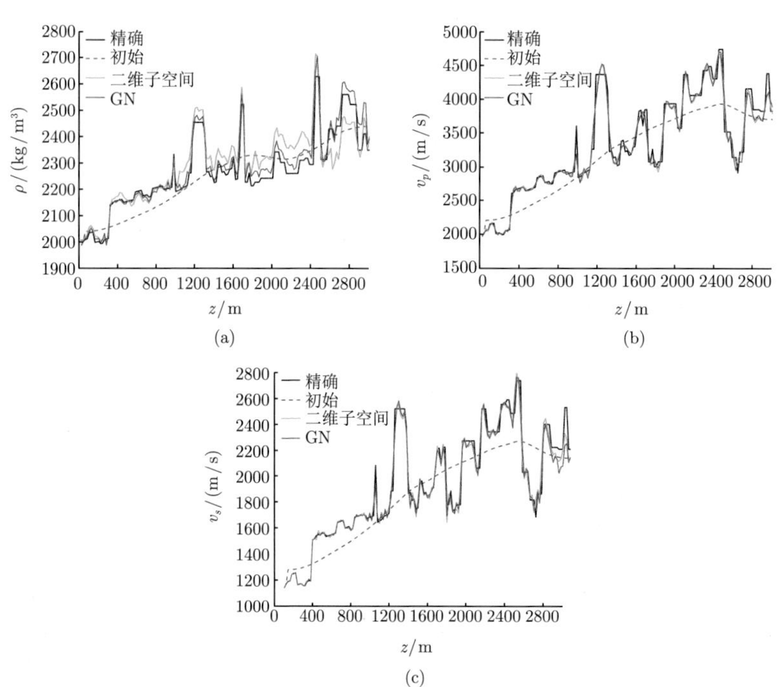

图 12.9 信赖域二维子空间方法和 Gauss-Newton 方法的反演结果在 $x = 5\mathrm{km}$ 的比较. (a) 密度; (b) 纵波速度; (c) 横波速度

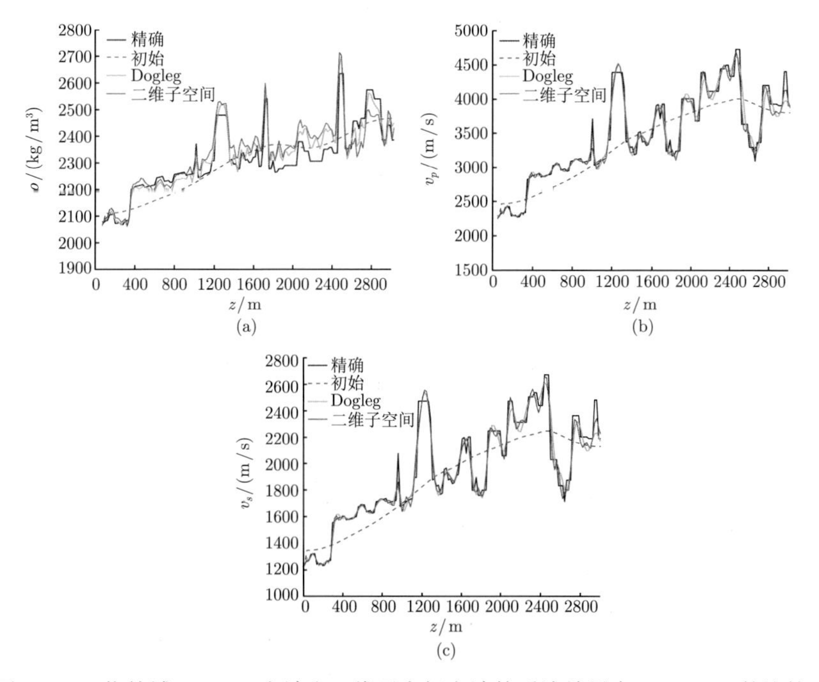

图 12.10　信赖域 Dogleg 方法和二维子空间方法的反演结果在 $x = 5\text{km}$ 的比较.
(a) 密度; (b) 纵波速度; (c) 横波速度

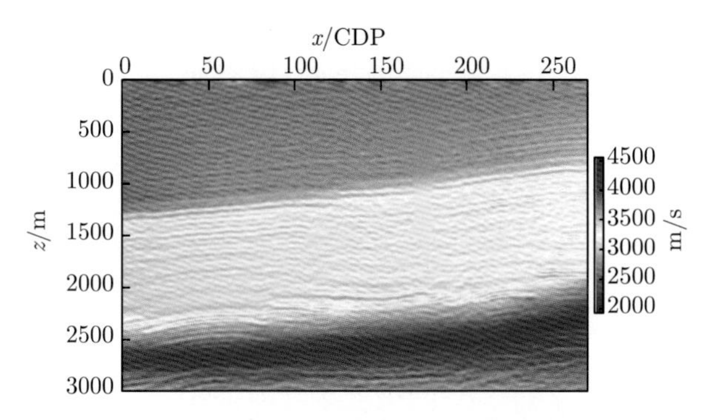

图 12.12　油田实际地震资料的速度反演结果

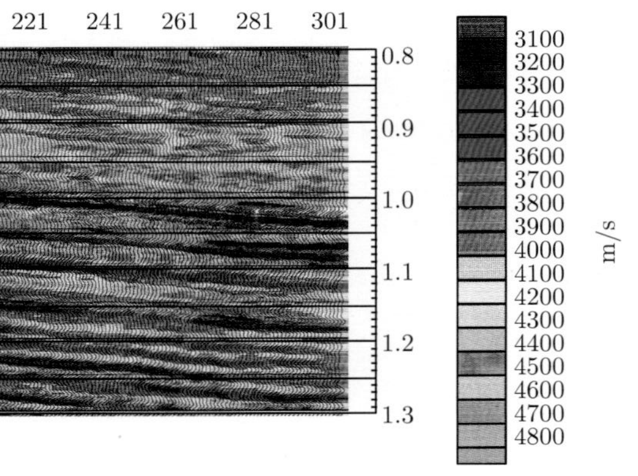

图 12.13 实际地震资料的速度反演结果